"十四五"职业教育国家规划教材

Software 国家职业教育软件技术专业教学资源库配套教材

高等职业教育计算机类课程新形态一体化教材

ASP.NET 程序设计

（第3版）

▶主编 徐占鹏

中国教育出版传媒集团
高等教育出版社·北京

内容提要

本书为“十四五”职业教育国家规划教材，也是国家职业教育软件技术专业教学资源库配套教材。

本书以 C# 为编程语言，全面介绍了 ASP.NET 的控件、内置对象、Web 页面的数据库访问技术、数据控件、文件操作、XML、Web Service、AJAX 技术、网站配置与部署等。全书共分为 12 个单元，单元 1 介绍项目系统分析与环境构建；单元 2 介绍母版、主题和皮肤；单元 3 介绍控件的使用；单元 4 介绍系统对象与数据传递；单元 5 介绍使用 ADO.NET 访问数据库；单元 6 介绍数据库服务控件的应用；单元 7 介绍 ASP.NET 文件操作；单元 8 介绍网站导航；单元 9 介绍 AJAX 技术的运用；单元 10 介绍 Web Service 技术应用；单元 11 介绍 XML 数据操作应用；单元 12 介绍项目的发布与部署。

全书结合专业课程特点，对基于 ASP.NET Web 软件开发工作过程进行剖析，以真实完整的项目“电子商务网站”为载体，在行业专家的指导下，结合 Web 项目开发的流程和规范，分解出工作过程的典型工作任务，根据工作任务整合了相关知识点，按照高职学生的认知特点设计教学过程。本书以实例为依托，把基础知识的应用渗透到各个实例中。实例讲解步骤清晰，循序渐进，通过对实例项目的学习，读者可以更好地领会 ASP.NET 语法和编程技巧，有助于将所学的知识融会贯通。

本书配有微课视频、课程标准、授课计划、授课用 PPT、案例素材、源代码等丰富的数字化学习资源。与本书配套的数字课程“ASP.NET 程序设计”已在“智慧职教”平台（www.icve.com.cn）上线，学习者可登录平台在线学习，授课教师可调用本课程构建符合自身教学特色的 SPOC 课程，详见“智慧职教”服务指南。教师也可发邮件至编辑邮箱 1548103297@qq.com 获取相关资源。

本书可作为应用性、技能型人才培养的教材，可以作为高等院校程序设计相关课程的教材或实践指导书，也可作为培训班的培训教材，还可供从事 ASP.NET 开发和应用的相关人员学习与参考。

图书在版编目（CIP）数据

ASP.NET 程序设计 / 徐占鹏主编 . --3 版 . -- 北京：高等教育出版社，2025.2. --ISBN 978-7-04-063819-6

Ⅰ. TP393.092

中国国家版本馆 CIP 数据核字第 20256A5V87 号

ASP.NET Chengxu Sheji

策划编辑 傅 波　　责任编辑 傅 波　　封面设计 赵 阳　　版式设计 曹鑫怡
责任校对 张 薇　　责任印制 赵 佳

出版发行	高等教育出版社	网　址	http://www.hep.edu.cn
社　址	北京市西城区德外大街4号		http://www.hep.com.cn
邮政编码	100120	网上订购	http://www.hepmall.com.cn
印　刷	北京中科印刷有限公司		http://www.hepmall.com
开　本	787mm × 1092mm 1/16		http://www.hepmall.cn
印　张	25.25	版　次	2013 年 9 月第 1 版
字　数	510千字		2025 年 2 月第 3 版
购书热线	010-58581118	印　次	2025 年 2 月第 1 次印刷
咨询电话	400-810-0598	定　价	55.00元

物 料 号　63819-00

“智慧职教”服务指南

“智慧职教”（www.icve.com.cn）是由高等教育出版社建设和运营的职业教育数字教学资源共建共享平台和在线课程教学服务平台，与教材配套课程相关的部分包括资源库平台、职教云平台和 App 等。用户通过平台注册，登录即可使用该平台。

● 资源库平台：为学习者提供本教材配套课程及资源的浏览服务。

登录“智慧职教”平台，在首页搜索框中搜索“ASP.NET 程序设计”，找到对应作者主持的课程，加入课程参加学习，即可浏览课程资源。

● 职教云平台：帮助任课教师对本教材配套课程进行引用、修改，再发布为个性化课程（SPOC）。

1. 登录职教云平台，在首页单击“新增课程”按钮，根据提示设置要构建的个性化课程的基本信息。

2. 进入课程编辑页面设置教学班级后，在“教学管理”的“教学设计”中“导入”教材配套课程，可根据教学需要进行修改，再发布为个性化课程。

● App：帮助任课教师和学生基于新构建的个性化课程开展线上线下混合式、智能化教与学。

1. 在应用市场搜索“智慧职教 icve”App，下载安装。

2. 登录 App，任课教师指导学生加入个性化课程，并利用 App 提供的各类功能，开展课前、课中、课后的教学互动，构建智慧课堂。

“智慧职教”使用帮助及常见问题解答请访问 help.icve.com.cn。

总　　序

国家职业教育专业教学资源库是教育部、财政部为深化高职院校教育教学改革，加强专业与课程建设，推动优质教学资源共建共享，提高人才培养质量而启动的国家级建设项目。2011年，软件技术专业被教育部、财政部确定为高等职业教育专业教学资源库立项建设专业，由常州信息职业技术学院主持建设软件技术专业教学资源库。

三年来，按照教育部提出的建设要求，建设项目组聘请了中国科学技术大学陈国良院士担任资源库建设总顾问，确定了常州信息职业技术学院、深圳职业技术学院、青岛职业技术学院、湖南铁道职业技术学院、长春职业技术学院、山东商业职业技术学院、重庆电子工程职业学院、南京工业职业技术学院、威海职业学院、淄博职业学院、北京信息职业技术学院、武汉软件工程职业学院、深圳信息职业技术学院、杭州职业技术学院、淮安信息职业技术学院、无锡商业职业技术学院、陕西工业职业技术学院等17所院校和微软（中国）有限公司、国际商用机器（中国）有限公司（IBM）、思科系统（中国）网络技术有限公司、英特尔（中国）有限公司等20余家企业作为联合建设单位，形成了一支学校、企业、行业紧密结合的建设团队。依据软件技术专业“职业情境、项目主导”人才培养规律，按照“学中做、做中学”教学思路，较好地完成了软件技术专业资源库建设任务。

本套教材是“国家职业教育软件技术专业教学资源库”建设项目的重要成果之一，也是资源库课程开发成果和资源整合应用实践的重要载体。教材体例新颖，具有以下鲜明特色。

第一，根据学生就业面向与就业岗位，构建基于软件技术职业岗位任务的课程体系与教材体系。项目组在对软件企业职业岗位调研分析的基础上，对岗位典型工作任务进行归纳分析，开发了“Java程序设计”“软件开发与项目管理”等12门基于软件企业职业岗位的课程教学资源及配套教材。

第二，立足“教、学、做”一体化特色，设计三位一体的教材。从“教什么、怎么教”“学什么，怎么学”“做什么，怎么做”三个问题出发，每门课程均编写了“主体教材”“教学设计”“实训手册”等资源。

第三，有效整合教材内容与教学资源，打造立体化、自主学习式的新型教材。在教材编写的同时，各门课程开发了涵盖课程标准、学习指南、教学设计、电子课件、授课录像、课程案例、习题试题、经验技巧、常见问题及解答等在内的丰富的教学资源，同时与企业开发了大量的企业真实案例和培训资源包。

第四，有效地整合了教材内容与海量的网络技术专业教学资源，着力打造立体化、自主学习式的新形态一体化教材。教材创新采用辅学资源标注，通过图标形象地提示读者本教学内容所配备的资源类型、内容和用途，从而将教材内容和教学资源有机整合，浑然一体。通过对“知识点”提供与之对应的微课视频二维码，让读者以纸质教材为核心，通过互联网尤其是移动互联网，将多媒体的教学资源与纸质教材有机融合，实现“线上线下互动，新旧媒体融合”，称为“互联网+”时代教材功能升级和形式创新的成果。

第五，遵循工作过程系统化课程开发理论，打破“章、节”编写模式，建立了“以项目为导向，用任务进行驱动，融知识学习与技能训练于一体”的教材体系，体现高职教育职业化、实践化特色。

第六，本套教材装帧精美，采用双色印刷，并以新颖的版式设计，突出重点概念与技能，仿真再现软件技术相关资料。通过视觉效果搭建知识技能结构，给人耳目一新的感觉。

本套教材经过多年来在各高等职业院校中的使用，获得了广大师生的认可并收集到了宝贵的意见和建议。根据这些意见和建议并结合目前最新的课程改革经验，紧跟行业技术发展，在上一版教材的基础上，不断整合、更新和优化教材内容，将新技术、新工艺、新规范、典型生产案例及时纳入教学内容，与企业行业密切联系，内容及时反映产业升级和行业发展需求，保证教材内容紧跟行业技术发展动态，满足人才培养需求。

本套教材的编写是在第1版的基础上，几经修改，既具积累之深厚，又具改革之创新，是全国20余所院校和20多家企业的110余名教师、企业工程师的心血与智慧的结晶，也是软件技术专业教学资源库三年建设成果的集中体现。我们相信，随着软件技术专业教学资源库的应用与推广，本套教材将会成为软件技术专业学生、教师、企业员工立体化学习平台中的重要支撑。

国家职业教育软件技术专业教学资源库项目组

前　　言

1. 起源

互联网诞生于1969年，据有关统计，截至2022年1月，全球互联网用户数量达到49.5亿人，互联网用户占总人口的62.5%，每个互联网用户平均每天使用互联网的时间是6小时58分钟。我国网民规模现为10.51亿，互联网普及率达74.4%。随着互联网的发展，信息化的推进，互联网对人类文明影响已毋庸置疑。基于互联网的软件开发的重要性也变得日益突显。基于Web的程序设计成为软件技术及相关专业毕业生必须掌握的基本技能之一。

ASP.NET是微软于2002年2月正式推出的.NET平台的一部分，其架构如图1所示。.NET平台经过不断的发展与完善，现已从.NET Framework 1.0发展到.NET Framework 4.5，并已成为Web应用开发的主流技术之一。为了能够满足教学和初学者对ASP.NET程序设计学习和参考的需求，作者根据近年来从事ASP.NET、网络程序设计课程教学和Web应用开发的经验体会，编写了本书。

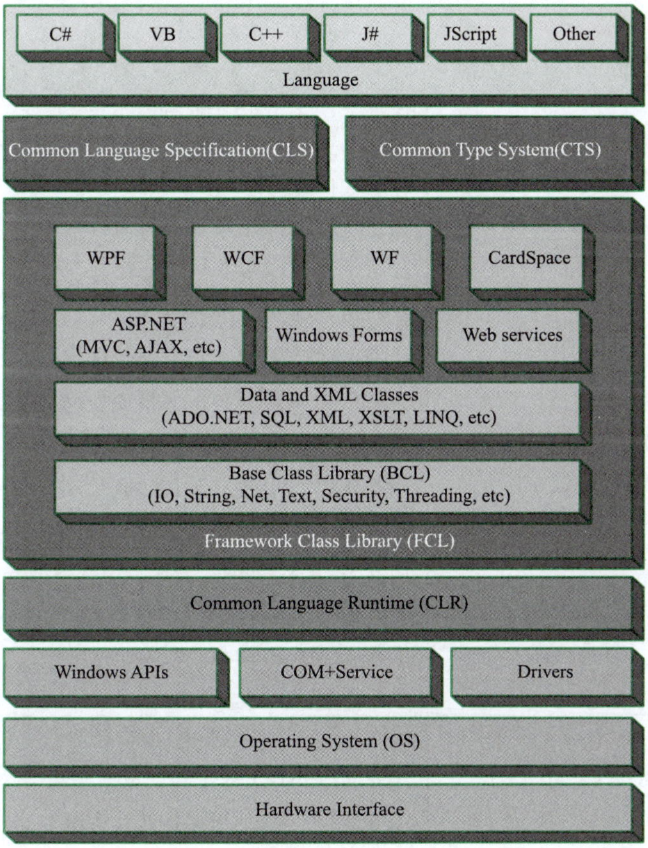

图1　.NET Framework架构图

2. 结构

本书以C#为编程语言，全面介绍了ASP.NET的控件、内置对象、Web页面的数据库访问技术、数据控件、文件操作、XML 、Web Service、AJAX技术、网站配置与部署等知识。内容以实际项目为载体，以Web软件开发的工作过程为依据组织内容，课程内容结构如图2所示。

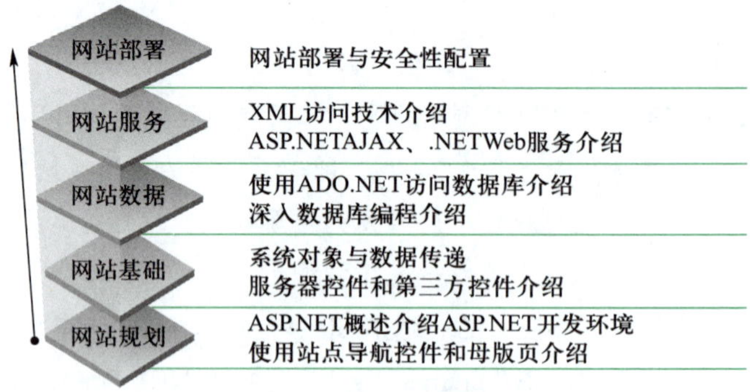

图2　内容结构图

从学习者认知规律的角度将教学内容分为12个教学单元，教学单元与子任务结构见表1。

表1　教学单元与子任务结构

单　元	单元名称	任务名称
单元1	项目系统分析与环境构建	任务1.1　了解电子商务网站系统
		任务1.2　安装Visual Studio 2010集成开发环境
单元2	母版、主题和皮肤	任务2.1　新建网站
		任务2.2　CSS样式的设计与应用
		任务2.3　网站主题、皮肤的设计与应用
		任务2.4　母版页设计与应用
单元3	控件的使用	任务3.1　使用基本服务器控件设计用户登录页面
		任务3.2　使用基本服务器控件设计用户注册页面
		任务3.3　使用ASP.NET验证控件检验用户注册信息
		任务3.4　设计产品分类导航及首页广告
		任务3.5　设计电子商务网站的新闻公告栏
单元4	系统对象与数据传递	任务4.1　Response对象、Request对象和Session对象的应用
		任务4.2　Cookie对象的使用
		任务4.3　Application对象的使用
		任务4.4　Server对象的使用
单元5	使用ADO.NET访问数据库	任务5.1　基于ADO.NET连接数据库
		任务5.2　ADO.NET实现数据库操作
		任务5.3　项目三层架构设计实现

续表

单　元	单元名称	任务名称
单元 6	数据库服务控件的应用	任务 6.1　实现商品分类数据绑定 任务 6.2　GridView 控件实现新闻列表显示 任务 6.3　DataList 控件实现全部商品列表显示 任务 6.4　Repeator 控件实现热销商品显示 任务 6.5　使用 DetailsView 控件实现商品详细信息显示
单元 7	ASP.NET 文件操作	任务 7.1　获取本地驱动器信息 任务 7.2　文件目录操作 任务 7.3　文件操作 任务 7.4　使用文件上传控件上传商品图片
单元 8	网站导航	任务 8.1　使用站点地图和 SiteMapPath 控件设计网站导航 任务 8.2　使用 TreeView 控件设计网站树形导航 任务 8.3　使用 Menu 控件设计网站菜单导航
单元 9	AJAX 技术应用	任务 9.1　AJAX 实现局部刷新功能 任务 9.2　AJAX Control Toolkit 应用举例
单元 10	Web Service 技术应用	任务 10.1　创建 Web Service 任务 10.2　Web Service 实现在项目中显示天气
单元 11	XML 数据操作应用	任务 11.1　访问和操作 XML 读取配置数据 任务 11.2　XmlDataSource 控件应用
单元 12	项目的发布与部署	任务 12.1　发布网站到 IIS 中 任务 12.2　发布网站到 Internet

每个单元通过引例陈述引出单元教学的核心内容，明确教学任务。每个任务的编写分为**任务陈述、知识准备、任务实施、任务拓展、项目实训**五个环节。

任务陈述：简述任务目标，展示任务实施效果，提高学生学习兴趣；

知识准备：详细讲解知识点，通过系列实例实践，边学边做；

任务实施：通过任务综合应用所学知识，提高学生系统运用知识的能力；

任务拓展：强调一些扩展知识、提高知识与技巧交流；

项目实训：在项目实施的基础上通过“学、教、做”达到理论与实践统一、知识的内化与应用的教学目的。

学习本书内容后，应具备以下技能：

① 能使用 Visual Studio 2010 集成开发工具进行常规 Web 应用程序的开发，并学会站点的建设与配置；

② 能用需求分析和设计的方法规划设计项目的模块、数据等；

③ 掌握 ASP.NET 的相关控件、对象设计相关应用；

④ 掌握 ASP.NET 的数据库访问技术及数据服务控件的使用；

⑤ 掌握 XML 操作存储数据；
⑥ 掌握 AJAX、Web Service 等技术；
⑦ 能够利用互联网、MSDN 等帮助文档解决学习工作中的技术难题。

3. 特点

（1）以实际项目为载体，强调软件开发思维与学习思维的融合，突出综合职业能力的训练

本书结合专业特点，对基于 ASP.NET Web 软件开发工作过程进行剖析，以真实完整的项目“电子商务网站”为载体，在行业专家的指导下，结合 Web 项目开发的流程和规范，分解出工作过程的典型工作任务，根据工作任务整合了相关知识点，按照高职学生的认知特点设计教学过程。本书以实例为依托，把基础知识的应用渗透到实例中。实例讲解步骤清晰，循序渐进，通过对实例项目的学习，读者可以更好地领会 ASP.NET 语法和编程技巧，有助于将所学的知识融会贯通。

（2）配套了丰富的“立体化”教学及学习资源

本书将 ASP.NET Web 开发技术分成 12 个单元，包括 38 个教学任务，每个教学任务均配套了教学课件、教学视频、测试习题、案例库和项目库、文档模板和工具使用手册等教学资源，表现形式直观、形象、生动，可供广大教师、学生、社会学习者和软件企业从业人员在学习过程中使用。

立体化的数字教学资源包含三个方面的内容：第一，课程本身的基本信息，包括课程简介、学习指南、课程标准、整体设计、单元设计、考核方式等。第二，教学内容的全程视频教学资源，既方便课内教学，又方便学生课外预习与学习；第三，课程拓展资源，包含课程的重难点剖析，网站模板、组件控件等素材资源。

4. 应用

（1）教学内容课时安排

本书建议使用授课 90 学时，根据实际情况，可以适当将课时延伸为 100 ～ 120 学时。教学单元与学时安排见表 2。

表 2　教学单元与学时安排

单　　元	单 元 名 称	建 议 学 时
单元 1	项目系统分析与环境构建	4
单元 2	母版、主题和皮肤	6
单元 3	控件的使用	16
单元 4	系统对象与数据传递	10
单元 5	使用 ADO.NET 访问数据库	16
单元 6	数据库服务控件的应用	12
单元 7	ASP.NET 文件操作	4
单元 8	网站导航	6
单元 9	AJAX 技术应用	4
单元 10	Web Service 技术应用	4
单元 11	XML 数据操作应用	4

续表

单　元	单元名称	建议学时
单元 12	项目的发布与部署	4
合　计		90

（2）资源库的使用

本书也是国家职业教育软件技术专业教学资源库《ASP.NET 程序设计》课程的配套教程，整个资源都基于网络平台运行。

网络平台网址：http://soft.cchve.com.cn，运行界面如图 3 所示。

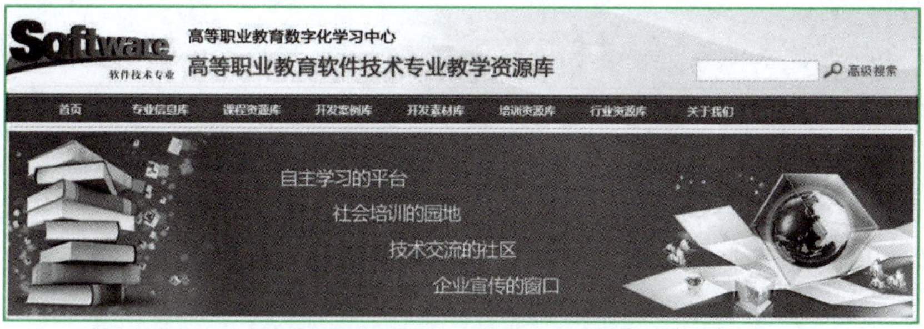

图 3　高等职业教育软件技术专业教学资源库

（3）课程资源一览表

本书教学资源丰富，可使用的教学资源见表 3。

表 3　课程教学资源一览表

序　号	子资源名称	数　量	资源格式
1	课程简介	1	Word
2	学习指南	1	Word
3	课程标准	1	Word
4	整体设计	1	Word
5	说课课件	1	ppt
6	说课录像	1	AVI 视频
7	教学设计（单元设计）	12	Word
8	电子教材	12	Word、swf、pdf
9	授课录像	48	AVI 视频
10	电子课件	48	ppt
11	项目实训 -> 任务单	12	Word
12	习题、试题库 -> 习题库	60 套	Word
13	课程案例	12	Word
14	学生作品	40	Word
15	课程整体考核标准	1	Word
16	课程实践考核标准	1	Word
17	课程综合素质评价标准	1	Word
18	常用工具下载	5	Word/RAR

续表

序　　号	子资源名称	数　　量	资 源 格 式
19	常见问题	30	Word
20	网络资源链接	20	Word
21	网页模板	100	RAR
22	网页特效	100	RAR
23	图形与图像	300	bmp，jpg，tiff，gif 等
24	组件与控件	120	RAR
25	源代码	200	RAR

（4）使用范围

本教程适合软件技术专业、计算机类相关专业和电子商务类专业的教学，也适合其他专业的学生和社会学习者自学。

5. 致谢

本书为“十四五”职业教育国家规划教材，也是国家职业教育软件技术专业教学资源库配套教材。

本次教材修订，为加快推进党的二十大精神进教材、进课堂、进头脑，坚持产教融合、科教融汇，对原有教材项目进行优化，如结合网站项目设计，介绍国家信创产业和国产数据库的发展，展现我国高质量发展坚实的物质技术基础与创新驱动发展战略成果，激发学生树立自立自强的信心；通过对每单元学习内容的提炼与归纳，在每单元学习目标中增加“素质目标”，强调团队协作、创新意识、工匠精神等的培养，加强思想意识的引领，将实施科教兴国战略、人才强国战略落到实处。

本书由青岛职业技术学院徐占鹏主编。其中，徐占鹏编写单元 1，单元 2，单元 3 的任务 3.1、3.2、3.4，单元 8，单元 9，单元 10。苗彩霞编写单元 3 的任务 3.3、任务 3.5、单元 4、单元 7，匡万利编写单元 5、单元 6，王伟编写单元 12、李伟编写单元 11。徐占鹏负责全书内容的设计、组织统稿定稿。

本书在编写过程中得到了深圳职业技术学院、常州信息职业技术学院、湖南铁道职业技术学院、长春职业技术学院、山东商业职业技术学院、南京工业职业技术学院、重庆电子工程职业学院、北京信息职业技术学院、淮安信息职业技术学院、武汉软件工程职业技术学院等单位的大力支持，在编写过程中，还参考了近五年来出版的 ASP.NET 技术相关的专著、教材及杂志，以及因特网上的相关资料，在此一并表示衷心的感谢。最后，感谢所有在本书写作过程中给予帮助的人。

本教材的结构是一种新的尝试，教材能否得到同行的认可，能否给教学带来新的感受，都要经过实践的检验。由于作者水平有限，难免有疏漏和不足之处，敬请读者和专家给予批评指正。

编　者

2024 年 11 月

目　　录

单元 1

项目系统分析与环境构建

学习目标

【知识目标】

- 了解系统分析与设计的方法。
- 熟练掌握 Visual Studio 2010 的安装方法。

【技能目标】

- 能够理解系统的需求分析与设计文档。
- 能够在不同环境下安装 Visual Studio 2010 开发工具。

【素质目标】

- 认知行业发展，树立良好的职业愿景。
- 培养团队协助、团队互助等意识。

教学PPT

教学录像

实训任务

教学案例

引例描述

A 和 B 都要上山砍柴，且他们的斧头都生锈了，A 没有理会，拿着斧头就上山了，由于他的斧头不锋利，砍的都是比较细的树柴，而 B 则拿来磨刀石，先把斧头磨得锋利，虽然 B 比 A 起步慢，但是他的准备工作做得好，砍柴砍得很快。最后，A 只背了小小的一捆柴下来，B 则背着一大捆的柴下来。

这个小故事说明“工欲善其事，必先利其器”。进行软件开发同样需要先准备好开发工具，本单元将在介绍课程案例“SelectOKShop 电子商务网站系统”的基础上讲解安装 Visual Studio 2010 的方法。

任务 1.1 了解电子商务网站系统

项目系统分析与环境构建

任务陈述

任务构思与目标：了解什么是电子商务网站系统，并初步对 SelectOKShop 电子商务网站进行需求分析。

任务设计：通过学习系统的分析与设计方法，对电子商务网站系统进行总体结构设计和详细设计。

微课 1.1.1 软件开发流程

知识准备

1.1.1 软件开发流程

软件开发流程如图 1-1 所示。

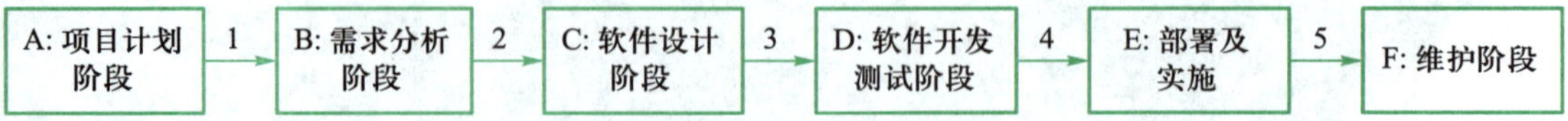

图 1-1 软件开发流程图

1. 项目计划阶段

项目计划草案和风险管理计划是软件项目开发的第一步。当有一个商业机会后，根据公司决策层制定的初步商业计划书来完成项目的计划草案，确定、分析项目风险并确定其优先级，并制定风险解决方案。本阶段的目的是确立产品开发的经济理由，确定项目的可行性，本阶段主要形成以下文档。

（1）项目计划草案

项目计划草案应包括产品简介、产品目标及功能说明、开发所需的资源、开发时间和里程碑。

（2）风险管理计划

把有可能出错或现在还不能确定的东西列出来，并制定出相应的解决方案，风险发现得越早对项目越有利。

（3）软件开发计划

软件开发计划的目的是收集控制项目时所需的所有信息，项目经理根据项目计划安排资源需求，并根据时间表跟踪项目进度。项目团队成员根据项目计划了解他们的工作任务、工作时间以及他们所依赖的其他活动。可将计划分成总体计划和详细计划，总体计划中每个任务为一个里程碑，详细计划中必须将任务落实到个人。

（4）人员组织结构定义及资源计划

常见的人员组织结构有垂直方案、水平方案和混合方案。垂直方案中每个成员充当多重角色，水平方案中每个成员充当一到两个角色，混合方案则包括了经验丰富的人员与新手相互融合。具体方案的选择根据人员实际技能情况进行选择。

（5）过程控制计划

过程控制计划的目的是收集项目计划正常执行所需的信息，用于指导项目进度的监控、计划的调整，确保项目按时完成。

2. 需求分析阶段

如果是自主研发产品，在需求阶段没有用户群的情况下，可以进行市场调研，如果是承接客户的软件项目，则需求分析阶段的目的是在系统功能方面与用户达成一致。在需求分析阶段，重要的是与用户进行沟通，对项目的业务流程、数据流进行分析与确认，并将与用户的交谈内容以文档方式进行记录，记录名称包括项目名、日期等，在需求阶段不允许有任何不确定或者是模糊的信息，如果发现不确定或模糊信息，必须和用户商谈解决办法，并做详细记录，每次得到用户需求和变更需求时，都需要用户签字，并得到用户的许可，用户签字作为以后用户变更需求的依据，并具有法律效力。

⚠ 注意：在整个开发生命周期中需求分析是最重要的部分，后续的设计与代码的实现都基于需求。

（1）软件需求规约

软件需求规约是分析任务的最终产物，通过建立完整的信息描述、详细的功能和行为描述、性能需求和设计约束的说明、合适的验收标准，给出对目标软件的各种需求。软件需求规约应包括基本的系统总体功能描述、局部功能描述、数据流图、数据字典、用例图等，通过以上资料可得到系统的总体E-R图和局部E-R图。

（2）用户界面原型

在确认用户需求时，可以通过比较直观的用户界面原型进行沟通，这样可以调动用户参与的积极性，使需求更加完善和具体。通常用图纸法（在纸上画出大概模型）、位图法（如Visio、Axure）和可执行文件法（交互式）得到用户界面的原型。

提示：原型法是指在获取一组基本的需求定义后，利用高级软件工具可视化的开发环境，快速地建立一个目标系统的最初版本，并把它交给用户试用、补充和修改，再进行新的版本开发。反复进行这个过程，直到得出系统的"精确解"，即用户满意为止。

3. 软件设计阶段

当用户需求确定后，在数据流图及E-R图全部完善后，进入软件设计阶段，本阶段包括概要设计以及详细设计两个阶段。

（1）概要设计

概要设计即设计软件的结构，包括组成模块、模块的层次结构、模块的调用关系、每个模块的功能等。同时，还需设计项目的应用系统的总体数据结构和数据库结构。概要设计阶段通常得到软件结构图。

（2）详细设计

详细设计阶段是为每个模块完成的功能进行具体的描述，要把功能描述转变为精确的、结构化的过程描述。详细设计阶段常用的描述方式包括流程图、N-S图、PAD图、伪代码等。

4. 软件开发测试阶段

现在的软件大都是采用面向对象开发方法来开发的。在开发中严格按照需求文档及设计文档的要求进行，在测试过程中采用单元测试和集成测试的方法，不仅仅要求逻辑的正确性，更重要的是要达到用户的需求。将每个模块划分给一个开发人员，要求在限定的时间里完成，如果部分模块进展受阻，找出原因、并尽快解决或考虑人员介入，尽量不要将项目周期拉长。项目周期越长，风险越大，成本越高。测试的目的是在发布之前找出程序的错误，测试工作主要包括：核实每个模块是否正常运行（参考设计文档）、核实需求是否被正确实施（参考需求文档）。

（1）测试计划

收集和组织测试信息，并设计测试用例，为测试工作提供指导。

（2）测试数据

尽量使用真实数据或边界数据对系统进行测试。

（3）测试报告

记录测试结果，详细描述问题，提出解决办法。

（4）编写帮助文档和用户操作手册

5. 部署及实施和维护阶段

项目完成后期的必要过程，但是相对比较简单，不再阐述。

思考：在软件开发的整个开发过程中最大的风险来自于人才的流失，人才的流失对于要求团队精神的软件开发来说是巨大的损失。

1.1.2 SelectOKShop 电子商务网站系统概述

1. 电子商务介绍

电子商务是伴随着信息经济的脚步，在 20 世纪 90 年代兴起于美国、欧洲等发达国家的一个新概念。电子商务实现贸易的全球化、直接化、网络化，发展电子商务是不可阻挡的趋势。目前，国际上对电子商务尚无统一的定义，通常，狭义的概念是指在开放的 Internet 及其他网络的环境下，通过服务器的运用，实现消费者的网上购物、企业间商业交易的一种新型交易运营模式。即电子商务＝ Web（服务器）＋ IT（信息技术）+ 企业业务。

微课 1.1.2 电子商务网站系统概述

（1）电子商务的类型：根据交易对象的不同，电子商务的应用包括企业与企业之间的电子商务（B2B）、企业与消费者之间的电子商务（B2C）、企业与政府之间的电子商务（B2G）、政府与消费者之间的电子商务（G2C）和企业内部的电子商务。

（2）电子商务的本质特点：电子商务的重点在于商务，电子商务的核心竞争力在于信息平台，电子商务的使命在于利用互联网技术对传统资源的整合。

2. 电子商务系统

电子商务系统一般包括 Internet 信息系统、电子商务服务商、企业、组织与消费者、实物配送和支付结算 5 个部分。这 5 部分有机地结合在一起，缺少任何一部分都可能影响网上交易的顺利进行。其中，Internet 信息系统是指企业、组织和电子商务服务商在 Internet 的基础上开发设计的信息系统。Internet 信息系统的作用是提供一个开放、安全和可控制的信息交换平台，是电子商务系统的核心和基石。本书将结合 SelectOKShop 电子商务网站系统介绍 ASP.NET Web 网站开发技术。

任务实施

1.1.3 SelectOKShop 电子商务网站系统分析

从功能的角度来考虑系统的建立和开发，该系统对组织的变化需要有一定的独立性。对公司的组织结构进行功能层次的分析，电子商务网站组织结构应该包含以下功能。

（1）客户管理：主要是收集、制定和归档与企业相关的各级客户、各级分销商、竞争对手以及供应商等经济实体的详细资料。

（2）商品管理：主要负责对公司所销售的各类产品的详细信息、出库入库、转入转出、库存调整以及与以上业务相关的各类报表的管理。

（3）销售管理：主要负责为进行销售而开展的各项活动的管理、商品的发货管理以及对商品的退货管理和对各类应收账款的管理。

（4）服务管理：将客户通过不同形式反映到公司的各类信息和服务请求进行分类汇总，并提交相关部门解决。

1.1.4 SelectOKShop 电子商务网站系统总体结构设计

总体结构设计的主要任务是将整个系统合理的划分为多个功能模块，正确地处理模块之间与模块内部的联系以及它们之间的调用关系和数据联系，并定义整个模块的内部结构。

对电子商务网站系统的数据流图采用变换中心法和事务中心法进行分析，对其逐步进行功能分解，直到分解成为含义明确、功能单一的单元功能模块，从而得到系统的功能模块结构图，即系统的功能图。电子商务网站系统功能模块结构图如图 1-2 所示。

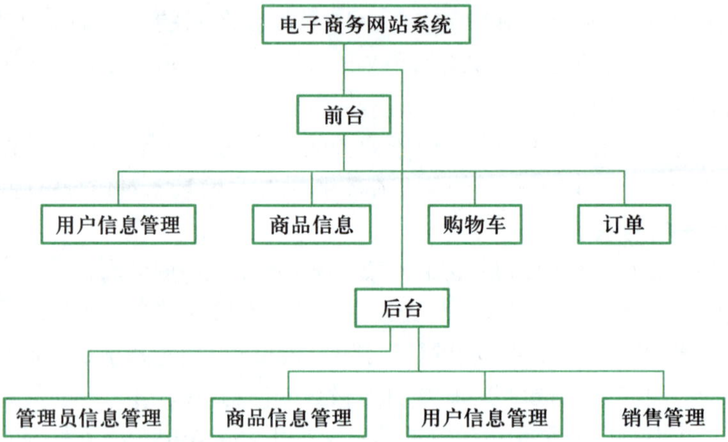

图 1-2 电子商务网站系统功能模块结构图

（1）前台模块详细功能描述

① 商品信息模块：热门商品浏览、新到商品浏览、商品分类浏览、按商品名称搜索和商品详细信息。

② 购物车模块：添加商品到购物车、购物车信息修改和结账。

③ 用户信息管理模块：注册新用户、登录、用户修改密码和用户个人资料管理。

④ 订单模块：查询个人订单列表和查询单笔订单的详细信息。

（2）后台模块详细功能描述

① 管理员信息管理：登录；添加管理员、删除管理员；修改密码；管理员日志。

② 商品信息管理：添加、删除商品类别；添加、修改、删除商品信息。

③ 用户信息管理：查询用户信息、修改账户金额。

④ 销售管理：查询某月的销售情况（包括每种商品的售出数量、相关订

单数和销售收入）。

1.1.5 SelectOKShop 电子商务网站系统详细设计

1. 数据库设计

几乎所有的 Web 项目都是基于数据库的，因此，数据库的设计在整个项目中十分重要。相关研究表明，在数据库应用系统的开发中，项目成功 50% 依赖数据库的设计。良好的数据库设计往往能够减少开发的工作量。

从数据库应用系统和开发的全过程来考虑，数据库的设计可分为 6 个阶段：需求分析、概念结构设计、逻辑结构设计、物理结构设计、数据库实施和数据库的运行与维护，按照此设计过程，数据库结构设计的不同阶段可形成数据库的各级模式。作为一个典型的电子商务系统，针对要实现的业务功能，数据库中应该具有以下模块。

① 用户信息：应包括用户编号、用户名、密码、账户金额、姓名、地址等内容。

② 商品信息：包括商品编号、商品名称、商品价格、描述以及所属类别等。

③ 购物车：用来存储用户购物的信息，如商品编号、数量等。

④ 订单：一笔完整的订单记录应包括相关商品集合、各个商品的数量等信息。

⑤ 管理员信息：与用户信息类似，包括管理员编号、登录名、密码、角色类别等。

⑥ 管理员日志：包括日志编号、发生事件以及发生时间。

本系统共涉及 9 张表，分别是用户信息表 UserInfo、商品信息表 ProductInfo、商品类别字典表 Category、购物车表 ShoppingCart、订单表 Orders、订单信息表 OrderItems、管理员信息表 Admin、管理员角色字典表 AdminRole 和管理员日志表 AdminAction。

数据库的主要设计思想：

① 尽管在需求分析中，商品类别只是商品的一个属性，但数据库设计中一般将其分离并创建单独的表。事实上，这是一种面向对象的思想，这种做法有利于系统的扩展，这样的设计更加便于使用。

② 订单可能包括多种商品且数量不一，因此用两张表共同体现订单实体。在 Orders 表中存放订单的基本信息：订单号、所属用户的编号以及下订单的时间。OrderItems 表中则存放订单的具体信息，每条记录体现某个订单所包含的某种商品的购买信息。

在本系统中数据库具体表结构的设计如下：

（1）用户基本信息表 UserInfo

用户信息表用来记录用户的基本信息，其结构见表 1-1。

表 1-1 UserInfo 表结构

编　　号	字 段 名 称	数 据 类 型	说　　明
1	UserID	Int	用户 ID（主键）
2	UserName	Nvarchar(50)	用户登录名
3	UserPwd	Nvarchar(50)	用户密码
4	Question	Nvarchar(50)	密码提示问题
5	Answer	Nvarchar(50)	密码提示问题答案
6	Acount	Decimal	账户金额
7	UserRealName	Nvarchar(50)	用户真实姓名
8	Sex	Nvarchar(50)	性别
9	Address	Nvarchar(50)	地址
10	Email	Nvarchar(50)	电子邮件
11	Zipcode	Nvarchar(50)	邮编

（2）商品信息表 ProductInfo

商品信息表用于记录商品的基本信息，其结构见表 1-2。

表 1-2 ProductInfo 表结构

编　　号	字 段 名 称	数 据 类 型	说　　明
1	ProductID	Int	商品编号（主键）
2	ProductName	Nvarchar(50)	商品名称
3	ProductPrice	Decimal	价格
4	Intro	Nvarchar(50)	商品介绍
5	CategoryID	Int	所属分类编号
6	ClickCount	Int	点击数

（3）商品分类表 Category

商品分类表用来存储商品类别信息，其结构见表 1-3。

表 1-3 Category 表结构

编　　号	字 段 名 称	数 据 类 型	说　　明
1	CategoryID	Int	商品分类 ID（主键）
2	CategoryName	Nvarchar(50)	分类名称

（4）购物车表 ShoppingCart

购物车表用来存储用户购物的信息，其结构见表 1-4。

表 1-4 ShopingCart 表结构

编　　号	字 段 名 称	数 据 类 型	说　　明
1	RecordID	Int	记录 ID（主键）
2	CartID	Nvarchar(50)	购物车 ID
3	ProductID	Int	所购商品编号
4	CreatedDate	DateTime	购物时间
5	Quantity	Int	购买数量

（5）订单表 Orders

订单表用于存储每笔订单的基本信息，其结构见表 1-5。

表 1-5 Orders 表结构

编　　号	字 段 名 称	数 据 类 型	说　　明
1	OrderID	Int	订单号（主键）
2	UserID	Int	所属用户 ID
3	OrderDate	DateTime	成交时间

（6）订单详细信息表 OrderItems

订单详细信息表用于存储订单的详细信息，其结构见表 1-6。

表 1-6　OrderItems 表结构

编　号	字段名称	数据类型	说　明
1	OrderId	Int	所属订单号（主键）
2	ProductID	Int	商品 ID（主键）
3	Quantity	Int	该商品的购买数量
4	UnitCost	Decimal	该商品的单价

（7）管理员信息表 Admin

管理员信息表与用户信息表类似，管理员信息表用来保存管理员的基本信息，其结构见表 1-7。

表 1-7　Admin 表结构

编　号	字段名称	数据类型	说　明
1	AdminID	Int	管理员 ID
2	LoginName	Nvarchar(50)	管理员登录名
3	LoginPwd	Nvarchar(50)	管理员密码
4	RoleID	Int	管理员角色 ID

（8）管理员角色表 AdminRole

管理员角色表用来存储不同的管理员角色类别，其结构见表 1-8。

表 1-8　AdminRole 表结构

编　号	字段名称	数据类型	说　明
1	RoleID	Int	角色 ID（主键）
2	RoleName	Nvarcha(50)	角色名称

（9）管理员日志表 AdminAction

管理员日志表用于记录管理员操作的每一条记录，其结构见表 1-9。

表 1-9　AdminAction 表结构

编　号	字段名称	数据类型	说　明
1	ActionID	Int	日志 ID（主键）
2	Action	Nvarchar(50)	角色名称
3	ActionDate	DateTime	日志时间
4	AdminID	Int	所属管理员编号

（10）新闻信息表 News

新闻信息表主要用于存储网站的新闻内容，其结构见表 1-10。

表 1-10　News 表

编　号	字段名称	数据类型	说　明
1	NewsID	Int	新闻 ID
2	NewsName	Nvarchar(100)	新闻标题
3	NewsDate	DateTime	新闻发布时间
4	NewsAuthor	Nvarchar(30)	新闻发布者
5	NewsContent	Text	新闻内容

2. 用户界面设计

目前，界面设计已成为评价软件质量的重要指标之一，一个软件系统的成功与否，很大程度上取决于用户使用人机界面、人机对话的体验或感受。所谓用户界面是指软件系统与用户交互的接口，也是控制和选择信息输入输出的主要途径，通常包括输入、输出、人机对话的界面与方式等。用户界面设计应坚持友好、简便、实用、易于操作的原则，应避免过于繁琐和花哨。

本系统采用了基于B/S结构的菜单、表格、简单提示等友好的人机交互方式，用户界面示意图如图1-3所示。

图1-3 系统基本用户界面示意图

界面最上方是电子商务网站系统主菜单区，显示系统登录等主要菜单，用户通过鼠标选择访问登录页面。界面左边是各模块信息链接区，具体体现各子功能模块信息，用户可通过鼠标选择所需信息。当用户选择了所需功能后，系统进入相应的业务处理功能模块，整个业务处理活动在显示区域进行，并显示相应的查询结果信息。当用户业务处理完毕后系统返回主界面，当用户不使用时，可选择退出系统。

3. 处理过程设计

处理过程设计要根据模块划分以及结构化程序设计的基本原则，对每个程序模块中的详细处理过程进行设计，设计工具包括程序流程图、盒图（N-S图）、过程设计语言、判定树、判定表等，本系统中采用的是程序流程图，电子商务网站前台系统程序流程图，如图1-4所示。

思政小课堂
数字经济

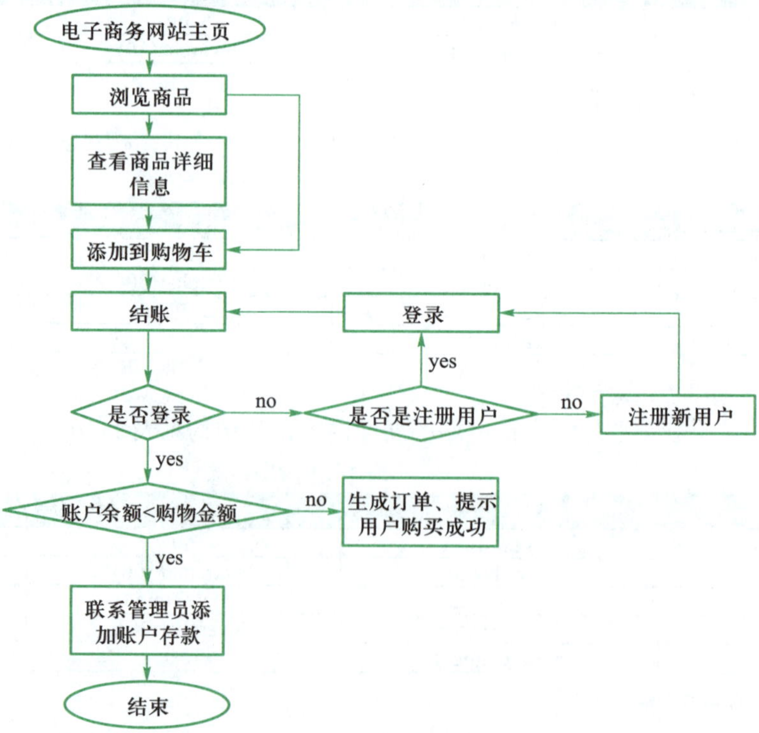

图1-4 电子商务网站前台系统程序流程图

任务拓展

1.1.6 电子商务系统 Web 平台的开发方式

1. Web 平台的动态设计技术

目前比较流行的 Web 开发技术有 CGI、ASP、PHP、JSP、ASP.NET 等。本单元电子商务系统的开发主要采用了目前比较流行的，来自微软公司的 Web 动态设计技术 ASP.NET。.NET 框架是 .NET 平台中居于核心地位的编程引擎，提供了 .NET 代码的公共运行环境和一个语言无关的基本类库。

2. Web 平台的体系结构

Web 平台的三层分布式体系结构如图 1-5 所示。

图 1-5 Web 平台的三层分布式体系结构

三层分布式体系结构的第 1 层是客户端表示层（客户层），是整个应用系统的图形界面表示；处于第 2 层的应用服务层，包含一台或多台服务器，其中 Web 服务器主要负责对客户端应用程序的集中管理，应用服务器（Application Server）主要负责应用逻辑的集中管理，即事务处理；处于第 3 层的是数据中心层，包含数据库系统，主要负责数据的存储和组织、数据库的分布式管理、数据库的备份和同步等。

电子商务的应用可以看作一个客户与电子商务站点之间的一系列交互过程。整个交互过程从客户端所浏览的一个页面开始。用户单击该页面上的一个按钮或链接则产生一个请求，该请求通过 HTTP 协议传递到 Web 服务器上，Web 服务器将页面中的请求及有关数据提取出来并传给应用服务器，应用服务器调用相关的商务逻辑，实际上是一个 Web 应用程序，进行相应的处理，从外部数据库服务器存取数据，然后将结果传回 Web 服务器，Web 服务器再将数据结果转换为页面的形式传给浏览器，于是在客户端产生了新的页面。该页面是这一次请求的结果，也是下一次请求的开始页面。

3. Web 服务器平台

在电子商务系统的开发中，Web 服务器平台的选择是至关重要的，Web 服务器平台包括 Web 服务器操作系统和 Web 服务器软件，而 Web 服务器软件通常又决定了将采用什么样的操作系统。Web 服务器平台决定了电子商务网站的可靠性、对客户的服务能力，以及为了维持网站运行所需要付出的代价。只有选择了正确的产品并进行正确的设计，电子商务系统才可以成为商家和顾客之间沟通的良好平台。三种最常用的 Web 服务器平台分别是：基于 Apache

HTTP Server 的服务器平台、基于网景的 NES 的服务器平台、基于微软公司的 IIS（Internet Information Server）的服务器平台。微软公司的 Windows Server + IIS 架构的 Web 服务器平台功能强大，配置灵活，支持目前流行的多种服务器端开发技术，开发成本低、周期短、维护相对简单，适合中小企业进行电子商务系统的开发，本案例采用了基于微软公司的 IIS 的 Web 服务器平台。

微软公司的 IIS 是 Internet 中流行的 WWW 服务器软件，既适用于小网站，也适用于交易量很大的企业级网站。目前，IIS 只能运行在 Windows NT 或 Windows Server 上，IIS 内有一个集成的搜索引擎，允许用户用多种工具（包括 ASP、ActiveX Data Objects 以及 SQL 数据库查询）创建搜索表，IIS 允许用远程浏览器对服务器进行管理，支持多个虚拟主机。此外，IIS 引入的 ASP 技术可以很方便地利用它创建动态网页。Windows Server +IIS 的架构是当前非常流行的一种 Web 服务器平台，其配置和开发都比较容易，适合中小企业开发 B2C 型的电子商务系统。

项目实训

【实训目的】

掌握系统分析与设计的方法。

【实训内容】

编写新闻发布网站的系统分析与设计文档。

任务 1.2 安装 Visual Studio 2010 集成开发环境

任务陈述

任务构思与目标：安装 Visual Studio 2010 集成开发环境。

任务设计：参照微软公司发布的 Visual Studio 2010 安装指南进行安装。

知识准备

微课 1.2 集成开发环境

1.2.1 Visual Studio 2010 集成开发工具概述

集成开发环境（简称 IDE）软件是用于程序开发环境的应用程序，一般包括代码编辑器、编译器、调试器和图形用户界面工具。即集成了代码编写功能、分析功能、编译功能、debug 功能等一体化功能的开发软件套。所有具备这一特性的软件或者软件套（组）都可称为 IDE。如微软公司的 Visual Studio

系列，Oracle 公司的 Eclipse 系列，Borland 公司的 C++ Builder、Delphi 系列等。

1. Visual Studio 2010 安装支持的操作系统

Windows XP (x86) with Service Pack 3 - all editions except Starter Edition

Windows XP (x64) with Service Pack 2 - all editions except Starter Edition

Windows Vista (x86 & x64) with Service Pack 1 - all editions except Starter Edition

Windows 7 (x86 and x64)

Windows Server 2003 (x86 & x64) with Service Pack 2

Windows Server 2003 R2 (x86 and x64)

Windows Server 2008 (x86 and x64) with Service Pack 2

Windows Server 2008 R2 (x64)

2. Visual Studio 2010 安装的硬件环境要求

计算机 CPU 主频：1.6 GHz 或以上

内存：1 024 MB 或以上

硬盘：3 GB 或以上的硬盘空间、5 400 RPM

显示：DirectX 9 以上的显卡

其他：DVD-ROM 光驱

3. Visual Studio 2010 版本情况

目前有 5 个版本：专业版、高级版、旗舰版、测试版和学习版。

① 专业版：专业版（Professional）面向个人开发人员，提供集成开发环境、开发平台支持、测试工具等。

② 高级版：高级版（Premium）：创建可扩展、高质量程序的完整工具包，相比专业版增加了数据库开发、Team Foundation Server（TFS）、调试与诊断、MSDN 订阅、程序生命周期管理（ALM）等。

③ 旗舰版：旗舰版（Ultimate）：面向开发团队的综合性 ALM 工具，相比高级版增加了架构与建模、实验室管理等。

④ 测试专业版：测试专业版（Test Professional）：简化测试规划与人工测试执行的特殊版本，包含 TFS、ALM、MSDN 订阅、实验室管理和测试工具。

⑤ 学习版：学习版 Visual Studio 2010（Express）是一个免费工具，从本质上讲，Visual Studio 2010 Express 是轻量级版本。

任务实施

1.2.2 安装 Visual Studio 2010

1. 运行安装程序文件

把含有 Visual Studio 2010 软件的光盘放入到计算机的光驱中，运行其中的

"Setup.exe"程序文件将出现如图 1-6 所示的软件安装界面。

2. 安装向导

单击【安装 Microsoft Visual Studio 2010】超级链接，打开如图 1-7 所示的安装向导界面，此时安装程序正在加载安装组件。

图 1-6 Visual Studio 2010 软件安装界面

图 1-7 Visual Studio 2010 软件安装向导界面

3. 选项页

在图 1-8 所示界面左侧【选择要安装的功能】部分选择【自定义】选项，可单击【浏览】按钮选择安装的目录，通过【所需磁盘空间】查看硬盘空间和所需空间。

4. 选择要安装的功能

在如图 1-8 所示界面中单击【下一步】按钮打开如图 1-9 所示的"选择要安装功能"界面，根据需要选择需安装的功能后单击【安装】按钮，即打开如图 1-10 所示的"程序安装"界面，安装过程中会提示重启计算机，重启后自动继续安装，直到出现图 1-11 所示的"成功安装完成"界面，单击【完成】按钮后可继续安装产品文档。

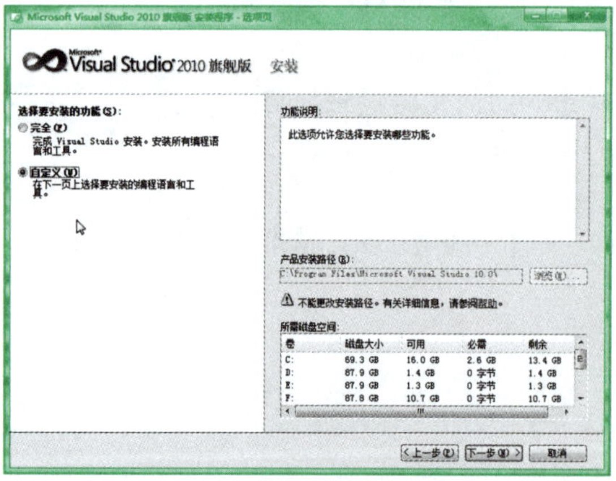

图 1-8 安装程序选项页

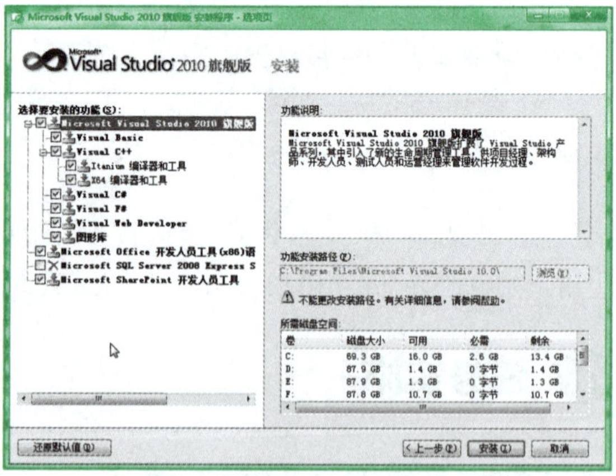

图 1-9 选择要安装的功能

5. 任务运行

选择【开始→所有程序→ Microsoft Visual Studio 2010】菜单命令，即可

运行该软件，如图 1-12 所示，首次运行 Visual Studio 2010，会打开【选择默认环境设置】对话框，选择【Visual C# 开发设置】选项，单击【启动 Visual Studio】按钮即打开如图 1-13 所示的 Visual Studio 2010 软件运行主界面，即说明已经成功建立了用于软件开发的集成开发环境（IDE）。

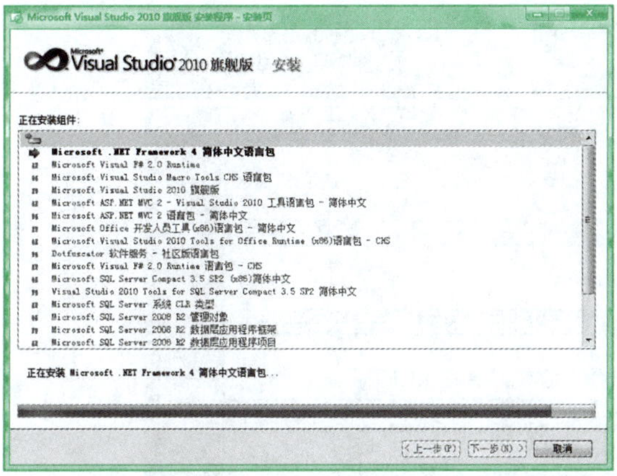

图 1-10　安装程序安装页

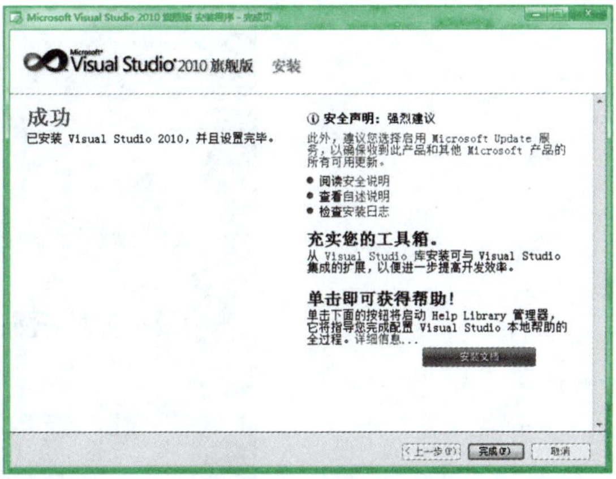

图 1-11　成功安装完成界面

图 1-12　启动 Visual Studio 2010

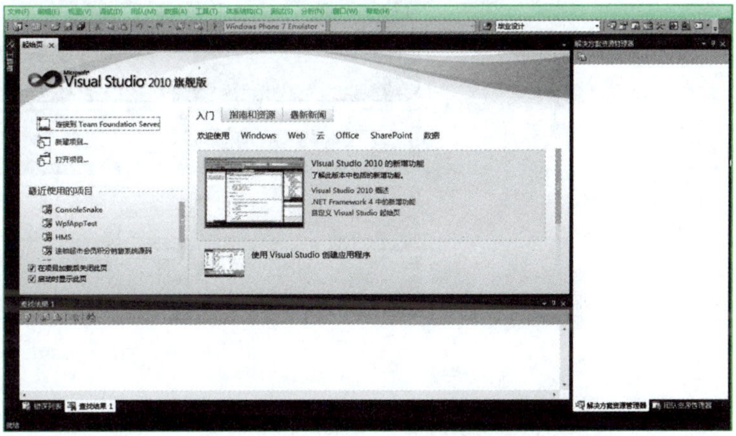

图 1-13　Visual Studio 2010 主界面

思考：请查阅资料，了解 Visual Studio 各个版本（2012、2013、2015、2017、2019、2022）的区别。调研哪一版本应用得比较广泛，并分析其与 Visual Studio 2010 的兼容性问题。

任务拓展

1.2.3　Visual Studio 与 .NET Framework

.NET 是一种连接即把人、机器、信息通过 .NET 平台连接在一起，.NET 就是 .NET Framework、Visual Studio 和开发出的应用（ASP.NET、WinForms 等）的总称。

Microsoft Visual Studio 是微软公司开发的一款程序开发平台软件，其功能非常强大且使用方便，.NET Framework 架构图如图 1-14 所示。

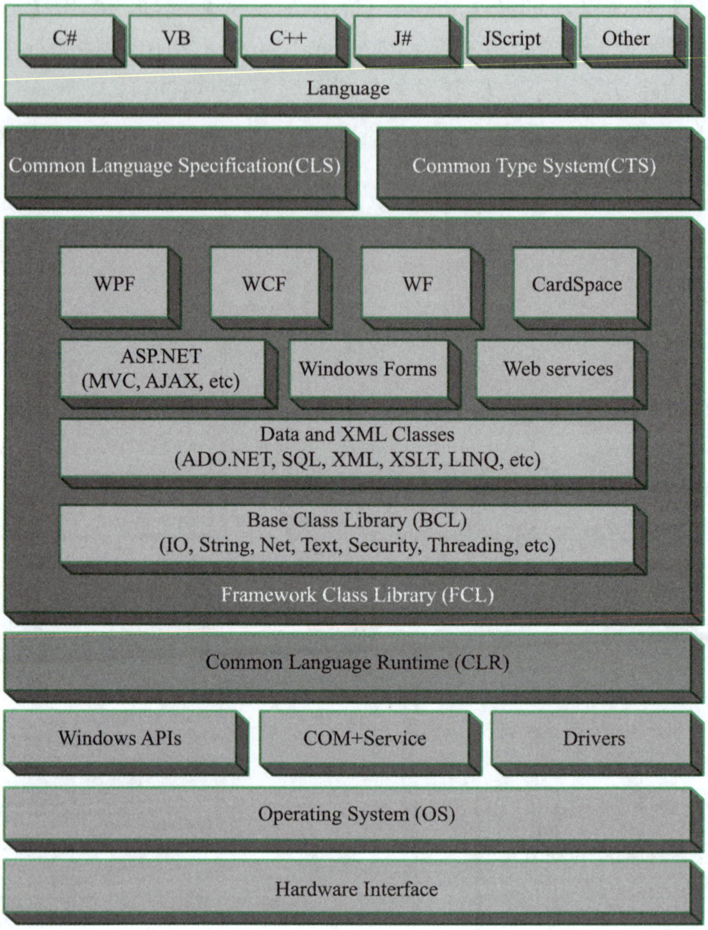

图 1-14 .NET Framework 架构图

.NET Framework 包括以下 3 部分：Common Language Runtime（CLR，所有 .NET 程序语言公用的执行时期组件）、共享对象类别库（提供所有 .NET 程序语言所需要的基本对象）和重新以组件的方式写成的 ASP.NET（旧版本则是以 asp.dll 提供 ASP 网页所需要的对象）。

其架构如图 1-14 所示。

.NET Framework 具体实现的目标如下。

① 提供一个一致的面向对象的编程环境，而无论对象代码是在本地存储和执行，还是在本地执行但在 Internet 上发布，或者是在远程执行的。

② 提供一个将软件部署和版本控制冲突最小化的代码执行环境。

③ 提供一个可提高代码（包括由未知的或不完全受信任的第三方创建的代码）执行安全性的代码执行环境。

④ 提供一个可消除脚本环境或解释环境的性能问题的代码执行环境。使开发人员的经验在面对类型不同的应用程序（如基于 Windows 的应用程序和

基于 Web 的应用程序）时保持一致。按照工业标准生成所有通信，以确保基于 .NET Framework 的代码可与其他代码集成。

.NET Framework 具有两个主要组件：公共语言运行库和 .NET Framework 类库。公共语言运行库是 .NET Framework 的基础，可以将运行库看作一个在执行时管理代码的代理，提供内存管理、线程管理、远程处理等核心服务，并强制实施严格的类型安全以及可提高安全性和可靠性的其他形式的代码准确性。事实上，代码管理是运行库的基本原则，以运行库为目标的代码称为托管代码，不以运行库为目标的代码称为非托管代码。.NET Framework 的另一个主要组件是类库，类库是一个综合性的面向对象的可重用类型集合，用户可以使用类库开发多种应用程序，这些应用程序包括传统的命令行或图形用户界面（GUI）应用程序，也包括基于 ASP.NET 所提供的最新更新的应用程序（如 Web 窗体和 XML Web Services）。

提示：.NET Framework 4.5 发行于 2012 年 8 月 16 日，是支持生成和运行下一代应用程序和 Web 服务的内部 Windows 组件。.NET Framework 的关键组件为公共语言运行库（CLR）和 .NET Framework 类库（包括 ADO .NET、ASP .NET、Windows 窗体、Windows Presentation Foundation（WPF）和 Windows Workflow Foundation（WF））。.NET Framework 提供了托管执行环境、简化的开发和部署以及与各种编程语言的集成。

1.2.4 MSDN 简介

MSDN（Microsoft Developer Network）是微软公司面向软件开发者的一种信息服务。MSDN 实际上是一个以 Visual Studio 和 Windows 平台为核心整合的开发虚拟社区，包括技术文档、在线电子教程、网络虚拟实验室、微软产品下载（几乎全部的操作系统、服务器程序、应用程序和开发程序的正式版和测试版，还包括各种驱动程序开发包和软件开发包）、Blog、BBS、MSDN WebCast、与 CMP 合作的 MSDN 杂志等一系列服务。

MSDN 库为使用 Microsoft® 工具、产品、技术和服务的开发人员提供必不可少的信息资源。MSDN 库包含操作方法、参考文档、示例代码、技术文章等内容，可浏览目录或使用搜索功能查找所需内容。目前微软公司停止了 CD 版本 MSDN 的订阅，仅可以选择 DVD 订阅，而在国内，微软公司推出了以硬盘为介质的 MSDN 订阅，用户只需将硬盘连接 Internet，内置软件会自动下载最新更新，或者直接通过微软 MSDN 官方网站访问。

项目实训

【实训目的】

掌握 Visual Studio 2010 及 MSDN 的安装方法。

【实训内容】

① 在自己的计算机上安装 Visual Studio 2010。

② 在自己的计算机上安装 MSDN。

单元小结

本单元主要介绍了软件开发的流程和课程案例（SelectOKShop 电子商务网站系统）的需求及设计，讲解了安装 Visual Studio 2010 的方法和步骤，本单元是本书的基础。

评价体系表

专业能力测评表

（在□中打√，A 理解，B 基本理解，C 未理解）

专业核心能力	评价指标	自测结果		
理解软件开发流程	1. 理解软件开发流程	□A	□B	□C
	2. 读懂软件需求及设计文档	□A	□B	□C
能够安装 Visual Studio 2010 开发工具	1. 安装 Visual Studio 2010 开发工具的步骤	□A	□B	□C
	2. 理解 .NET Framework	□A	□B	□C
学生签字：	教师签字：	年	月	日

职业能力测评表

（在□中打√，A 通过，B 基本通过，C 未通过）

职业核心能力	评价指标	自测结果		
自我管理能力	1. 培养自己的责任心	□A	□B	□C
	2. 能够管理自己的时间	□A	□B	□C
	3. 所学知识的灵活运用	□A	□B	□C
合作交流能力	1. 知道如何尊重他人的观点	□A	□B	□C
	2. 能与其他人有效沟通	□A	□B	□C
	3. 能获取信息并反馈信息	□A	□B	□C
解决问题能力	1. 能够有效使用信息资源	□A	□B	□C
	2. 能客观分析事物的现状	□A	□B	□C
	3. 能发现并解决常规问题	□A	□B	□C
设计创新能力	1. 能够提出有价值的观点	□A	□B	□C
	2. 能够运用不同的思维方式	□A	□B	□C
	3. 能够制定创新方案并实施	□A	□B	□C
	能获取信息并反馈信息	□A	□B	□C
学生签字：	教师签字：	年	月	日

单元 2

母版、主题和皮肤

学习目标

【知识目标】

- 了解网页和 ASP.NET 网站的基础知识。
- 熟练掌握新建网站和网页的方法和步骤。
- 熟练掌握 CSS 的定义和使用方法。
- 掌握 CSS 的常用属性。
- 掌握网站皮肤的创建和使用。
- 掌握网站主题的创建和应用。
- 熟练掌握网站母版的设计。

【技能目标】

- 能够新建网站项目。
- 能够使用 CSS 统一网站风格。
- 能够创建控件的皮肤并应用。
- 能够创建网站的主题并应用。
- 能够通过母版规划网站页面结构布局，并熟练应用。

【素质目标】

- 具备一定的整体观、健康高雅的审美情趣和正确的审美观点、知识。
- 具有一定的创新意识和素质。
- 养成精益求精、一丝不苟的工匠精神。

教学PPT

PPT

教学录像

源代码

教学案例

引例描述

一个网站是一个不可分割整体，设计较好的网站与其他网站最大的区别是拥有一致的观感，许多网站都有特有的颜色主题和字体组合，随着网站中网页数量的增多，如果网页的风格不一致，则会给用户造成混乱的感觉。

在开始设计站点时，应了解网站设计应具备的原则，在网站设计和制作中要注意以下两点。

① 网站中网页的外观设计和内容应相互独立。这样，若修改一个网页的外观设计（标题、布局或格式）或内容不会相互影响。

② 站点要有统一的风格和布局。整个站点可以有同样的颜色、图标和布局。

单元 1 中介绍了电子商务网站案例和开发环境的构建，现在读者可以通过学习逐步实现该案例，根据上述原则，要建立网站首先要设计网站的风格、布局及导航等。

ASP.NET 2.0 提供使用母版页创建网页的功能，该功能一直沿用至 ASP.NET 4.0。ASP.NET 母版可以创建页面布局（母版页），可以对网站中的选定页或所有页（内容页）使用该页面布局。使用母版页可以极大地简化为站点创建统一的风格和布局的任务。本单元主要介绍通过 Visual Studio 2010 创建网站项目，并利用母版、主题和皮肤设置网站布局和统一风格。学习完本章内容后，读者将熟悉 ASP.NET 网站项目的基本概念，可以设计网站的布局和风格。本单元主要采用项目驱动法、讲授法和实践教学法，通过电子商务网站整体规划与布局项目驱动，引出课程内容，讲授教学法通过教师课堂授课实施，通过课堂和课后实践，完成项目实施。

新建网站

任务 2.1 新建网站

任务陈述

任务构思与目标：根据需求新建电子商务网站项目 SelectOKShop，创建一个网页，作为测试页，并为网页设置背景图片，并运行测试页，运行结果如图 2-1 所示。

微课 2.1 网页基础知识

任务设计：创建一个 Web 网站项目，命名为“SelectOKShop”，添加放置网站图片的文件夹“image”，插入已经存在的图片，添加一个测试网页，设置网页的背景并输出“Hello World!”字符串，最终运行。

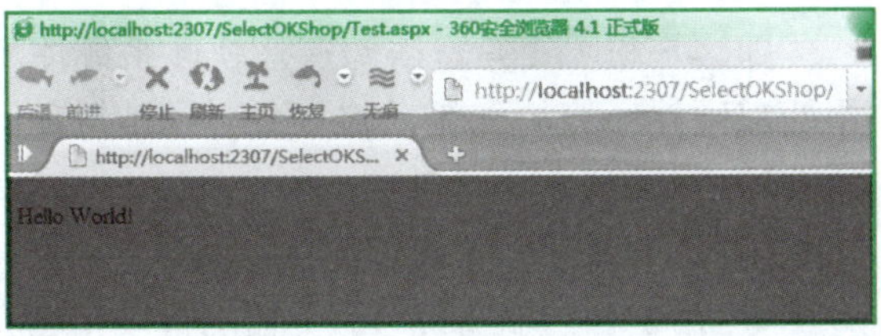

图 2-1 测试页运行结果

新建网站

PPT

知识准备

2.1.1 网页基础知识

1. B/S 结构与 C/S 结构简介

（1）B/S（Browser/Server）结构

即浏览器 / 服务器结构。B/S 结构是随着 Internet 技术的兴起，对 C/S 结构的一种变化或者改进的结构。在 B/S 结构中，用户工作界面通过 WWW 浏览器实现，少量事务逻辑在前端（Browser）实现，其主要事务逻辑在服务器端（Server）实现，形成所谓三层架构。因此，大大简化了客户端计算机负荷，减轻了系统维护与升级的成本和工作量，降低了用户的总体成本。

① B/S 结构的优点如下。

- 具有分布式特点，可以随时随地进行查询、浏览等业务处理。
- 业务扩展简单方便，通过增加网页即可增加服务器功能。
- 维护简单方便，只需改变网页即可实现所有用户的同步更新。
- 开发简单，共享性强。

② B/S 结构的缺点如下。

- 个性化特点明显降低，无法实现具有个性化的功能要求。
- 以鼠标为最基本的操作方式，无法满足快速操作的要求。
- 页面动态刷新，响应速度明显降低。
- 无法实现分页显示，给数据库访问造成较大的压力。
- 功能弱化，难以实现传统模式下的特殊功能要求。

近年来，随着软硬件技术发展和人们认识水平的提高，Web 应用得到广泛的普及，一方面在互联网浪潮的推动下，基于互联网的信息共享和电子商务不断发展，与新浪、搜狐等类似的大型网站不断涌现出来，另一方面，随着 .NET、Java、CGI 等网络技术的成熟，基于 B/S 结构的大型软件逐渐显示出巨大的优势。同时也产生了一个焦点问题，什么样的服务器能够满足不同用户的需求，如何保证 Web 服务器能够长期稳定地运行，为了满足这样的需求

Web 测试也就同样变得十分重要。

（2）C/S（Client/Server）结构

即客户机 / 服务器结构，是软件系统体系结构，通过 C/S 结构可以充分利用两端硬件环境的优势，将任务合理地分配到 Client 端和 Server 端，降低了系统的通信开销。

① C/S 结构的优点如下。

- 由于客户端实现与服务器的直接相连，没有中间环节，因此响应速度快。
- 操作界面友好、形式多样，可以充分满足用户的个性化要求。
- C/S 结构的管理信息系统具有较强的事务处理能力，能够实现复杂的业务流程。

② C/S 结构的缺点如下。

- 需要专门的客户端安装程序，分布功能弱，针对点多面广且不具备网络条件的用户群体，不能实现快速部署安装和配置。
- 兼容性差，对于不同的开发工具，具有较大的局限性。若采用不同工具，则需要重新改写程序。
- 开发成本较高，需要具有一定专业水准的技术人员才能完成。

思考：淘宝网和即时通讯工具腾讯 QQ 是什么结构的软件？

2. 网页简介

网页是用户上网浏览网站时看到的页面，网页通过浏览器呈现在用户计算机上。用户只需在浏览器的地址栏中输入网站地址，如 "www.baidu.com"，打开的页面即一个“网页”。网站是一个具有多个网页的站点，如 "www.baidu.com" 就是一个网站的地址，用户通过该地址访问网站，网站可以包含多个相关的网页。图 2-2 是百度网站的一个网页，也是百度网站的主页。

图 2-2 百度网站主页

Web 标准即网站标准，目前通常所说的 Web 标准一般指网站建设采用基于 XHTML 语言的网站设计语言，Web 标准中典型的应用模式是“CSS+DIV”。实际上，Web 标准并不是某一个标准，而是一系列标准的集合。

3. 静态网页和动态网页

网页分为静态网页和动态网页。制作简单的静态网页只需使用 HTML 语言，HTML 语言是一门非常简单的语言，主要通过标签完成网页的基本设置。以下代码是一个比较完整的 HMTL 语言结构。

```
<html>
    <head> <!-- 网页的标题等标头内容 --> </head>
```

```
		<body>
				<!-- 网页的主要内容 -->
		</body>
</html>
```

其中，标签都是成对出现，如“<html></html>”。html 是 HTML 语言开始的标记，代表这是一段 HTML 代码。“<head></head>”是一个页面的“头”，一般包括该页面的主题和一些需要调用的页面样式。“<body></body>”是页面的“身体”，主要用于编写页面的内容。以下是一个完整静态页面的实例，该页面的运行效果如图 2-3 所示，其中，“title”表示当前页面的主题，显示在浏览器的顶端。

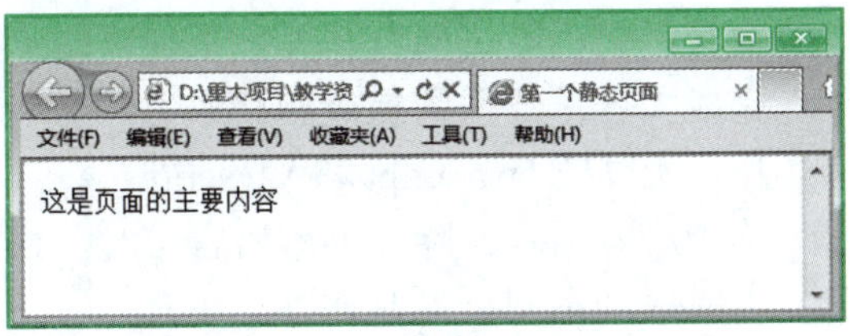

图 2-3　一个简单的静态网页

【实例 2-1】

```
<html>
	<head>
			<title> 第一个静态页面 </title>
	</head>
	<body>
			这是页面的主要内容
	</body>
</html>
```

静态网页属于第一代网页，只显示基本内容，但是无法与用户交互，因此，引入动态网页设计。动态网页包括静态部分和动态部分，静态部分由 HTML 语言组成，而动态部分则由 JavaScript 或 VBScript 组成。VBScript 只能用在 IE 浏览器上，JavaScript 则更为通用，可以在任意浏览器上使用。以下是添加了 JavaScript 代码的动态网页代码，若要在网页中添加 JavaScript 代码，则必须添加“script”标记，并使用“language”属性指明脚本使用的语言。

【实例 2-2】

```
<html>
		<head>
			<title> 第一个动态页面 </title>
				<script language="javascript"><!-- 指明脚本的语言 -->
				function jiaohu()			<!-- 按钮调用的方法 -->
				{
				  alert(“您单击了提交按钮”);<!-- 单击按钮后弹出一个提示框 -->
				}
				</script>
		</head>
<body>
```

```
        <input type="text" name ="txt" />
        <input type="button" name="Submit" value=" 提交 " onclick="jiaohu()" />
    </body>
    </html>
```

实例2-2中代码生成的页面如图2-4所示，用户可以输入内容，单击【提交】按钮，浏览器会根据 JavaScript 的设计响应交互信息。

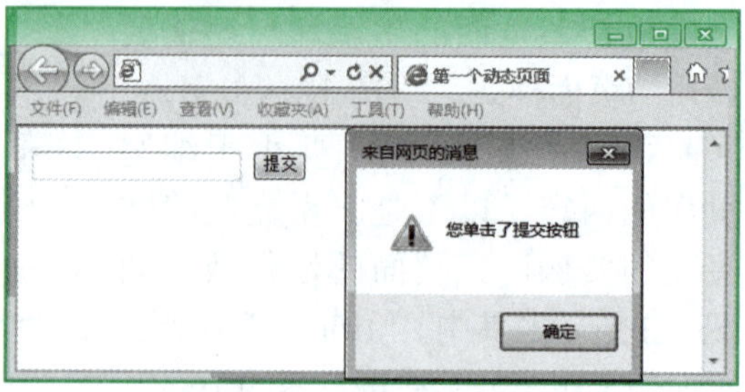

图 2-4 动态网页的交互

JavaScript 虽然可以完成部分交互，但不能访问数据库，不能完成大容量数据的提交和获取工作，所以把 JavaScript 和 VBScript 称为脚本语言。除了脚本语言可以完成动态网页的制作外，还有多种服务器端开发语言也可以完成动态网页的制作，如 ASP、JSP、ASP.NET 等，服务器端语言可以实现与数据库的交互，可以反馈数据到浏览器，实现用户与服务器的完整交互。本书主要介绍的对象就是 ASP.NET，确切地说，ASP.NET 不是编程语言，而是一种网页开发技术，ASP.NET 的底层语言是 C# 语言。

4. 动态网站原理

（1）动态网站工作原理

动态网站工作原理通常由浏览器发送请求给服务器，服务器接收到请求后根据请求进行处理，最后将处理结果返回给客户端显示，如图 2-5 所示。

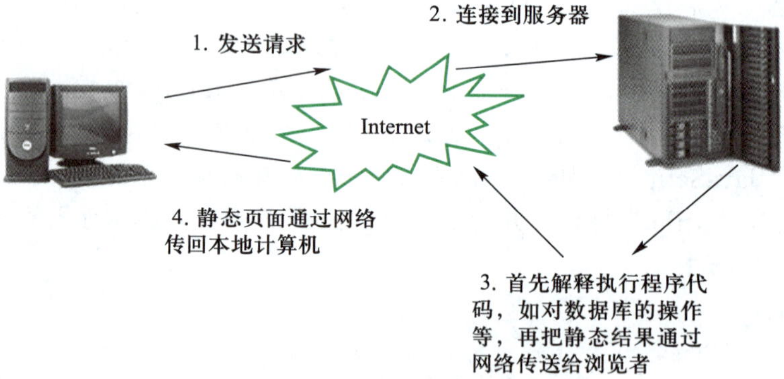

图 2-5 动态网站的工作原理

（2）客户端通用请求

不管是在 ASP、PHP、ASP.NET 或 JSP 里都存在以下请求方法。

① 表单提交

表单是 HTML（用 HTML 类称 XHTML 等，下同）中的一个标记，没有显示意义，相当于一个容器，当该表单中的某个按钮，发生单击事件后，浏览器首先检测到该事件，接着寻找该按钮所在的表单中所有可以向服务器传送数据的元素，记录这些数据的标记、数值，然后发送给服务器上指定处理页面，该指定处理页面由表单的 action 属性指定：<from action="xxxx.aspx" mothed="post"></from>。例如，在论坛中发表文章，在文本框输入信息后单击【提交】按钮，浏览器将该文本框中信息传递给服务器，mothed 代表表单提交方法。

② 地址定位

地址定位一般不传递参数或将参数作为地址的一部分传递给服务器端。如一个网页地址：http://www.xx.com/product.aspx?&id=10，该地址告诉服务器找到“product.aspx”文件并接收参数 id=10，这样，程序就会处理该页面，根据参数读出数据写进 HTML 文件中再传递给客户端。

（3）ASP.NET 处理过程

ASP.NET 的处理过程不同于脚本语言的处理过程，与 JSP 处理过程基本相同。当服务器端监听程序检测到请求时，则验证请求，并启动执行对应的 ASP.NET 源程序，该源程序是由 IL 语言编写而成，IL 语言属于一种接近机器语言的中间语言，即不管用什么语言编写的 ASP.NET 程序最终得到的都是 IL 语言程序，IL 语言可以直接操纵物理设备，执行运算，生成最终结果并输出。

2.1.2 ASP.NET 网站基础知识

ASP.NET 4.0 是基于 .NET 4.0 框架的动态页面开发技术，其秉承了 ASP.NET 的组件开发技术，提供 Web 开发所需要的大部分组件，如登录、验证、数据源管理、数据显示、网页导航设计等。开发人员使用 ASP.NET 4.0 不仅可以开发出美观的界面，还可以通过后台技术实现数据管理、动态页面更新等功能。

ASP.NET 4.0 是基于 C# 开发语言的一种动态页面开发技术，其提供了一系列网站开发所需要的组件，开发人员只需轻松拖曳就可以完成界面的设计和实现，被称为动态页面开发利器。评判一种开发技术，需要从开发速度和运行效率来考虑。ASP.NET 4.0 提供丰富的组件，其开发速度比普通 Web 开发技术更快。在 ASP.NET 4.0 中，共提供了 10 类组件，如图 2-6 所示，其中，不包括【常规】组件。

图 2-6 ASP.NET 4.0 提供的组件

ASP.NET 4.0 中各类组件的基本功能如下。

① 标准：提供页面最基本的服务器控件，如按钮、标签、文本框等，是常用的页面控件。

② 数据：包括数据显示控件和数据源控件，数据显示控件即常用的网格控件 GridView 等，数据源控件是用于读取数据源的控件，如读取 SQL Server 数据库的 SqlDataSource、支持 LINQ 查询的 LinqDataSource 等。

③ 验证：用来检查页面上用户的输入信息，如文本框是否填写、两个密码框内容是否相等信息的检查。

④ 导航：使用页面导航控件可以方便于用户在网站中进行页面导航，实现在一个复杂的网站中进行页面之间的跳转，如 treeview、menu 等。

⑤ 登录：常用的注册、登录、密码找回等控件，方便用户的注册和管理。

⑥ WebParts：通常称为 Web 部件，可在网页上设计不同的区域，用户也可以自定义网页的区域，效果类似于现在比较流行的博客。

⑦ AJAX Extensions：AJAX 组件，可支持动态局部刷新页面，还可以从微软的 AJAX 网站上，下载更多的 AJAX 组件，实现最新的 Web 2.0 功能。

⑧ 动态数据：最新的动态控件，用于实时更新数据。

⑨ 报表：封装了水晶报表组件，可方便地定制各种财务报表。

⑩ HTML：最普通而又最常用的客户端组件，一般用于客户端，不与服务器交互。若要与服务器交互，应尽量使用标准类中的组件，这是由于在 ASP.NET 4.0 中削弱了 HTML 控件的服务器处理功能，因此尽量把 HTML 控件和标准控件区分开。

任务实施

2.1.3 新建网站项目

1. 运行开发环境

启动 Visual Studio 2010（简称 VS 2010）软件。

2. 新建网站

选择【文件→新建→网站】菜单命令，打开【新建网站】对话框。在【已安装的模板】中选择【Visual C#】选项，然后选择版本，这里选择【.NET Framework 4.0】，再选择【ASP.NET 空网站】选项。在【Web 位置】下拉列表中选择【文件系统】选项，在其后的输入文本框中输入网站的位置“D:\SelectOKShop”，或者单击【浏览】按钮选择网站位置，如图 2-7 所示。单击【确定】按钮，即可在 Visual Studio 2010 中完成新建 SelectOKShop 网站。

微课 2.2 新建网站

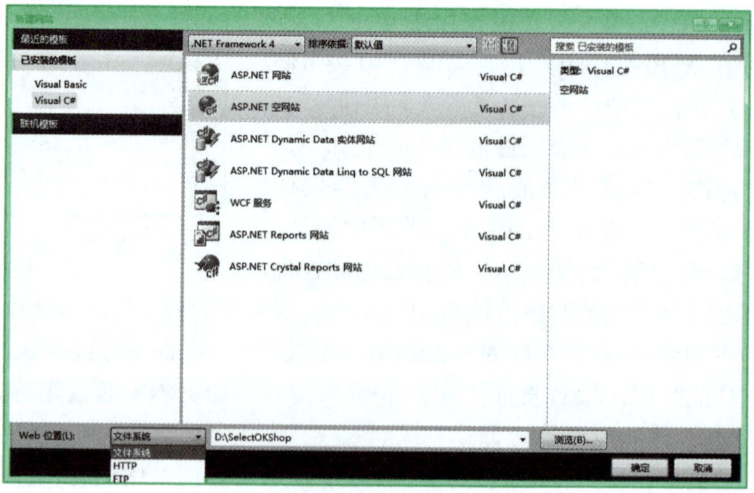

图 2-7 新建网站 SelectOKShop

打开 SelectOKShop 网站的【解决方案资源管理器】选项卡，如图 2-9 所示。由图可知 SelectOKShop 网站已经包含了一个默认页面“web.config”。

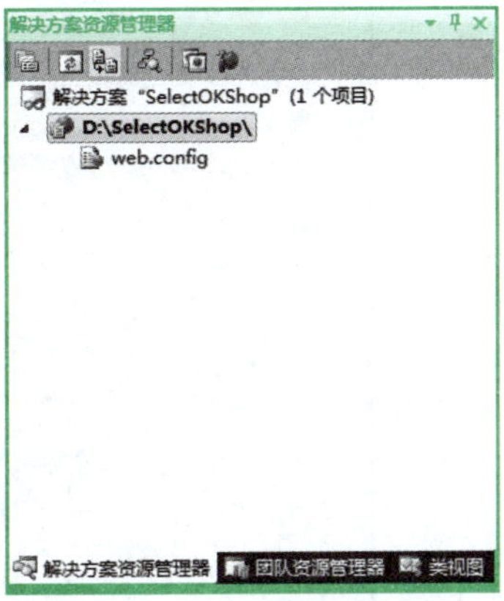

图 2-8 【解决方案资源管理器】选项卡

3. 添加网站测试网页

在图 2-8 所示的网站“D:\SelectOKShop”选项上单击右键，在弹出快捷菜单中选择【添加新项】菜单命令，打开【添加新项】对话框，如图 2-9 所示，选择【Web 窗体】选项，在【名称】文本库处将默认的“Default.aspx”文件名改为“Test.aspx”，选中【将代码放在单独的文件中】复选框，表示采用代码后置的方式，即将程序代码单独存放在新文件“Test.aspx.cs”中。单击【添加】按钮，则网页 Test.aspx 被添加到 SelectOKShop 网站项目中。

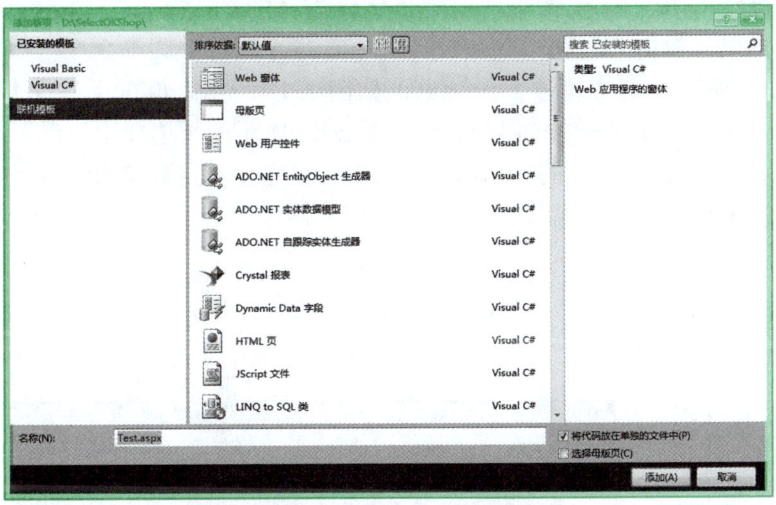

图 2-9 【添加新项】对话框

4. 网添加站文件夹和引入文件

选中【解决方案资源管理】下的“D:\SelectOKShop”选项并单击鼠标右键，在弹出的快捷菜单中选择【新建文件夹】菜单命令，将新建的文件夹命名为“image”。选中“image”文件夹，单击鼠标右键，在弹出的快捷菜单中选择【添加现有项】菜单命令，打开【添加现有项】对话框，如图 2-10 所示，修改文件类型，选择文件“sea.jpg”，单击【添加】按钮，则“sea.jpg”被添加到“image”文件夹中。

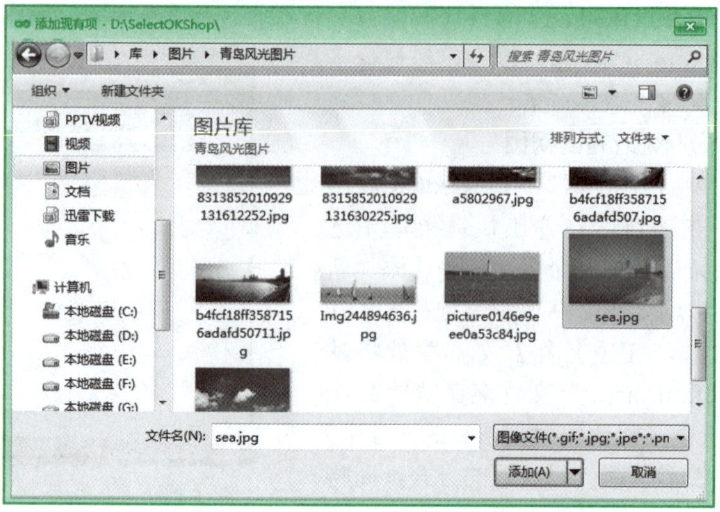

图 2-10 【添加现有项】对话框

5. 设置网页背景

鼠标双击 Test.aspx 网页，切换到 Web 窗体的设计视图，在网页的空白位置，单击鼠标右键，在弹出的快捷菜单中选择【属性】菜单命令，打开 Test.aspx Web 窗体页的【属性】对话框，如图 2-11 所示。单击【属性】窗口中【Background】对应的[...]按钮，打开如图 2-12 所示的【选择项目项】对话框，选择“image”文件夹下的“sea.jpg”文件，单击【确定】按钮，则“sea.jpg”图片即为 Test.aspx 网页背景。

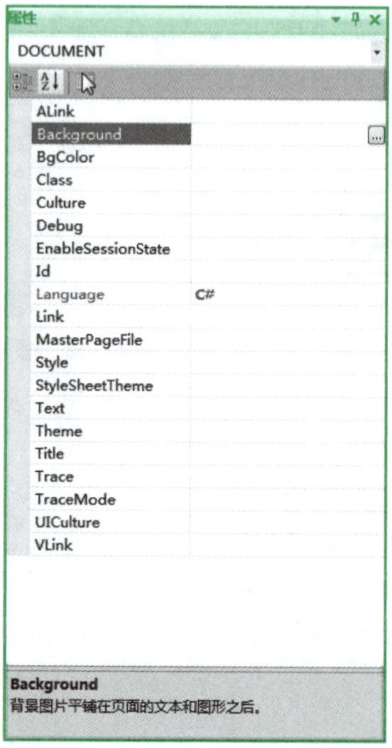

图 2-11 Web 窗体页的属性

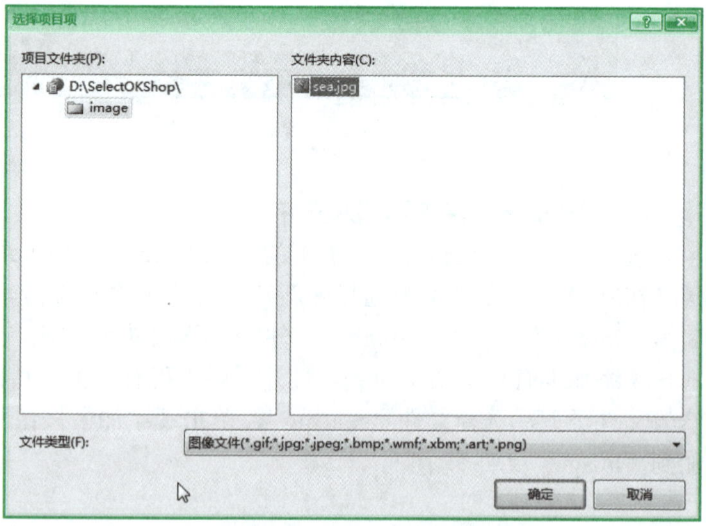

图 2-12 【选择项目项】对话框

6. 建立后台程序文件

在 Web 窗体文件“Test.aspx”的设计视图中双击页面空白处，打开程序文件“Test.aspx.cs”，并自动生成 Page_Load() 页面加载方法，在该方法中输入 Response.Write("Hello World! ")，代码如下。

```
protected void Page_Load(object sender, EventArgs e)
{
    Response.Write("Hello World!");// 在网页中输出 Hello World!
}
```

上述代码的功能是用 Response.Write() 输出“Hello World!”字符串。

⚠ 注意：符号的中英文区别。

2.1.4 运行网站项目

1. 直接运行网站项目

保存文件后，切换到窗体文件“Test.aspx”，按 F5 键或选择【调试→启动调试】菜单命令，打开如图 2-13 所示的“未启用调试”对话框，选中【修改 Web.config 文件以启动调试】单选按钮，单击【确定】按钮，在默认的浏览器中运行结果如图 2-2 所示，或直接在“Test.aspx”文件上单击鼠标右键，在弹出的快捷菜单中选择【在浏览器查看】菜单命令，运行结果与图 2-2 一致。

2. 在 IIS 中运行网站项目

为了通过 Internet 访问 SelectOKShop 网站，可使用 IIS 发布该网站，即配置 SelectOKShop 网站，具体操作步骤如下。

（1）打开【Internet 信息服务】窗口，右键单击【默认网站】节点，在弹出的快捷菜单中选择【新建→虚拟目录】菜单命令，打开【虚拟目录创建向导】对话框，如图 2-14 所示。

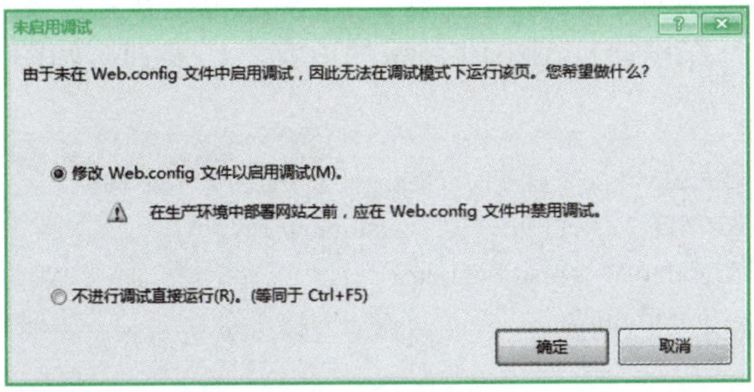

图 2-13　“未启用调试”对话框

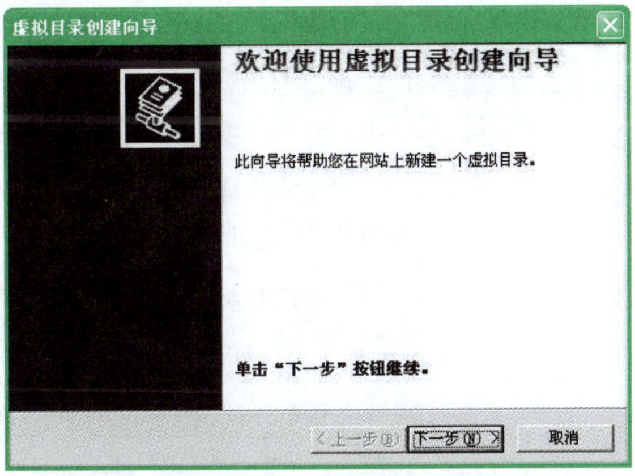

图 2-14　配置 SelectOKShop 网站（1）

（2）单击【下一步】按钮，进入【虚拟目录别名】界面，在【别名】输入文本框中输入“Sample”，如图 2-15 所示。

（3）单击【下一步】按钮，进入【网站内容目录】界面，设置网站的目录为“D:\ Sample”，如图 2-16 所示。

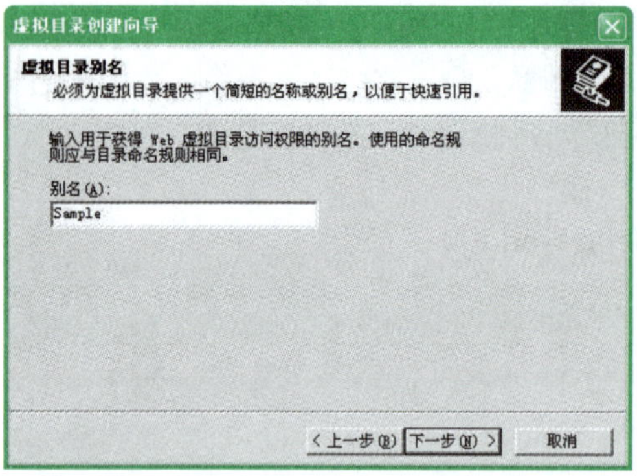

图 2-15 配置 SelectOKShop 网站（2）

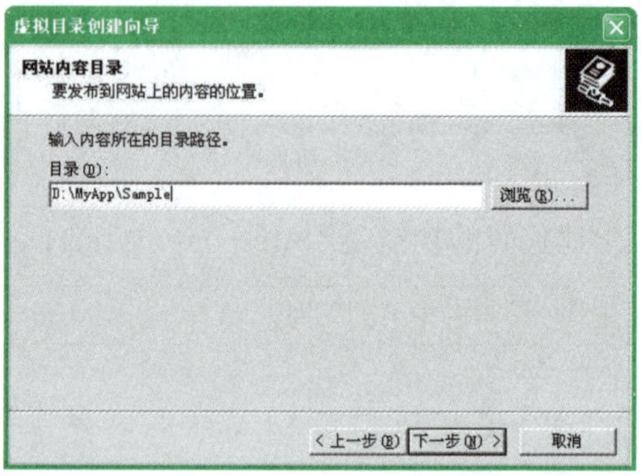

图 2-16 配置 SelectOKShop 网站（3）

（4）单击【下一步】按钮，进入【访问权限】界面，选中【读取】和【运行脚本】复选框，如图 2-17 所示。

（5）单击【下一步】按钮，提示“已成功完成虚拟目录创建向导”，即完成了网站的配置，如图 2-18 所示。

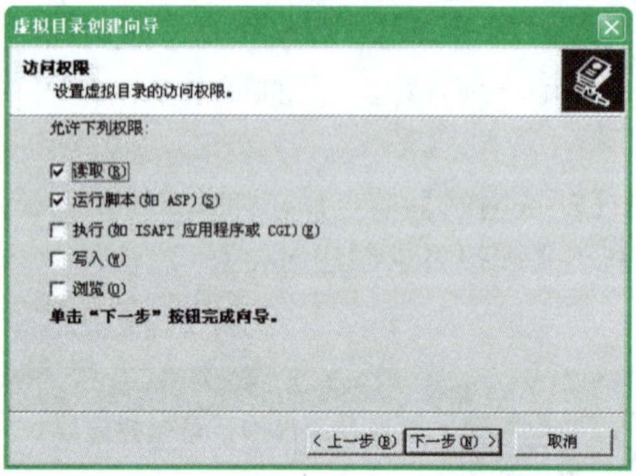

图 2-17 配置 SelectOKShop 网站（4）

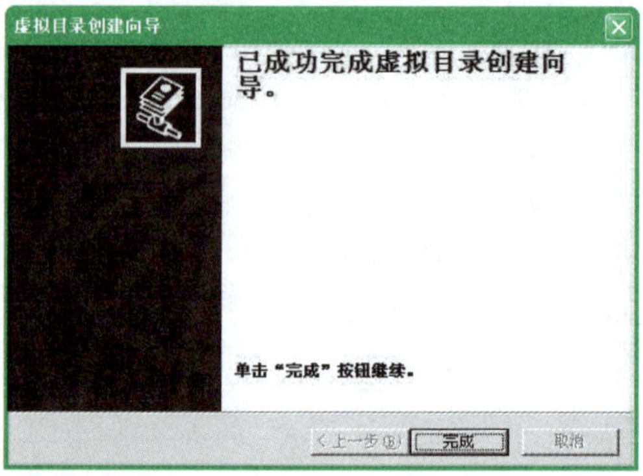

图 2-18 配置 SelectOKShop 网站（5）

查看相应的文件“Test.aspx”在设计视图中没有添加内容，切换到原始图中可以看到如下代码：

```
<%@ Page Language="C#" AutoEventWireup="true" CodeFile="Test.aspx.cs" Inherits="Test" %>
<!DOCTYPE html PUBLIC "-//W3C//DTD XHTML 1.0 Transitional//EN"
"http://www.w3.org/TR/xhtml1/DTD/xhtml1-transitional.dtd">
<html xmlns="http://www.w3.org/1999/xhtml">
<head runat="server">
    <title></title>
</head>
<body background="image/sea.jpg">
```

```
        <form id="form1" runat="server">
        <div>
        </div>
        </form>
    </body>
    </html>
```

相应的程序文件“Test.aspx.cs”的 Page_Load 事件中添加源代码如下：

```
protected void Page_Load(object sender, EventArgs e)
{
    Response.Write("Hello World!");
}
```

任务拓展

2.1.5 网站类型

1. 在建立 ASP.NET 网站时可以建立 3 种类型的网站

文件系统网站是指将页面和其他文件存储在本地计算机上的选定文件夹中的网站。

创建文件系统网站项目时，可以指定网站文件的位置，网站文件的位置可以是本地硬盘上的文件夹或其他计算机上的共享文件夹。Visual Studio 也可以创建文件夹，并用所选网站项目模板中的文件填充该文件夹。例如，如果使用 ASP.NET 网站模板创建网站项目，Visual Studio 会在用户指定的位置中创建默认页（如“Default.aspx”）和默认文件夹（如“App_Data”）。

本地 IIS 网站将文件存储在本地 IIS 根目录（通常为“\Inetpub\wwwroot\”）的子文件夹中。创建或打开一个本地 IIS 网站项目时，Visual Studio 会创建一个项目文件用于管理网站文件，该项目文件存储少量信息，项目信息针对每个用户分别存储。

FTP 站点将文件存储在远程服务器上，可通过文件传输协议（FTP）进行访问，远程网站将文件存储在用户能够访问的远程服务器上。创建远程 IIS 网站项目时，Visual Studio 在远程计算机上执行将网站作为 IIS 应用程序运行所需的所有任务，在创建站点时指定的路径下为网站项目创建一个或多个文件夹，然后为所选的网站项目模板创建文件。

2. 新建网站与新建 ASP.NET Web 应用程序的区别

使用 VS 2010 制作网站项目可以选择：“新建网站”或“新建 Asp.net Web 应用程序”。

ASP.NET Web 应用程序方式适合相对较大的系统，WebSite 模式即“新建网站”，比较适合中小型企业网站，具体区别如下。

（1）ASP.NET Web 应用程序编程模型的优点是网站编译速度快，使用了增量编译模式，仅文件被修改后，修改部分才会被增量编译进去。ASP.NET Web 应用程序可以指定网站项目生成单一程序集，该程序集是独立的程序集，因此和其他项目一样，可以指定应用程序集的名字、版本、输出位置等信息。

① 可以将网站拆分成多个项目便于管理。

② 可以从项目中和源代码管理中排除一个文件。

③ 更强大的代码检查功能，并且检查策略受源代码控制。

④ 可以对编译前后进行自定义处理。

⑤ 对 App_GlobalResources 的 Resource 强类支持。

（2）WebSite 编程模型的主要优势是可以动态编译该页面，可以实时查看效果，不用编译整个站点，从而可以使错误的部分和使用的部分相互独立，同时可以把一个目录作为一个 Web 应用处理，直接复制文件就可以发布，不需要项目文件，适合中小站点开发。

2.1.6 网站文件

新建 ASP.NET 网站生成的文件说明如下。

① Project：项目，主要用于构建业务比较复杂的程序，如管理系统等。

② Website：网站，用于构建简单的网站等。

③ Solution：解决方案，一个方案可以包含多个项目。

④ Properties：用于存放的是整个项目的属性文件。

⑤ 引用：该目录用于管理整个项目所需要的命名空间。

⑥ App_Data：存放系统需要，但用户不能直接访问的资源（如数据库文件）。

⑦ Default.aspx：默认的 Web 页面。

⑧ Default.aspx.cs：用户可编辑的，用于存放事件处理程序和用户声明的方法。

⑨ Web.config：存放对整个站点的配置信息。

2.1.7 ASP.NET 页面

创建一个 ASP.NET 空白网站 WebSite3，此时该网站只有一个 web.config 配置文件。通过右击该项目名称，在弹出的快捷菜单中选择【添加新项】菜单命令，在打开的【添加新项】对话框中选择【Web 窗体】选项，单击【确定】按钮，添加一个最简单的页面“Default.aspx”。此时项目中只有 3 个文件：“web.config”“Default.aspx”和“Default.aspx.cs”。其中“web.config”是网站必需的配置文件，“Default.aspx”是网站的前台文件，“Default.aspx.cs”是网站的后台文件。

前台文件其实就是网页的界面设计，一般用于呈现各种网页布局，后台文件用于处理用户与服务器的交互，包括处理非常复杂的功能，如读取数据、保存用户的操作等。

1. 前台文件

打开“Test.aspx”文件，其第 1 行代码如图 2-19 所示。

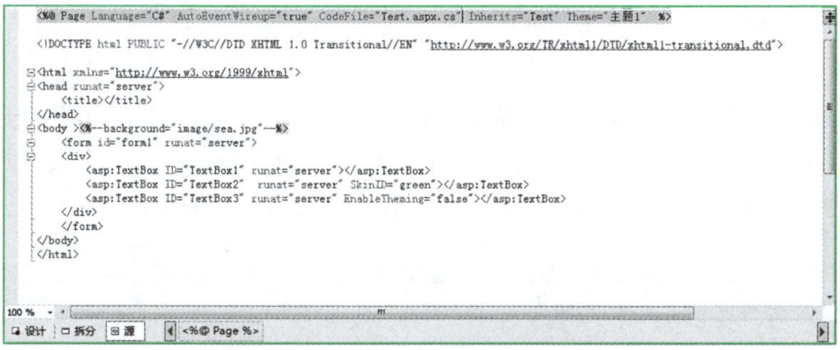

```
<%@ Page Language="C#" AutoEventWireup="true" CodeFile="Test.aspx.cs" Inherits="Test" Theme="主题1" %>

<!DOCTYPE html PUBLIC "-//W3C//DTD XHTML 1.0 Transitional//EN" "http://www.w3.org/TR/xhtml1/DTD/xhtml1-transitional.dtd">

<html xmlns="http://www.w3.org/1999/xhtml">
<head runat="server">
    <title></title>
</head>
<body ><%--background="image/sea.jpg"--%>
    <form id="form1" runat="server">
    <div>
        <asp:TextBox ID="TextBox1" runat="server"></asp:TextBox>
        <asp:TextBox ID="TextBox2"  runat="server" SkinID="green"></asp:TextBox>
        <asp:TextBox ID="TextBox3" runat="server" EnableTheming="false"></asp:TextBox>
    </div>
    </form>
</body>
</html>
```


图 2-19　前台文件

其中包含设置当前网页的开发语言和关联的后台文件。“Language”属性用于设置开发语言“CodeFile”用于设置与当前前台文件关联的后台文件是“Default.aspx.cs”。

前台文件包括设计、拆分和源 3 种模式。在设计模式下，以所见即所得的样式显示当前页面的设计，即程序员看到的样式就是网页的最终样式。在源模式下，显示的是当前页面的 HTML 源代码。在拆分模式下，当前界面被分为上下两部分：一部分是设计模式的内容，一部分是源模式的内容，这种模式可以在修改源代码后，立刻显示页面最终布局。

2. 后台文件

打开“Test.aspx.cs”文件，如图 2-20 所示，主要包括以下 3 部分。

```
using System;
using System.Collections.Generic;
using System.Linq;
using System.Web;
using System.Web.UI;
using System.Web.UI.WebControls;

public partial class Test : System.Web.UI.Page
{
    protected void Page_Load(object sender, EventArgs e)
    {
        Response.Write("Hello World!");
    }
}
```

图 2-20　后台文件

（1）命名空间的引用

.NET 4.0 提供了多个命名空间，用于分类封装 Web 开发的类库，开发人员可以直接调用这些类库中的方法，通过调用代码就能实现复杂的功能。应用命名空间使用 using 关键字，以分号结束。其中 System 命名空间是最基础的类库，所有的页面和窗体都必须先引用 System 命名空间。

（2）当前页面所属的类

默认类名为“_Default”，可以看到在类定义时，用到了关键字 partial，其表示该类定义是整个类的一部分，也就是在其他地方还有此类的其他定义。被隐藏的主要是对页面中相关控件的定义，这些定义自动生成，不需要开发人员关注。

（3）生成的页面事件 Page_Load

该事件发生在页面被加载的时候，即用户打开页面时。所有的事件都必须有两个参数：sender 和 e。sender 表示事件的发起者，e 用于设置事件中需要的参数。

用户看到的是前台文件，操作前台文件后，才会调用后台文件的内容，若当前的界面只是用来显示一些内容，则后台文件不需要定义。若要调用其他类库，如使用 XML 文件的类，只需使用 using 关键字引用相关的命名空间即可。

⚠ 注意：前台 aspx 页面是 HTML 代码以及 C# 提供的特定标签，而动态的处理通过后台 cs 文件的 C# 代码进行处理，实现了页面和处理分离，思路清晰。

3. ASP.NET 网页代码模型

ASP.NET 提供两个用于管理可视元素和代码的模型，即单文件页模型和代码隐藏页模型。这两个模型功能相同，可以使用相同的控件和代码。

（1）单文件页模型

在单文件页中，标记、服务器元素以及事件处理代码全都位于同一个 aspx 文件中。在对该页进行编译时，编译器将生成和编译一个从 Page 基类派生或从使用 @ Page 指令的 Inherits 属性定义的自定义基类派生的新类。

以下代码示例演示一个单文件页，该页中包含一个 Button 控件和一个 Label 控件，突出显示的部分是 script 块中 Button 控件的 Click 事件处理程序。

【实例 2-3】 单文件页模型输出当前时间。

```
<%@ Page Language="C#" %>
        <html>
          <head>    <title>Single-File Page Model</title>        </head>
    <script runat="server"> void Button1_Click(Object sender, EventArgs e){ Label1.Text =
"Clicked at " + DateTime.Now.ToString();}
    </script>
      <body>
        <form runat="server">
            <div> <asp:Label id="Label1" runat="server" Text="Label"> </asp:Label> <br />
            <asp:Button id="Button1" runat="server" onclick="Button1_Click"
Text="Button"> </asp:Button>
        </div>
        </form>
    </body>
    </html>
```

script 块可以包含页面所需的多行代码，代码包含页中控件的事件处理程序、方法、属性及通常在类文件中使用的其他代码。在运行时，单文件页被作为从 Page 类派生的类进行处理，该页不包含显式类声明，但编译器将生成将控件作为成员包含的新类。

（2）代码隐藏页模型

在代码隐藏页模型中，页的标记和服务器元素（包括控件声明）位于 aspx 文件中，而用户的页代码则位于单独的代码文件中。该代码文件包含一个分部类，即具有关键字 partial 的类声明，表示该代码文件只包含构成该页的完整类代码的一部分。在分部类中，添加应用程序要求该页所具有的代码。该类代码通常由事件处理程序构成，但也可以包括用户需要的其他方法或属性。

代码隐藏页的继承模型比单文件页的继承模型要复杂一些，其模型生成的步骤如下。

① 代码隐藏文件包含一个继承自基页类的分部类。基页类可以是 Page 类，也可以是从 Page 派生的其他类。

② aspx 文件在 @ Page 指令中包含一个指向代码隐藏分部类的 Inherits 属性。

③ 在对该页进行编译时，ASP.NET 将基于 aspx 文件生成一个分部类，该类是代码隐藏类文件的分部类，生成的分部类文件包含页控件的声明。使用该分部类，用户可以将代码隐藏文件用作完整类的一部分，而无需显式声明控件。

④ ASP.NET 生成另外一个在③中生成的类继承的类。生成的第 2 个类包含生成该页所需的代码，生成的第 2 个类和代码隐藏类将编译成程序集，运行该程序集可以在浏览器显示。

【实例 2-4】 添加一个 SamplePage.aspx 新项，选中【添加新项】对话框的【将代码放在单独的文件中（P)】复选项，单击【确定】按钮后，代码位于 SamplePage.aspx.cs（C#）文件中。

在代码隐藏页模型中，前面部分中使用的单文件页示例分成两个部分。标记位于一个文件中（在本实例中为 SamplePage.aspx），并且与单文件页类似，其代码如下。

```
<%@ Page Language="C#" CodeFile="SamplePage.aspx.cs"
Inherits="SamplePage" AutoEvent Wireup="true" %>
    <html>
    <head runat="server" >    <title>Code-Behind Page Model</title> </head>
    <body>
        <form id="form1" runat="server">
         <div> <asp:Label id="Label1" runat="server" Text="Label" > </asp:Label> <br />
        <asp:Button id="Button1" runat="server" onclick="Button1_Click" Text=
"Button"> </asp:Button>
         </div>
    </form>
</body>
</html>
```

在单文件页模型和代码隐藏页模型之间，aspx 页有两处差别。第一，在代码隐藏页模型中，不存在具有 runat="server" 属性的 script 块（若要在页中编写客户端脚本，则该页可以包含不具有 runat= "server" 属性的 script 块）。第二，代码隐藏页模型中的 @ Page 指令包含引用外部文件（SamplePage.aspx.cs）和类的属性，这些属性将 aspx 页链接至其代码。

代码位于单独的文件中。以下代码示例演示一个与单文件页的示例包含相同 Click 事件处理程序的代码隐藏文件。

```
protected void Button1_Click(object sender, EventArgs e)
{
    Label1.Text = "Clicked at " + DateTime.Now.ToString();
}
```

代码隐藏文件包含默认命名空间中的完整类声明，但类是使用 partial 关键字进行声明的，这表明类并不整个包含于一个文件中。而在页运行时，编译器将读取 aspx 页以及其在 @ Page 指令中引用的文件，将它们汇编成单个类，并作为一个单元编译为单个类。

单文件页模型和代码隐藏页模型功能相同。在运行时，这两个模型以相同的方式执行，而且二者没有性能差异。因此，页模型的选择取决于其他因素，例如，要在应用程序中组织代码的方式、将页面设计与代码编写分开是否重要等。

代码隐藏页的优点使其适用于包含大量代码或多个开发人员共同创建网站的 Web 应用程序。代码隐藏页模型的优点如下。

① 代码隐藏页可以清楚地分隔标记（用户界面）和代码。可以在开发人员编写代码的同时让设计人员处理标记。

② 代码并不会向仅使用页标记的页设计人员或其他人员公开。

③ 代码可在多个页中重用。

4. Web 窗体语法

ASP.NET Web 窗体页是扩展名为 aspx 的声明性文本文件。除静态内容外，还可以使用 8 个独特的语法标记元素。以下介绍这些语法元素并提供示例说明它们的用法。

（1）呈现代码语法：<% %> 和 <%= %>

代码呈现块由 <% ...%> 元素表示，允许自定义控件内容显示，并且在 Web 窗体页执行的呈现阶段执行。以下示例说明如何使用代码呈现块实现在 HTML 内容上循环。

```
<% for (int i=0; i<8; i++) { %>
    <font size="<%=i%>"> Hello World! </font> <br>
<% } %>
<%@ Page Language="C#" %>
<html>
  <body>
    <% for (int i=0; i<8; i++) { %>
       <font size="<%=i%>"> Hello World! </font> <br>
    <% } %>
  </body>
</html>
```

只执行由 <% ...%> 括起来的代码，但计算包含等号的表达式（<%= ...%>），并将结果显示为内容。因此，<%="Hello World" %> 呈现与 C# 代码 <% Response.

Write("Hello World"); %> 相同的内容。

（2）声明代码语法：<script runat="server">

代码声明块定义将编译为生成的 Page 类的成员变量和方法，代码声明块可用于创建页 / 导航逻辑。以下示例说明在 <script runat="server"> 块内声明 Subtract 方法，并从页中调用该方法。

```
<script language="C#" runat=server>
int subtract(int num1, int num2) {
 return num1 - num2;
}   </script>
<%    ...    number = subtract(number, 1);    ...   %>
<html>
  <script language="C#" runat=server>
      int subtract(int num1, int num2) {
        return num1-num2;
      }
  </script>
  <body>
     <%   int number = 100;
        while (number > 0) {
           Response.Write(" 值：" + number + "<br>");
           number = subtract(number, 1);
        }     %>
  </body>
</html>
```

（3）服务器注释语法：<%-- 注释 --%>

服务器注释使页开发人员能够防止服务器代码（包括服务器控件）和静态内容执行或呈现。以下示例说明如何阻止内容执行和发送到客户端。注意，<%-- 和 --%> 之间的内容将被筛选掉，仅在原始服务器文件中可见。

```
<%@ Page Language="C#"%>
<html>
  <body>
    <%--
      <asp:calendar id="MyCal" runat=server/>
      <% for (int i=0; i<45; i++) { %>
          Hello World <br>
      <% } %>
    --%>
  </body>
</html>
```

5. ASP.NET 工作原理

在大多数情况下，可以将 ASP.NET 页面简单地看成一般的 HTML 页面，页面上包含标记有特殊功能的一些代码段。当安装 .NET 时，本地的 IIS Web 服务器会自动配置以查找扩展名为 .aspx 的文件，且用 ASP.NET 模块（名为“aspnet_isapi.dll”的文件）处理这些文件。

ASP.NET 被描述为一门技术而不是一种语言，ASP.NET 页面可以用不同语言生成。本书选择 C# 语言，并利用它介绍 ASP.NET 技术。选择 C# 语言，是因为它对于初学者来说是最为简单的，而且它可以完成其他 .NET 语言能够完成的大多数功能，同时，其随 ASP.NET 免费提供。

本书在介绍 C# 语言的同时介绍 ASP.NET 的功能，换言之，将利用 C# 语言创建 Web 页面，利用 ASP.NET 驱动 Web 页面。在系统学习 C# 之前，本书将从创建动态 Web 页面的角度介绍 C# 语言。

总之，ASP.NET 是服务器端技术，允许用户利用功能完善的编程语言创建 Web 页面，其运行原理如图 2-21 所示。

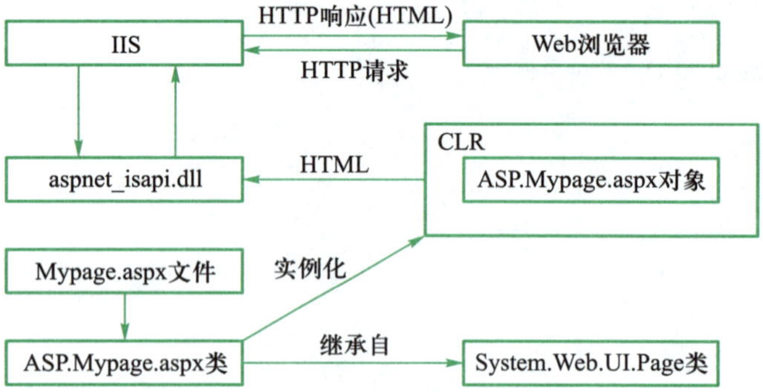

图 2-21 ASP.NET 运行原理

项目实训

【实训目的】

① 掌握网站创建的方法。

② 掌握网页创建和编辑网页的方法。

【实训内容】

① 新建一个个人网站。

② 在网站中添加一个 Web 页，输出个人信息，包括姓名、性别、邮箱账号、生日等信息。

CSS 样式的设计与应用

任务 2.2 CSS 样式的设计与应用

任务陈述

任务构思与目标：创建样式表文件，设置网站全局样式及常用元素样式规则，并应用到页面中，完成一个页面布局的设计，任务运行结果如图 2-22 所示：

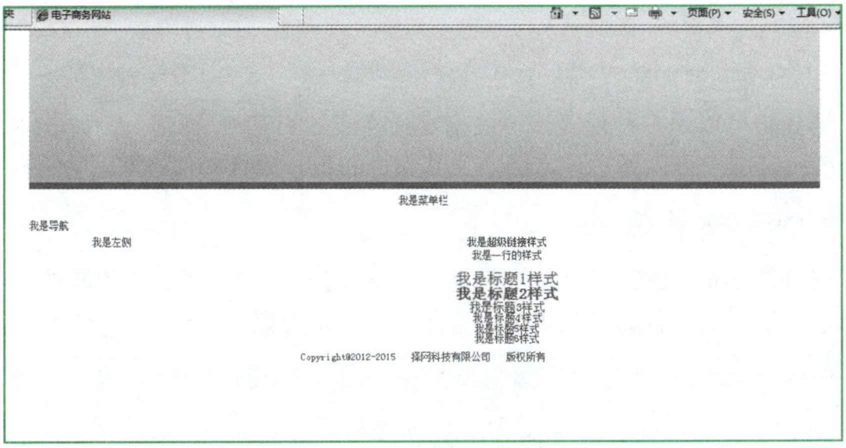

图 2-22 页面运行效果

微课 2.3 CSS 样式的设计与应用

任务设计：创建样式表文件，命名为“StyleSheet.css”，进行网站整体样式设计，应用样式文件，进行页面布局设计，并预览设计效果。

知识准备

CSS 样式的设计与应用

PPT

2.2.1 用 CSS 样式设计 Web 页面

1. CSS 简介

在任何 Web 应用程序的开发过程中，CSS（Cascading Style Sheet，级联样式表）都是非常重要的页面布局方法，也是高效的页面布局方法。

提示：CSS 发展始于 1994 年 10 月，是为了补救 HTML 3.2 语法中的不足，但是由于当时网络发展的不足和浏览器的支持率较低，直到 1996 年底，才正式发表了 CSS 1.0，1996 年之后，浏览器才开始正式支持 CSS。

在网页布局中，CSS 经常用于页面样式布局和样式控制。熟练的使用 CSS 能够使网页布局更加的方便，在页面维护时，也能够减少工作量。通常 CSS 能够支持 3 种定义方式。

① 直接将样式控制放置于单个 HTML 元素内，称为内联式。

② 在网页的 head 部分定义样式，称为嵌入式。

③ 以扩展名为 .css 的文件保存样式，称为外联式。

这 3 种样式适用于不同的场合，内联式适用于对单个标签进行样式控制，其好处在于开发方便，而在维护时，则需要针对每个页面进行修改；嵌入式可以控制一个网页的多个样式，当需要对网页样式进行修改时，只需要修改 head 标签中的 style 标签即可，但仍然没有让布局代码和页面代码完全分离；外联式能够将布局代码和页面代码相分离，在维护过程中，能够减少工作量。

2. CSS 基础

CSS 的定义是由选择符（selector）、属性（properties）和属性的取值（value）

3 部分构成，其基本格式如下：

```
selector {property: value}（选择符 { 属性：值 }）
```

选择符可以是多种形式，一般指定义样式的 HTML 标记，例如 body、p、table……，用户可以通过该方法定义其属性和值，属性和值之间用冒号隔开。

```
body {color: black}
```

选择符 body 是指页面主体部分，color 用于控制文字颜色的属性，black 是颜色的值，以上代码的效果是使页面中的文字为黑色。

提示：如果值为若干单词，则要给值加引号“""”，如果要定义多个属性，则需要用分号将每个属性声明分开。

CSS 能够通过编写样式控制代码来进行页面布局，在编写相应的 HTML 标签时，可以通过 style 属性进行 CSS 样式控制。

【实例 2-5】 内联式控制字体大小及样式。

示例代码如下所示。

```
<body> <div style="font-size:15px;"> 这是一段文字 </div> </body>
```

上述代码使用内联式进行样式控制，并将属性设置为“font-size:15px”，表示定义文字的大小为 15px ；同样，定义多个属性的示例代码如下。

```
<div style="font-size: 15px;"> 第一部分文字 </div>
<div style="font-size: 15px; font-weight: bolder"> 第二部分文字 </div>
<div style="font-size: 15px; color: red"> 第三部分文字 </div>
```

以上代码分别定义了相关属性控制样式，并且都使用内联式定义样式，相关 CSS 的属性的意义如下。

① font-size ：该属性用于设置字体的大小，字体设置有多种方式，常用的包括 pt 和 px。

② font-weight ：该属性常用值有 normal 和 bold，normal 是默认值，bold 表示粗体。

③ color ：该属性用于控制字体颜色。

以上属性分别定义了字体属性，其效果如图 2-23 所示。

用内联式的方法进行样式控制固然简单，但需要对页面中的布局进行更改时，则需要对每个页面的每个标签的样式进行更改，整个工作变得非常的复杂和难以控制。

图 2-23 CSS 样式控制效果

【实例 2-6】 嵌入式控制字体大小及样式。

```
<head>
    <meta content="text/html; charset=utf-8" http-equiv="Content-Type" />
    <title>   </title>
```

```
        <style type="text/css">
            .font1 { font-size: 15px; }
            .font2 { font-size: 15px; font-weight: bolder; }
            .font3 {font-size: 15px; color: red; }
        </style>
    </head>
```

以上代码分别定义了 3 种字体样式，且都是通过“.”号加样式名称定义，在定义了字体样式后，就可以在相应的标签中使用 class 属性调用样式，其示例代码如下所示。

```
    <body>
        <div class="font1"> 第一部分文字 </div>
        <div class="font2"> 第二部分文字 </div>
        <div class="font3"> 第三部分文字 </div>
    </body>
```

运行后的结果如图 2-24 所示，但是这样编写代码维护更加方便，只需要找到 head 中的 style 标签，就可以对样式进行全局控制。但嵌入式只能针对单个页面进行样式控制，而在很多网站的开发应用中，大量的页面样式基本相同，只有少数的页面不同，因此嵌入式存在一定不足，此时可以使用外联式，使用外联式控制样式必须创建一个扩展名为“css”的文件，并在当前页面中添加引用。

【实例 2-7】 外联式控制字体大小及样式。

css 页面代码如下所示。

```
.font1 {font-size: 15px; }
.font2 {font-size: 15px; font-weight: bolder; }
.font3 {font-size: 15px; color: red; }
```

在 CSS 文件中，只需要定义如 head 标签中的 style 标签的内容即可，其编写方法与内联式和内嵌式相同。在编写完成 CSS 文件后，需要在使用页面的 head 标签中添加引用，其示例代码如下所示。

```
<link href="css.css" type="text/css" rel="stylesheet"></link>
```

上述代码添加了一个“css.css”文件的引用，表示当前页面的样式可以在“css.css”中找到并解析，通过标签的 class 属性来引用。在使用了外联式后，页面的 HTML 代码就能够变得简单和整洁。

使用外联式能够很好的将页面布局的代码和 HTML 代码相分离，这样不仅能够让多个页面同时使用一个 CSS 样式表进行样式控制，在维护的过程中只需要修改相应的 CSS 文件中的样式的属性即可实现该样式在所有的页面中进行更新操作，减少了工作量，提高代码的可维护性，可见外联式使样式控制既方便又灵活。

任务实施

2.2.2 创建样式表文件

① 打开任务 2.1 中创建的网站项目，在根目录下单击右键，在弹出的快捷菜单中选择【新建文件夹】菜单命令，创建名称为“css”的文件夹用于存放样式表文件，选中该文件夹，单击右键，在弹出快捷菜单选择【添加新项】菜单命令，在打开如图 2-24 所示的【添加新项】对话框中选择【样式表】选项，在【名称】文本框输入“StyleSheet.css”，单击【添加】按钮。创建完成的样式表文件如图 2-25 所示。

图 2-24 创建样式表

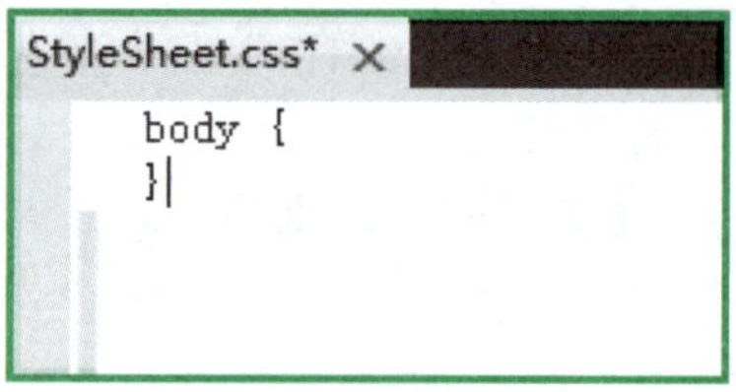

图 2-25 样式表文件

② 在样式表文件中首先要针对全局样式进行设定。在 body 样式中单击右键，在弹出的快捷菜单中选择【生成样式】菜单命令，如图 2-26 所示。在打开的【修改样式】对话框中分别设置字体和方框，如图 2-27 和图 2-28 所示。

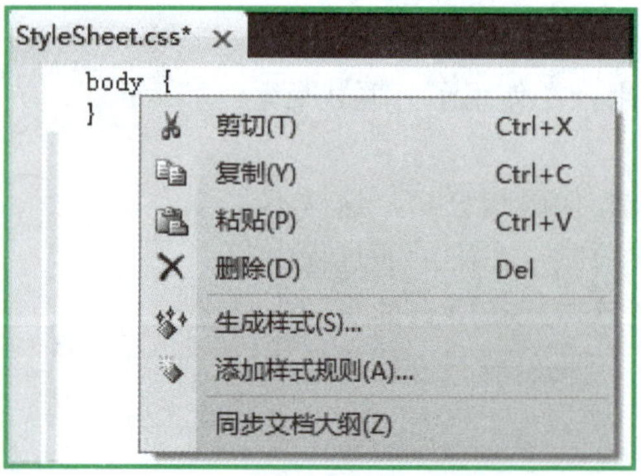

图 2-26 “生成样式”快捷菜单

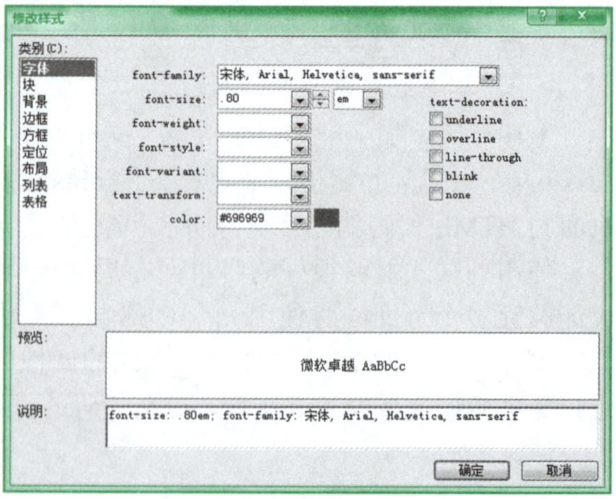

图 2-27 创建字体样式

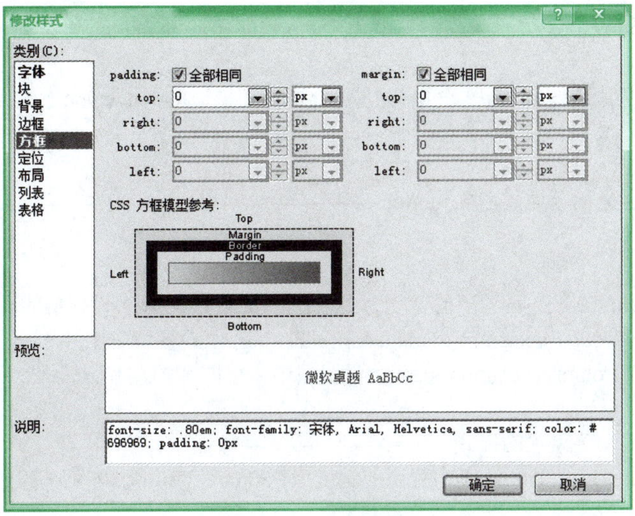

图 2-28　创建页边距样式

其样式代码如下。

```
body
{
    font-size: .80em;
    font-family: 宋体 , Arial, Helvetica, sans-serif;
    margin: 0px;
    padding: 0px;
    color: #696969;
    text-align: center;
}
```

③ 设计页面布局样式，根据网站的属性将页面划分为 4 个区域，如图 2-29 所示。

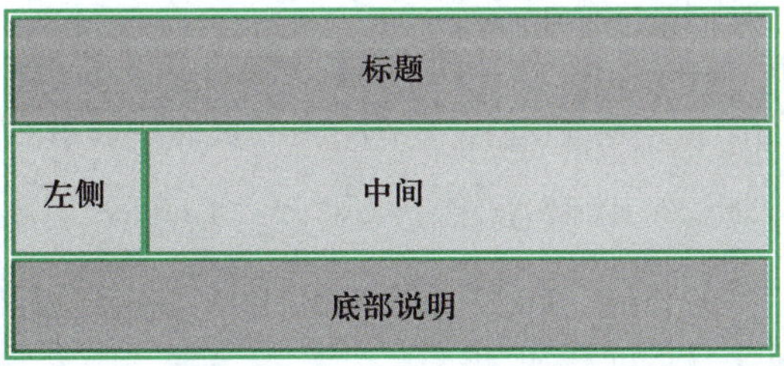

图 2-29　页面布局

④ 按照同样的步骤定义页面整体宽度及背景边距样式，生成的代码如下。

```
/* 页面布局设计 ------------------------------------------------------------*/
#mypage
{
```

```
        width:950px;/* 设置层的宽度为 950px*/ text-align:center;/* 设置层中内容水平居中显示 */
        font-family: 宋体 ;/* 设置层中的字体为宋体 */ font-size:9pt;/* 设置层中的字大小为 9pt*/
    }
        /* 定义标题样式命名为 #top----------------------------------------------*/
    #top
    {
        width:950px;/* 设置层的宽度为 950px*/   height:200px;/* 设置层的高度为 200px*/
        background-image:url(../image/topbanner.jpg);/* 设置背景图片 */
        background-repeat:no-repeat;/* 设置层中背景图片的重复方式 */
    }
        /* 定义菜单项的样式 ----------------------------------------------*/
    #menu { width:950px;/* 设置层的宽度为 950px*/ height:30px;/* 设置层的高度为 30px*/   }
    #sitemap {   width:950px;/* 设置层的宽度为 950px*/   height:20px;/* 设置层的高度为 20px*/
            text-align: left;/* 设置层内内容左对齐 */}
        /* 定义主工作区样式及左侧工作区样式 --------------------------------*/
    #bodyleft { width:200px;/* 设置层的宽度为 200px*/   position:relative;     float:left;
            height:100px;   }
    #bodyright
    {
        width:750px;/* 设置层的宽度为 750px margin-left:200px;*/   position:relative;
        float:left;      height:100px;
    }
        /* 定义底部工作区样式 --------------------------------*/
    #bottom { width:950px;/* 设置层的宽度为 950px*/   height:80px;/* 设置层的高度为 80px*/   }
```

2.2.3 应用样式表文件

创建“Default.aspx”用于显示样式效果，首先应该将样式文件引入“Default.aspx”页面中，可以拖动样式文件放入页面中，其代码如下：

```
<link href="css/StyleSheet.css" type="text/css" rel="Stylesheet"/>
```

将样式应用在“Default.aspx”页面中用 DIV 进行页面布局，并在标题处加入 banner 横条图片。页面代码如下。

```
<form id="form1" runat="server">
<div id="mypage">
    <div id="top"> </div>
    <div id="menu"> 我是菜单栏 </div>
    <div id="sitemap"> 我是导航 </div>
    <div id="bodyleft"> 我是左侧 </div>
```

```
        <div id="bodyright"> 我是右侧 </div>
      <div id="bottom">
        <p align="center">
    Copyright@2012-2015    择网科技有限公司    
版权所有
        </p>
      </div>
    </div>
    </form>
```

任务拓展

2.2.4 CSS 的语法

1. 选择符组

可以把相同属性和值的选择符组合起来书写，用逗号将选择符分开，减少样式重复定义，如下代码所示：

```
h1, h2, h3, h4, h5, h6 { color: green }
```

该组包括所有的标题元素，每个标题元素的文字都为绿色。

```
p, table{ font-size: 9pt }
```

段落 p 和表格 table 里的文字尺寸为 9 磅，其效果与以下语句相同。

```
p { font-size: 9pt }
table { font-size: 9pt }
```

2. 类选择符

用类选择符能够把相同的元素分类定义不同的样式，定义类选择符时，在自定义类的名称前面加一个点号。如定义两个不同样式的段落，一个段落向右对齐，一个段落居中，可先定义两个类：

```
p.right {text-align: right}
p.center {text-align: center}
```

然后在不同段落的 HTML 标记里加入所定义的 class 参数：

```
<p class="right"> 这个段落向右对齐的 </p>
<p class="center"> 这个段落是居中排列的 </p>
```

⚠ 注意：类的名称可以是任意英文单词或以英文开头与数字的组合，一般以其功能和效果简要命名。

类选择符还有一种用法，即在选择符中省略 HTML 标记名，把几个不同的元素定义成相同的样式：

```
.center {text-align: center}
```

定义 .center 的类选择符为文字居中排列，这样的类可以应用到任何元素。以下使 h1 元素（标题 1）和 p 元素（段落）都归为 center 类，这使两个元素的样式都跟随 .center 类选择符，其代码如下：

```
<h1 class="center"> 这个标题是居中排列的 </h1>
<p class="center"> 这个段落也是居中排列的 </p>
```

⚠ **注意：这种省略 HTML 标记的类选择符是最常用的 CSS 方法，使用这种方法可以很方便地在任意元素上套用预先定义好的类样式。**

3. ID 选择符

在 HTML 页面中 ID 参数指定了某个单一元素，ID 选择符用于对该元素定义单独的样式。

ID 选择符的应用和类选择符类似，只需把 class 换成 id 即可。将上例中类用 ID 选择符替代，其代码如下：

```
<p id="intro"> 这个段落向右对齐 </p>
```

定义 ID 选择符要在 ID 名称前加上一个 # 号，和类选择符相同，定义 ID 选择符的属性也有两种方法。

（1）ID 属性将匹配所有 id="intro" 的元素，其代码如下：

```
#intro{
    font-size:110%;
    font-weight:bold;
    color:#0000ff;
    background-color:transparent;
    }
```

（字体尺寸为默认尺寸的 110%；粗体；蓝色；背景颜色透明）

（2）ID 属性只匹配 id="intro" 的段落元素，其代码如下：

```
p#intro
{
    font-size:110%;
    font-weight:bold;
    color:#0000ff;
    background-color:transparent;
}
```

⚠ **注意：ID 选择符局限性很大，只能单独定义某个元素的样式，一般只在特殊情况下使用。**

4. 包含选择符

可以单独对某种元素包含关系定义的样式表，元素 1 包含元素 2，该方式只对在元素 1 里的元素 2 定义，对单独的元素 1 或元素 2 无定义，如下列代码所示。

```
table a{font-size: 12px}
```

对表格内的链接改变样式，文字大小为 12 像素，而表格外的链接的文字仍为默认大小。

5. 样式表的层叠性

层叠性就是继承性，样式表的继承规则是外部的元素样式会保留下来继承给该元素所包含的其他元素。事实上，所有在元素中嵌套的元素都会继承外层元素指定的属性值，有时会把很多层嵌套的样式叠加在一起，除非另外更改。例如，在 DIV 标记中嵌套 p 标记代码如下。

```
div { color: red; font-size:9pt}·········
<div>
<p> 这个段落的文字为红色 9 号字 </p>
</div>
```

p 元素中的内容会继承 DIV 定义的属性。

> ⚠ **注意：有些情况下内部选择符不继承周围选择符的值，例如，上边界属性值是不会继承的，一个段落不会有同文档 body 一样的上边界值。**

另外，当样式表继承遇到冲突时，总是以最后定义的样式为准。如上例中定义 P 的颜色：

```
div { color: red; font-size:9pt}
p {color: blue}
   ...
<div>
<p> 这个段落的文字为蓝色 9 磅 </p>
</div>
```

其中段落中的文字大小为 9 磅是继承 div 属性的，而 color 属性则以最后定义为准。

不同的选择符定义相同的元素时，要考虑到不同的选择符之间的优先级。ID 选择符，类选择符和 HTML 标记选择符中，ID 选择符是最后加在元素上的，因此，其优先级最高，其次是类选择符。若要超越这三者之间的关系，可以用 !important 提升样式表的优先级，例如：

```
p { color: #FF0000!important }
.blue { color: #0000FF}
#id1 { color: #FFFF00}
```

同时对页面中的一个段落添加三种样式，则会根据被 !important 申明的 HTML 标记选择符样式标记为红色文字。若去掉 !important，则依照优先权最高的 ID 选择符样式标记为黄色文字。

6. 注释

可以在 CSS 中插入注释说明代码的含义，注释有利于以后编辑和更改代码时理解代码的含义。在浏览器中，注释内容是不显示的。CSS 注释以 "/*" 开头，以 "*/" 结尾，注释示例代码如下。

```
P{
        text-align: center; /* 文本居中排列 */
        color: black; /* 文字为黑色 */
        font-family: arial/* 字体为 arial */
}
```

7. 多重样式表的叠加

在同一个选择器上使用多个不同的样式表时，该属性值将会叠加多个样式表，遇到冲突则以最后定义的为准。例如，链入一个外部样式表，其中定义了 h3 选择符的 color、text-alig 和 font-size 属性：

```
h3 {color: red;text-align: left;font-size: 8pt;}
/* 标题 3 的文字颜色为红色；向左对齐；文字大小为 8 磅 */
```

而在内部样式表里也定义了 h3 选择符的 text-align 和 font-size 属性：

```
h3 {    text-align: right;
        font-size: 20pt; /* 标题 3 文字向右对齐；大小为 20 磅 */
    }
```

那么该页面叠加后的样式如下。

```
color: red;
text-align: right;
font-size: 20pt;/* 文字颜色为红色；向右对齐；大小为 20 磅 */
```

字体颜色从外部样式表中保留下来，而对齐方式和字体大小都有定义时，按照定义的顺序优先依照内部样式表。

⚠ 注意：依照最后定义优先，因此优先级最高的是 [s] 内嵌样式 [/s]，[s] 内部样式表 [/s] 高于 [s] 导入外部样式表 [/s]，[s] 链入的外部样式表 [/s] 和 [s] 内部样式表 [/s] 之间是最后定义的优先级高。

思政小课堂
工匠精神

项目实训

【实训目的】

① 了解需要 CSS 的原因。

② 熟练掌握样式表创建。

③ 熟练掌握常用的 CSS 语言。

【实训内容】

创建一个样式表文件完成一个企业网站主页面的设计。

任务 2.3　网站主题、皮肤的设计与应用

网站主题、皮肤的设计与应用

任务陈述

任务构思与目标：设置背景为绿色的主题，并设置两种皮肤的文本框样式，任务运行结果如图 2-30 所示。

任务设计：创建样式表文件，命名为“Site.css”，进行网站整体样式设计，创建“MainSkin.skin”皮肤文件，并创建两种系统背景主题，在 Web 页面中引用样式、主题和皮肤完成网站样式设计，并运行预览设计效果。

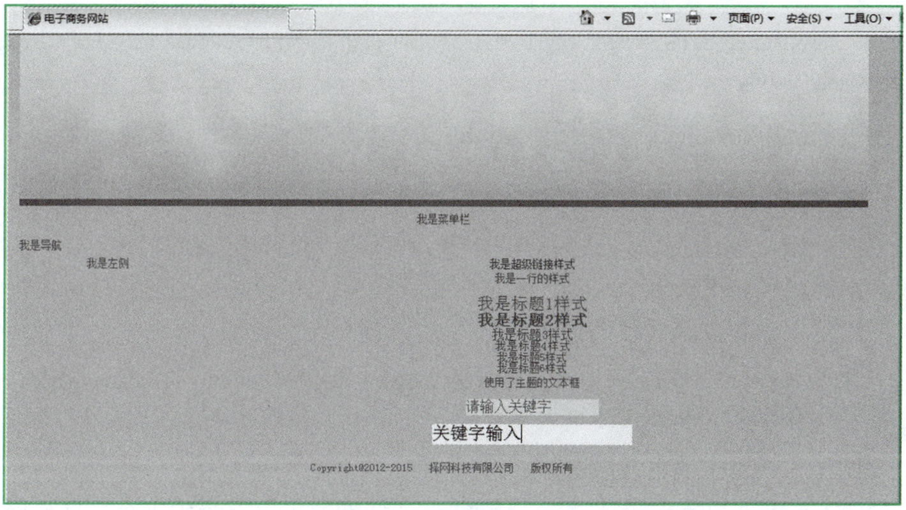

图 2-30　主页面运行结果

知识准备

网站主题、皮肤的设计与应用

2.3.1　主题和皮肤

腾讯 QQ 等软件可以通过“换肤”改变软件显示的风格，在 ASP.NET 中也有与此功能类似的主题（theme）和皮肤（skin）技术。主题是一种确保 UI（User Interface，用户界面）风格一致性的技术，通过设置主题能够定义页面和控件的样式，在某个 Web 应用程序中应用到所有的页面及页面上的控件，以简化样式控制。主题由一系列皮肤文件、CSS 样式文件、图像和其他资源组成，应用主题一般存储于 Web 应用程序的特殊目录“App_Themes”文件夹中，主题分为页面主题和全局主题两种。全局主题应用于

微课 2.4　网站主题、皮肤的设计与应用

Web 服务器中的所有 Web 应用程序，页面主题应用于特定的 Web 应用程序页面，通过更改主题即可轻松地维护站点的样式，而无需对站点页面进行编辑。

皮肤又称外观文件，用于统一保存各种服务器控件的外观属性。控件皮肤设置类似于控件标记本身，能让控件的外观属性的设置从页面中分离出来，统一存储。皮肤分为默认外观和命名外观两种，默认外观即不定义外观的 SkinId 属性，在同一主题中每个控件类型只允许有一个默认的控件外观，例如：

```
<asp:Button runat="server" BackColor="#FF3300" BorderColor="Red" ForeColor="#66FF33"/>
```

系统会自动在主题文件中找到默认外观并应用到对应的控件，命名外观即定义皮肤的 SkinId，在同一主题中一个控件类型的 SkinId 是唯一的，例如：

```
<asp:Button SkinId="red" runat="server" BackColor="#FF3300" BorderColor="Red"
ForeColor="#66FF33"/>
```

页面应用时在相应控件中为 SkinId 赋予定义的外观名称即可，例如：

```
<asp:Button ID="Button2" runat="server" Text="Button" SkinID="red" />
```

在使用主题的页面，必须声明主题，否则，页面无法找到控件需要的主题，示例代码如下所示。

创建主题和皮肤的代码如下。

```
<%@ Page Language="C#" AutoEventWireup="true" CodeFile="Default2.aspx.cs"
Inherits="Default2" Theme="SkinFile"%>
```

创建和应用主题的步骤如下。

① 在 Web site 中添加 App_Themes 文件夹，可以在每个主题文件夹内添加 skin 文件、css 文件（指定主题后会自动加载主题下所有 css 文件）和图片文件。

② 在 web.config 的 <system.web> 元素下的 <pages> 元素下设置 theme 或 styleSheetTheme 属性（针对全局），在页的 @Page 指令中设置 Theme 或 StylesheetTheme 属性（针对当前页）。

③ Theme 定义的样式不可以覆盖，StylesheetTheme 定义的样式可以覆盖。

④ skin 文件中若不设置 SkinId 则采用默认皮肤，设置 SkinId 则对应控件的 SkinId 属性。

⑤ 动态修改页面的主题要在 Page_PreInit 方法中实现。

【实例 2-8】 创建 Blue 主题并应用。

① 在【解决方案资源管理器】中，右击网站名称，在弹出的快捷菜单中选择【添加 ASP.NET 文件夹→主题】菜单命令，系统会新建一个名为“App_Themes”的

目录，在该目录下还会自动建立一个名为“主题 1”的目录。“主题 1”目录即为所定义的主题名称，为了更有实际意义，将“主题 1”修改为“Blue”。

② 在主题目录上单击右键，在弹出的快捷菜单中选择【添加新项】菜单命令，在打开的【添加新项】对话框中选择【样式表】类型，并命名为“blue.css”。完善“blue.css”中 CSS 的定义，如图 2-31 所示。

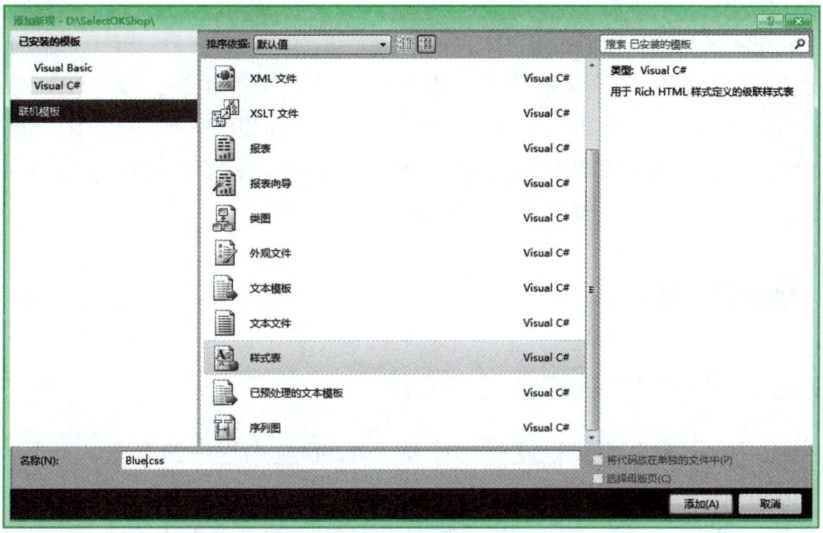

图 2-31　创建主题样式表

完善“blue.css”中 CSS 的定义，具体代码如下。

```
.btn
{
    font-family: Arial;
    background-color: #FFFF00;
    border-style: dotted;
    border-color: #008000;
}
.btnSubmit
{
    background-color: #008080;
    color: #FFFFFF;
    border-style: outset;
}
```

③ 在网站根目录下新建名为 TestTheme.aspx 的页面，注意：不要选择从母版中生成，在 @ Page 指令中设置 StylesheetTheme 属性，代码如下。

```
<%@ Page Language="C#" AutoEventWireup="true" CodeFile="TestTheme.aspx.cs"
Inherits="TestTheme" StylesheetTheme="blue" %>
```

④ 在页面中拖入一个 Button 按钮，在属性面板中找到 CssClass 属性，列

表中显示了 blue.css 中所有用户自定义类别的名称，选择“btnSubmit”选项，如图 2-32 所示。

如果将 @ Page 指令中的 Stylesheet-Theme 属性更改成 Theme 属性，重新打开 TestTheme.aspx 页面进行编辑，则控件的 CssClass 属性下拉列表中无内容。Theme 属性的强制页面中的控件都只能通过“主题”进行界面设置，不允许控件在页面中自定义 CSS 风格，而 StylesheetTheme 属性既可以使用“主题”中的界面设置，也可以在页面中自定义。由此可知，CSS 文件已经被“主题”的概念封装了，在实际使用“主题”技术时，还有一个称之为“皮肤（Skin）”的技术。

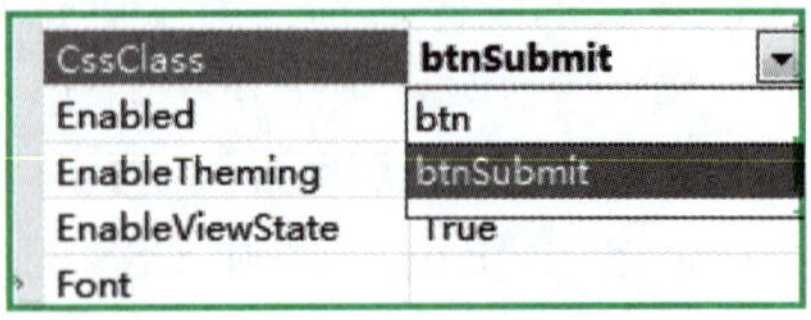

图 2-32 CssClass 属性选择

任务实施

2.3.2 主题和皮肤的定义与应用

在项目中用户希望可以随时切换整个 Web 应用程序的背景，并且对 Web 应用程序中的日历控件设置两种皮肤文件。

首先，创建主题文件夹，在【解决方案资源管理器】中右击项目名称，在弹出快捷菜单中选择【添加 ASP.NET 文件夹→主题】菜单命令，如图 2-33 所示。系统自动创建“App_Themes”文件夹，并在文件夹下添加了一个主题文件夹，用户可命名为“Green”。

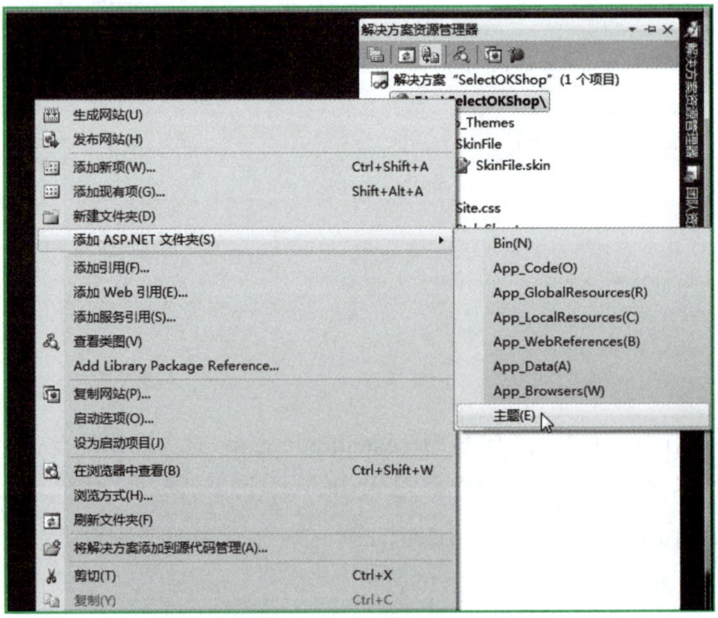

图 2-33 添加主题步骤

创建完主题文件夹后，可以在创建的主题目录下添加外观控件文件和资源文件。

1. 添加外观控件文件实现背景切换

右击主题文件夹，在弹出快捷菜单中选择【添加新项】菜单命令，在打开的【添加新项】对话框中添加一个名称为“Stylesheet.css”的样式表。添加后的文件默认包含一个 body 的样式规则，在 body 的两个花括号内单击空格或是输入 b 会出现智能提示如图 2-34 所示，找到背景属性（background-color），或者在花括号内右击，在弹出菜单中选择【生成样式】菜单命令，在打开的【修改样式】对话框中的背景选项下，把 background-color 属性设置成绿色，还可以扩展为其他的样式，修改后代码如下。

```
body
{        background-color: #B9E8B9;    }
a:hover
{
    color: #FFFF00;
    text-decoration: underline;
     font-weight:bold;
}
```

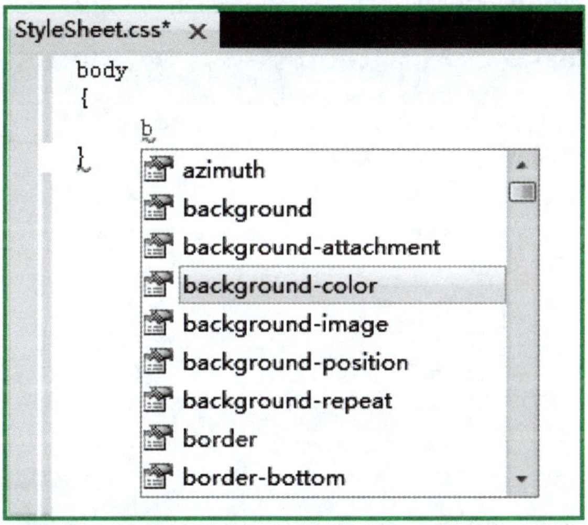

图 2-34　CSS 文件智能提示

在母版页中进行主题样式的应用，在母版面的页面顶部代码中加入 Theme="Green"，代码如下。

```
<%@ Master Language="C#" AutoEventWireup="true" Theme="Green"
 CodeFile="MainMasterPage.master.cs"
          Inherits="MainMasterPage" %>
```

运行页面查看主题应用效果如图 2-35 所示。

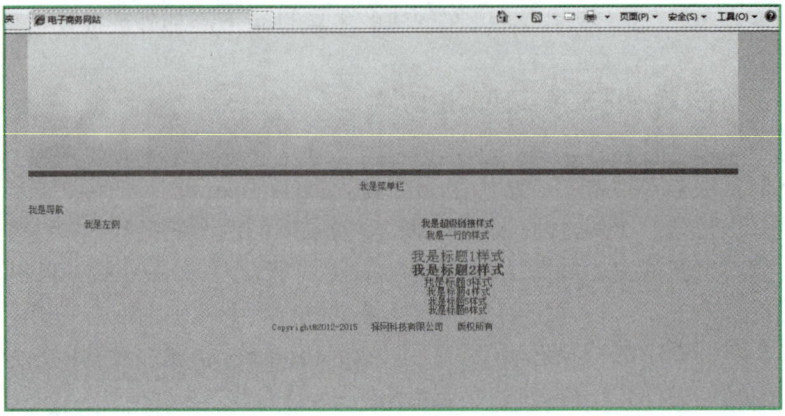

图 2-35 主页面设计效果

2. 实现两种文本框皮肤设计

每个主题文件夹下都可以包含一个或多个皮肤文件。皮肤文件主要是用于描述 Web 服务器控件外观属性的设置集合，一个皮肤文件可以包含一个或多个控件类型的外观，已命名外观是设置了 SkinID 属性的控件外观，在页面中通过设置控件的 SkinID 属性将已命名外观显示应用于控件。需要注意的是包含在皮肤文件内的控件必须具有 runat="server" 属性。

在 Green 主题下创建皮肤文件“SkinFile.skin”，如图 2-36 所示。

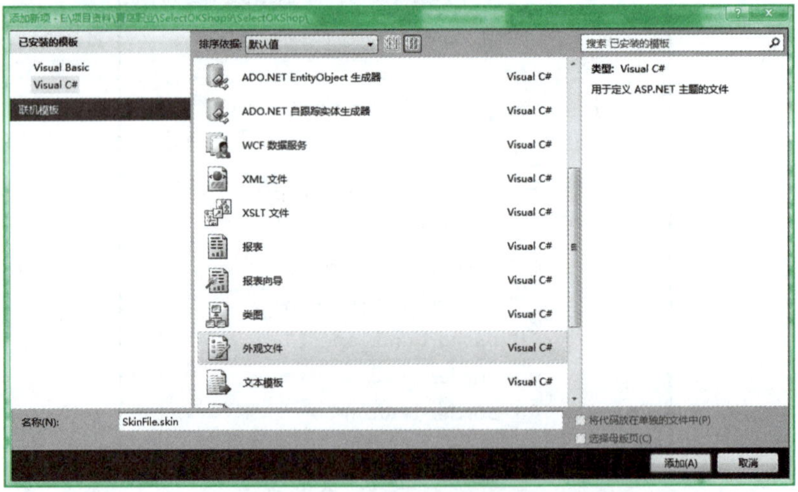

图 2-36 运行查看主题设计

在 SkinFile.skin 皮肤文件中编写文本框皮肤样式，代码如下。

```
<asp:TextBox SkinId="textboxSkin1" runat="server" Text=" 请输入关键字 " BackColor="#FFE0C0"
BorderColor="#FFC080"Font-Size="12pt"ForeColor="#C04000"Width="149px"/> <%-命名皮肤-%>
<asp:TextBox SkinId="textboxSkin2" runat="server" Text=" 关键字输入 " BackColor= "#FFFFC0"
BorderColor="Olive" BorderStyle="Dashed" Font-Size="15pt" Width="224px"/> <%-命名皮肤 -%>
<asp: TextBox runat ="Server" color="red"BackColor="gray"> </asp:TextBox><%-默认皮肤 -%>
```

在 Defaul.aspx 中添加两个文本框控件并使用不同皮肤样式，代码如下。

```
<p> 使用了主题的文本框 </p>
<p> <asp:TextBox ID="TextBox1" runat="server"   SkinID ="textboxSkin1"> </asp:TextBox></p>
<p> <asp:TextBox ID="TextBox2" runat="server" SkinID ="textboxSkin2"> </asp:TextBox> </p>
<p> <asp:TextBox ID="TextBox3" runat="server" > </asp:TextBox> </p>
```

运行页面，其效果如图 2-37 所示。

图 2-37　皮肤文件运行效果

3. 禁用主题

在页面中禁用主题代码如下。

```
<%@ Page Language="C#" AutoEventWireup="true" CodeFile="Default.aspx.cs"
Inherits="_Default" Theme="Green" EnableTheming="false"%>
```

单个控件不需要使用主题时，同样可以通过 EnableTheming 属性禁用主题，在控件中添加以下代码。

```
<asp:TextBox ID="TextBox1"runat="server" EnableTheming="false"> </asp>
```

任务拓展

2.3.3　页面主题和全局主题

用户可以为每个页面设置主题，这种情况称为“页面主题”，也可以为应用程序的每个页面都使用默认主题，这种情况被称为“全局主题”。页面主题是一个主题文件夹，其中包括控件的主题、层叠样式表、图形文件和其他资源文件，该文件夹是在网站中的“App_Themes”文件夹的子文件夹，每个主题都是“App_Themes”文件夹的一个子文件夹，如图 2-38 所示。

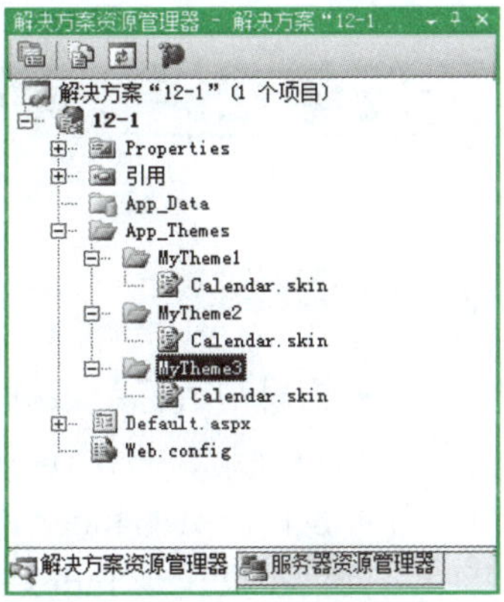

图 2-38　多个主题

使用全局主题，可以使应用程序中的所有页面都使用该主题。当维护同一个服务器上的多个网站时，可以使用全局主题定义应用程序的整体外观，使用全局主题以通过修改 web.config 配置文件中的 <pages> 配置节设定全局主题。使用全局主题和使用页面主题的方法基本相同，都包括属性设置、样式设置和图形设置。全局主题和页面主题不同在于全局主题存放在服务器上的公共文件夹中，该文件夹通常命名为“Theme”。服务器上的任何 Web 应用程序都能够使用“Theme”文件夹中的主题。主题能够和 CSS 文件一样，进行页面布局和控件样式控制，但是主题和 CSS 文件的描述不同，能够完成的功能也不同，其主要区别如下。

① 主题可以定义控件的样式，不仅能够定义样式属性，还能够定义其他

样式，包括模板。

② 主题可以包括图形等其他主题元素文件。

③ 主题的层叠方式与 CSS 文件的层叠方式不同。

④ 一个页面只能应用于一个主题，而 CSS 可以应用于多个文件。

主题不仅能够进行控件的样式定义，还能够定义模板，减少了相同类型的控件的模板编写工作。但是主题也有缺点，一个页面只能应用一个主题，而无法应用多个主题，而一个页面能够应用多个 CSS 文件。主题与 CSS 相比，CSS 页面布局的能力比主题更加强大，样式控制更加友好。

项目实训

【实训目的】

① 了解主题的类型。

② 熟练掌握创建及应用主题的方法和步骤。

③ 了解皮肤的定义。

④ 熟练掌握皮肤创建及应用的方法和步骤。

【实训内容】

① 创建一个皮肤文件应用两种页面背景图片。

② 编程实现全局主题切换。

任务 2.4 母版页设计与应用

母版

微课 2.5 母版页设计与应用

任务陈述

任务构思与目标：根据需求新建 SelectOKShop 网站的母版，并创建网站的首页 Index.aspx，应用该母版，任务运行结果如图 2-39 所示：

任务设计：页面 Index.aspx 由 4 个部分组成：页头、页尾、内容 1 和内容 2。其中，页头和页尾是 Index.aspx 所在网站中页面的公共部分，网站中许多页面都包含相同的页头和页尾。页头显示的是 Logo 和菜单条，页尾显示版权声明等内容。内容 1 和内容 2 是页面的非公共部分，是 Index.aspx 页面所独有的。结合母版页和内容页的有关知识可知，如果使用母版页和内容页来创建页面 Index.aspx，那么必须创建一个母版页 MasterPage.master 和一个内容页 Index.aspx。其中母版页包含页头、页尾等内容，内容页则包含内容 1 和内容 2。设计效果如图 2-39 所示。

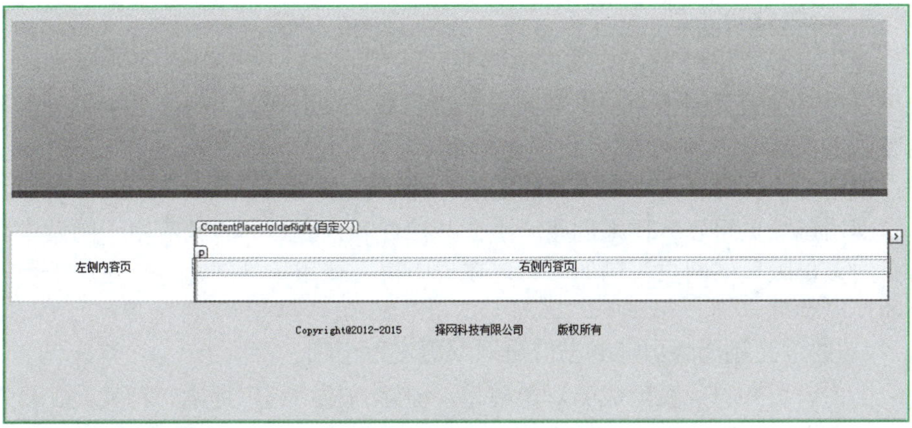

图 2-39 程序运行效果图

母版

PPT

知识准备

2.4.1 母版页设计的基础知识

1. 母版页的基本概念

界面友好网站的一个共同特征是具有一致的站点级页面布局，母版页允许开发人员创建具有指定的可编辑区域的站点级模板。站点级模板可应用于网站中的 ASP.NET 页面，ASP.NET 页面只需为母版页中指定的可编辑区域提供相应内容，即可使母版页应用于 ASP.NET 页面，母版页中的其他标记都相同。该模板允许开发人员定义并集中实现站点级页面布局，因此，开发人员可以方便地为所有页面创建一致的外观，且便于网页样式的更新。

母版页的概念是在 Visual Studio 2005 中新引入的，一直沿用至今，其很好地实现了界面设计的模块化和代码的重用。母版页与婚纱影楼中的婚纱模板相似，同一个婚纱模板可以给不同的新人用，只要把他们的照片贴在已有的婚纱模板即形成一张漂亮的婚纱照片，这样大大简化了婚纱艺术照的设计复杂度。母版页就像婚纱模板，而内容页面就像两位新人的照片。

在 Visual Studio 2003 中没有母版页，要实现这种设计重用的效果，只能用“用户控件”来实现，但用户控件没有一种可视化的组合外观，不便于用户使用。

母版页的主要功能是为 ASP.NET 应用程序创建统一的用户界面和样式，与模板相似。母版页由两部分构成，即一个母版页和一个（或多个）内容页，内容页与母版页合并以将母版页的布局与内容页的内容组合在一起输出。

2. 内容页的基本概念

内容页与母版页关系紧密，内容页主要包含页面中的非公共内容。通过创建各个内容页定义母版页的占位符控件的内容，内容页是绑定到特定母版页的 ASP.NET 页。

3. 母版页的优点

使用母版页可以为 ASP.NET 应用程序页面创建一个通用的外观，开发人员可以利用母版页创建一个单页布局，然后将其应用到多个内容页中。母版页具有以下优点。

使用母版页可以集中处理页的通用功能，在很大程度上提高了工作效率。

使用母版页可以方便地创建一组公共控件和代码，并将其应用于网站中所有引用该母版页的网页。例如，可以在母版页上使用控件创建一个应用于所有页的功能菜单。

4. 通过控制母版页中的占位符对网页进行布局

由内容页和母版页组成的对象模型，能够为应用程序提供一种高效、易用的实现方式，并且这种对象模型的执行效率比以前的处理方式有了很大的提高。

（1）母版页（扩展名是 .master）

母版页的使用与普通的页面一样，可以进行可视化设计，也可以编写代码。与普通页面的不同在于母版页可以包含ContentPlaceHolder控件，ContentPlaceHolder控件是可以显示内容页面的区域，该控件的声明指示符是“<%@ Master...%>”，其内部包含 <asp:contentplaceholder......> 控件。

（2）内容页（扩展名是 .aspx）

内容页面在显示时会把母版页的内容一起以水印淡化的形式显示出来，而在母版页中的 ContentPlaceHolder 控件区域会被内容页面中的 Content 控件替换，此时声明指示符中多了一项 MasterPageFile="~/MasterPage/MP.master"，该项是在创建内容页面时根据“选择母版页”复选框的选中情况生成的，指明了该页是内容页面，同时指明了该内容页面的母版页。代码 <asp:Content ......> 就是要在其中显示的内容。

任务实施

2.4.2 创建并使用 SelectOKShop 电子商务网站母版

1. 新建母版页

在网站的【解决方案管理器】中，右击网站名称，在弹出的快捷菜单中选择【添加新项】菜单命令。打开【添加新项】对话框，如图 2-39 所示。选择【母版页】选项，设置名称为“MasterPageQian.master”，单击【添加】按钮完成创建。

2. 利用 DIV+CSS 进行网页布局

新建 CSS 文件，在网站的【解决方案管理器】中，右击网站名称，在弹出的快捷菜单中选择【添加新项】菜单命令。打开【添加新项】对话框，如图 2-40 所示。选择【样式表】选项，默认名称为“StyleSheet.css”，单击【添加】按钮即可。具体生成的代码参考 2.2.2 节。

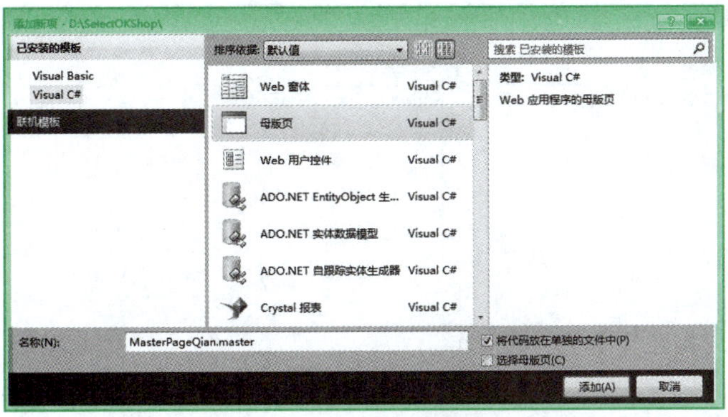

图 2-40　创建母版页

3. ContentPlaceHolder 控件的使用

切换到母版页的设计视图，打开【工具箱】，将 ContentPlaceHolder 控件拖放到控件母版页的 bodyleft 层中，如图 2-41 所示，并将 ContentPlaceHolder 控件命名为“ContentPlaceHolderLeft”。同样地，将 ContentPlaceHolder 拖放到控件母版页的 bodyright 层中并将 ContentPlaceHolder 控件命名为“ContentPlaceHolderRight”。

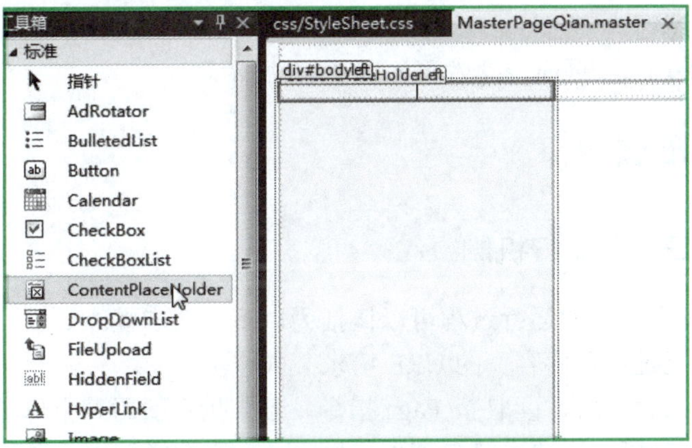

图 2-41　使用 ContentPlaceHolder

4. 创建内容页

创建母版页后，接下来创建内容页，内容页的创建与母版页的创建过程类似，其创建步骤如下。

① 在网站的【解决方案管理器】中，右击网站名称，在弹出的快捷菜单中选择【添加新项】菜单命令。

② 在打开的【添加新项】对话框中选择【Web 窗体】选项并命名为“Index.aspx”，同时选中【将代码放在单独的文件中】和【选择母版页】复选框，单击【添加】按钮，打开如图 2-42 所示的【选择母版页】对话框。在该对话框中，选择一个母版页，单击【添加】按钮完成创建。

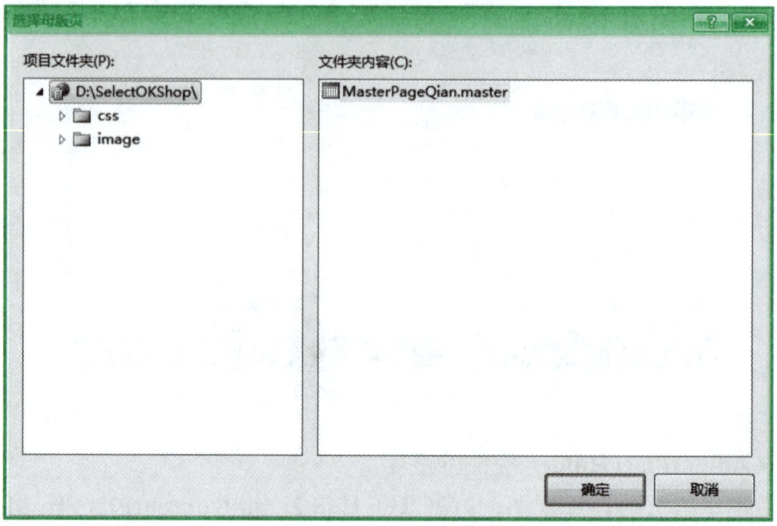

图 2-42 选择母版页

③ 编辑内容页。打开 Index.aspx 页面，切换到【设计】视图，在 ContentPlaceHolderLeft 控件中输入文字“左侧内容页”，在 ContentPlaceHolderRight 控件中输入文字“右侧内容页”。

5. 任务运行

运行 Index.aspx 页面，其效果如图 2-39 所示。

任务拓展

2.4.3 母版页运行机制

母版页和内容页的运行过程可以概括为以下 5 个步骤。

① 用户通过输入内容页的 URL 请求某内容页。

② 获取内容页后，读取 @ Page 指令。若该指令引用某个母版页，则读取该母版页。若是第一次请求该内容页和母版页，则编译该内容页和母版页。

③ 母版页合并到内容页的控件树中。

④ 各个 Content 控件的内容合并到母版页中相应的 ContentPlaceHolder 控件中。

⑤ 运行得到结果页。

2.4.4 母版页的嵌套

嵌套母版页其实是母版页功能的高级应用，即在大的母版页中嵌套一个小的母版页。

【实例 2-9】 母版页的嵌套。

以下是嵌套母版页应用的简略代码。

① 大母版页 BigMasterPage.master：

```
<%@ Master Language="C#" AutoEventWireup="true" CodeFile="MainMasterPage.
master.cs" Inherits="MainMasterPage" %>
<!DOCTYPE html PUBLIC "-//W3C//DTD XHTML 1.0 Transitional//EN"
"http://www.w3.org/TR/xhtml1/DTD/xhtml1-transitional.dtd">
<html xmlns="http://www.w3.org/1999/xhtml" >
<head runat="server">
<title> 无标题页 </title>
</head>
<body>
<form id="form1" runat="server">
<div> 大母版页内容 </div>
<div>
<asp:contentplaceholder id="ContentPlaceHolder1" runat="server">
</asp:contentplaceholder>
</div>#p# 分页标题 #e#
</form>
</body>
</html>
```

② 小母版页 SmallMasterPage.master：

```
<%@ Master Language="C#" AutoEventWireup="true" CodeFile="SmallMasterPage.
master.cs" Inherits="SmallMasterPage" MasterPageFile="~/MainMasterPage.master"%>
<asp:Content ID="SubContent" ContentPlaceHolderID="ContentPlaceHolder1" runat="server">
<div> 小母版内容 </div>
<div>
<asp:contentplaceholder id="ContentPlaceHolder2" runat="server">
</asp:contentplaceholder>
</div>
</asp:Content>
```

小母版其实是一个带有母版标记的特殊内容页，Content 控件之外只允许存在文件头和部分程序，不允许存在 HTML 代码等。

内容页 Content.aspx：

```
<%@ Page Language="C#" MasterPageFile="~/SmallMasterPage.master"
AutoEventWireup="true" CodeFile="Content.aspx.cs" Inherits="Content" Title="Untitled
Page" %>
<asp:Content ID="Content1" ContentPlaceHolderID="ContentPlaceHolder2"
Runat="Server">
```

内容页内容：</asp:Content>

和简单应用一样，只是该例中选用的母版是 SmallMasterPage.master。

2.4.5 内容页与母版页的互访

从编程的角度看，内容页和母版页是其各自控件的独立容器，内容页用作母版页的容器，在内容页中可以从代码中引用公共母版页成员。

① 在母版页中编写后台代码，访问母版页中的控件，其操作与普通的 aspx 页面一样，可编写母版页中的 C# 代码。

② 在内空页面中编写后台代码，访问内容页面中的控件其操作与普通的 aspx 页面一样，可编写母版页中的 C# 代码。

③ 在内容页中编写代码访问母版页中的控件：

在内容页中包含 Master 对象，Master 对象是 MasterPage 类型，代表当前内容页面的母版页。通过该对象的 FindControl 方法，可以找到母版页中的控件，可以在内容页面中操作母版页中的控件。

【实例 2-10】 内容页面有一 TextBox 控件，命名为“txtContent1”，内容页面中编写代码访问母版页中的控件。

```
TextBox txt = (TextBox)((MasterPage)Master).FindControl("txtMaster");
txt.Text = this.txtContent1.Text ;
```

④ 在内容页中编写代码访问母版页中的属性和方法：

可以通过 Master 对象进行访问，先把 Master 对象转换成具体的母版页类型，再调用母版页中的属性和方法。

说明：母版页中要被内容页面调用的属性和方法必须是 Public 修改的，否则无法调到。

【实例 2-11】 内容页面中编写代码访问母版页中控件的属性和方法。

母版页中有以下属性和方法：

```
public string TextValue
{    get{return this.txtMaster.Text;}
set{this.txtMaster.Text = value;}
}
public void show(string str)
{txtMaster.Text = str;}
```

在内容页中通过以下代码实现对母版页中方法的调用：

```
((MasterPage_MP)Master).show(this.txtContent1.Text);
((MasterPage_MP)Master).TextValue = this.txtContent1.Text;
```

⑤ 在母版页中访问内容页的控件：

在母版页中可以通过在 ContentPlaceHolder 控件中调用 FindControl 方法获取控件，然后对控件进行操作。

【实例 2-12】 母版页中访问内容页面的控件。

```
((TextBox)this.ContentPlaceHolder1.FindControl("txtContent1")).Text = this.txtMaster.Text;
```

⑥ 在母版页中访问内容页中的方法和属性：

在母版页中调用内容页面中的属性和方法较困难，因其无法像⑤中通过 FindControl 来找到方法和属性。

如在母版面的声明指示符中加入以下代码：

```
<%@ Reference Page="~/MasterPage/Show1.aspx" %>
```

其运行时出现错误，错误的内容是“无法实现循环引用”，原因是默认在内容页面中引用了母版页，因此不能再次在母版页中引用子页面。

利用 C# 的“反射”可以使用户动态获取页面对象，且可以调用其属性和方法，代码如下。

```
Type t = this.ContentPlaceHolder1.Page.GetType();
PropertyInfo pi = t.GetProperty("ContentValue"); // 获取 ContentValue 属性
pi.SetValue(this.ContentPlaceHolder1.Page,this.txtMaster.Text,null); // 给属性赋值
MethodInfo mi = t.GetMethod("SetValue"); // 获取 SetValue() 方法
object[] os = new object[1]; // 建造输入参数
os[0] = txtMaster.Text;
mi.Invoke(this.ContentPlaceHolder1.Page, os); // 调用 SetValue 方法
```

⑦ 在有多个内容页面使用母版面的情况下，在母版页中根据不同的内容页面实现不同的操作。

在母版页中可以加入多个不同的内容页面，但在设计期间，用户无法确定当前运行的是哪个内容页面。只能通过分支判断当前运行的是哪个内容页面，并执行不同的操作。

【实例 2-13】 多个内容页面使用母版面的情况下，在母版页中根据不同的内容页面实现不同的操作，代码如下。

```
string s = this.ContentPlaceHolder1.Page.GetType().ToString(); // 取出内容页面类型名称
if (s = = "ASP.default17_aspx") // 根据不同的内容页面类型执行不同的操作
{((TextBox)this.ContentPlaceHolder1.FindControl("TextBox2")).Text = "MastPage";
}
else if (s = = "ASP.default18_aspx")
{((TextBox)this.ContentPlaceHolder1.FindControl("TextBox2")).Text = "Hello MastPage";
}
```

项目实训

【实训目的】

掌握网站母版创建和使用的方法。

【实训内容】

根据网上书店的文件结构，创建网上书店母版页。在母版页中生成新网页，并嵌套模板页，运行效果如图 2-43 所示。

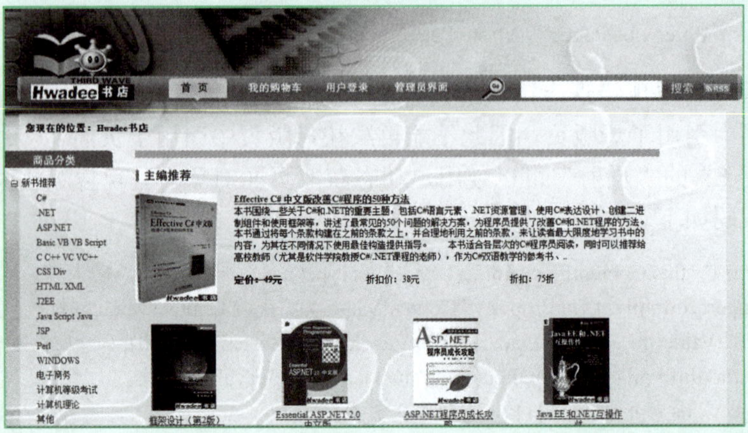

图 2-43 网上书店母版页面

单元小结

完成站点地图和母版页后就拥有了一致的页面布局和导航模式。无论用户为网站添加多少个页面，由于站点级页面布局与网站导航信息是集中管理的，因此更新这些信息十分方便。页面布局信息和站点地图分别在 Site.master 母版页和 Web.sitemap 中定义。用户无须编写任何代码即可获得站点级页面布局与导航机制。除了使用 CSS 样式，使用皮肤和主题也能够控制控件的样式，并能够通过编程的方法动态更改皮肤和主题，增强了代码的复用性。

评价体系表

专业能力测评表

（在□中打 √，A 理解，B 基本理解，C 未理解）

专业核心能力	评价指标	自测结果		
能新建网站项目	1. 熟练掌握创建网站的步骤	□A	□B	□C
	2. 理解网站运行的原理	□A	□B	□C
能够使用 CSS 统一网站风格	1. 能够创建 CSS	□A	□B	□C
	2. 能够利用 DIV+CSS 设置网页布局	□A	□B	□C
能够创建网站的主题和皮肤并应用	1. 能够创建主题	□A	□B	□C
	2. 能够创建皮肤并使用	□A	□B	□C
能够使用母版	能够创建母版并应用	□A	□B	□C
学生签字：	教师签字：	年	月	日

职业能力测评表

（在□中打 √，A 通过，B 基本通过，C 未通过）

职业核心能力	评 价 指 标	自 测 结 果
自我管理能力	1. 培养自己的责任心	□A □B □C
	2. 能够管理自己的时间	□A □B □C
	3. 所学知识的灵活运用	□A □B □C
合作交流能力	1. 知道如何尊重他人的观点	□A □B □C
	2. 能与其他人有效沟通	□A □B □C
	3. 能获取信息并反馈信息	□A □B □C
解决问题能力	1. 能够有效使用信息资源	□A □B □C
	2. 能客观分析事物的现状	□A □B □C
	3. 能发现并解决常规问题	□A □B □C
设计创新能力	1. 能够提出有价值的观点	□A □B □C
	2. 能够运用不同的思维方式	□A □B □C
	3. 能够制定创新方案并实施	□A □B □C
学生签字：	教师签字：	年 月 日

单元练习题

一、选择题

1. 主题不包括（　　）。

A. skin 文件　B. css 文件　C. 图片文件　D. config 文件

2. 一个主题必须包含（　　）。

A. skin 文件　B. css 文件　C. 图片文件　D. config 文件

3. 母版页文件的扩展名是（　　）。

A. .aspx　B. .master　C. .cs　D. .skin

4. 在（　　）模式下，允许重新启用被用户关闭的 WebPart 控件。

A. BrowseDisplayMode　B. DesignDisplayMode

C. EditDisplayMode　D. CatalogDisplayMode

二、填空题

1. 主题可以包括________、样式表文件和________。
2. 母版页由特殊的________指令识别，该指令替换了用于普通 aspx 网页的 @Page 指令。
3. 母版页中可以包含一个或多个可替换内容占位符________。
4. 内容页通过________和母版页建立联系。

三、判断题

1. 主题至少要有样式表文件。（　　）
2. 母版页只能包含一个 ContentPlaceHolder 控件。（　　）
3. 在同一主题中每个控件类型只允许有一个默认的控件外观。（　　）
4. 控件外观中必须指定 SkinID 值。（　　）
5. 同一主题中不允许一个控件类型有重复的 SkinID。（　　）
6. 每个部件页可以包含多个 WebPartManager 控件。（　　）

单元 3 控件的使用

学习目标

【知识目标】

- 掌握使用服务器控件设计 Web 页面的方法。
- 掌握 ASP.NET 验证控件检验数据合法性的方法。
- 掌握用户控件设计可复用功能模块的方法。

【能力目标】

- 能够熟练使用服务器控件设计交互功能较好的 Web 页面。
- 能够熟练使用 ASP.NET 验证控件检验数据合法性。
- 能够使用用户控件设计可复用的功能模块。

【素质目标】

- 养成良好的编码习惯。
- 提高语言表达、文字写作能力。

教学PPT

PPT

教学录像

源代码

教学案例

引例描述

小李同学通过前面的学习发现，在清楚理解电子商务购物网站项目的系统分析与环境构建、项目的整体规划与布局后，该如何对具体设计代码网站的具体页面？网页如何与用户进行交互进而完成购物？小李去请教王老师，王老师告诉他，使用服务器控件可以有效地解决这些问题。

ASP.NET 的网页就像是由零件构成的汽车，网页中的标准控件是小零件、容器控件是较大的零件，而用户控件是用户自行设计的能够重复使用的零件。

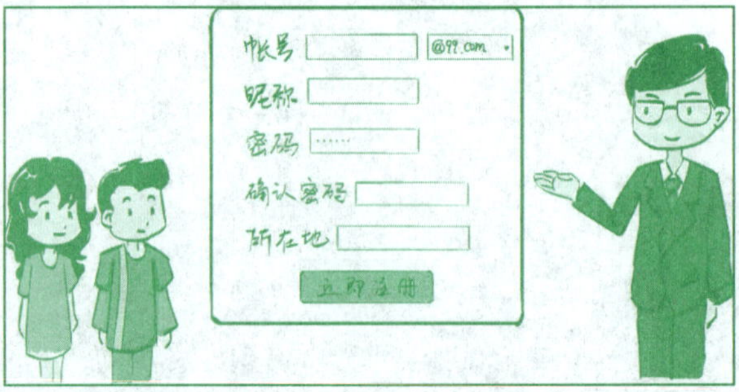

ASP.NET Web 应用程序建立在浏览器 / 服务器（B/S）结构的基础上，Web 程序不仅要能够处理客户端事务，而且要实现与服务器端交互，微软公司在 ASP.NET 中创建了很多专门运行于服务器端的 Web 控件，称为 ASP.NET 服务器控件。

ASP.NET Web 窗体是一种声明性的文本文件，其扩展名为 aspx，一个窗体包含多个元素以执行不同操作，最终输出 HTML 网页内容。为完成服务器（Server）与浏览器（Browser）的动态交互，通常页面包含不同功能类型的控件，这些控件位于该页面的 form 表单元素内，且该表单元素必须具有 runat 属性，其值为 server。

```
<form id="form1" runat="server">
```

在创建 ASP.NET 网页时，按照功能分类，主要使用 HTML 服务器控件和 Web 服务器控件。除内置控件外，ASP.NET 页面框架还提供了创建用户控件和自定义控件的能力，用户控件和自定义控件可以增强和扩展现有控件以构建更丰富的用户界面。

通过本单元的学习，使读者理解 ASP.NET 服务器控件的功能、与传统 HTML 控件的区别，掌握服务器控件的基本属性、基于控件对象的事件驱动编码机制。能够熟练使用基本服务器控件设计具有交互功能的动态页面、理解验证控件的验证功能意义，熟练使用其完成服务器控件输入数据的合法性验证功能。

在掌握基本服务器控件的基础上，重点学习几种常用的高级服务器控件：

日历控件、文件上传控件，能够使用其完成日期生成、文件上传等常用功能模块；结合代码的重用思想理解用户控件的创建并掌握其使用方法。

任务 3.1　使用基本服务器控件设计用户登录页面

基本服务器控件的使用

任务陈述

任务构思与目标：根据需求新建 SelectOKShop 网站的用户登录页面，页面效果如图 3-1 所示，并添加用户注册页的链接，在网页的最上端实现“设为主页”功能和时间显示功能，在网页最下端实现“联系我们”邮件发送功能。

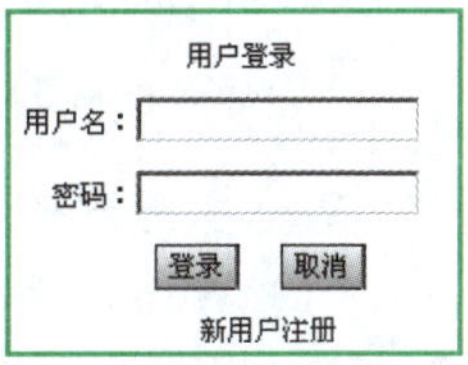

图 3-1　用户登录

任务设计：添加 Index.aspx 页面，作为网站首页。根据文本类型服务器控件和按钮类型服务器控件功能设计用户登录页面，设计两个 TextBox 控件用于接收用户输入的用户名和密码，两个 Button 按钮控件用于进行“确定”和“取消”操作。并运用页面布局知识实现控件的布局，并在当前页面弹出提示框显示正确添加的用户账户相关信息，从而实现网站登录功能。

知识准备

3.1.1　ASP.NET 控件概述

服务器控件是相对于客户端控件而言的，客户端控件是指运行于客户端的 HTML 控件，而服务器控件则包含运行于服务器端的控件，ASP.NET 之所以开发方便和快捷，关键是它有一组强大的控件库。ASP.NET 控件包括 Web 服务器控件、HTML 服务器控件和 HTML 控件三类，三者的区别如下：

1. HTML 控件

即通常说的 HTML 标记语言，其在已往的静态页面和其他网页里存在，不能在服务器端控制的，只能在客户端通过 javascript 和 vbscript 等程序语言进行控制。例如：

```
<input type="button" id="btn" value="button"/>
```

2. HTML 服务器控件

即在 HTML 控件的基础上添加 runat="server" 所构成的控件，其与 HTML 控件的区别是运行方式不同，HTML 控件运行在客户端，而 HTML 服务器控件运行在服务器端。当 ASP.NET 网页执行时，会检查标注是否有 runat 属性，如果标注没有设定，则 HTML 标注就会被视为符串，并被送到字符串流等待传输到客户端，客户端的浏览器会对其进行解释；如果HTML标注有设定 runat="server" 属性，Page 对象会将该控件放入控制器，服务器端的代码就能对其进行控制，控制执行完毕后再将HTML服务器控件的执行结果转换成HTML标注，并作为字符串流发送到客户端进行解释。例如：

```
<input id="Button" type="button" value="button" runat="server" />
```

3. Web服务器控件

也称为ASP.NET服务器控件，是Web Form编程的基本元素，也是ASP.NET所特有的控件。它会按照Client的情况产生一个或者多个HTML控件，而不是直接描述HTML元素。例如：

```
<asp:Button ID="Button1" runat="server" Text="Button"/>
```

Web服务器控件和HTML服务器控件的区别如下。

（1）Web服务器控件提供更加统一的编程接口，如每个Web服务器控件都有Text属性。

（2）隐藏客户端的不同，使程序员可以把更多的精力放在业务上，而不用去考虑客户端的浏览器的具体种类。

（3）Web服务器控件可以保存状态到ViewState里，这样页面在从客户端回传到服务器端或者从服务器端下载到客户端的过程中都可以保存。

（4）事件处理模型不同，HTML标注和HTML服务器控件的事件处理都是在客户端的页面上，而Web服务器控件则是在服务器上，例如：

```
<input id="Button1" type="button" value="button" runat="server"/>
```

Button1为HTML服务器控件，但此时单击此按钮，页面不会回传到服务器端，原因是没有为其定义鼠标单击事件。

```
<input id="Button1" type="button" value="button" runat="server" onserverclick=
"test"/>
```

为HTML服务器控件添加onserverclick事件，单击此按钮页面会发回服务器端，并执行test(object sender, EventArgs e)方法。

```
<asp:Button ID="Button1" runat="server" Text="Button"/>
```

Button1是Web服务器控件，并且没有为其定义Click，但是单击该按钮时，页面也会发回到服务器端。

由此可见：HTML标注和HTML服务器控件的事件是由页面来触发的，而Web服务器控件则是由页面把Form发回到服务器端，由服务器进行处理。

提示：HTML控件添加 runat="server" 属性，就转换为HTML服务器控件，同时要添加 id 属性来标识该服务器控件。所有HTML服务器控件必须位于带有 runat="server" 属性的 <form> 标签内。runat="server" 属性指示该表单应在服务器进行处理，同时指示其包括在内的控件可被服务器脚本访问。

【实例 3-1】 使用 HTML 服务器控件设计如图 3-2 所示的报名调查信息表。

源代码

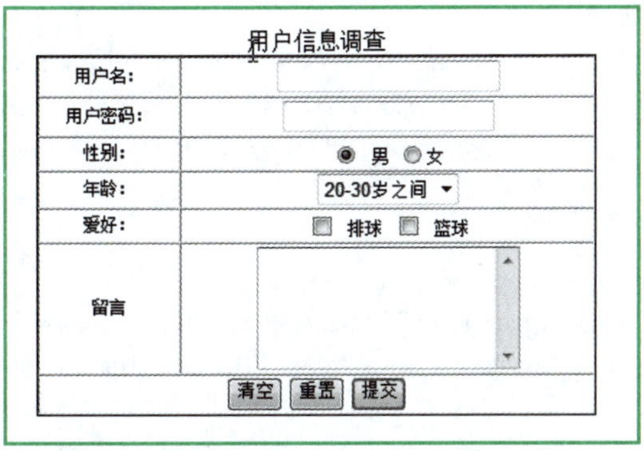

图 3-2　报名信息调查表

【页面设计代码】Default1.aspx

```
<form id="form2" runat="server">
<div style="text-align: center"> 用户信息调查
    <table style="width: 389px; height: 52px;border:1px solid black" cellspacing ="0" rules="all">
        <tr>
            <td rowspan="6"><img src="Images/reg-1.gif" alt=" 图片 "/></td>
            <td > <span style="font-size: 9pt"> 用户名：</span></td>
            <td > <input id="Name" type="text" runat="server" /></td>
        </tr>
        <tr>
            <td > <span style="font-size: 9pt"> 用户密码：</span></td>
            <td > <input id="Password" type="password" runat="server" /></td>
        </tr>
        <tr>
            <td > <span style="font-size: 9pt"> 性别：</span></td>
            <td >   <input id="Male" type="radio" name="gender" value =" 男
"runat="server" /><span style="font-size: 9pt"> 男   <input id="Female" type="radio"
name="gender" value =" 女 "runat="server"/> 女 </span></td>
        </tr>
        <tr>
            <td> <span style="font-size: 9pt"> 年龄：</span></td>
            <td>            <select id="Age" runat="server">
                            <option value ="1">20-30 岁之间 </option>
                            <option value ="2">30-40 岁之间 </option>
                            <option value ="3">40-50 岁之间 </option>
                            <option value ="4">50-60 岁之间 </option>
                            </select>
            </td>
        </tr>
        <tr>
```

```
<td > <span style="font-size: 9pt"> 爱好：</span></td>
<td ><input id="Ball1" type="checkbox" runat="server" checked=
"checked" value =" 排球 " />
        <span style="font-size: 9pt"> 排球 </span>
        <input id="Ball2" type="checkbox" runat="server" value=" 篮球 "/>
        <span style="font-size: 9pt"> 篮球 </span>
    </td>
  </tr>
  <tr>
    <td > <span style="font-size: 9pt"> 留言 </span></td>
    <td > <textarea id="Liuyan" cols="20" rows="5" runat ="server" ></textarea></td>
  </tr>
  <tr>
    <td colspan="3" class="style1">
      <input id="Button" type="button" value=" 清空 " runat="server" onclick=
"ServerClick" />
      <input id="Reset" type="reset" value=" 重置 " runat="server"   />
      <input id="Submit" type="submit" value=" 提交 " runat="server" onserverclick=
"Submit_ServerClick" />
      </td>
  </tr>
</table>
<span id="Message" runat="server" />
</div>
```

HTML 服务器控件最常用的控件事件包括 OnServerEvent 。通过为 ServerClick 事件提供自定义事件处理程序，可以在单击控件时执行特定的指令集。例如，< 输入类型 = 按钮 > 控件有一个 OnServerClick 事件。用户单击 HtmlInputButton 控件时，该控件所在窗体的输入内容被发送到服务器并得到处理。最后，将响应发送回浏览器。

【程序代码】Default1.aspx.cs 页面代码：

```
<head id="Head1" runat="server">                              // 服务器端脚本
    <script language="javascript" type="text/javascript">      // 单击提交按钮
  protected void Submit_ServerClick(object sender, EventArgs e)
      {
        string love = "";   // 获取用户名和密码信息
        Message.InnerHtml = "<h4> 您输入的个人信息为 </h4>";
        Message.InnerHtml += " 姓名：" + Name.Value + "<br/>";
        Message.InnerHtml += " 密码：" + Password.Value + "<br/>";
        if (Male.Checked) Message.InnerHtml += " 性别：" + Male.Value + "<br/>";
        if (Female.Checked) Message.InnerHtml += " 性别：" + Female.Value + "<br/>"; //
获取性别信息
        if(Age.Value=="1") Message.InnerHtml+=" 你的年龄在 20-30 岁之间 "+  "<br/>";
        if(Age.Value=="2") Message.InnerHtml+=" 你的年龄在 30-40 岁之间 "+  "<br/>";
        if(Age.Value=="3") Message.InnerHtml+=" 你的年龄 40-50 岁之间 "+  "<br/>";
```

```
            if (Age.Value == "4") Message.InnerHtml += " 你的年龄 50-60 岁之间 " +
"<br/>"; // 获取年龄信息
            if (Ball1.Checked) love += Ball1.Value;
            if (Ball2.Checked) love += Ball2.Value;
            if (Ball2.Checked && Ball1.Checked) love = Ball1.Value + "、" + Ball2.Value;
            Message.InnerHtml += " 你的爱好为：" + love + "<br/>"; // 获取爱好信息
            Message.InnerHtml += " 你的留言为：" + Liuyan.Value + "<br/>"; // 获取
留言信息
        }
    </script>
</head>
```

3.1.2 Web 服务器控件

Web 服务器控件位于 System.Web.UI.Webcontrols 命名空间中，并集成在 ASP.NET 的基本类库中，是 ASP.NET 中功能强大的编程单元，使用 Web 服务器控件可以实现复杂的事务处理。Web 服务器控件位于 Visual Studio.NET 2010 工具箱的标准组、数据组、导航组、验证组中。

1. Web 服务器控件格式

```
<asp:control_name id="……" runat="server" />
```

Web 服务器控件以“asp:”作为前缀标志，以“/”作为结束标志。所有属性均定义在一对尖括号“<>”内，属性之间用空格分开。

```
例：<asp:Button ID="Button1" runat="server" Text="Button" />
    <asp:TextBox ID="TextBox1" runat="server"></asp:TextBox>
```

2. Web 服务器控件的类型

常用的 Web 服务器控件请见表 3-1。

表 3-1 常用的 Web 服务器控件一览表

Web 服务器控件类别	Web 服务器控件名称
文本类型控件	Label、TextBox、Literal 控件
按钮类型控件	Button、LinkButton、HyperLink 和 ImageButton 控件
选择类型控件	CheckBox、RadioButton、RadioButtonList、CheckBoxList、DropDownList、ListBox 控件
数据绑定控件	DataGrid、DataList 和 Repeater 控件
图像控件	Image 控件
验证控件	RequiredFieldValidator、RangeValidator、ValidationSummary 、RegularExpressionValidator、CompareValidator、CustomValidator 控件
导航控件	TreeView、Menu、SitMapPath 控件
广告控件	AdRotator 控件
视图控件	MultiView、View 控件
日历控件	Calendar 控件

以上控件种类和功能各不相同，使用控件就是根据需求正确设置或获取控件的属性、调用控件的方法和为控件编写相应的事件处理程序，Web 服务器控件虽然种类较多，但是各控件之间有相通之处，如 Web 服务器控件部分共用的常用属性见表 3-2。

表 3-2 Web 服务器控件公用的常用属性

属性	说明
ID	控件在程序中使用的名称
AccessKey	获取或设置控件的键盘快捷键
BackColor	获取或设置控件的背景色
BorderColor	获取或设置控件的边框颜色
BorderWidth	控件的边框宽度
BorderStyle	控件的边框样式
CssClass	分配给控件的样式表类
Enable	控件是否有效
Font	控件的字体
ForeColor	控件的前景色
Height	控件的高度
Width	控件的宽度
Visible	控件是否可见
ToolTip	获取或设置当用户将鼠标指针停放在控件上时显示的文本

微课 3.1.1 文本类控件 1

微课 3.1.2 文本类控件 2

3.1.3 文本类型控件

1. Label 控件

Label 控件又称标签控件，主要用来显示文本信息。该控件功能较单一，除了表 3-2 所列的通用属性外，其最常用的属性是 Text 属性，其属性设置如图 3-3 所示。可以通过修改属性值更改控件属性。

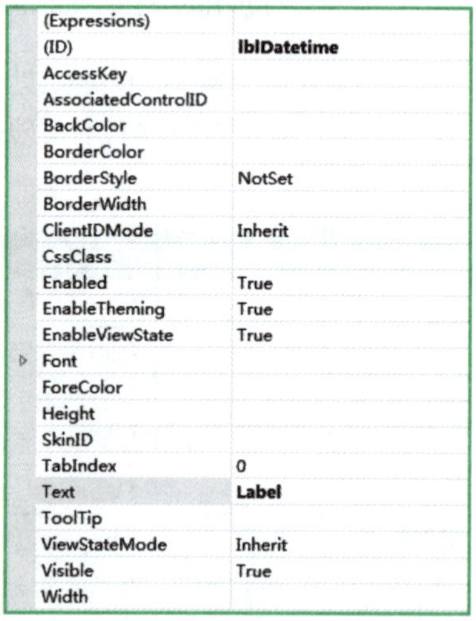

图 3-3 Label 标签控件的属性窗口

2. TextBox 控件

TextBox 控件用于输入文字信息，ASP.NET 网页中具有文本输入功能的只有 TextBox 控件，通过设置控件的 TextMode 属性来区分文本、密码和多行文本输入方式，控件的常用属性及方法见表 3-3。

⚠ 注意：文本框内容是字符串类型，如果要做计算，需要作类型转换。如 convert.tosingle 转成单精度，或 single.parse() 符号的中英文区别。

表 3-3　TextBox 控件的常用属性和方法

属性或方法	说　明
AutoPostBack	文本框内容发生变化，并且输入焦点离开文本框（TAB,ENTER），是否自动将文本框内容发回服务器。
Text	文本框中内容
TextMode	SingleLine 单行输入模式，默认 MultiLine 为多行模式，该模式时文本放不下时，会出现流动条 Password 密码输入
Columns	以字符为单位指明文本框的显示宽度
Rows	当 TextMode 为 MultiLine 时，指明文本框的行数
MaxLength	在单行文本方式下，文本框可以输入的字符数，最大长度可达 2147483647 个字符，当 Textmode 属性设置为 Multiline 时，该属性不适用
Wrap	用于获取或设置一个布尔值，该值指示文本框内的文本是否可以换行。当属性为 True（默认）时，文本框中的内容可以换行；只有 TextMode 属性设置为 MultiLine 时，该属性才适用
ReadOnly	输入框为只读，当值为 True 时，禁止更改，默认值为 False
DataBind()	将数据源绑定到被调用的服务器控件及其所有子控件上
TextChanged()	当文本框内容发生变化时触发该方法

TextBox 控件大部分属性设置和 Label 控件类似，下面主要介绍控件的 TextChanged 事件，改变了文本框的内容并按回车，或通过程序改变了 text 属性值，将会触发 textchange 事件，并执行相关的事件过程。TextBox 控件 AutoPostBack 属性是一个布尔值，用于指定当用户改变文本框的内容时，是否向服务器进行自动回送并引发 TextChanged 事件，所以要把 AutoPostBack 属性设置为 True。

⚠ 注意：更改内容后，只有当用户按了 <Enter> 键或当文本框失去焦点时才发生回送动作。事件触发的时候会重新载入页面，也就是还是会执行一遍 page_load，该操作有时候也会造成错误。

【实例 3-1】 触发 TextBox 控件的 TextChanged 事件，当文本内容修改或改变后弹出提示框。

首先，通过工具箱将 TextBox 控件拖放到页面相应位置上，修改控件 ID 属性为“txtDemo”，将控件的 AutoPostBack 属性设置为 True，选择控件属性窗口中的 符号，打开如图 3-4 所示的控件对应的事件窗口，在【TextChanged】后的空白处双击鼠标左键，此时将在页面的 .cs 文件中生成 txtDemo_TextChanged 事件方法，在方法中输入如下代码：

```
protected void txtDemo_TextChanged(object sender, EventArgs e)
{
    Response.Write("<script> alert(' 你修改了文本框的值！ ')</script>");
}
```

网页运行后，在文本框中输入内容后按【回车】键，将弹出如图 3-5 所示的对话框，表示触发了 TextChanged 事件。

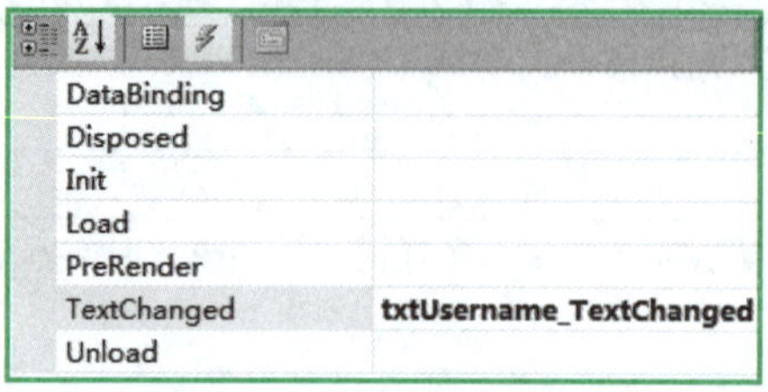

图 3-4 TextBox 控件的事件设置

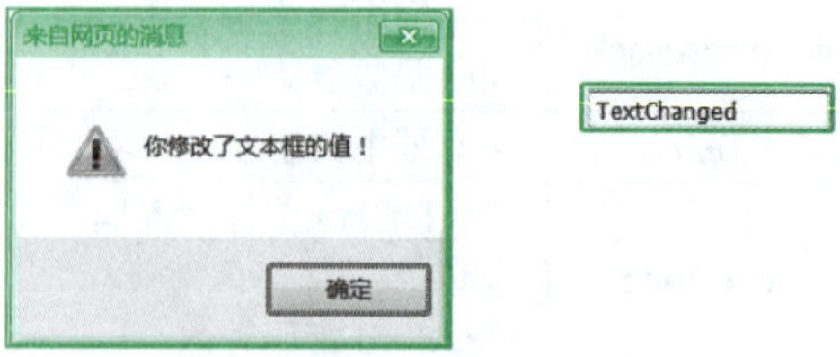

图 3-5 TextChanged 事件运行效果

⚠ 注意：软件开发是团队成员协作的结果，而编码规范是程序员之间沟通的桥梁。如果每个成员遵循一致的编码风格，则可以减少沟通所需的工作量。减轻程序员的负担。命名规范是一种约定，减少了编码的自由度，对于减少人员之间通信工作量，提高工作效率意义重大。具体编码规范，详见本书附录 A。

3.1.4 按钮类型控件

1. Button 控件

Button 控件是 ASP.NET 开发时最常见的控件之一，Button 控件常见的属性和事件见表 3-4。

表 3-4 Button 控件常见的属性和事件

属性或方法	类 型	说 明
CausesValidation	bool	指示在单击 Button 控件时是否执行验证
CommandArgument	string	该参数会传递到 Command 事件
CssClass	string	该参数指示控件在客户端呈现的级联样式表（CSS）类
Enabled	bool	指示是否启用 Web 服务器控件
OnClientClick	string	Button 控件的 Click 事件时所执行的客户端脚本
Text	string	在 Button 控件中显示的文本标题
ValidationGroup	string	Button 控件回发到服务器时要进行验证的控件组
Click	EventHandler	单击 Button 控件触发的事件
Command	CommandEventHandler	单击 Button 控件触发的事件

微课 3.1.3 按钮类控件

本节主要介绍 Button 控件的 CommandArgument、CssClass、OnClientClick 属性、Click 事件及 Command 事件。

CssClass 用于设置控件的 CSS 属性，如字体颜色、背景颜色、边框等，其值应与样式表中的类名相对应。

OnClientClick 用于设置客户端单击所发生的事件，如某些重要操作需要用户进行确认，可以通过 javascript 的 confirm() 函数来实现。

CommandArgument 用于设置传递到 Command 事件的参数。

Click 和 Command 事件都是单击 Button 按钮时发生的事件，但处理的委托类型不同，触发 Click 事件由 EventHandler 委托进行处理，触发 Command 事件后由 CommandEventHandler 委托进行处理，其声明格式如下：

```
public delegate void EventHandler (    Object sender, EventArgs e)
public delegate void CommandEventHandler ( Object sender,    CommandEventArgs e )
```

Click 和 Command 事件都有两个参数，第一个参数表示由哪个控件触发了事件，第二个参数表示发生事件时的一些事件数据。这两个委托第一个参数都是相同的，第二个参数不同，EventArgs 类不带有任何事件数据（该委托很常见，不关心事件数据的事件都由该委托处理），而 CommandEventArgs 可以附带事件数据，其包括两个重要属性：CommandArgument 和 CommandName。CommandArgument 属性可以附带一些参数信息，CommandName 用于设置命令的名称。

【实例 3-2】 创建一个页面命名为“Button.aspx”，实现按钮的三种提交功能。

前台代码如下：

```
<%@ Page Language="C#" AutoEventWireup="true" CodeFile="Button.aspx.cs"
Inherits="_Button" %>
<!DOCTYPE html PUBLIC "-//W3C//DTD XHTML 1.0 Transitional//EN" "http://www.
w3.org/TR/xhtml1/DTD/xhtml1-transitional.dtd">
<html xmlns="http://www.w3.org/1999/xhtml" >
<head id="Head1" runat="server">
        <title>ASP.NET 基本控件 Button 控件 </title>
        <style type="text/css">
        .btn
        {
            color:#ffffff;
            font-weight:bold;
            background-color:#cc3300;
            border:none;
        }
        </style>
</head>
<body>
        <form id="form2" runat="server">
        <div>
            <asp:Button ID="btnOK" runat="server" Text=" 提交 " OnClick="btnOK_Click"
OnClientClic.k="javascript:return confirm(' 确认提交 ');" OnCommand="btnOK_Command"
CommandArgument="1" CssClass="btn" />
        </div>
        </form>
</body>
</html>
```

后台程序代码如下：

```
public partial class _Button : System.Web.UI.Page
    {
```

```
        protected void btnOK_Click(object sender, EventArgs e)
        {
            btnOK.Text = " 发生了 Click 事件 ";
        }
        protected void btnOK_Command(object sender, CommandEventArgs e)
        {
            Response.Write("<script>alert(' 发生了 Command 事件事件的数据是：" + 
e.CommandArgument.ToString() + "');</script>");
        }
    }
```

浏览器中的 HTML 代码如下：

```
    <!DOCTYPE html PUBLIC "-//W3C//DTD XHTML 1.0 Transitional//EN" "http://www.
w3.org/TR/xhtml1/DTD/xhtml1-transitional.dtd">
    <html xmlns="http://www.w3.org/1999/xhtml" >
    <head><title>
        ASP.NET 基本控件 Button 控件
    </title>
        <style type="text/css">
        .btn
        {
            color:#ffffff;
            font-weight:bold;
            background-color:#cc3300;
            border:none;
        }
        </style>
    </head>
    <body>
        <form name="form1" method="post" action="Button.aspx" id="form2">
    <div>
    <input type="hidden" name="__VIEWSTATE" id="__VIEWSTATE" value="/wEPDwU
KMTQ2OTkzNDMyMWRk8oOKWA57ZbXtacIpYdP9o2tVOhc=" />
    </div>
        <div>
            <input type="submit" name="btnOK" value=" 提交 " onclick="javascript:return 
confirm(' 确认提交 ');" id="btnOK" class="btn" />
        </div>

    <div>
        <input type="hidden" name="__EVENTVALIDATION" id="__EVENTVALIDATION" 
value="/wEWAgLc1o/jAgLdkpmPAWUkmFpAVODohFDhiNfzIGu4jHdr" />
    </div></form>
    </body>
    </html>
```

可见默认情况下，Button 控件被解释成 <input type="submit" …/> 形式的提交按钮，且该按钮的客户端 id（即在 HTML 代码中的 id 属性）和服务器端指定的 id 是一致的。此外，在设计时表单的代码是“<form id="form1" runat="server">”，在客户端为“<form name="form1" method="post" action="Button.aspx" id="form1">”，其原因是表单发送到客户端时被设置成 post 提交方式，接收表单数据的页面是当前页面。运行效果分别如图 3-6、图 3-7、图 3-8 和图 3-9 所示。

图 3-6　运行初始效果图

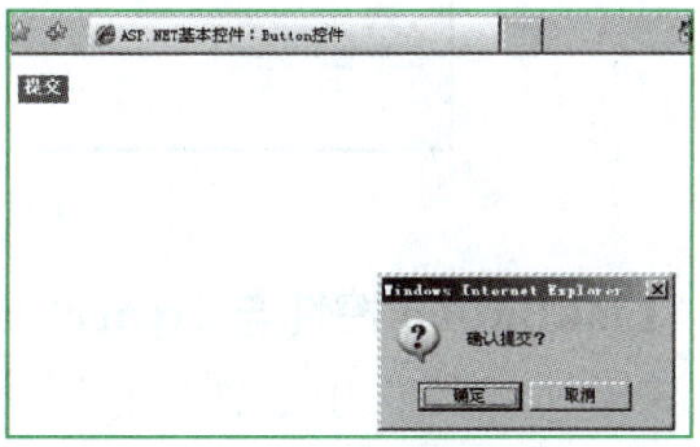

图 3-7　单击提交后效果图

图 3-8　单击确定后效果图

图 3-9　最终效果图

文本类控件的使用

【实例 3-3】 文本类控件的应用——设计如图 3-10 所示的留言板。

页面设计代码如下：

```
        <span style="color: #009966"><span style="background-color: #ffccff"> 通过该页面添加新留言到数据库，点击添加按钮添加！ </span><br /> </span>
        </div> <!--asp.net 控件文本类按钮控件的简单使用 -->
          <asp:Panel ID="Panel1" runat="server" Height="221px" Width="557px" BorderColor="Red" BorderStyle="Dashed" BorderWidth="1px">
            <asp:Label ID="Label1" runat="server" Text=" 留言者：" ></asp:Label>
            <asp:TextBox ID="tbName" runat="server" Width="189px"></asp:TextBox>
            <br />
            <asp:Label ID="Label2" runat="server" Text=" 标题 " Width="63px"></asp:Label>
            <asp:TextBox ID="tbTitle" runat="server" Width="476px"></asp:TextBox><br />
            <asp:Label ID="Label3" runat="server" Text=" 内容 " Width="63px"></asp:Label><br />
             <asp:TextBox ID="tbContent" runat="server" TextMode="MultiLine" Height="80px" Width="539px"></asp:TextBox>
            <br />
            <asp:Label ID="lbHint" runat="server" ForeColor="Red"></asp:Label><br />
            <asp:Button ID="btnAdd" runat="server" BackColor="#FFC080" BorderColor="#C0FFC0"
             BorderStyle="Ridge" Font-Bold="True" Font-Names=" 宋体 " Font-Overline="False" Font-Size="Larger" OnClick="btnAdd_Click" Text=" 留言 " Width="112px" />
            </asp:Panel>
            <br />
```

程序运行效果如图 3-10 所示。

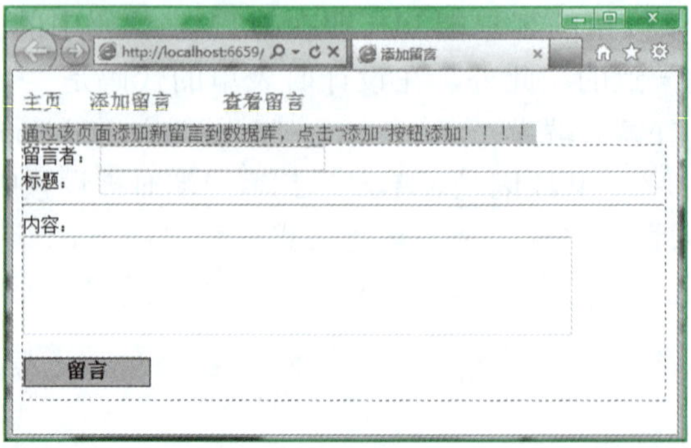

图 3-10　留言板的设计

2. LinkButton 控件与 HyperLink 控件

LinkButton 控件用于创建超链接样式的按钮，HyperLink 控件用于创建超链接。

⚠ 注意：该控件的外观与 HyperLink 控件相同，但其功能与 Button 控件一样。

HyperLink 控件只是产生一个有 URL 指向的超级链接，而 LinkButton 控件属于 Button 类控件。LinkButton 控件本身支持事件处理，并没有 HyperLink 的 NavigateUrl 属性，其 URL 链接功能主要由事件处理完成，LinkButton 控件支持 OnClick、OnCommand 等服务器端方法。LinkButton 的外观和风格与 HyperLink 相同，其优势还包括点击时能够返回同一个网页且便于使用的 OnClick 方法。 LinkButton 控件的常用属性见表 3-5。

表 3-5　LinkButton 控件的常用属性

属　　性	描　　述
CommandArgument	有关所执行命令的附加信息
CommandName	与 Command 事件相关的命令
OnClientClick	当 LinkButton 控件被单击时被执行的函数的名称
PostBackUrl	当 LinkButton 控件被单击时从当前页面进行回传的目标页面的 URL
Text	LinkButton 上的文本

本节应用 LinkButton 的属性 CommandName 和方法 Command 来实现。

首先，了解 LinkButton 的几个比较重要的属性和方法。

CommandName 属性：取得或设定与 LinkButton 控制项相关的命令名称。该值与 CommandArgument 属性一起传给 Command 处理事件。

CommandArgument 属性：包含有关命令的补充资讯，如 Ascending 排序顺序，与 CommandName 一起使用。

Click 事件：该事件一般在没有命令名与 LinkButton 控制关联时（如“提交”按钮）使用。

Command 事件：当单击 LinkButton 控件时会触发 Command 事件。当命令名（如 Sort）与 LinkButton 控件关联时，通常使用该事件。这样可以实现在一个网页上创建多个 LinkButton 控件，并以编程方式确定单击了哪个 LinkButton 控件。

了解 LinkButton 的属性和方法后，可以在程序中给 LinkButton 的 CommandName 属性和 CommandArgument 属性赋值，通过 Command 事件，即可从 CommandEventArgs 类中得到数据，进而判断是哪个 LinkButton 被触发了。其中，CommandEventArgs 类存储了和按钮 (Button) 事件相关的数据，并且可以在事件处理中通过 CommandEventArgs 类的属性访问这些数据。

【实例 3-4】 LinkButton 控件的应用。

```
<Form Id="Form2" Runat="Server">
<ASP:LinkButton Id="LB1" Text=" 点击我 " OnClick="LB1_Click" Runat="Server"/><p>
<ASP:Label Id="L1" Text=" 现在是 A" Runat="Server" />
</Form>

void LB1_Click(Object Sender, Eventargs e)
    {
        L1.Text=" 现在是 B" ;
}
```

HyperLink 控件的常用属性见表 3-6。

表 3-6　HyperLink 控件的常用属性

属　　性	描　　述
ImageUrl	显示此链接的图像的 URL
NavigateUrl	该链接的目标 URL
Target	URL 的目标框架
Text	显示该链接的文本

【实例 3-5】 HyperLink 控件的应用。

```
<html>
    <body>
        <form id="Form2" runat="server">
        <asp:HyperLink ID="HyperLink1" ImageUrl="/images/qtc.gif"
NavigateUrl=http://www.qtc.edu.cn Text=" 青岛职业技术学院 " Target="_blank"
runat="server" />
        </form>
    </body>
</html>
```

3. ImageButton 控件

ImageButton 控件用于在用户界面中建立一个图片按钮。ImageButton 控件的常用属性见表 3-7。

表 3-7 ImageButton 控件的常用属性

属性	说明
AlternateText	获取或设置当图像不可用时，ImageButton 控件中显示的替换文本。
ImageUrl	获取或设置在 ImageButton 控件中显示的图像的位置。
ImageAlign	获取或设置 ImageButton 控件相对于 Web 页上其他元素的对齐方式。
PostBackUrl	获取或者设置单击 ImageButton 控件时从当前页发送到网页的 URL
Click	在单击 ImageButton 时发生的事件。

【实例 3-6】 ImageButton 控件的应用。

```
<%@ Page Language="C#" AutoEventWireup="True" %>
<html>
<head>
<script language="C#" runat="server">
void ImageButton_Command(object sender, CommandEventArgs e)
{
    if (e.CommandName == "Sort" &&e.CommandArgument==" 闪烁 ")
        Label1.Text = " 你点击了闪烁图片 ";
    else
        Label1.Text = " 你点击了工作图片 ";
}
</script>
</head>
<body>
<form id="Form2" runat="server">
<h3> 控件示例 </h3> 点击图片：<br><br>
<asp:ImageButton ID="ImageButton1" runat="server" AlternateText=" 闪 烁 "
ImageUrl="images/blank.gif"
OnCommand="ImageButton_Command" CommandName="Sort" CommandArgument=
" 闪烁 "/>
<asp:ImageButton ID="ImageButton2" runat="server" AlternateText=" 工作 " ImageUrl=
"image/workplan.gif"
OnCommand="ImageButton_Command" CommandName="Sort" CommandArgument=
" 工作 "/>
<br><br>
<asp:label ID="Label1" runat="server"/>
</form>
</body>
</html>
```

文本类、控制类控件的使用

任务实施

3.1.5 网站登录模块的实现

1. 设计网页布局

在 Index.aspx 页中的 ContentPlaceHolderID 为“ContentPlaceRight”的控件

中设计登录网页的布局，在 div 中设计一个 Table，要求五行两列，并进行相应的布局设计。

2. 设计控件

从工具箱拖放两个 TextBox 控件，分别放在第 2 行第 2 个单元格和第 3 行第 2 个单元格中，在第四行第 1 个单元格，和第 4 行第 2 个单元格中分别拖放两个按钮，在第五行中拖放一个 LinkButton 控件，具体代码如下：

微课 3.1.4 网站登录模块的实现

```
    <div align="right">
    <table style="width: 100%;">
        <tr>
            <td colspan="2" align="center">
                用户登录
            </td>
        </tr>
        <tr>
            <td>
                用户名：
            </td>
            <td>
                <asp:TextBox ID="txtUsername" runat="server" Columns="20"
      MaxLength="10" Rows="5"></asp:TextBox>
            </td>
        </tr>
        <tr>
            <td>
               密码：
            </td>
            <td>
               <asp:TextBox ID="txtPWD" runat="server" Columns="20"
        TextMode="Password" ></asp:TextBox>
            </td>
        </tr>
        <tr>
            <td align="center">
                   <asp:Button ID="btnOK" runat="server" Text=" 登录 "
onclick="btnOK_Click"
     AccessKey="R" ToolTip=" 后台登录 "   CssClass="btn"   />
            </td>
            <td align="center">
                <asp:Button ID="btnCancle" runat="server" Text=" 取消 " CssClass="btn" />
            </td>
        </tr>
        <tr>
            <td colspan="2" align="center">
                <asp:LinkButton ID="lbtnRegister" runat="server" Text=" 新用户注册 "
        PostBackUrl="~/Register.aspx"></asp:LinkButton>
```

```
            </td>
        </tr>
    </table>
</div>
```

生成视图如图 3-1 所示。

3. 代码设计

双击【登录】按钮，触发按钮“Click”事件，实现用户模拟验证功能，编写代码如下：

```
protected void btnOK_Click(object sender, EventArgs e)
    {
        if (txtUsername.Text == "xzp" && txtPWD.Text == "123")
        {
            Response.Write("<script language='javascript'> alert(' 登录成功！ ')</script>");
        }
        else
        {
            Response.Write("<script> alert(' 登录失败，请重新注册！ ')</script>");
        }
}
```

当输入正确的用户名和密码时，登录模块运行效果如图 3-11 所示。

4. 设置主页

从工具箱拖放一个 ImageButton 和一个 LinkButton 控件放在 Main.Master 母版页的最上部，为 ImageButton 控件的 ImageUrl 属性指定要显示的主页的图标，为 LinkButton 控件的 onclientclick 设置设为主页相关的指令，效果如图 3-12 所示，代码如下：

```
    <asp:ImageButton ID="ibtnMainPage"  runat="server"  ImageUrl="~/images/mainpage.ico" Width="20px" Height="20px" />
    <asp:LinkButton ID="lbtnMainPage" runat="server" Text=" 设为主页 " onclientclick="this.style.behavior='url(#default#homepage)';this.setHomePage('http://www.qtc.edu.cn')" ></asp:LinkButton>
```

图 3-11 登录成功效果图

图 3-12 设为主页

5. 制作网站的“联系我们”

从工具箱拖放一个 HyperLink 控件放在 Main.Master 母版页的最底部，设置 HyperLink 控件的 NavigateUrl 属性值为“mailto:xuzhp@qtc.edu.cn”，当点击【联系我们】超链接控件时，将打开 Outlook 窗口发送邮件。代码如下：

```
<asp:HyperLink ID="HyperLink1" runat="server" NavigateUrl="mailto:xuzhp@qtc.edu.
cn" Text=" 联系我们 "> 联系我们 </asp:HyperLink>
```

任务拓展

3.1.6　认识 Page 对象

微课 3.1.5　认识 Page 对象

1. Page 对象概述

在 ASP.NET 中每个页面都派生自 Page 类，并继承该类所有的公开方法和属性。Page 类与扩展名为 .aspx 的文件相关联，这些文件在运行时被编译为 Page 对象，并被缓存在服务器内存中。Page 类常用的属性见表 3-8。

表 3-8　Page 类常用的属性和方法

属性与方法	说　明
IsPostBack	该属性可以检查 .aspx 页是否为传递回服务器的页面，常用于判断页面是否是首次加载
IsValid	该属性用于判断页面中的所有输入的内容是否已经通过验证，是一个布尔值的属性。当需要使用服务器端验证时，可以使用该属性
IsCrossPagePostBack	该属性判断页面是否使用跨页提交，是一个布尔值的属性
SetFocus	将浏览器焦点设置为指定控件
OnLoad	触发 Load 事件
FindControl	在页面容器中搜索指定的服务器控件
MapPath	搜索虚拟路径（绝对的或相对的）或应用程序相关的路径映射到的物理路径
Eval	为在运行时根据对象分析和计算数据绑定表达式提供支持

Page 页面第一次执行时，有一个编译的过程，即在页面执行之前需要首先将 .aspx 页及其后台代码编译成页面类，然后才执行页面中的处理，而第二次执行时，由于页面类已存在，不需经过编译过程，所以执行时间比第一次要短。

Page 对象是指向页面自身的方式，在整个页面的执行期内，都可以使用。每个 Page 页的头部显示如下：

```
<% @ Page Language="C#" CodeFile="default.aspx.cs" Inherits="_default"
trace="true"%>
```

@Page 指令定义了 ASP.NET 页用于编译和解析的属性，每个 aspx 页面只能有一个 @Page 指令。参数代码含义如下。

① Language: 指定页面代码和后置代码使用的语言，但只支持微软 .NET 框架中的语言。

② AutoEventWireup: 设置页面是否自动调用网页事件，默认为 true。

③ CodeFile: 指定代码后置文件名，后置代码，该后置代码与页面是局部关系。

④ Inherits: 页面类。

⑤ trace: 调试跟踪，如：<trace enabled="true" pageOutput="true" traceMode="">。

其中，设置调试跟踪后，程序运行结果如图 3-13 所示。

跟踪信息	
类别	消息
aspx.page	Begin PreInit
aspx.page	End PreInit
aspx.page	Begin Init
aspx.page	End Init
aspx.page	Begin InitComplete
aspx.page	End InitComplete
aspx.page	Begin PreLoad
aspx.page	End PreLoad
aspx.page	Begin Load
aspx.page	End Load
aspx.page	Begin LoadComplete
aspx.page	End LoadComplete
aspx.page	Begin PreRender
aspx.page	End PreRender
aspx.page	Begin PreRenderComplete
aspx.page	End PreRenderComplete
aspx.page	Begin SaveState
aspx.page	End SaveState
aspx.page	Begin SaveStateComplete
aspx.page	End SaveStateComplete
aspx.page	Begin Render
aspx.page	End Render

图 3-13　调试跟踪

2. Page 页的生命周期

（1）单独的 Page 页面的事件执行顺序

当 Page 页执行时，其运行的事件顺序如图 3-14 所示。

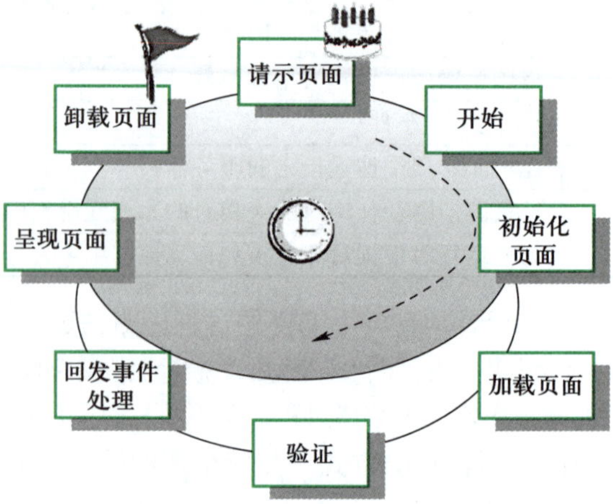

图 3-14　Page 页的生命周期

① Page.PreInit 在页初始化开始时发生。

② Page.Init 当服务器控件初始化时发生，初始化是控件生存期的第一步。（继承自 Control 类。）

③ Page.InitComplete 在页初始化完成时发生。

④ Page.PreLoad 在页 Load 事件之前发生。

⑤ Page.Load 当服务器控件加载到 Page 对象中时发生。（继承自 Control 类）。

⑥ Page.LoadComplete 在页生命周期的加载阶段结束时发生 。

⑦ Page.PreRender 在加载 Control 对象之后、呈现之前发生。（继承自 Control 类）。

⑧ Page.PreRenderComplete 在呈现页内容之前发生。

【实例 3-7】 Page 页的生命周期。

```
public partial class _Default : System.Web.UI.Page
{
    protected int i = 1;
    protected void Page_PreInit(object sender, EventArgs e)
    {
        Response.Write(i + ".PreInit: 当页面初始化开始时发生 ");
        i++;        Response.Write("<br>");
    }
    protected void Page_Init(object sender, EventArgs e)
    {
        Response.Write(i + ".Init: 当服务器空间初始化时发生 ");
        i++;        Response.Write("<br>");
    }
    protected void Page_InitComplete(object sender, EventArgs e)
     {
        Response.Write(i + ".InitComplete: 当页初始化完成时发生 ");
        i++;
        Response.Write("<br>");
    }
    protected void Page_PreLoad(object sender, EventArgs e)
    {
        Response.Write(i + ".PreLoad: 当页 load 事件前发生 ");
        i++;
        Response.Write("<br>");
    }
    protected void Page_Load(object sender, EventArgs e)
    {
        Response.Write(i + ".Load: 当服务器控件加载到 Page 对象中时发生 ( 加载
页面时 )");
        i++;
        Response.Write("<br>");                // 在 Load 和 LoadComplete 之间会
                                                 执行 D 控件 t 事件 t.
        // 如 Button 控件 t 的 Click 事件 t 或 TextBox 控件 t 的 TextChanged 事件
    }
        protected void Page_LoadComplete(object sender, EventArgs e)
        {
            Response.Write(i+".LoadComplete: 当页面生命周期的加载阶段结束时发生 ");
            i++;
            Response.Write("<br>");
        }
    protected void Page_PreRender(object sender, EventArgs e)
    {
        Response.Write(i + ".PreRender: 当页加载控件之后，呈现之前发生，使用该
事件对页或其控件的内容进行最后更改 ( 预呈现 )");
        i++;
        Response.Write("<br>");
```

```
        }
        protected void Page_PreRenderComplete(object sender, EventArgs e)
        {
            Response.Write(i + ".PreRenderComplete: 呈现内容前发生 .( 预呈现完成 )");
            i++;
            Response.Write("<br>");
        }
        protected void Page_SaveStateComplete(object sender, EventArgs e)
        {   /* 网页控件的状态信息是在 PreRenderComplete 事件后保存的在
SaveStateComplete 事件之前用 Trace 查看页时其实在该事件前还有
             * 一个 SaveState 事件 , 只是这里无法演示
             * 注意 :SaveStateComplete 事件在将页和页上控件的视图状态和控件状态
保存到持久性介质之后引发
             * 这是在页被呈现到请求浏览器之前引发的最后一个事件 */
            Response.Write(i + ".SaveStateComplete: 在页已完成对页和页上控件的所
有视图状态和控件状态信息的保存后发生 .");
            i++;
            Response.Write("<br>");
            /* 最后一部操作呈现 :Render: 它不是事件；在处理的这个阶段，Page 对
象会在每个控件 t 上调用此方法 Render()。 所有 ASP.NET Web 服务器控件都有一个用
于写出发送给浏览器的控件标记的 Render 方法。*/
            /* 当你关闭页 3 面的时候就会引发 UnLoad( 当服务器控件从内存中卸载
时发生 )
             * 和 Disposed 两事件 ( 当从内存释放服务器控件时发生，这是服务器控件 t
生存期的最后阶段 )
             * 首先加载 UnLoad 事件 : 卸载页面：完全呈现页、将页发送至客户端
并准备丢弃时，
             * 将调用卸载。此时，将卸载页属性（如 Response 和 Request）并执行清理
             * 最后加载 Disposed 事件 , 释放资源 , 生命周期结束 ....           */
        }
    }
```

（2）使用 MasterPage 时，MasterPage 与 ContentPage 的事件执行顺序

① ContentPage.PreInit

② MasterPage.Init

③ ContentPage.Init

④ ContentPage.InitComplete

⑤ ContentPage.PreLoad

⑥ ContentPage.Load

⑦ MasterPage.Load

⑧ ContentPage.LoadComplete

⑨ ContentPage.PreRender

⑩ MasterPage.PreRender

⑪ ContentPage.PreRenderComplete

（3）使用继承自 BasePage 的 Page，BasePage 与 Page 的事件执行顺序

对应（1）中的执行顺序，先执行 BasePage 的事件，再执行 Page 的事件。

（4）使用继承自 BasePage 的 Page 作为 MasterPage 的 ContentPage 时事件的执行顺序

对应（2）中的执行顺序，ContentPage 的执行顺序是先 BasePage 后 Page。

项目实训

【实训目的】

掌握使用 ASP.Net 基本控件。

【实训内容】

设计 SelectOkShop 电子商务网站的用户登录、设为主页、联系我们等页面功能。

任务 3.2　使用基本服务器控件设计用户注册页面

基本服务器控件的使用

任务陈述

任务构思与目标：根据需求新建 SelectOKShop 网站的用户注册功能页面，页面效果如图 3-15 所示，并模拟网站后台用户添加功能流程在当前页面（Register.aspx）显示正确添加的用户账户相关信息。

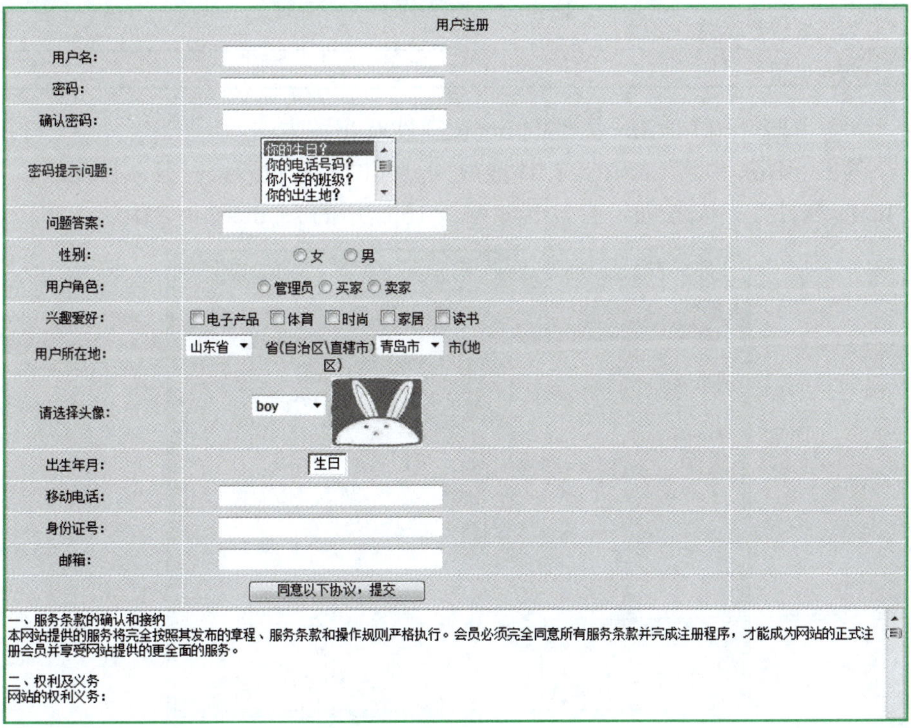

图 3-15　用户注册页面

任务设计：添加 Register.aspx 页面，根据服务器控件功能设计用户注册功能页面，运用页面布局知识实现控件的布局，并在当前页面（Register.aspx）显示正确添加的用户账户相关信息。

知识准备

3.2.1 选择类型控件

1. ListBox 控件

ListBox 控件显示一个选项列表，用户可从中选择一项或多项。如果选项总数超出可以显示的项数，则自动向 ListBox 控件添加滚动条。ListBox 控件的常用属性见表 3-9。

表 3-9 ListBox 控件的常用属性及说明

属 性	说 明
Items	泛指列表框中的所有项，每一项的类型都是 ListItem
Selected	检测条目是否被选中
SelectionMode	组件中条目的选择类型，即单选 (Single)、多选 (Multiple)，当您选择的是多选时，按 Ctrl 键或者 Shift 键可以实现多选
SelectedIndex	列表框中被选择项的索引值
SelectedItem	返回的类型是 ListItem，获得列表框中被选择的条目
SelectedValue	列表框中被选择项的值
Rows	列表框中显示总共多少行
Count	列表框中条目的总数

下面主要介绍 ListBox 控件的 Items 属性及相关方法。

微课 3.2.1 选择类控件 1

在 ToolBox 中将 ListBox 控件拖放到页面的相应位置，打开属性面板，单击 Items 属性后的□按钮，会打开如图 3-16 所示的 ListItem 集合编辑器窗口。

微课 3.2.2 选择类控件 2

图 3-16 ListItem 集合编辑器窗口

在“ListItem 集合编辑器”窗口中，通过单击【添加】按钮，为 ListBox 控件添加列表项，可选中项，在属性面板中修改该项的属性值。还可以选中列表项，单击和按钮更改列表项的位置，单击【移除】按钮可以将该项从列表中删除。单击【确定】按钮后，控件中即添加了列表项 ListItem，生成如下代码：

```
<asp:ListBox ID="lstLeft" runat="server" Height="130px" SelectionMode="Multiple">
    <asp:ListItem> 星期一 </asp:ListItem>
    <asp:ListItem> 星期二 </asp:ListItem>
    <asp:ListItem> 星期三 </asp:ListItem>
    <asp:ListItem> 星期四 </asp:ListItem>
</asp:ListBox>
```

也可以在 .aspx 页中直接输入代码，完成添加或在 .cs 文件中添加，下面介绍 ListBox 控件的主要方法和应用。

（1）动态添加列表框中的项

```
ListBox.Items.Add(" 所要添加的项 ");
```

若在服务器端实现，为避免每次加载时执行添加列表项，上述代码包含在下面代码中。

```
if (!IsPostBack)
    {
    }
```

提示：Page.IsPostBack 是用来检查目前网页是否为第一次加载，当使用者第一次浏览这个网页时 Page.IsPostBack 会传回 False，不是第一次浏览这个网页时就传回 True。

（2）移出指定项

```
    If(ListBox.Items.Count > 0 )    // 首先判断列表框中的项是否大于 0
{
        ListBox.Items.Remove(ListBox.SelectedItem); // 移出选择的项
}
```

（3）清空所有项

```
    If(ListBox.Items.Count > 0 ) // 首先判断列表框中的项是否大于 0
{
        ListBox.Items.Clear();// 清空所有项
}
```

（4）指定项移动

```
i. 移至首条：
ListBox.SelectIndex=0; // 将被选中项的索引设置为 0
ii.移至尾条：
```

```
ListBox.SelectIndex=ListBox.Items.Count-1; // 将被选中项的索引设置为 ListBox.
                                             Items.Count-1
iii.       上一条：
ListBox.SelectIndex=ListBox.SelectIndex - 1;        // 用当前被选中的索引去减 1
iv.        下一条：
ListBox.SelectIndex=ListBox.SelectIndex + 1;        // 用当前被选中的索引去加 1
```

（5）插入项

```
ListBox1.Items.Insertat(3,new    ListItem(" 插入在第 3 行之后项 ",""));
ListBox1.Items.Insertat(index,ListItem)
ListBox1.Items.Insert(0,new    ListItem("text","value"));
```

【实例 3-8】 实现列表框单选和多选操作。

运行示例如图 3-17 所示，在左侧 ListBox 控件中选择部分项，通过单击“>”按钮后，将会把左侧选择的项移到右侧的列表框中，其他按钮类似，但是在移动后顺序变得混乱，为排序设置了【上移】和【下移】按钮，具体思路是如果是向上移位，就是把当前选定项的上一项的值赋给当前选定的项，然后把刚才新加入的对象的值赋给当前选定项的前一项。

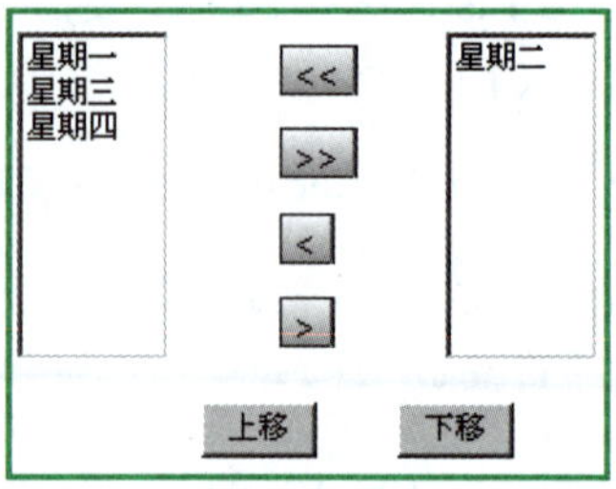

图 3-17　两级联动效果图

Aspx 页的实现代码如下：

```
<Table style="width: 328px">
        <tr><td class="style1" rowspan="4">
         <asp:ListBox ID="lstLeft" runat="server" Height="130px" SelectionMode=
"Multiple">
            <asp:ListItem> 星期一 </asp:ListItem>
            <asp:ListItem> 星期二 </asp:ListItem>
            <asp:ListItem> 星期三 </asp:ListItem>
            <asp:ListItem> 星期四 </asp:ListItem>
            </asp:ListBox>
        </td><td class="style4"><asp:Button ID="btnAllLeft" runat="server" Text="<<"
                CssClass="btn" onclick="btnAllLeft_Click" /></td>
            <td class="style3" rowspan="4">
            <asp:ListBox ID="lstRight" runat="server" Height="130px" SelectionMode=
"Multiple"></asp:ListBox>
            </td></tr>
        <tr><td class="style4"><asp:Button ID="btnAllRight" runat="server" Text=">>"
              CssClass="btn" onclick="btnAllRight_Click" /></td></tr>
       <tr><td class="style4"><asp:Button ID="btnLeft" runat="server" Text="<"
              CssClass="btn" onclick="btnLeft_Click" /></td></tr>
         <tr><td class="style4"><asp:Button ID="btnRight" runat="server" Text=">"
                CssClass="btn" onclick="btnRight_Click" /></td></tr>
```

```
        </Table>
         </br>
        <asp:Button ID="btnUp" runat="server" Text=" 上移 " onclick="btnUp_Click"
/> <asp:Button ID="btnDown"    runat="server" Text=" 下移 " />
```

部分 .cs 文件如下：

```
    protected void btnRight_Click(object sender, EventArgs e)
        {
            try
            {
                lstRight.Items.Add(lstLeft.SelectedItem.Text);// 注意顺序
                lstLeft.Items.Remove(lstLeft.SelectedItem.Text);
            }
            catch (Exception ex)
            {
                Response.Write("<script>alert(' 有异常，请检查！ ')</script>");
            }


        }
        protected void btnAllLeft_Click(object sender, EventArgs e)
        {
            int count = lstRight.Items.Count;
            int index = 0;
            for (int i = 0; i < count; i++)
            {
                ListItem item = lstRight.Items[index];
                lstRight.Items.Remove(item);
                lstLeft.Items.Add(item);
            }
            index++;
        }
        protected void btnLeft_Click(object sender, EventArgs e)
        {
          int count = lstRight.Items.Count;
            int index = 0;
            for (int i = 0; i < count; i++)
            {
                ListItem item = lstRight.Items[index];
                if (lstRight.Items[index].Selected == true)
                {
                    Response.Write("<script>alert(' 触发！ ')</script>");
                    lstRight.Items.Remove(item);
                    lstLeft.Items.Add(item);
                    index--;
                }
```

```
            index++;
        }
    }
    protected void btnUp_Click(object sender, EventArgs e)
    {
        string name=lstLeft.SelectedItem.Text;
        int index=lstLeft.SelectedIndex;
        lstLeft.SelectedItem.Text=lstLeft.Items[index-1].Text;
        lstLeft.Items[index - 1].Text = name;
    }
```

思考：上例中 lstRight.Items.Add(lstLeft.SelectedItem.Text);lstLeft.Items.Remove(lstLeft.SelectedItem.Text); 两行代码如果调换一下顺序，结果会怎么样，为什么？

2. RadioButton 和 RadioButtonList 控件

RadioButton 控件用于显示单选按钮，该控件的常用属性见表 3-10。

表 3-10 RadioButton 控件的常用属性

属　性	描　述
AutoPostBack	布尔值，规定在 Checked 属性被改变后，是否立即回传表单。默认值是 false
Checked	布尔值，规定是否选定单选按钮
GroupName	该单选按钮所属控件组的名称
OnCheckedChanged	当 Checked 被改变时，被执行的函数的名称
Text	单选按钮旁边的文本
TextAlign	文本水平对齐方式（左对齐还是右对齐）

RadioButton 服务器控件在 Web 窗体页上创建一个单选按钮的意义不大，一般至少需要两个选项。通过设置 Text 属性指定要在控件中显示的文本。该文本可显示在单选按钮的左侧或右侧。设置 TextAlign 属性以控制该文本的水平对齐方式。如果为每个 RadioButton 控件指定了相同的 GroupName，则可以将多个单选按钮分为一组，将单选按钮分为一组将只允许从该组中进行互斥的选择。

【实例 3-9】 RadioButton 控件的应用，实现性别选择功能，如图 3-18 所示。

图 3-18 RadioButton 控件实现性别的选择

控制类控件的使用

页面设计代码如下：

```
<%-- 使用 GroupName 属性设置组，同一组单选钮互相排斥 --%>
<asp:RadioButton ID="rbMale" runat="server" GroupName="group1" Text=" 男 " />
<asp:RadioButton ID="rbFemale" runat="server" GroupName=" group1" Text=" 女 " />
```

操作代码如下：

```
        string gender = "";
            if (rbMale.Checked)
                gender = " 男 ";
```

```
        else if (rbFemale.Checked)
            gender = " 女 ";
```

⚠ 注意：通过使用 GroupName="group1" 属性，定义单选按钮的组，具有相同组名的单选按钮作为一组互斥的控件来使用。若不使用 GroupName="group1" 属性，Web 窗体会将同一容器中的所有的 RadioButton 控件视为不同的组，可以多选。

RadioButtonList 控件用于创建单选按钮组，RadioButtonList 控件中的每个可选项是通过 ListItem 元素来定义的，该控件的常用属性和方法见表 3-11。

表 3-11　RadioButtonList 控件的常用属性和方法

属　　性	描　　述
CellPadding	单元格边框与内容之间的像素数
CellSpacing	表格单元格之间的像素数
RepeatColumns	用于指定在 RadioButtonList 控件中显示选项占用几列。默认值为 0，表示任意多列
RepeatDirection	用于指定 RadioButtonList 控件的显示方向。Vertical 时，列表项以列优先排列的形式显示；Horizontal 时，列项以行优先排列的形式显示
RepeatLayout	单选按钮组的布局。Table（默认）时，以表结构显示，属性值为 Flow 时，不以表结构显示
TextAlign	文本水平对齐方式（左对齐或右对齐）
Selected	布尔值，规定是否选定单选项
Items	表示列表中各个选项的集合，如 RadioButtonList1.Items(i) 表示第 i 个选项，i 从 0 开始。每个选项都有以下 2 个基本属性： Text 属性：表示每个选项的文本 Value 属性：表示每个选项的选项值
Count	通过 Items.Count 属性可获得 RadioButtonList 控件的选项数
Add 方法	通过 Items.Add 方法可以向 RadioButtonList 控件添加选项
Remove 方法	通过 Items.Remove 方法，可从 RadioButtonList 控件中删除指定的选项
Insert 方法	通过 Items.insert 方法，可将一个新的选项插入到 RadioButtonList 控件中
Clear 方法	通过 Items.clear 方法可以清空 RadioButtonList 控件中的选项
SelectedIndex	用于获取或设置列表中选定项的最低序号索引值。如果列表控件中只有一个选项被选中，则该属性表示当前选定项的索引值
SelectedItem	用于获取列表控件中索引值最小的选定项。如果列表中只有一个选项被选中，则该属性表示当前选定项。通过该属性可获得选定项的 Text 和 Value 属性值
SelectIndexChange 事件	当用户选择了列表中的任意选项时，都将触发 SelectedIndexChange 事件

RadioButtonList 控件使您能够创建单项选择的单选按钮组，可以通过绑定到数据源动态生成该组。若要指定要在 RadioButtonList 控件中显示的项，需要针对每项在 RadioButtonList 控件的开始标记和结束标记之间放置一个 ListItem 元素，使用代码如下所示：

```
<asp:RadioButtonList ID="rdoList" runat="server" RepeatDirection="Horizontal">
        <asp:ListItem Selected> 男 </asp:ListItem>
        <asp:ListItem> 女 </asp:ListItem>
</asp:RadioButtonList>
```

若要确定 RadioButtonList 控件中的选定项，请循环访问 Items 集合并测试该集合中每一项的 Selected 属性，具体实现方式请参考 ListBox 控件。

可以使用 RepeatLayout 和 RepeatDirection 属性指定如何呈现列表。如果将 RepeatLayout 设置为 Table（默认设置），将以表格形式呈现列表。如果将它设置为 Flow，则不会使用任何表格结构呈现列表。默认情况下，RepeatDirection 设置为 Vertical，若将此属性设置为 Horizontal 可以水平呈现该列表。

RadioButton 和 RadioButtonList 这两类控件都有各自的优点。使用单个的 RadioButton 控件相对于使用 RadioButtonList 控件，可以更好地控制单选按钮组的布局。例如，您可以在各单选按钮之间包含非单选按钮文本。如果您想要基于数据源中的数据创建一组单选按钮，则 RadioButtonList 控件是更好的选择。在编写代码以检查所选定的按钮方面，Radio ButtonList 控件也较为简单。

【实例 3-10】 RadioButtonList 控件的应用—实现性别的选择，实现性别选择功能，如图 3-18 所示。

操作代码如下：

```
string gender = "";
        if (rdoList.Items[0].Selected)
            gender = " 男 ";
        if (rdoList.Items[1].Selected)
        gender = " 女 ";
        Response.Write(" 性别 : " + gender);
```

> **提示：RadioButton 和 RadioButtonList 控件应用区别：使用 RadioButton 控件时，Web 窗体会将同一容器中的所有的 RadioButton 控件视为不同的组，可以多选；通过 GroupName 属性，可以定义单选按钮的组，具有相同组名的单选按钮作为一组互斥的控件来使用。RadioButtonList 是封装了一组单选按钮控件的列表控件，不需要设置其他属性，通过设置 RepeatColumns、RepeatDirection、TextAlign 属性，可以灵活对按钮进行排列。**

3. CheckBox 和 CheckBoxList 控件

CheckBox 控件用于显示复选框，用户可以从一组 CheckBox 控件中选择一项或者多项。该控件的常用属性见表 3-12。

表 3-12 CheckBox 控件的常用属性

属性	描述
AutoPostBack	规定在 Checked 属性已改变后，是否立即向服务器回传表单。默认是 false
CausesValidation	规定点击 Button 控件时是否执行验证
Checked	规定是否已选中该复选框
InputAttributes	该 CheckBox 控件的 Input 元素所用的属性名和值的集合
LabelAttributes	该 CheckBox 控件的 Label 元素所用的属性名和值的集合
Text	与 CheckBox 关联的文本标签

续表

属　性	描　述
TextAlign	与 CheckBox 控件关联的文本标签的对齐方式
ValidationGroup	在 CheckBox 控件回发到服务器时要进行验证的控件组
OnCheckedChanged	当 Checked 属性被改变时，被执行函数的名称

CheckBoxList 控件用于创建多选的复选框组。每个 CheckBoxList 控件中的可选项都是由 ListItem 元素定义的，具体属性与 RadioButtonList 控件类似，在此不再赘述。

【实例 3-11】 CheckBoxList控件的应用——实现如图 3-19 所示的“多项爱好选择功能”。

图 3-19　CheckBoxList 控件的使用

页面设计代码如下：

```
<asp:CheckBoxList ID="chkHobby" runat="server" RepeatDirection="Horizontal">
                        <asp:ListItem> 音乐 </asp:ListItem>
                        <asp:ListItem> 体育 </asp:ListItem>
                        <asp:ListItem> 美术 </asp:ListItem>
</asp:CheckBoxList>
```

操作代码如下：

```
StringBuilder hobby1 = new StringBuilder();
        foreach (ListItem item in chkHobby.Items)
        {// 判断某项复选框是否被选中
            if (item.Selected)
              hobby.Append(item.Value + ",");
        }
        Response.Write(hobby);
```

4. DropDownList 控件

DropDownList 控件的常用属性、方法及事件与 ListBox 控件类似，但是前者只允许用户每次从列表中选择一项。

列表类控件的使用

【实例 3-12】 列表控件的应用——实现如图 3-20 所示的“学历单项选择功能”。

图 3-20　DropDownList 下拉列表框控件的使用

页面设计代码如下：

```
<asp:DropDownList ID="drpXueli" runat="server">
                        <asp:ListItem> 高中 </asp:ListItem>
                        <asp:ListItem> 大学 </asp:ListItem>
                        <asp:ListItem> 研究生 </asp:ListItem>
</asp:DropDownList></td>
```

操作代码如下：

```
    string xueli = drpXueli.SelectedItem.Value; // 取出 dropdownlist 控件选中的列表项
```

提示：DropDownList 控件与 ListBox 列表框控件的区别是：ListBox 可以通过设置 SelectionMode 属性值为“Multiple”属性即：SelectionMode="Multiple"，允许用户从后选项中选择多项，而 DropDownList 控件不允许多选。

3.2.2 Image 控件

Image 控件用于显示图像，该控件的常用属性见表 3-13。

表 3-13 Image 控件的常用属性

属　性	描　述
AlternateText	图形的替代文本
DescriptionUrl	对图像进行详细描述的位置
GenerateEmptyAlternateText	规定该控件是否创建一个作为替代文本的空字符串
ImageAlign	规定图像的排列方式，主要的值有：NotSet、AbsBottom、AbsMiddle、BaseLine、Bottom、Left、Middle、Right、TextTop、Top
ImageUrl	要使用的图像的 URL，可以是相对地址或绝对地址

Image 控件的大部分属性和 Label 控件类似，在此主要讲解其 ImageUrl 属性设置。

ImageUrl 属性用于获取 Image 控件中要显示图像的地址，在设置该属性时，单击 ImageUrl 属性文本框后面的 ... 图标按钮，弹出如图 3-21 所示的“选择图像”对话框，用户可以选择要显示的图像。

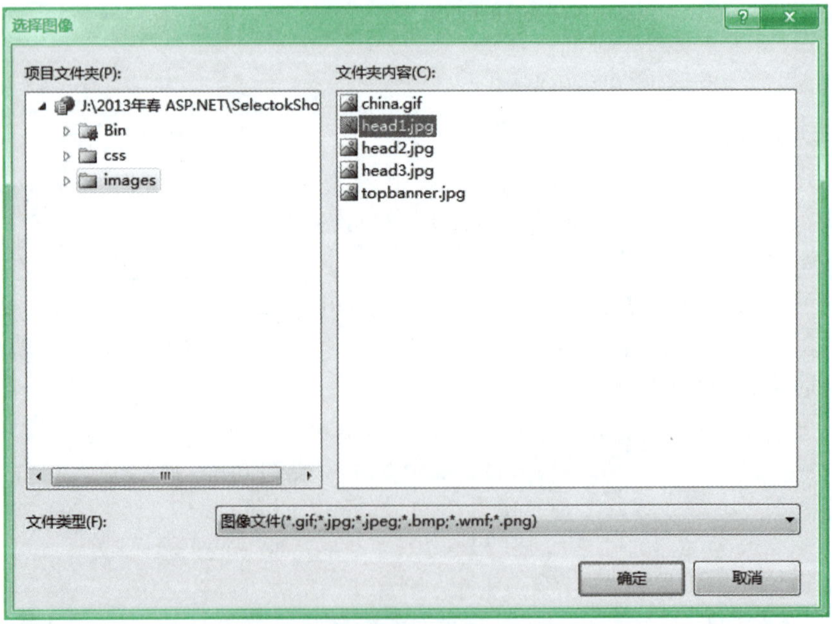

图 3-21 “选择图像”对话框

选择图片后，执行程序，运行结果如图 3-22 所示。

图 3-22 Image 控件示例

3.2.3 Calendar 控件

1. Calendar 控件概述

Calendar 控件用于在浏览器中显示日历，该控件可显示某个月的日历，允许用户选择日期，也可以跳到前一个或下一个月，允许用户选择一定范围内的日期并以编程方式控制选定日期的显示。Calendar 控件控件的常用属性见表 3-14。

表 3-14 Calendar 控件的常用属性及说明

属　性	说　明
Caption	日历的标题
CaptionAlign	日历标题文本的对齐方式
CellPadding	单元格边框与内容之间的空白，以像素计
CellSpacing	单元格之间的空白，以像素计
DayHeaderStyle	显示一周中某天的名称的样式
DayNameFormat	显示周中各天的名称格式
DayStyle	显示日期的样式
FirstDayOfWeek	哪天是周的第一天
NextMonthText	显示下一月链接的文本
NextPrevFormat	下一月和上一月链接的格式
NextPrevStyle	显示下一月和上一月链接的样式
OtherMonthDayStyle	显示不在当前月中的日期的样式
PrevMonthText	显示上一月链接的文本
SelectedDate	选定的日期
SelectedDates	选定的日期（复数）
SelectedDayStyle	选定日期的样式
SelectionMode	允许用户如何选择日期，如果需要让用户可以选择一天、一周或一个月，则必须设置 SelectionMode 属性。属性枚举成员如下： Day：允许用户选择单个日期，为默认值 DayWeek：允许用户选择单个日期或整周 DayWeekMonth：允许用户选择单个日期、周或整个月 None：不能选择日期

续表

属性	说明
SelectMonthText	显示为月份选择链接的文本
SelectorStyle	月份和周的选择链接的样式
SelectWeekText	显示为周的选择链接的文本
ShowDayHeader	布尔值，该值指示是否显示一周中各天的标头
ShowGridLines	布尔值，规定是否显示日期之间的网格线
ShowNextPrevMonth	布尔值，规定是否显示下一月和上一月链接
ShowTitle	布尔值，规定是否显示日期的标题
TitleFormat	日期标题的格式
TitleStyle	日期标题的样式
TodayDayStyle	当天的日期的样式
TodaysDate	获取或设置今天的日期的值
UseAccessibleHeader	规定是否使用 <th> 来代替 <td> 元素用于日的头部
VisibleDate	获取或设置指定要在 Calendar 控件上显示的月份的日期
WeekendDayStyle	周末的样式
OnDayRender	当每一天的单元格被创建时，所执行的函数的名称
OnSelectionChanged	当用户选择天、周或月时，所执行的函数的名称
OnVisibleMonthChanged	当用户导航到不同的月时，所执行的函数的名称

2. SelectionChanged 事件

当用户控件选择一天、一周或整月时触发该事件。

【实例 3-13】 日历控件的应用。

微课 3.2.3
Calendar 控件

```
protected void claDemo_SelectionChanged(object sender, EventArgs e)
    {
        Response.Write(" 您选中的日期是："+ claDemo.SelectedDate.ToShortDateString());
        Response.Write("datetime 的最大值是：" + DateTime.MaxValue);
        Response.Write("datetime 的最大值是：" + DateTime.MinValue);
        lblTodaysDate.Text = "Today's Date is " + claDemo.TodaysDate.Day;
        if (claDemo.SelectedDate != DateTime.MinValue)
            lblSelected.Text = "The date selected is " + claDemo.SelectedDate.ToShortDateString();
            lblCount.Text = "Count of Days Selected:   " + claDemo.SelectedDates.Count.ToString();
    }
```

其中，TodaysDate 属性获取或设置今天的日期的值（System.DateTime 类型），读取日期时间后根据具体显示方式或习惯的不同需要对 DateTime 类型值进行转换，DateTime 转换到字符串的形式如下。

① ToFileTime：转换到本地文件系统的格式。

② ToLongDateString：转换到长日期字符串。

③ ToLongTimeString：转换到长时间字符串。

④ ToShortTimeString：转换到短时间字符串。

⑤ ToString：转换到一个字符串。

获取出所选日期内部的具体值需要用到 DateTime 类型的只读属性，主要包括以下属性。

① Date：返回日期部分。

② Day：返回月份中的日期。

③ DayOfWeek：返回一周中的日期，如 Friday，Saturday 等。

④ DayOfYear：返回年份中的日期。

⑤ Hour：返回小时的值。

⑥ Millisecond：返回毫秒的值。

⑦ Minute：返回分钟的值。

⑧ Month：返回月的值。

⑨ Second：返回秒的值。

⑩ Ticks：返回表示日期和时间的以 100 毫微秒为间隔的间隔数。

⑪ TimeOfDay：返回当天的时间。

⑫ Year：返回年的值。

⑬ MaxValue：表示 DateTime 的最大可能值。此字段为只读，值为 12/31/999911:59:59 PM CE。

⑭ MinValue：表示 DateTime 的最小可能值。此字段为只读，值为 1/1/0001 12:00:00 AM。

任务实施

基本服务器控件的使用

3.2.4　创建 SelectOKShop 用户注册页面

1. 新建 Register.aspx 页面

在网站的解决方案下，右击网站名称，在弹出的快捷菜单中选择【添加新项】命令。打开“添加新项”对话框，选择【Web 窗体页】，命名为“Register.aspx”页面。单击【添加】按钮就可以创建一个新的页面。

2. 实现页面功能

首先，使用“TABLE”布局元素设计良好的页面布局，根据相应功能，在页面上添加 ASP.NET 服务器控件，设置控件的相关属性，页面设计代码如下。

```
<body>
<form id="form2" runat="server">
<ucTitle:TitleUC ID="TitleUC1" runat="server" Title=" 注册新用户 " />
     <table width="100%" height="89%" border="0" cellspacing="0" cellpadding="0">
<tr valign="top">
  <td height="100%" colspan="3" bgcolor="#FFFFFF" class="l-r-space">
    <table width="100%" border="0" cellpadding="1" cellspacing="1" bgcolor="#009DE9">
      <tr>
```

```
<td bgcolor="#FFFFFF">
    <table class="Table" cellpadding="2" cellspacing="0" border="0">
        <tr>
            <td colspan="2"> 下面是必填内容：</td>
        </tr>
        <tr>
            <td colspan="2"><hr /></td>
        </tr>
        <tr>
            <td width="150" height="30" class="LeftTD" align="right"> 用户名称 :</td>
            <td valign="middle">
        <asp:textbox id="tbUsername" runat="server" Width="300px" > </asp:textbox>
        </td>
        </tr>
        <tr>
            <td width="150" height="30" class="LeftTD" align="right"> 用户密码 :</td>
            <td valign="middle">
    <asp:textbox id="tbPassword" runat="server" Width="150px"   TextMode="Password">
</asp:textbox>
            </td>
        </tr>
        <tr>
            <td width="150" height="30" class="LeftTD" align="right"> 确认密码 :</td>
            <td valign="middle">
    <asp:textbox id="tbPasswordStr" runat="server" Width="150px"   TextMode= "Password">
</asp:textbox>
            </td>
        </tr>
        <tr>
            <td width="150" height="30" class="LeftTD" align="right"> 电子邮件 :</td>
            <td valign="middle">
      <asp:textbox id="tbEmail" runat="server" Width="300px" ></asp:textbox>   </td>
      </tr>
      <tr>
        <td width="150" height="30" class="LeftTD" align="right"> 所属角色 :</td>
        <td valign="middle"><asp:DropDownList ID="RoleList" runat="server"
Width="153px"></asp:DropDownList>
        </td>
      </tr>
      <tr>
        <td colspan="2"> 下面是选填内容：</td>
      </tr>
      <tr>
```

```
        <td colspan="2"><hr /></td>
      </tr>
      <tr>
        <td width="150" height="30" class="LeftTD" align="right"> 真实名称 :</td>
        <td valign="middle">
          <asp:textbox id="tbRealname" runat="server" Width="300px" ></asp:textbox>
        </td>
        </tr>
          <tr>
          <td width="150" height="30" class="LeftTD" align="right"> 性别 :</td>
          <td valign="middle">
            <asp:RadioButtonList ID="rdoList" runat="server" RepeatDirection=
"Horizontal"></asp:RadioButtonList>
          </td>
      </tr>
      <tr>
        <td width="150" height="30" class="LeftTD" align="right"> 联系地址 :</td>
        <td valign="middle">
          <asp:textbox id="tbAddress" runat="server" Width="400px" ></asp:textbox>
        </td>
      </tr>
      <tr>
        <td width="150" height="30" class="LeftTD" align="right"> 联系电话 :</td>
        <td valign="middle">
          <asp:textbox id="tbPhone" runat="server" Width="300px" >0</asp:textbox>
        </td>
      </tr>
      <tr>
          <td width="150" height="30" class="LeftTD" align="right"> 移动电话 :</td>
          <td valign="middle">
          <asp:textbox id="tbMobile" runat="server" Width="300px" >13</asp:textbox>
          </td>
      </tr>
      <tr>
        <td width="150" height="30" class="LeftTD" align="right"> 备注信息 :</td>
        <td valign="middle">
          <asp:textbox id="tbRemark" runat="server" Width="400px"
                          Height="150px" TextMode="MultiLine"></asp:textbox>
        </td>
      </tr>
      <tr>
          <td width="150" height="30" valign="middle" class="LeftTD" align="right">
            <asp:Label ID="Label1" runat="server" Width="150px"></asp:Label></td>
```

```
                    <td valign="middle">
                        <asp:ImageButton ID="ibtAdd" runat="server" ImageUrl="~/App_
Themes/Default/Images/badd.gif" AlternateText=" 添加 " OnClick="ibtAdd_Click" />
                    <asp:ImageButton ID="ibtReturn" runat="server" ImageUrl="~/App_
Themes/Default/Images/breturn.gif" CausesValidation="false" AlternateText=" 返回 "
OnClick="ibtReturn_Click" />
                    </td>
                </tr>
                </table>
            </td>
        </tr>
        </table>
        </td>
        </tr>
      </table>
    </form>
    </body>
```

3. 动态添加列表类控件

添加“角色列表候选项”到下拉列表框控件（RoleList）、RadioButtonList控件多个候选项，添加“性别”到RadioButtonList控件（rdoList）等。程序运行，自动响应页面加载事件“Page_Load”，通过控件的选项集合属性“Items”，动态完成“控件初始化数据”功能。

```
protected void Page_Load(object sender, EventArgs e)
    {
        if (!Page.IsPostBack)
        {
            RoleList.Items.Add(" 超级管理员 ");// 添加角色列表候选项
            RoleList.Items.Add(" 卖家 ");
            RoleList.Items.Add(" 普通客户 ");
            rdoList.Items.Add(" 男 ");// 添加性别到 RadioButtonList 控件
            rdoList.Items.Add(" 女 ");
        }
    }
```

⚠ 注意：**Page.IsPostBack** 用于检查目前网页是否为第一次加载，当使用者第一次浏览这个网页时 **Page.IsPostBack** 会返回 **False**，不是第一次浏览这个网页时则返回 **True**。

4. 问题回答的判断

```
protected void btnOK_Click(object sender, EventArgs e)
    {
        if (this.IsValid) // 判断页面验证是否全部通过
        {
```

```
            Response.Write( "<Script>alert(' 页面验证成功 ')</script>");
            // 提交到服务器的后续操作
        }
        else
        {
            Response.Write("<Script>alert(' 页面验证不成功 ')</script>"); // 取消提交到
服务器的操作
        }
        // 验证通过后插入到数据库
        //if (txtUserName.Text!=""&&txtPwd.Text==txtPwdOK.Text)
        //{
        //      Response.Write("<script>alert(' 提交成功 !')</script>");
        //}
        //string str = lstPwdTip.SelectedItem.Text;
        //string strAnswer = txtAnswer.Text;
        ////Response.Write("<script>alert(' 你选的 '+str+' 问题答案是：'+strAnswer)</script>");
        //Response.Write(" 你选的 "+str+" 问题答案是："+strAnswer);
    }
    protected void lstPwdTip_SelectedIndexChanged(object sender, EventArgs e)
    {
        Response.Write(lstPwdTip.SelectedItem);
        Response.Write(lstPwdTip.SelectedIndex);
        Response.Write(lstPwdTip.SelectedValue);
    }
```

5. 头像选择

```
protected void ddlImage_SelectedIndexChanged(object sender, EventArgs e)
    {
        if (ddlImage.SelectedIndex==0)
        {
            imgHead.ImageUrl="~/images/head1.jpg";
        }
        else if (ddlImage.SelectedIndex==1)
        {
            imgHead.ImageUrl = "~/images/head2.jpg";
        }
        else
        {
            imgHead.ImageUrl = "~/images/head3.jpg";
        }
    }
```

6. 出生日期的选择

```
protected void btnBirthday_Click(object sender, EventArgs e)
    {
        calBirthday.Visible = true;
    }
```

```
protected void calBirthday_SelectionChanged(object sender, EventArgs e)
{
    btnBirthday.Text = calBirthday.SelectedDate.ToShortDateString();
    calBirthday.Visible = false;
}
```

7. 任务运行

运行 Register.aspx 页面如图 3-15 所示。

任务拓展

3.2.5 ASP.NET 路径的使用

通常，路径的表达有三种方式：绝对路径、相对路径和基于根目录的路径。例如，假设当前应用程序的结构如图 3-23 所示，其网址为“http://www.asp.net”，下面介绍路径的表示方法。

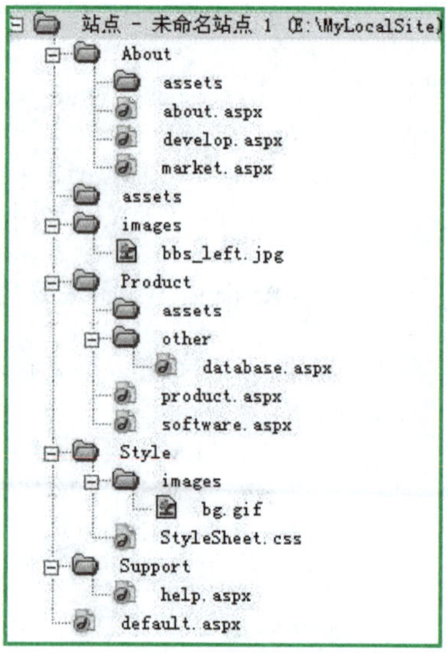

图 3-23 MyLocalSite 网站目录结构图

1. 绝对路径

使用完整的 URL 地址，这种链接路径就是绝对路径，其特点是路径同链接站点的源点无关。

在图 3-23 中，如要建立指向 about 目录下的 about.aspx，则链接地址为：

```
< a href="http://www.asp.net/about/about.aspx"></a>
```

建立指向 database.aspx 文档的路径为：

```
< a href="http://www.asp.net/product/other/database.aspx"></a>
```

⚠ 注意：使用绝对路径的最大缺点是不利于移植，例如，现在站点的地址为“http://www.asp.net”，如果有一天站点更改为“http://www.asp.com”，则所有的链接地址都失效，需要进行相应的更改，难以维护。

2. 相对路径

为了避免绝对路径的缺陷，可以使用相对路径。相对路径可以表达源端点和目标端点之间的相互位置关系。具体可以范围如下两种情况：

如果链接中源端点和目标端点在同一个目录下，则在链接中只需要指明目标端点的文档名称即可。例如，在图 3-23 中，如果希望在 about.aspx 文档中创建指向 develop.aspx 的链接，则可以编写代码如下：

```
<a href="develop.aspx">
```

如果在链接中，源端点和目标端点不位于同一个目录下，则只需要将目录的相对关系表达出来即可。如果链接指向的文档没有位于当前目录的子级目录中，则可以利用“..”符号来表示当前的父目录，多个“..”符号可以表示更高的父级目录，从而构建出目录的相对位置。例如，如果希望在 about.aspx 文档中创建指向位于 product 目录中的 software.aspx 文档的链接，则可以用如下的代码：

```
<a href="../product/software.aspx">
```

如果希望在 database.aspx 文档中创建指向 about.aspx 文档的链接，则可以使用如下的路径：

```
<a href="../../about/about.aspx">
```

> ⚠ **注意：利用相对目录的好处在于只要站点的结构和文档不变，链接就不会出错，然而如果你移动了文件，或者相对关系发生变化，则就会发生错误。**

3. 基于根目录的路径

基于根目录的路径可以看成是绝对路径和相对路径之间的一种折中，在这种表达方式下，所有的路径都是从站点的根目录开始的，同源端点位置无关。

例如，在图 3-23 中，建立指向 About 文件夹下的 about.aspx 的链接为：

```
<a href="/about/about.aspx">
```

建立指向 database.aspx 的链接为：

```
<a href="/product/other/database.aspx">
```

如果指向的是主页则可以写为：

```
<a href="/"> 或者 <a href="/default.aspx">
```

> ⚠ **注意：判断一个路径是相对路径还是相对于根目录的路径就看链接地址是否是从 "/" 开始。**

4. ASP.NET 的“～”路径

在 ASP.NET 里增加了一个新的路径表达方法“～”，“～”表示的路径是当前应用程序的根目录。“～”和上面介绍的“/”最大的区别是由服务器进行动态解释。由于“~”是相对于应用程序的根目录，所以可以简化路径的设置。

> ⚠ **注意：asp.net 中有一些地方是不支持相对路径的，如 web.config；“~”只可以在服务器端使用。**

5. 在样式中使用地址应注意的问题

可以在样式中引用图像，该图像的引用使用相对于样式文件的引用，仍然以图 3-23 为例，我在 Style 下建立了一个 StyleSheet.css 文件用于存放样式，该样式的内容如下：

```
td.mybg{background:url(images/bg.gif)}
```

其中，将 td 元素重新定义增加了背景图片“bg.gif”。“bg.gif”文件来自于 Style/images 文件夹下的“bg.gif”，这样在首页引用时，可以正确的显示，代码如下：

```
<link rel="stylesheet" type="text/css" href="Style/StyleSheet.css">
<table height="86">
<tr>
<td width="146" class="mybg">this is a test</td>
</tr>
</table>
```

然而这与主题中使用图像时正好相反，主题还可以包含外观文件中的控件定义所引用的图像。外观中对图像的引用应使用 Theme 目录下的图像文件夹的相对路径，以便外观文件和图像可以一起移动到其他应用程序中。在运行时，会重新设置图像的路径，以引用相对于目标页中的控件，而不是相对于外观文件。

6. 确保路径指向文件的唯一性

在用 ASP.NET 处理路径时，需要确保文件的唯一性，否则将发生错误。特别是在使用用户控件时，如果路径引用的过于复杂，尽管理论上应该正确，但是实际运行时可能出现预想不到的错误。

例如，在图 3-24 中，在 UI 的目录学有一个 Control 文件夹，在该文件夹下有一个 Calendar.ascx 用户控件，Page.ascx 用户控件引用了该 calendar.ascx 的代码如下：

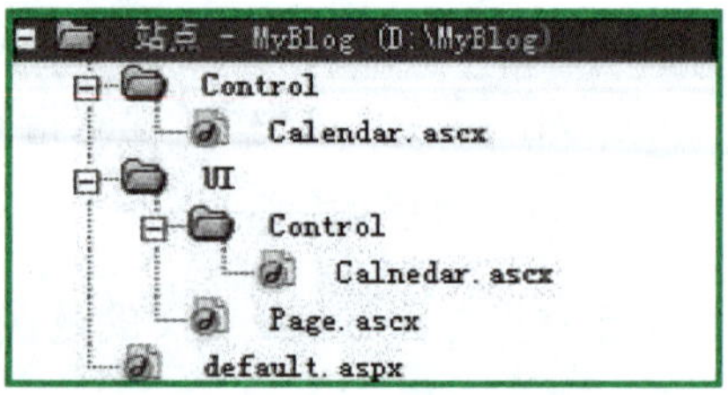

图 3-24 MyBlog 结构图

```
<%@ Register TagPrefix="uc1" TagName="Calendar" Src="Control/Calendar.ascx" %>
... ...
  <uc1:Calendar id="Calendar1" runat="server"></uc1:Calendar>
```

在根目录下有一个 default.aspx 首页，其又引用了 Page.ascx 用户控件，代码如下：

```
<%@ Register TagPrefix="uc1" TagName="Page" Src="UI/Page.ascx" %>
... ...
  <uc1:Page id="Page1" runat="server"></uc1:Page>
```

同时根目录下也有一个 Control 文件夹和 Calendar.ascx 文件。尽管上面代码表面上看没有问题，但是由于用户控件层层嵌套引用，使得实际运行时，系统区分不了到底使用哪一个 Calendar.ascx 而发生错误，此时一个较为简单的解决方法是，所有的路径都使用相对于根目录的引用。

微课 3.2.4 图像类控件

3.2.6 ImageMap 控件

ImageMap 控件可以创建一个图像，使其包含许多可由用户单击的区域，这些区域称为“热点”。每一个热点都可以是一个单独的超链接或回发事件。

将【ImageMap】控件从【工具箱】任务窗格拖放到网页上，设置 ImageMap 的外观和行为的属性。ImageMap 属性继承自 Image 控件，并添加了许多属性和 Click 事件，使该类有了图像映射的功能。ImageMap 控件的常用属性见表 3-15。

表 3-15　ImageMap 控件的常用属性

属　性	描　述
NavigateUrl	指定的 Url 上，PostBack 表示会产生一个服务器回发操作
HotSpots	ImageMap 控件中包含的所有热点对象的集合。有三种类型的热点区域： RectangleHotSpot：定义一个图片的矩形区域，包括有 Top、Bottom、Left 和 Right 属性，表示相对于图片的左上角以像素为单位取值 CircleHotSpot：包括指定圆心的 X、Y 属性，以及一个指定半径的 Radius 属性，都是以像素为单位 PolygonHotSpot：定义了一个多边形区域，由该区域轮廓线段端点的 X、Y 坐标组成的列表，端点坐标间以逗号隔开
AlternateText	图片无效时显示
HotSpotMode	热点模式，对应枚举类型 System.Web.UI.WebControls.HotSpotMode。其选项及说明如下： NotSet：未设置项。虽然名为未设置，但其实默认情况下会执行定向操作，定向到指定的 URL 位址去。如果未指定 URL 位址，那默认将定向到自己的 Web 应用程序根目录 Navigate：定向操作项。定向到指定的 URL 地址去。如果未指定 URL 地址，那默认将定向到自己的 Web 应用程序根目录 PostBack：回发操作项。点击热点区域后，将执行后部的 Click 事件 Inactive：无任何操作，即此时形同一张没有热点区域的普通图片
NavigateUrl	指定该热点的 Url 地址
PostBackValue	被点击对象的值，由事件参数 ImageMapEventArgs 传递
Target	指定浏览器要目标页显示在哪种类型的窗口中。有以下几个值： _blank：将内容显示在一个无框架的新建的未命名窗口中； _new：未列入标准文档，类似 _blank； _parent：将内容显示在父级窗口或框架中或者显示在该链接指向的框架页中； _self：在当前框架或窗口中显示内容； _top：在当前没有框架的整个窗口中显示页面内容

ImageMap 控件主要由两部分组成。第一个是图像，图像可以是任何标准 Web 图形格式的图形，例如 .gif、.jpg 或 .png 文件。第二个元素是一个热点控件集。每个热点控件都是一个不同的元素。对于每个热点控件，都需要定义其形状（圆形、矩形或多边形），还要定义用于指定热点位置和大小的坐标。例如，如果创建了一个圆形热点，则应定义圆心的 x 和 y 坐标以及圆的半径，可以根据需要为图像定义任意数量的热点，但不需要定义足以覆盖整个图形的热点。

⚠ 注意：可以定义重叠的作用点。每个热点都包含一个 z- 索引值，如果用户单击由两个或更多重叠热点定义的区域，将选中 z 顺序值最高的热点。

在【设计】视图中，右键单击 ImageMap 控件，选择快捷菜单中的【属性】，单击 HotSpots 属性旁的省略号按钮，打开【HotSpot 集合编辑器】对话框。单击【添加】按钮右边的箭头，再单击要添加的热点类型：CircleHotSpot、RectangleHotSpot 或 PolygonHotSpo 在【属性】区域中，设置热点的属性。

【实例 3-14】 RectangleHotSpot 的应用。

```
    <asp:ImageMap ID="ImageMap1" runat="server"
            HotSpotMode="PostBack" ImageUrl="~/Image/yesnomaybe.gif"    OnClick=
"firstImage_Click">
                <asp:RectangleHotSpot Bottom="60" Top="21" Left="17" Right="103"
                 PostBackValue="Yes" AlternateText="Yes" />
                 <asp:RectangleHotSpot Bottom="60" Top="21" Left="122" Right="208"
                 PostBackValue="No" AlternateText="No" />
                 <asp:RectangleHotSpot Bottom="122" Top="83" Left="17" Right="103"
                 PostBackValue="Maybe" AlternateText="Maybe" />
                 <asp:CircleHotSpot HotSpotMode="Navigate" X="165" Y="106"
                 Radius="25" NavigateUrl="http://www.baidu.com" Target="_blank"
AlternateText=" 百度一下 " />
    </asp:ImageMap>
```

3.2.7 Calendar 控件的高级应用

1. Calendar 控件的高级属性与方法

使用 Calendar 控件的 VisibleDate 属性可以设置显示的月份，VisibleDate 属性是 DateTime 类型需要 3 个整型参数：year、month 和 day。例如：

```
    Calendar1.VisibleDate = new DateTime(Calendar1.VisibleDate.Year,
                                Int32.Parse(ddl.SelectedItem.Value), 1);
```

其中，Int32.Parse(ddl.SelectedItem.Value) 能把 Value 值转换为整型

DateTime 对象的 DaysInMonth 属性获取该月份中的天数，例如：

```
    System.DateTime.DaysInMonth(currentYear, currentMonth)
```

判断当前日期是星期几，可用 DayOfWeek 对象，例如：

```
    DateTime date = new DateTime(currentYear, currentMonth, i);
    if (date.DayOfWeek == DayOfWeek.Friday)
       //date 是星期五
```

使用 SelectedDates 集合以编程方式选择 Calendar 控件上的日期。使用 Add、Remove、Clear 和 SelectRange 方法在 SelectedDates 集合中的选定日期。例如：

```
    Calendar1.SelectedDates.Add(date);
```

SelectRange 方法将指定的日期范围添加到 SelectedDatesCollection 集合中需要两个参数：开始日期和结束日期。例如：

```
Calendar1.SelectedDates.SelectRange(StartDate, EndDate);
```

2. DayRender 事件

当为 Calendar 控件在控件层次结构中创建每一天时发生，DayRender 事件处理程序接收两个 DayRenderEventArgs 类型的参数。该对象有两个属性，可以通过编程方式读取。

① Cell 表示要呈现的单元格的表格单元格对象。

② Day 表示呈现在单元格中日期的 CalendarDay 对象。

例如，添加事件：

```
OnDayRender="Calendar1_DayRender"
```

事件处理程序：

```
protected void Calendar1_DayRender(object sender, DayRenderEventArgs e)
{
    // 注意这将会覆盖 WeekendDayStyle
    if (!e.Day.IsOtherMonth && e.Day.IsWeekend)
      e.Cell.BackColor = System.Drawing.Color.LightGreen;
    // 在单元格中显示 "Happy New Year!"
    if (e.Day.Date.Month == 1 && e.Day.Date.Day == 1)
      e.Cell.Controls.Add(new LiteralControl("<br/>Happy New Year!"));
}
```

其中参数表示意义如下：

DayRenderEventArgs 包含 Day 和 Cell 的属性。

Day 是一个 CalendarDay 类型属性。CalendarDay 类的属性主要有：

① Date：由 Day 表示的日期，只读。

② DayNumberText：该日期的日编号的等效字符串，只读。

③ IsOtherMonth：指示该日期是否显示当前月份以外的月份，只读。

④ IsSelectable：指示该日期是否可以被选择，非只读。

⑤ IsSelected：指示该日期是否被选择。

⑥ IsToday：指示该日期是否是今天。

⑦ IsWeekend：指示该日期是否是周末。

3. VisibleMonthChanged 事件

当用户单击标题标头上的下个月或上个月导航控件时发生，添加事件：

```
OnVisibleMonthChanged="Calendar1_VisibleMonthChanged"
```

事件处理程序代码如下：

```
protected void Calendar1_VisibleMonthChanged(object sender, MonthChangedEventArgs e)
{
    if ((e.NewDate.Year > e.PreviousDate.Year) || ((e.NewDate.Year == e.PreviousDate.Year) &&
```

```
        (e.NewDate.Month > e.PreviousDate.Month)))
        lblMonthChanged.Text = "My future's so bright...";
    else
        lblMonthChanged.Text = "Back to the future!";
    Calendar1.SelectedDates.Clear( );
    lblSelectedUpdate( );
    lblCountUpdate( );
    txtClear( );
}
```

其中，MonthChangedEventArgs 类型的参数属性如下。

① NewDate：表示 Calendar 当前显示的月份。

② PreviousDate：表示 Calendar 以前显示的月份。

3.2.8 使用面向对象思想模拟操作新注册的用户

面向对象是一种对现实世界理解和抽象的方法，是计算机编程技术发展到一定阶段后的产物。早期的计算机编程是基于面向过程的方法，例如，实现算术运算 1+1+2 = 4，通过设计一个算法就可以解决当时的问题。随着计算机技术的不断提高，计算机被用于解决越来越复杂的问题。通过面向对象的方式，将现实世界的事物抽象成对象，现实世界中的关系抽象成类、继承，帮助人们实现对现实世界的抽象与数字建模。通过面向对象的方法，以更易于理解的方式对于复杂系统进行分析、设计与编程。同时，面向对象能有效提高编程的效率，通过封装技术，消息机制可以像搭积木的一样快速开发出新的系统。C# 语言是一种典型的面向对象的语言，在 Web 开发中面向对象编程有助于提高代码的重用性，对于提高开发效率，降低开发成本意义重大。实现代码如下。

```
public partial class Admin_User_AddUser : System.Web.UI.Page
    {
        protected void ibtAdd_Click(object sender, ImageClickEventArgs e)
        {
            // 得到性别
            string gender = "";
            if (rdoList.Items[0].Selected)
                gender = " 男 ";
            if (rdoList.Items[1].Selected)
                gender = " 女 ";
            // 创建一个用户对象
            User user = new User(tbUsername.Text, tbPassword.Text, tbEmail.Text,
drpRoleList.SelectedValue.ToString(), tbRealname.Text, tbAddress.Text,
            tbPhone.Text, gender, tbRemark.Text);
            // 创建用户列表
```

```
            List<User> listUser = new List<User>();
            listUser.Add(user);
            Response.Write(" 用户信息如下所示 " + "\n");
            foreach (User usera in listUser)
            {
                Response.Write(usera.UserName + "\n");
                Response.Write(usera.Role + "\n");
            }
        }
    public class User// 定义用户类
    {
        string userName;   // 定义属性
         public string UserName
        {
            get { return userName; }
            set { userName = value; }
        }
       string    password;
      string    email ;
      string role;
        public string Role // 定义属性
        {
            get { return role; }
            set { role = value; }
        }
      string realName;
      string address ;
      string    phone ;
       string gender; // 性别
       string remark;
       public User(string userName, string password, string email, string role, string
realName, string address, string phone, string gender, string remark) // 构造函数
         {
            this.userName = userName;
            this.password = password;
            this.realName = realName;
            this.address = address;
            this.phone = phone;
            this.email = email;
            this.role= role;
            this.gender = gender;
            this.remark = remark;
         }
    }
```

提示：在 SelectOKShop 电子商务网站中，新注册的用户信息应该使用后边章节要讲到的数据库访问技术：ADO.NET 添加到后台数据中，本任务模拟其流程在当前页面输出成功注册的用户信息。

项目实训

【实训目的】

掌握使用 ASP.Net 基本控件的使用

【实训内容】

设计 SelectOk 电子商务网站用户服务功能的各个页面：用户登录、用户注册、用户查找等。

任务 3.3 使用 ASP.NET 验证控件检验用户注册信息

验证控件的使用

任务陈述

任务构思与目标：利用验证控件来验证新注册用户数据的有效性。

根据需求，在“任务 3-2 使用基本服务器控件设计的用户注册页面（Register.aspx）的基础上，需要对用户在控件中输入的数据进行有效性验证，以保证用户提交的数据是合法的。

在用户注册页 Register.aspx 上，根据功能添加相应的验证控件，设置验证控件的相关验证属性，结果如图 3-25 所示。

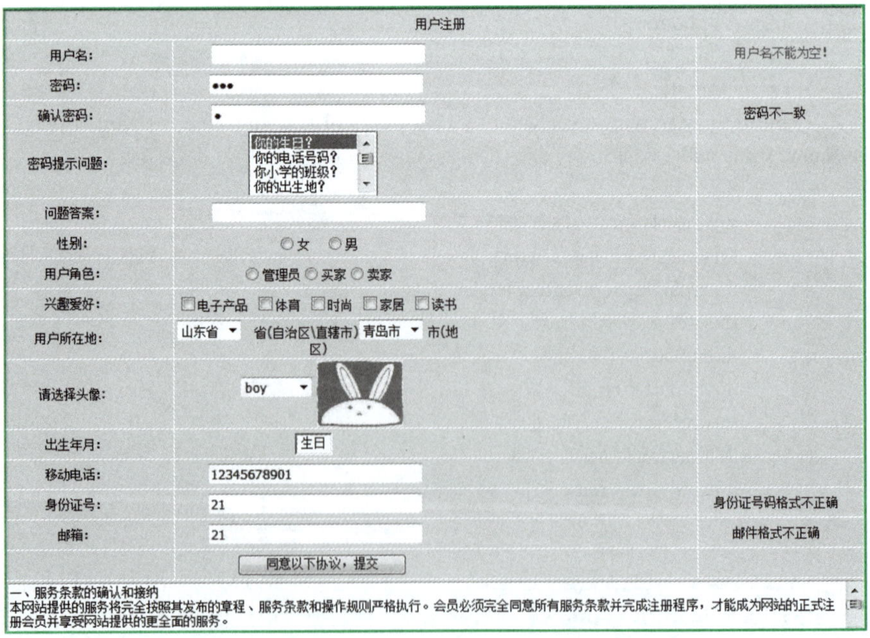

图 3-25 验证控件验证用户注册信息的有效性

任务设计：在“任务 3-2 用户注册页面（Registe.aspx）”的设计基础上，按照验证功能分类给 asp.net 控件绑定对应的验证控件，从而验证 asp.net 控件数据的有效性，若数据验证不合法，则在当前页面动态给出“验证错误信息”，如图 3-25 所示。

知识准备

验证控件的使用

PPT

3.3.1 验证控件

Web 应用程序开发者，特别是 ASP 应用程序开发者，一直对数据验证比较恼火，好不容易写出数据提交程序的主体以后，还得花大量时间去验证用户的每一个输入是否合法。如果开发者熟悉 JavaScript 或者 VBScript，可以用这些脚本语言实现验证，但是又要考虑用户浏览器是否支持这些脚本语言。通过 ASP.NET 验证控件可以轻松的实现对用户输入的验证，程序员们可以将重要精力放在主程序的设计上了。

在 ASP.NET 中，提供了 5 种基本的验证类型控件和一个验证总结控件（ValidationSummary），分别由不同的验证控件来实现。每个验证控件都引用页面上其他的输入控件（服务器控件）。在处理用户输入时，ASP.NET 页框架将用户输入传递到一个或多个适当的验证控件。验证控件将测试用户输入并设置表示输入是否通过测试的属性。在调用所有验证控件之后，该页面的 IsValid 属性被设置无效，如果任何一个控件显示验证检查失败，则该 IsValid 属性设置为无效。5 种基本的验证类型控件和验证总结控件见表 3-16。

表 3-16 验证服务器控件

验证服务器控件名称	说 明
RequiredFieldValidator	判定用户是否在某个输入框中输入了数据
CompareValidator	将用户输入的数据与指定的数据进行比较
RangeValidator	判定用户所输入的数据是否在某个规定的范围内
RegularExpressionValidator	判定用户所输入的数据是否符合某种规定的格式
CustomValidator	用于自定义验证规则
ValidationSummary	给出网页上所有 server 控件的错误信息 Validation

表 3-17 中列出的属性适用于所有验证控件。

表 3-17 基本验证控件的共用属性

属 性	说 明
ControlToValidate	获取或设置要验证的输入控件
Display	指定的验证控件的显示行为，此属性可以为下列值之一：None—验证控件从不内联显示，如果希望仅在 ValidationSummary 控件中显示错误信息，则使用此选项。Static—如果验证失败，验证控件显示错误信息，当验证控件显示其错误信息时，页面布局不变。Dynamic—如果验证失败，验证控件显示错误信息，当验证失败时，在页上动态分配错误信息的空间

续表

属　　性	说　　明
EnableClientScript	指示是否启用客户端验证。通过将 EnableClientScript 属性设置为 False，可在支持此功能的浏览器上禁用客户端验证
Enabled	指示是否启用验证控件。可通过将该属性设置为 False 以阻止验证控件验证输入控件
ErrorMessage	当验证失败时在 ValidationSummary 控件中显示的错误信息
ForeColor	指定当验证失败时用于显示内联消息的颜色
IsValid	指示 ControlToValidate 属性所指定的输入控件是否被确定为有效
Text	此属性设置后，验证失败时会在验证控件中显示此消息。如果未设置此属性，则在控件中显示 ErrorMessage 属性中指定的文本

3.3.2 客户端验证

在 ASP.NET 验证控件技术出现之前，控件输入数据后，需要开发者自己编写代码实现验证功能，如果开发者熟悉 JavaScript 或者 VBScript，可以用脚本语言在客户端轻松实现验证，同时减轻服务器的负担。

【实例 3-15】 JavaScript 脚本实现客户端验证。

如图 3-26 所示，在输入用户信息时，若输入的姓名为空或未选择性别，则提示错误信息，并取消“提交”功能。

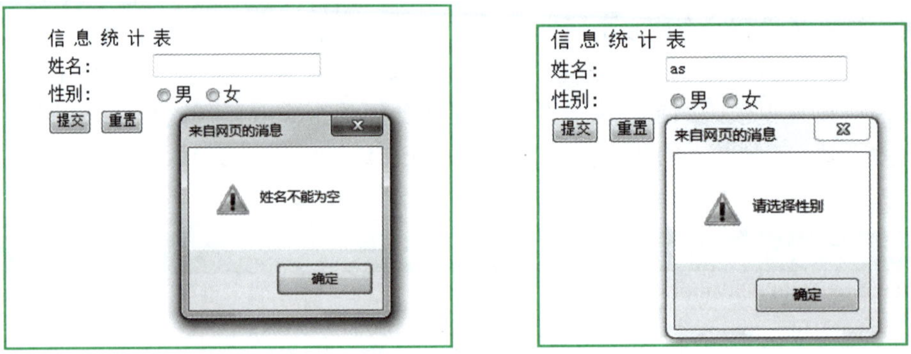

图 3-26 客户端验证

验证代码如下。

```
<html>
<head>
<link rel="stylesheet" type="text/css">
<title>javascript 示例 </title>
<script language="javascript">
    function check() {<!-- 提交表单时调用验证函数 -->
        var name = document.f1.name.value; // 验证姓名不能为空
        var age = document.f1.age.value;
        if (name == "") {
            alert(" 姓名不能为空 ");
            document.f1.name.focus();
            return false;
        }
        var gender = new Array();// 验证必须选择性别
```

```
            gender = document.f1.sex;
            var gendersum = 0;
            for (var i = 0; i < gender.length; i++) {
                if (gender[i].checked) {
                    gendersum++;
                }
            }
            if (gendersum == 0) {
                alert(" 请选择性别 ");
                return false;
            }
        }
    </script>
    </head>
    <body>

    <form action="" name="f1" method="get" onSubmit="return check()">
    <table  width="34%"  class="default" align="center">
    <tr class="title">        <td colspan="2"> 信   息     表 </tr></tr>
    <tr>
     <td width="21%" class="item"> 姓名 </td>
     <td width="79%"><input type="text" name="name" size="20"></td>
    </tr>
    <tr>
     <td  class="item"> 性别 </td>
     <td><input type="radio" name="sex" value="1" > 男
         <input type="radio" name="sex" value="0"> 女          </td>
    </tr>
    <tr>
     <td colspan="2"><input type="submit" name="sm" value=" 提交 " class="btn">
        <input type="reset" name="rs" value=" 重置 " class="btn"></td>
     </tr>
    </table>
    </form>
    </body>
    </html>
```

微课 3.3.1　客户端验证

微课 3.3.2　验证控件 1

微课 3.3.3　验证控件 2

微课 3.3.4　验证控件 3

3.3.3　ASP.NET 验证控件

1. RequiredFieldValidator 限制空字段控件

RequiredFieldValidator 控件用于在 Web 窗体页面上保证用户非空输入，RequiredFieldValidator 控件的常用属性见表 3-4。在页面提交前不允许用户名为空，否则显示“错误提示信息”，代码示例如下：

```
<asp:RequiredFieldValidator ID="RequiredFieldValidator1" runat="server" ControlToValidate=
"UserNameTxt" ErrorMessage="* 必须填写用户名 " Display="Static" ForeColor="Red"></
asp:RequiredFieldValidator>
```

⚠ 注意：验证控件只能验证输入类控件。

2. CompareValidator 比较两个字段控件

可使用 CompareValidator 控件与固定值比较，也可对两个控件进行比较，还可以用于检查数据类型。CompareValidator 控件的常用属性见表 3-18。

表 3-18 CompareValidator 控件的常用属性

属　性	属 性 值
Operator	获取或者设置严重使用的比较操作，如 Equal 等
ControlToValidate	表示要进行验证的控件的 ID
ControlToCompare	获取或者设置用于比较的输入控件的 ID
Type	获取或者设置比较的两个值数据类型
ValueToCompare	获取或者设置要比较的值

【实例 3-16】 JavaScript 脚本实现客户端验证

检查文本框中输入的日期是否符合要求，运行效果如图 3-27 所示。

```
<asp:TextBox ID="txtDate" runat="server"></asp:TextBox>
 <asp:CompareValidator ID="CompareValidator1" runat="server"
     ControlToValidate="txtDate" Display="Dynamic" ErrorMessage=" 日期格式有问题 "
     Operator="DataTypeCheck" Type="Date"></asp:CompareValidator>
<asp:Button ID="btn" runat="server" Text=" 提交 " />
```

【实例 3-17】 使用 CompareValidator 控件对两个控件的输入进行比较，下边对“密码”“确认密码”是否一致进行比较，运行效果如图 3-28 所示。

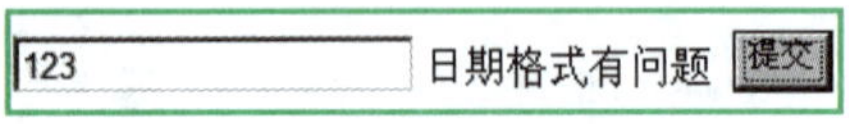

图 3-27 日期验证

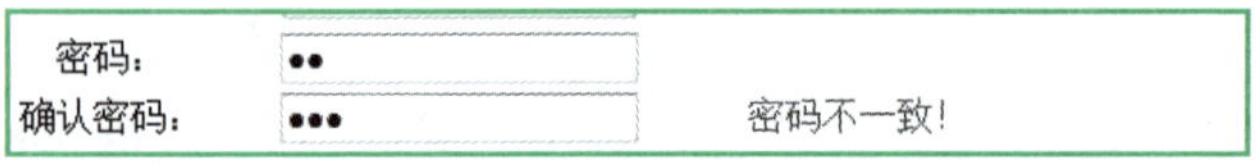

图 3-28 比较字段检查

添加 ASP.NET 控件，设计界面如图 3-28 所示，从工具箱拖放 Compare Validator 控件，并设置其相关属性，见表 3-19。

表 3-19 CompareValidator 控件的属性

属　性	属 性 值
Errormessage	密码不一致！
Display	Static
Operator	Equal
ControlToValidate	表示要进行验证的控件的 ID。ConfirmPassword
ControlToCompare	获取或者设置用于比较的输入控件的 ID。PassWordTxt
Type	String

页面主要设计代码如下：

```
    <asp:TextBox ID="PassWordTxt" runat="server" TextMode="Password" Width="149px"> </
asp:TextBox>
    <asp:TextBox ID="ConfirmPassword" runat="server" TextMode="Password"
Width="149px"></asp:TextBox>
    <asp:CompareValidator ID="CompareValidator2" runat="server" ControlToCompare=
"PassWordTxt"
       ControlToValidate="ConfirmPassword" ErrorMessage=" 密码不一致 !"
       Width="166px" ForeColor="Red">
    </asp:CompareValidator>
```

3. RegularExpressionValidator 表达式验证控件

RegularExpressionValidator 验证控件用来验证输入控件的值，以确定该值是否与某个正则表达式所定义的模式相匹配，ValidationExpression 属性用来指定用于验证输入控件的正则表达式。正则表达式是一种文本模式，包括普通字符（例如，a 到 z 之间的字母）和特殊字符（称为"元字符"），该文本模式描述在搜索文本时要匹配的一个或多个字符串。正则表达式的结构与算术表达式的结构类似，即各种元字符和运算符的组合，常用正则表达式字符如下：

（1）匹配数字与非数字

\d：任何一个数字，等价于 [0-9] 或 [0123456789]。

\D：任何一个非数字，等价于 [^0-9] 或 [^0123456789]。

（2）匹配字母和数字与非字母和数字

字母（A-Z 不区分大小写）、数字、下划线是一种常用的字符集合，可用如下类元字符：

\w：任何一个字母（不区分大小写）、数字、下划线，等价于 [0-9a-zA-Z_]。

\W：任何一个非字母数字和下划线，等价于 [^0-9a-zA-Z_]。

（3）匹配空白字符与非空白字符

\s：任何一下空白字符，等价于 [\f\n\r\t\v]。

\S：任何一下空白字符，等价于 [^\f\n\r\t\v]。

正则表达式字符的组合即组成了正则表达式，常用的正则表达式见表 3-20。

表 3-20 常用的正则表达式

表 达 式	匹 配
验证用户密码：以字母开头，长度在 6-18 之间，只能包含字符	^[a-zA-Z]\w{5,17}$
只能输入由数字、26 个英文字母或者下划线组成的字符串	^\w+$
验证身份证号（15 位或 18 位数字，最后一位或者为 x）	^(^\d{15}$\|^\d{18}$|^\d{17}(\d|X|x))$
账号（字母开头，允许 6-20 字符，允许字母数字下划线）	^[a-zA-Z][a-zA-Z0-9_]{5,20}$
只能输入 m-n 位的数字	^\d{m,n}$

可以通过属性窗口设置正则表达式，如图 3-29 所示，单击[...]，可打开 ASP.NET 正则表达式编辑器，如图 3-30 所示，选择表达式类型，实现相应的验证。

关于复杂的正则表达式，可以查阅附录，并且可以根据正则表达式的表示规则，自己编写正则表达式。

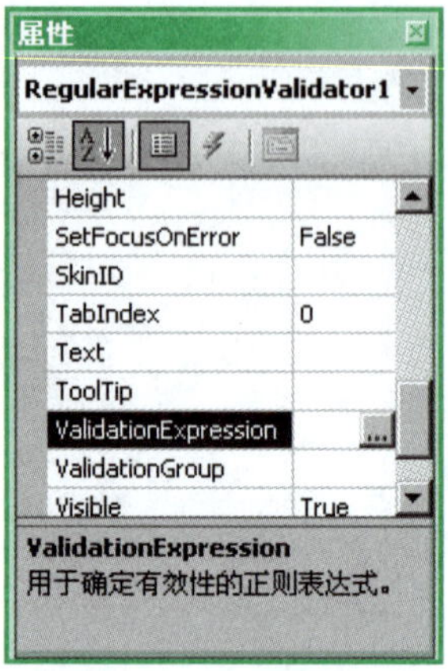

图 3-29 属性窗口

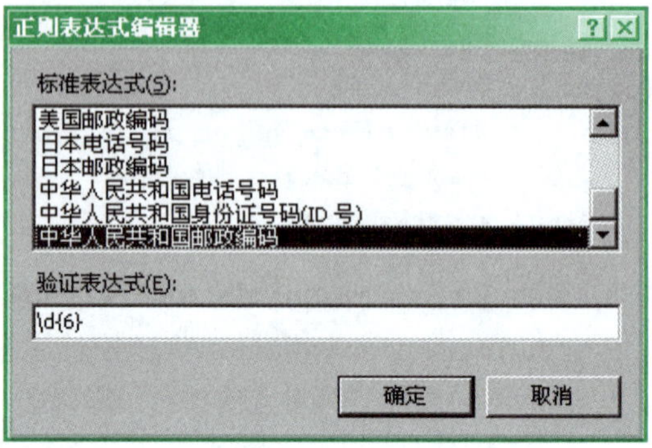

图 3-30 设置邮编的正则表达式

4. CustomValidator 自定义验证控件

ASP.NET 提供了不少验证控件，但需要做特殊的验证时仍无法满足需求，如果现有的 ASP.NET 验证控件无法满足需求，可以定义一个自定义的服务器端验证函数，然后使用 CustomValidator 控件来调用它。

```
protected void btnOK_Click(object sender, EventArgs e)
    {
        if (this.IsValid) // 判断页面验证是否全部通过
        {
            Response.Write( "<Script>alert(' 页面验证成功 ')</script>");
            // 提交到服务器的后续操作
        }
        else
        {
            Response.Write("<Script>alert(' 页面验证不成功 ')</script>"); // 取消提交到服务器的操作
        }
```

可以使用如下代码将事件处理程序绑定到方法。

```
<asp:TextBox ID="txtTel" runat="server" CssClass="input_text"></asp:TextBox>
<asp:CustomValidator ID="valxTel" runat="server" ControlToValidate="txtTel"
ErrorMessage="CustomValidator"onservervalidate="valxTel_ServerValidate"> 手机号格式不正确
</asp:CustomValidator>
```

5. 页面验证属性：IsValid

IsValid 属性是 Page 类的一个属性，用于指示整个页面是否全部验证通过，若验证通不过，则不提交到服务器端执行。

通常在页面拖放一个“提交”按钮，为其编写事件处理程序，代码如下。

```
protected void Button1_Click(object sender, EventArgs e)
    {
        if (this.IsValid) // 判断页面验证是否全部通过
        {
            ResultLbl.Text = " 页面验证成功 ";
            // 提交到服务器的后续操作
        }
        else
        {
            ResultLbl.Text = " 页面验证未成功 !"; // 取消提交到服务器的操作
        }
    }
```

任务实施

3.3.4 验证控件检验用户注册信息

1. 添加验证控件

在任务 3-2 “Register.aspx” 用户注册页面的基础上，按照功能分类，从工具箱拖放验证控件至页面上，用户名、密码：绑定 RequiredFieldVailidator 控件，不能为空，代码如下：

```
<asp:RequiredFieldValidator ID="rfvUserName" runat="server"
                    ControlToValidate="txtUserName" ErrorMessage="RequiredFieldValidator"
                    ForeColor="#CC0000"> 用户名不能为空！ </asp:RequiredFieldValidator>
<asp:RequiredFieldValidator ID="rfvPWD" runat="server"
                    ControlToValidate="txtPwd" ErrorMessage="RequiredFieldValidat
or"> 密码不能为空 </asp:RequiredFieldValidator>
```

确认密码：绑定 CompareValidator 控件，两次输入的密码一致，代码如下：

```
<asp:CompareValidator ID="cvPwdOk" runat="server" ControlToCompare="txtPwd"
                    ControlToValidate="txtPwdOK" ErrorMessage="CompareValidator">
密码不一致 </asp:CompareValidator>
```

身份证号、邮箱文本控件：绑定 RegularExpressionValidator 控件，输入的数据格式验证，代码如下：

```
<asp:TextBox ID="txtIDNumber" runat="server" CssClass="input_text"></asp:TextBox>

        </td>
        <td>
        <asp:RegularExpressionValidator ID="RegularExpressionValidator1" runat="server"
        ControlToValidate="txtIDNumber" ErrorMessage="RegularExpressionValidator"
        ValidationExpression="^(^\d{15}$|^\d{18}$|^\d{17}(\d|X|x))$"> 身份证号码格式不
正确 </asp:RegularExpressionValidator>
```

```
<asp:RegularExpressionValidator ID="revEmail" runat="server"
                    ControlToValidate="txtEmail" ErrorMessage="RegularExpression
Validator"
                    ValidationExpression="\w+([-+.']\w+)*@\w+([-.]\w+)*\.\w+([-.]\
w+)*"> 邮件格式不正确 </asp:RegularExpressionValidator>
```

移动电话文本空间：通过 CustomValidator 实现自定义验证，选定定义的 CustomValidator 控件，切换到如图 3-31 所示的事件窗口。

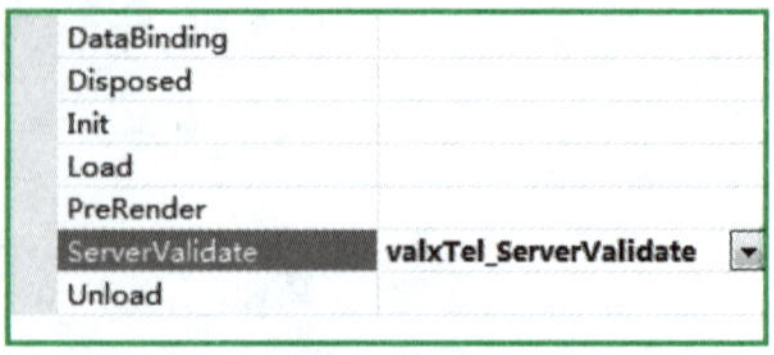

图 3-31　CustomValidator 验证控件的事件窗口

在“ServerValidate”属性后的对话框中双击生成 valxTel_ServerValidate 事件。

前台代码如下：

```
<asp:CustomValidator ID="valxTel" runat="server" ControlToValidate="txtTel"
                    ErrorMessage="CustomValidator" onservervalidate="valxTel_
ServerValidate"> 手机号格？不正确 </asp:CustomValidator>
```

完善后台 valxTel_ServerValidate 事件代码：

```
args.IsValid = (args.Value.Length == 11);
```

2. 设置验证控件的验证属性

所有验证控件都要设置的验证属性包括 ControlToValidate 属性：绑定到待验证的控件，Errormessage 属性：提示的错误信息，forecolor：错误信息的文本颜色，再根据控件设置自己的独有属性。

3. 使用页面验证属性 IsValid，提交按钮提交合法的数据

```
protected void ibtAdd_Click(object sender, ImageClickEventArgs e)
{
    if (this.IsValid) // 判断页面验证是否全部通过
    {
        // 提交到服务器的后续操作
    }
```

思考：如果通过 RegularExpressionValidator 控件验证“移动电话”项，其正则表达式是什么？

4. 任务运行

运行 Register.aspx 页面，效果如图 3-25 所示。

任务拓展

3.3.5　其他验证控件

1. 检查指定范围控件 RangeValidator

该控件用于检查用户输入数据的范围，数据类型可以是数字、字符串、

日期等。

使用 RangeValidator 控件对出生年月控件的输入进行范围验证，要求出生年月在 1989/1/1~2000/1/1，如图 3-32 所示。

图 3-32　范围验证

添加 ASP.NET 控件，设计界面如下，从工具箱拖放 RangeValidator 控件，并设置其相关属性见表 3-21。

表 3-21　RangeValidator 控件的属性

属　　性	属　性　值
Errormessage	出生日期超出指定范围
Display	Dynamic
ControlToValidate	BirthdateTxt
MimimunValue	1989-1-1
MaximumValue	2000-1-1
Type	Date

页面主要设计代码如下：

```
<asp:RangeValidator ID="RangeValidator1" runat="server" ControlToValidate="BirthdateTxt"
Display="Dynamic" ErrorMessage=" 出生日期超出指定范围 " MaximumValue="1989-1-1"
MinimumValue="2000-1-1" Type="Date" ForeColor="Red"></asp:RangeValidator>
```

2. 错误信息汇总控件 ValidationSummary

错误信息汇总控件用于汇总将页面中所有验证控件错误信息显示在一起，从而使页面内容更加紧凑。

将 ValidationSummary 控件拖放至窗体上即可。如图 3-33 所示，这时可以将页面上其他验证控件的 Display 属性设置为 None，即不显示出来，而直接汇总显示到 ValidationSummary 控件。

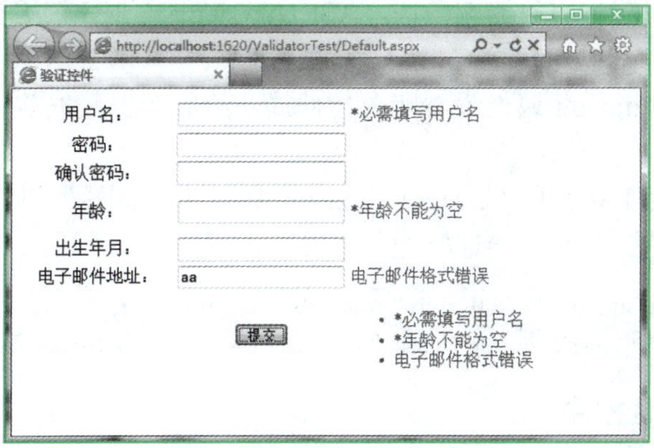

图 3-33　错误信息汇总

3.3.6 验证组属性 ValidationGroup

通过设置控件的 ValidationGroup 属性，可以将同一页面的验证控件分为不同的验证组。

如图 3-34 所示，设置添加按钮（ibtAdd）的 ValidationGroup 属性为“yanzheng”，返回按钮（ibtReturn）的 ValidationGroup 属性为空，页面上其他验证控件的 ValidationGroup 属性为“yanzheng”，使得当单击“添加”按钮时，首先进行输入数据的检验，检验通过再提交给服务器数据，而当单击“返回按钮”时，页面上验证控件不发挥作用，不进行数据验证。

图 3-34 按钮验证组

如验证控件（属于验证组“yanzheng”）：

```
<asp:RequiredFieldValidator id="rfvName" runat="server" ErrorMessage=" 名称不能为空！ "
ControlToValidate="tbUsername"  ValidationGroup="yanzheng"></asp:RequiredFieldValidator>
添加按钮（属于验证组“yanzheng”）：
<asp:ImageButton ID="ibtAdd" runat="server"
  ImageUrl="~/App_Themes/Default/Images/badd.gif" AlternateText=" 添加 "
  OnClick="ibtAdd_Click" ValidationGroup="yanzheng" />
```

而返回按钮（不属于任何验证组）

```
<asp:ImageButton ID="ibtReturn" runat="server" ImageUrl="~/App_Themes/Default/
Images/bretum.gif" AlternateText=" 返回 " OnClick="ibtReturn_Click" />
```

提示：通过验证组属性 ValidationGroup，将添加按钮与页面所有验证控件划为同一验证组，在触发添加按钮的提交信息到服务器功能前，首先由验证控件进行数据合法性，合法，才提交数据。

3.3.7 禁用数据验证

有可能用户在没有完全正确填写验证信息也要提交该页，此时就需要服务器控件避开客户端和服务器端验证，ASP.NET 提供了 3 种禁用验证的方式。

1. CausesValidation 属性

CausesValidation 属性设置相关控件提交给服务器数据前，是否进行数据数据验证。

设置【提交】按钮的 CausesValidation 属性为“false”，则在单击按钮时，不进行数据验证，页面上验证类控件不发挥作用。

```
<asp:ImageButton ID="ibtReturn" runat="server" ImageUrl="~/App_Themes/Default/
Images/bretum.gif" CausesValidation="false" AlternateText=" 提交 " OnClick="ibtReturn_Click" />
```

2. 禁用验证控件

将验证控件的 Enabled 属性设置为 false，页面在验证时将不会触发此验证控件。

3. 禁用客户端验证

将验证控件的 EnableClientScript 属性设置为“false”，页面在验证时将不会触发客户端验证。

思政小课堂
软件质量

项目实训

【实训题目】

① 掌握验证控件引入的意义。

② 掌握各类验证控件的应用场景。

③ 掌握验证控件与提交给服务器功能的结合使用，保证数据输入的合法性。

【实训内容】

① 网站中除了展示信息页面，定义其他页面输入数据的验证功能。

② 实现页面提交按钮的验证数据功能，取消按钮的不验证功能。

任务 3.4 设计产品分类导航及首页广告

用户控件的使用

任务陈述

任务构思与目标：网站首页通常都有新闻公告模块，展示最新信息，用以吸引顾客的注意，本案例利用用户控件设计 SelectOKShop 网站首页的产品导航栏，并显示广告，效果如图 3-35 所示。

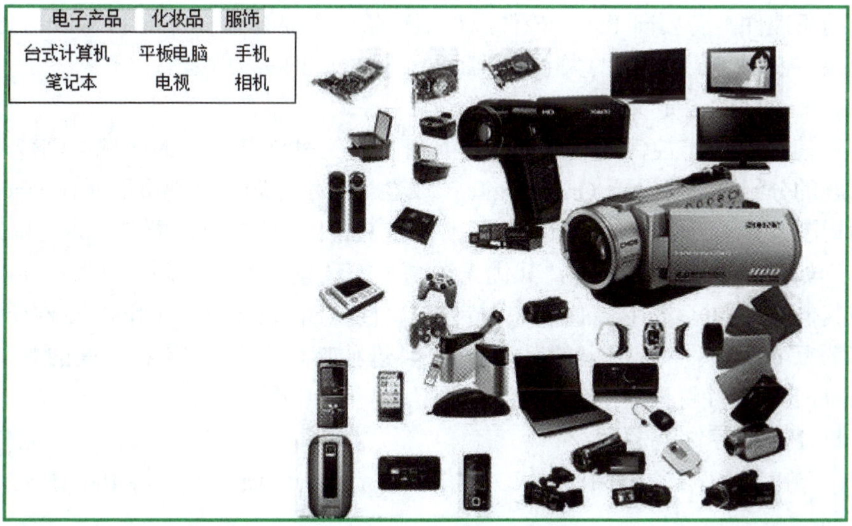

图 3-35 电子商务网站导航、广告

任务设计：在 SelectOKShop 站点中使用 Panel、MultiView、Adator、UserControl 等控件实现网站首页的产品导航栏，并显示广告。

知识准备

3.4.1 Panel 控件

1. Panel 控件概述

Panel Web 服务器控件在 ASP.NET 网页内提供了一种容器控件，可以将 Panel 控件作为其他控件的容器或静态文本和其他控件的父级。Panel 控件具有以下优点。

（1）动态生成的控件的容器

Panel 控件可作为在运行时创建的控件的容器。

（2）对控件和标记进行分组

对于一组控件和相关的标记，可以把其放置在 Panel 控件中，通过操作此 Panel 控件将一组控件作为一个单元进行管理。例如，可以通过设置面板的 Visible 属性来隐藏或显示该面板中的一组控件。

（3）具有默认按钮的窗体

可将 TextBox 控件和 Button 控件放置在 Panel 控件中，通过将 Panel 控件的 DefaultButton 属性设置为面板中某个按钮的 ID 来定义一个默认的按钮。如果用户在面板内的文本框中进行输入时按 Enter，则与用户单击特定的默认按钮具有相同的效果。这有助于用户更有效地使用项目窗体。

（4）向其他控件添加滚动条

有些控件（如 TreeView 控件）没有内置的滚动条，可以在 Panel 控件中放置滚动条控件，若要向 Panel 控件添加滚动条，需要设置 Height 和 Width 属性，将 Panel 控件限制为特定的大小，然后再设置 ScrollBars 属性。

（5）页面的自定义区域

可使用 Panel 控件在页面中创建具有自定义外观和行为的区域，创建一个带标题的分组框：可设置 GroupingText 属性来显示标题。呈现页面时，Panel 控件的周围将显示一个包含标题的框。不能在 Panel 控件中同时指定滚动条和分组文本。如果设置了分组文本，其优先级高于滚动条。在页上创建具有自定义颜色或其他外观的区域：Panel 控件支持外观属性（例如 BackColor 和 BorderWidth），可以设置外观属性为页上的某个区域创建独特的外观。需要注意的是设置 GroupingText 属性将自动在 Panel 控件周围呈现一个边框。

微课 3.4 广告控件

2. Panel 控件的使用

① 在【设计】视图中，从工具箱的【标准】选项卡中，将 Panel 控件拖到页面上。

② 若要创建静态文本，请在控件中单击，然后键入文本。若要添加控件，

可以将其从【工具箱】拖到 Panel 控件中。

③ 拖动面板的边框可以调整控件的大小。

⚠ 注意：该控件会自动调整自身的大小以显示其所有的子控件（即使其超出了设置的高度）。

④ 设置 Panel 控件的属性，可以指定窗格与其子控件的交互方式。

Panel 控件的主要属性见表 3-22。

表 3-22　Panel 控件的主要属性

属性	描　述
HorizontalAlign	指定子控件在面板内的对齐方式（左对齐、右对齐、居中或两端对齐）
Wrap	指定面板内过宽的内容是换到下一行，还是在面板边缘处截断
Direction	指定控件的内容是从左至右呈现还是从右至左呈现。当在页面上创建与整个页面的方向不同的区域时，此属性非常有用
ScrollBars	如果已经设置了 Height 和 Width 属性以将 Panel 控件限制为特定的大小，则可以通过设置 ScrollBars 属性来添加滚动条
GroupingText	在 Panel 控件周围呈现边框和标题

⚠ 注意：设置 GroupingText 属性会导致滚动条不显示。

3.4.2　AdRotator 广告控件

网站的盈利模式主要有卖广告、卖产品（如淘宝网）和卖服务（如百度）等，其中，卖广告是主要的盈利模式。在 Web 应用开发过程中应该考虑广告模块的设计与实现。ASP.NET 为开发人员提供了 Adrotator 广告控件为页面在加载时提供一个或一组广告。广告控件可以从固定的数据源中读取（如 XML 或数据源控件），并从中自动读取出广告信息。当页面每刷新一次，广告显示的内容刷新一次。广告控件最好放置在 Panel 控件以及模板内。广告控件需要包含图像的地址的 XML 文件，且该文件用来指定每个广告的导航连接。广告控件最常用的属性是 AdvertisementFile，该属性用于配置相应的 XML 文件，所以必须首先按照标准格式创建一个 XML 文件。使用 AdRotator 服务器控件步骤如下。

1. 创建 XML 文件

创建一个包含着广告细节的 XML 文件，打开【添加新项】对话框，选择【XML 文件】，并命名为“Ad.xml”，如图 3-36 所示。

向 XML 文件中添加固定格式的 XML 代码，所有广告信息包含在一对 <Advertisements> </Advertisements> 中，每个广告包含在 <Ad></Ad> 中，具体解释示例如下。

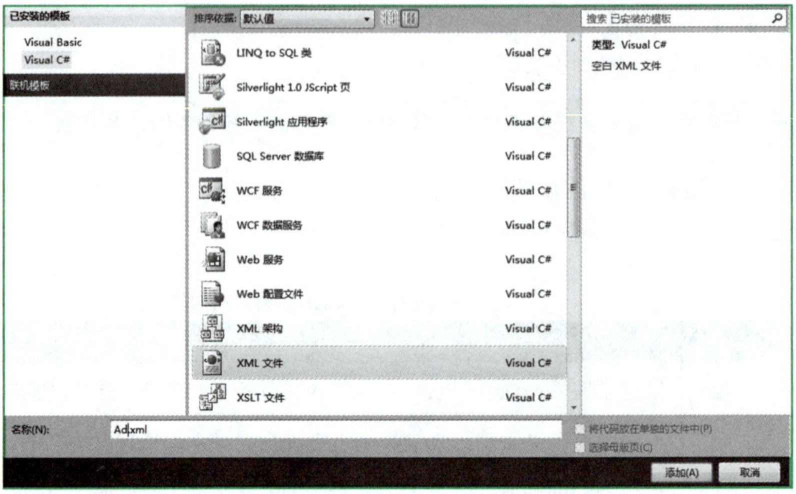

图 3-36 创建一个 XML 文件

```
<Advertisements>
    <Ad>
        <ImageUrl> 包含显示图像的 URL，可以是绝对路径，也可以是相对于显示广告的页面的相对路径。</ImageUrl>
        <NavigateUrl> 包含目标 Web 站 点的 URL </NavigateUrl>
        <AlternateText> 包含着一些文本，当鼠标移过图像时，作为提示信息显示出来。换句话说，这是广告图像中 ALT 元素的文本。 </AlternateText>
        <Keyword> 这个可选元素包含了广告所属的类别。这样就使各种类别的广告都在同一个 XML 中，然后使用 AdRotator 控件中的 Keywordfilter 属性在给定页面上对广告进行过滤。 </Keyword>
        <Impressions> 指出广告的相对开销，即广告出现的权重 </Impressions>
    </Ad>
</Advertisements>
```

⚠ 注意：创建广告文件时是区分大小写的。因此，其中所包含元素的大小写应该拼写正确，例如：应该使用 <Ad> 而不是 <ad>。

【实例 3-18】 创建广告 XML 文件，显示三个广告横幅的信息。

```
<Advertisements>
    <Ad>
        <ImageUrl>~/images/ad/huazhuangpin.jpg</ImageUrl>
        <NavigateUrl>http://www.sina.com</NavigateUrl>
        <AlternateText>SINA</AlternateText>
        <Keyword>huangzhuang</Keyword>
        <Impressions>50</Impressions>
    </Ad>
    <Ad>
        <ImageUrl>~/images/ad/ 衣服 .jpg</ImageUrl>
        <NavigateUrl>http://www.sohu.com</NavigateUrl>
```

```
        <AlternateText>SOHU</AlternateText>
        <Keyword>yifu</Keyword>
        <Impressions>10</Impressions>
    </Ad>
    <Ad>
        <ImageUrl>~/images/ad/ 电子产品 .jpg</ImageUrl>
        <NavigateUrl>http://www.china.com</NavigateUrl>
        <AlternateText>CHINA</AlternateText>
        <Keyword>Computer</Keyword>
        <Impressions>40</Impressions>
    </Ad>
</Advertisements>
```

2. AdRotator 服务器控件与 XML 文件的关联

在 ASP.NET 页面中创建一个 AdRotator 服务器控件，将广告 XML 文件链接到该控件。使用以下服务器控件标记来完成：

```
<asp:AdRotator ID="adMain" runat="server" AdvertisementFile="~/Ad.xml" />
```

AdvertisementFile 属性指示广告文件即包含广告信息的 XML，为了显示图象，必须要引用 AdRotator 控件。由于 KeywordFilter 属性没有设置，所以当刷新页面时会看到所有这三个广告图像以随机方式显示。

⚠ 注意：广告控件本身并不提供点击统计，所以无法计算广告是否被用户点击或者统计用户最关心的广告。

3.4.3 MultiView 和 View 视图切换控件

ASP.NET 中的 MultiView 和 View 可以作为其他控件的容器，可方便地显示信息的替换视图。通常，MultiView 和 View 搭配使用，可以让用户在同一页面中通过切换到每个选项卡看到要看的内容，而不用每次都重新打开一个新的窗口。

MultiView 控件用作一个或多个 View 控件的外部容器。View 控件又可包含标记和控件的任何组合。MultiView 控件一次显示一个 View 控件及该 View 控件内的标记和控件。通过设置 MultiView 控件的 ActiveViewIndex 属性，可以指定当前可见的 View 控件。

未选择某个 View 控件时，该控件不会呈现到页面中。但是，每次呈现页面时都会创建所有 View 控件中的所有 Web 服务器控件的实例，并且将这些实例的值存储为页面视图状态的一部分。

无论是 MultiView 控件还是各个 View 控件，除当前 View 控件的内容外，都不会在页面中显示任何标记。例如，这些控件不会以与 Panel 控件相同的方式来呈现 div 元素，但是也不可以作为一个整体应用于当前 View 控件的外观属性。可以将一个主题分配给 MultiView 或 View 控件，控件将该主题应用于当前 View 控件的所有子控件。

可以使用 ActiveViewIndex 属性或 SetActiveView 方法定义活动视图。如果 ActiveViewIndex 属性为空，则 MultiView 控件不向客户端呈现任何内容。如果活动视图设置为 MultiView 控件中不存在的 View，则会在运行时引发 ArgumentOutOfRangeException 异常。

ActiveViewIndex 属性：用于获取或设置当前被激活显示的 View 控件的索引值。默认值为 -1，表示没有 View 控件被激活。

Views：获取 MultiView 控件的 View 集合。

NextView：CommandName，定位到下一个视图。

PrevView：CommandName，定位到前一个视图。

SwitchViewByID：CommandName，定位到对应的视图 ID。

SwitchViewByIndex：CommandName，定位到对应的索引。

SetActiveView 方法：将制定的 View 控件设置为 MultiView 控件的活动视图，该方法参数为 View 控件的 ID。

提示：每个 View 控件都支持 Controls 属性，该属性包含该 View 控件中的控件集合。但是，可以在代码中单独引用 View 控件中的控件。

【实例 3-19】 MultiView 和 View 实现公司简介和欢迎加盟选项卡效果。

```
<asp:Button ID="btnIntroduction" runat="server" BorderWidth="0" Text=" 公司简介 "
        onclick="btnIntroduction_Click1" />
    <asp:Button ID="btnWelcome" runat="server" BorderWidth="0" Text=" 欢迎加盟 "
        onclick="btnWelcome_Click"  />
    <table style="border: 1px ridge #0000FF; width: 100%;">
        <tr valign="top">
            <td style="width: 300; height: 250">
                <asp:MultiView ID="mvIntroduce" runat="server" ActiveViewIndex="1">
                    <asp:View ID="vIntroduce" runat="server">
                        <asp:Label ID="lblIntroduce" runat="server"></asp:Label>
                    </asp:View>
                    <asp:View ID="vInjoin" runat="server">
                        <asp:Label ID="lblInjoin" runat="server"></asp:Label>
                    </asp:View>
                </asp:MultiView>
            </td>
        </tr>
    </table>
 protected void Page_Load(object sender, EventArgs e)
    {
        lblIntroduce.Text = @" 本公司为一家集软件开发、传统网络开发以及无线网络
开发的大型科技公司。公司自成立以来经过长期发展，取得了 80 多项国家专利！ "+"\r\n";
        lblInjoin.Text = @" 欢迎有志之士加盟本公司！软件开发工程师要求：
        1. 热爱软件行业；2. 熟悉、net 框架，能熟练使用 C# 和 JavaScript 进行编码；
        3. 熟悉 SQL Server 等常用的数据库 4. 有良好的编码规范习惯；
```

```
        5. 做事认真负责，服从公司的工作安排；6. 吃苦耐劳，敬业。 ";
    }
    protected void btnIntroduction_Click1(object sender, EventArgs e)
    {
        mvIntroduce.SetActiveView(vIntroduce);
    }
    protected void btnWelcome_Click(object sender, EventArgs e)
    {
            mvIntroduce.SetActiveView(vInjoin);
    }
```

【实例 3-20】 MultiView 控件实现页码切换。

```
    <asp:multiview ID="Multiview1" ActiveViewIndex="0" runat="server">
            <asp:View ID="firstView" runat="server">
                <span> 第一页 </span>
                <asp:Button ID="btnNext" runat="server" Text=" 下一页 " CommandName=
"NextView" />
            </asp:View>
            <asp:View ID="secondView" runat="server">
                <span> 第二页 </span>
                <asp:Button ID="btnPrev" runat="server" Text=" 上一页 "CommandName=
"PrevView" />
                <asp:Button ID="btnNext2" runat="server" Text=" 下一页 " CommandName=
"NextView" />
            </asp:View>
            <asp:View ID="thirdView" runat="server">
                <span> 第三页 </span>
                <asp:Button ID="btnFirst" runat="server" Text="第一页" CommandName="Switch
ViewByID" CommandArgument="firstView" />
                <asp:Button ID="btnSecond" runat="server" Text="第二页" CommandName="Switch
ViewByIndex" CommandArgument="1" />
            </asp:View>
    </asp:multiview>
```

任务实施

3.4.4 创建并使用电子商务网站的广告栏

1. 将广告图片复制到网站项目中

2. 创建 XML 文件

在项目中添加一个 XML 文件，将文件命名为“Ad.xml”，将实例 3-17 的代码添加到文件中。

3. 创建 Panel 控件

从【工具箱】中，将 Panel 控件拖放到 Index.Aspx 页中的中上部位置，生成代码如下：

```
<asp:Panel ID="Panel1" runat="server" Height="180px" Width="350px">
</asp:Panel>
```

4. 创建 AdRotator 控件

从【工具箱】中，将 AdRotator 控件拖放到 Index.Aspx 页的“Panel1”中，并与“Ad.xml”文件进行关联，生成代码如下：

```
<asp:AdRotator ID="adMain" runat="server" AdvertisementFile="~/Ad.xml"  />
```

5. 运行

刷新浏览器，广告图片将根据各自权值显示，运行效果如图 3-37 所示。

图 3-37　AdRotator 控件运行效果图

3.4.5　创建并使用电子商务网站的产品导航栏

1. 设置导航按钮

将 3 个 Button 控件拖放到 Index.Aspx 页的左侧 ID 为“ContentPlaceHolderLeft”的容器中，将按钮的“Text”属性分别设置为“电子产品”“化妆品”“服饰”，并修改控件的样式，代码如下。

```
<asp:Button ID="btnEle" runat="server" BorderWidth="0" Text=" 电子产品 " onclick="btnEle_Click" />
<asp:Button ID="btnFashion" runat="server" BorderWidth="0" Text=" 化妆品 " onclick="btnFashion_Click" />
<asp:Button ID="btnDress" runat="server" BorderWidth="0" Text=" 服　饰 " onclick="btnDress_Click" />
```

2. 设置 MultiView 控件

设置 MultiView 控件相应的代码如下。

```
<table style="border: 1px ridge #0000FF; width: 100%;">
  <tr valign="top">
    <td style="width: 300; height: 250">
```

```
<asp:MultiView ID="mvNavigation" runat="server" ActiveViewIndex="1">
    <asp:View ID="vEle" runat="server">
        <table style="width: 100%;">
          <tr>
            <td>
    <asp:LinkButton ID="lnkbtnComputer" runat="server"> 台式计算机 </asp:LinkButton>
              </td>
            <td>
      <asp:LinkButton ID="lnkbtnPad" runat="server"> 平板电脑 </asp:LinkButton>
              </td>
            <td>
        <asp:LinkButton ID="lnkbtnPhone" runat="server"> 手机 </asp:LinkButton>
            </td>
            </tr>
            <tr>
              <td>
            <asp:LinkButton ID="lnkbtnNote" runat="server"> 笔记本 </asp:LinkButton>
                </td>
                <td>
            <asp:LinkButton ID="lnkbtnTV" runat="server"> 电视 </asp:LinkButton>
                </td>
                <td>
              <asp:LinkButton ID="lnkbtnComera" runat="server"> 相机 </asp:LinkButton>
                </td>
          </tr>
</table>
```

3. 运行

运行效果如图 3-38 所示。

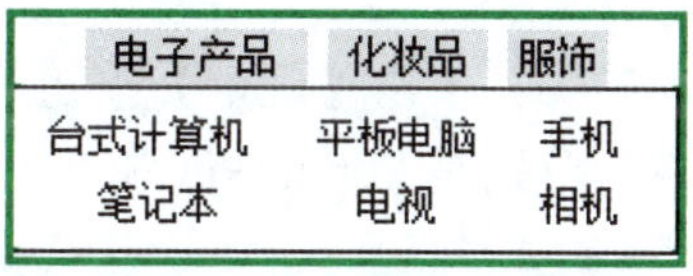

图 3-38　产品导航

任务拓展

3.4.6　第三方控件的使用

日常生活中很多电子产品、汽车等虽然是同一型号，但是所带配件除了标准配件以外，还有许多不同厂家提供的相应配件，如手机、专业相机、汽车等。ASP.NET 提供了 90 多种标准的内置控件，但是仍然不能满足程序员的编程需求，为此一些专门的机构开发了一些可以添加到 ASP.NET 中的控件，称之为第三方的控件。

常用的第三方控件有弹窗控件（PopupWin）、文本编辑器控件（FreeTextBox）、皮肤控件（DYLIKEBUTTON）等。第三方控件虽然来自不同的机构，但是均须遵循 ASP.NET 的规范，第三方控件除了自身的属性和方法外，在部署、使用上均有共同的地方。下面以第三方控件 PopupWin 为例，介绍第三方控件的使用。

PopupWin 控件用于弹出提示框效果，此控件支持多种弹出效果，同时也可以设置锚点等，该控件的下载地址是：http://www.codeproject.com/KB/custom-controls/asppopup.aspx。

1. PopupWin 弹出窗口控件的添加

（1）打开 Visual Studio2010，在左侧的【工具箱】的【常规】选项卡上点击右键，选择【重命名选项卡】，如图 3-39 所示，将“常规”重命名为“第三方控件”。

（2）打开【第三方控件】，在空白位置处单击右键选择【选择项】，如图 3-40 所示，打开如图 3-41 所示的【选择工具箱项】对话框，选择【.NetFrameWork 组件】选项卡，单击【浏览】按钮，选择需要添加的控件文件“EeekSoft.Web.PopupWin.dll”。

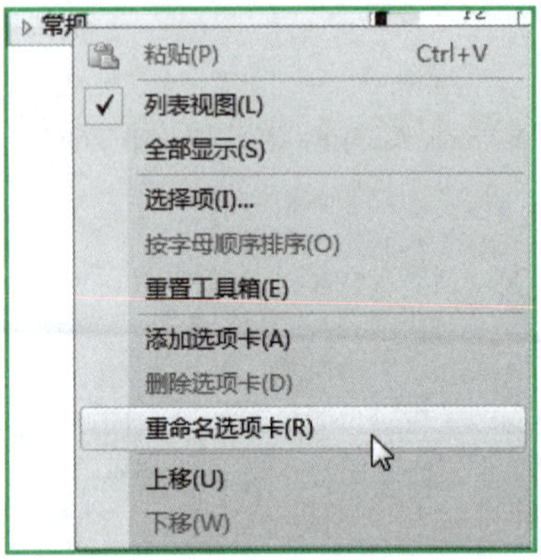

图 3-39 重命名工具箱选项卡

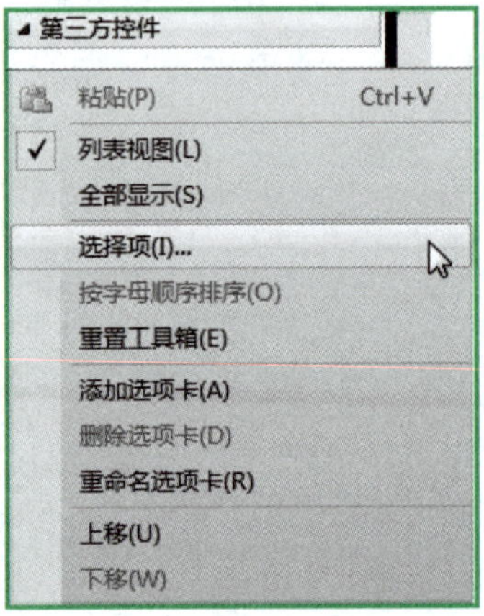

图 3-40 工具箱选项卡中添加控件

（3）单击【确定】按钮后，会在工具箱【第三方控件】选项卡出现两个控件，分别是 PopupWin 和 PopupWinAnchor，如图 3-42 所示。

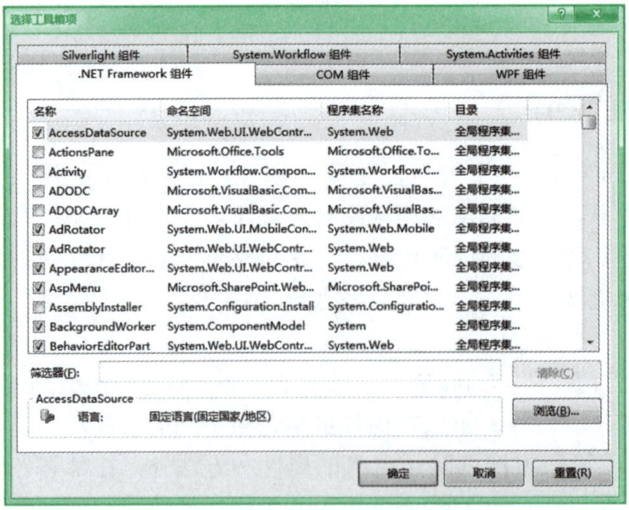

图 3-41 选择工具箱项

图 3-42 控件添加效果图

（4）将【PopupWin】控件拖放的 Web 页的相应位置后，即可与普通控件一样使用，控件生成代码如下。

```
<%@ Register Assembly="EeekSoft.Web.PopupWin" Namespace="EeekSoft.Web"
TagPrefix="cc1" %>
                    <cc1:PopupWin ID="PopupWin1" runat="server" />
```

PopupWinAnchor 控件属于事件响应控件，可实现当单击某个控件或者是单击某些内容的时候自动弹出窗口。

2. 使用 PopupWin 控件的常用属性

ActionType：动作类型（点击连接后），返回 PopupAction 枚举。（注意：如果要使用相关的点击事件，如 OnLinkClicked 和 OnPopupClosed，此处必须设为 RaiseEvents）。

Text: 设置或获取新窗口里要显示的文本。

Link：设置或获取点击连接时打开的地址或脚本，如：Link="http：//www.zzwater.com.cn" LinkTarget="_blank" ActionType="OpenLink"，其中 actiontype 用于说明是否弹出大页面窗口等。

LinkTarget：设置或获取连接打开的目标方式。

ColorStyle：设置或获取颜色样式，返回 PopupColorStyle 枚举。

Message：设置或获取弹出窗口显示的信息。

Title：设置或获取弹出窗口和新窗口的标题。

GradientLight：设置或获取亮度的颜色。

GradientDark：设置或获取暗度的颜色（在 Mozilla 里即背景色）。

TextColor：设置或获取文本颜色。

LightShadow：设置或获取亮度阴影的颜色。

DarkShadow：设置或获取暗度阴影的颜色。

Shadow：设置或获取阴影颜色。

DockMode：设置或获取弹出窗口的收缩状态，返回 PopupDocking 枚举，如：DockMode="BottomRight"，则显示的窗口从右侧弹出。

OffsetX：设置或获取 X 轴的偏移坐标（从左或右）。

OffsetY：设置或获取 Y 轴的偏移坐标（从底部）。

HideAfter: 设置或获取窗口显示的时间，默认为 500 毫秒（-1 为无限时间）。

PopupSpeed：设置或获取弹出的速度，默认为 20。

ShowAfter：设置或获取显示弹出窗口之前的延迟时间，默认为 1000 毫秒。

AutoShow：页面加载时自动显示弹出窗口（在设置的 ShowAfter 属性之后）。

DragDrop：设置或获取是否允许拖动弹出窗口。

WindowSize：设置或获取打开窗口大小。

WindowScroll：设置或获取新窗口是否允许滚动条。

ShowLink：是否在弹出窗口中显示连接和启用动作。

【实例 3-21】 PopupWin 的应用。

运行效果如图 3-43 所示。

```
protected void Page_Load(object sender, EventArgs e)
    {
        PopupWin1.Message = " 欢迎您访问本网站，近期电子产品将开展推广优惠
活动，敬请关注 " ;
        PopupWin1.AutoShow = true;
        PopupWin1.Title = " 欢迎 ";
    }
```

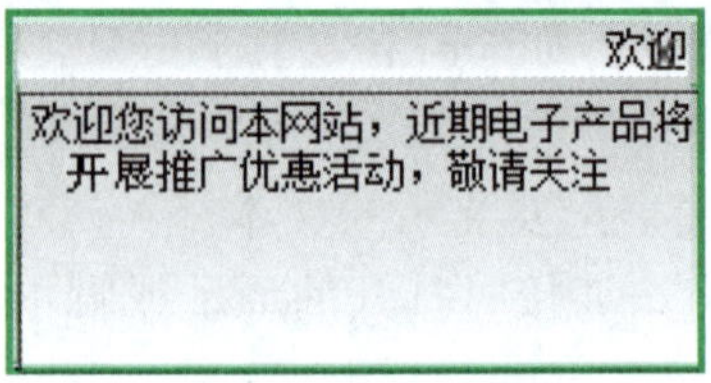

图 3-43 弹窗效果图

项目实训

【实训题目】

掌握用户控件的使用，提高代码的复用性。

【实训内容】

将 SelectOkShop 电子商务网站的可复用功能模块用用户控件实现，如：用户搜索功能模块、商品展示功能模块等。

任务 3.5 设计电子商务网站的新闻公告栏

用户控件的使用

任务陈述

任务构思与目标：网站首页通常都有新闻公告模块，展示最新信息，用以吸引顾客的注意，本任务利用用户控件设计 SelectOKShop 网站首页的新闻公告栏，滚动显示，效果如图 3-44 所示。

任务设计：在 SelectOKShop 站点根目录下添加文件夹“UserControl”，站点中创建的用户控件均放在该文件夹下，创建用户控件 News.ascx，实现新闻内容展示，将新闻用户控件应用到网站首页。

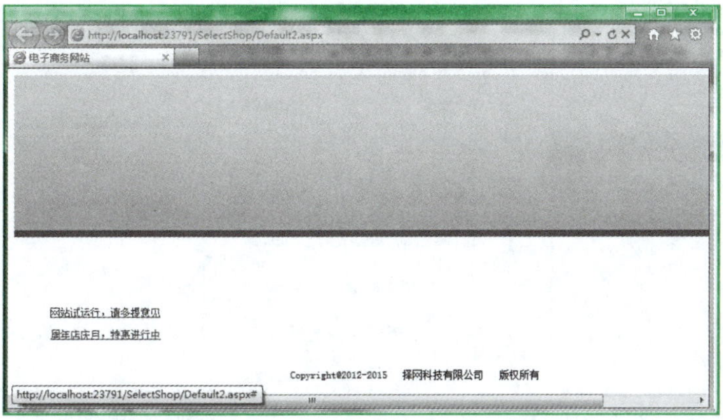

图 3-44 电子商务网站滚动新闻公告栏

知识准备

3.5.1 用户控件

1. 用户控件概述

ASP.NET 的服务端控件使得 Web 开发工作变得更为简单，功能更为强大。但是，如果服务端没有所要求的控件，则可以自定义控件来取代 .NET 提供的控件，这种控件就是用户控件。用户控件能够在多个 ASP.NET Web 应用程序之间划分和重复使用公共用户界面（UI）功能，提高了代码的重用性。与 Web 窗体页一样，用户控件可以在第一次请求时被编译并存储在服务器内存中，从而缩短以后请求的响应时间。与服务器控件不同的是，不能独立地请求用户控件，用户控件必须包括在 Web 窗体页内才能使用。

2. 创建用户控件

用户控件的使用

微课 3.5 用户控件

在 Visual Studio 2010 中创建用户控件的步骤如下。

（1）在解决方案资源管理器中添加【新项】，弹出【添加新项】窗口，如图 3-45 所示，选择【Web 用户控件】选项可创建用户控件 WebUserControl.ascx 文件。

（2）在 WebUserControl.ascx 文件中可添加任意的 Web 服务器控件创建用户控件。在 WebUserControl.ascx 代码视图中有如下页面指令。

```
<%@ Control Language="C#" AutoEventWireup="true" CodeFile="WebUserControl.ascx.cs" Inherits="userControl_WebUserControl" %>
```

提示：用 @ Control 命令表明这是一个用户控件，表明用户控件继承 WebUserControl 类。

用户控件声明语法与创建 Web 窗体页所采用的语法类似，用户控件和网页之间的主要区别如下。

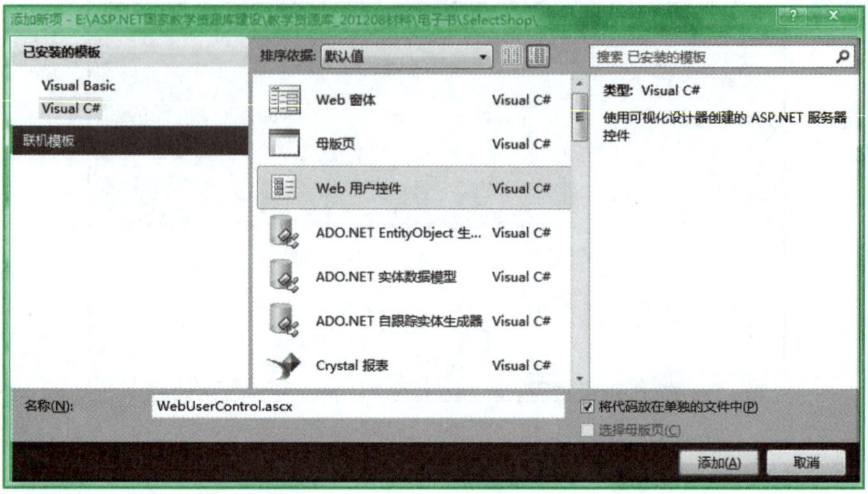

图 3-45 创建 Web 用户控件

① 用户控件以 Control 指令开头，而网页以 Page 指令开头。

② 用户控件使用的扩展名是 .ascx，而网页的扩展名为 .aspx 。

③ 用户控件后台代码从 System.Web.UI.UserControl 类继承。（其实 UserControl 类和 Page 类继承自同一个 TemplateControl 类，因此，二者共享多种方法和事件）

④ 用户控件不能被客户端浏览器直接请求，用户控件需要嵌入到其他网页中使用。

⑤ 用户控件中没有 html，body 和 form 元素，这些元素不允许位于宿主中。

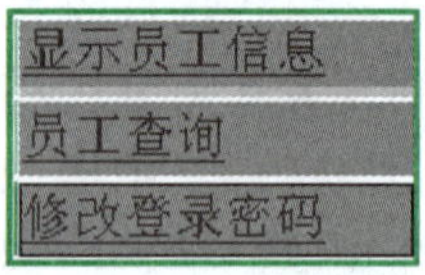

图 3-46 不同页面具有相同的局部元素

【实例 3-22】 定义用户控件。

网站的不同页面共享同一局部元素，如图 3-46 所示，因此将其定义成用户控件（单独的 .ascx 文件）。

页面设计代码如下。

```
<%@ Control Language="C#" AutoEventWireup="true" CodeFile="myControl.ascx.cs" Inherits="myControl" %>
    <table border="0" style="width: 160px;">
    <tr>
    <td style="height: 30px; background-color: darkgray; border-bottom-style: solid; 1px; #ffffff; width: 222px;"><a href="#"> 显示员工信息 </a> </td>
    </tr>
    <tr>
      <td  style="height: 30px; background-color: darkgray; text-align: left; border-bottom: white 1px solid; width: 222px;"><a href="#"> 员工查询 </a></td>
    </tr>
    <tr>
    <td style="height:30px; background-color: darkgray; text-align: left; border-bottom: #ffffff 1px solid; width: 222px;"><a href="#"> 修改登录密码 </a></td>
```

```
</tr>
</table>
```

⚠ **注意：C# 版本指 C# 语言规范的版本；Visual C# 版本是开发工具，是 Visual Studio 的一个组件。**

3.5.2 在 Web 页面中使用用户控件

只有当包括在 Web 窗体页中时，用户控件才可以工作。当一个请求到达某一页而该页包含用户控件时，该用户控件的处理过程与 ASP .NET 服务器控件的处理过程一致。

在要包含用户控件的 Web 窗体页中，需声明一个 @ Register 指令，该指令包括如下属性。

① tagprefix 属性，该属性将前缀与用户控件相关联，该前缀将包括在用户控件元素的开始标记中，相当于 Web 服务器控件中 < asp:TextBox>< /asp:TextBox> 中的 asp。

② tagname 属性，该属性将名称与用户控件相关联，该名称将包括在用户控件元素的开始标记中，相当于 Web 服务器控件中 < asp:TextBox>< /asp:TextBox> 中的 TextBox。

③ Src 属性，该属性定义要包括在 Web 窗体页中的用户控件文件的虚拟路径。

⚠ **注意：Src 属性值可以是到应用程序的根目录中的用户控件源文件的相对或绝对路径。为方便使用，建议使用相对路径。符号"~"表示应用程序的根目录。**

【实例 3-23】 在 Web 页面中使用用户控件，如图 3-47 所示。

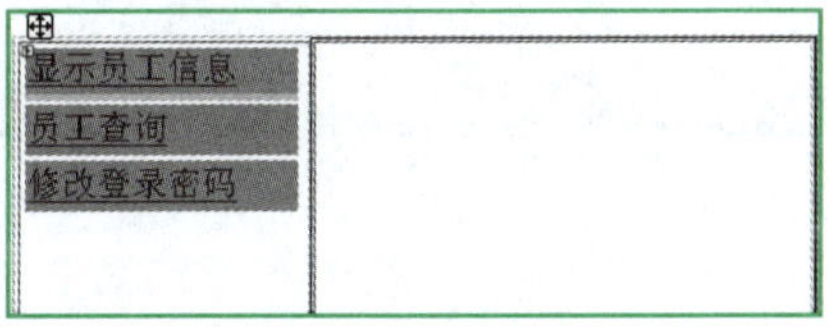

图 3-47 用户控件使用

Web 页面代码如下。

```
<%@ Page Language="C#" AutoEventWireup="true" CodeFile="Default2.aspx.cs" Inherits="Default2" %>
<%@ Register Src="myControl.ascx" TagName="myControl" TagPrefix="uc1" %>
<html xmlns="http://www.w3.org/1999/xhtml" >
<head id="Head1" runat="server">
</head>
<body>
    <form id="form2" runat="server">
    <div>
```

用户控件的使用

```
            <table style="width: 458px; height: 226px" border="1">
                <tr>
                    <td rowspan="3" valign="top" style="width: 163px">
                        <uc1:myControl ID="MyControl1" runat="server" />    </td>
                    <td colspan="2" rowspan="3">    </td>
                </tr>
                 </table>
        </div>
       </form>
    </body>
    </html>
```

提示：<%@ Register Src ="myControl.ascx" TagName="myControl" TagPrefix="uc1" %>。其中 Src 指定用户控件的路径，TagPrefix 指定用户控所属的组，TagName 用于给用户控件指定名称。

页面具体引用控件指令：<uc1:myControl ID="MyControl1" runat="server" />，基本上和内置控件一样，只是开头用“自定义名称空间：控件名称”，而不是“asp: 控件名称”。

用户控件的使用

任务实施

3.5.3 创建并使用电子商务网站的新闻公告栏

任务运行效果如图 3-48 所示。

图 3-48 用户控件设计新闻公告栏

1. 创建用户控件

选择 SelectOKShop 站点根目录下文件夹 UserControl，选择【添加新项】命令，在给出的模板中选择【Web 用户控件】选项，用户控件命名为“News.ascx”。

2. 编辑用户控件

打开用户控件文件 News.ascx，编辑新闻内容页面代码如下。

```
    <%@ Control Language="C#" AutoEventWireup="true" CodeBehind="newsUC.ascx.
cs" Inherits="Login1.UserControls.newsUC" %>
```

```
<p><a href="#"> 网站试运行，请多提意见 </a></p>
<p><a href="#"> 周年店庆月，特惠进行中 </a></p>
```

提示：用户控件文件 News.ascx 定义控件内容的方法与 Web 页面相同，可以放置除了 body、html、head、form 元素以外的其他标签元素和 ASP.NET 控件。

3. 在 Web 页面引用用户控件

打开 Default.aspx 设计页面，在 Visual Studio 2010 解决方案管理器中选中“News.ascx”，将其手动拖到应用了母版的网站首页 Index.aspx 的 Content PlaceHolderLef 左侧区域，如图 3-49 所示。

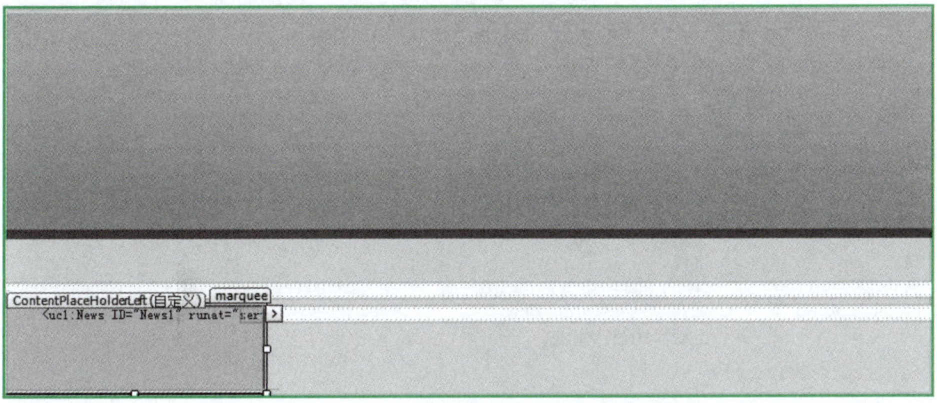

图 3-49 用户控件拖至 Web 页面

```
<%@ Page Title="" Language="C#" MasterPageFile="~/SelectOKShop/MasterPageQian.
master" AutoEventWireup="false" CodeFile="Default.aspx.cs" Inherits="_Default" %><%--
引用用户控件 --%>
<%@ Register src="~/userControl/News.ascx" tagname="News" tagprefix="uc1" %>
<asp:Content ID="Content1" ContentPlaceHolderID="ContentPlaceHolderSitemap"
Runat="Server">
<%--News.ascx 控件在内容控件 --%><%-- 跑马灯效果 --%>
    <marquee onMouseOver="this.stop()" onMouseOut="this.start()" scrollamount="1"
scrolldelay="10" direction="up"
    style="text-align:center; height: 70px; width: 218px;">
    <uc1:News ID="News1" runat="server" /></marquee>
</asp:Content>
<asp:Content ID="Content2" ContentPlaceHolderID="ContentPlaceHolderLeft"
Runat="Server">
</asp:Content>
<asp:Content ID="Content3" ContentPlaceHolderID="ContentPlaceHolderRight"
Runat="Server">
</asp:Content>
```

4. 运行该页面

运行效果如图 3-44 所示。

任务拓展

3.5.4 访问用户控件的属性

标准服务器控件均有其自身的属性和方法，用户控件也可以定义自己的属性和方法，并在 Web 页中调用。

【实例 3-24】 在 Web 页面中使用用户控件，如图 3-50 所示。

```
public partial class Navigater : System.Web.UI.UserControl
{
    private string userName="xzp";
        public string UserName
        {
            get
            {
                return userName;
            }
            set
            {
                userName=value;
            }
        }
        public string UserID
        {
            get { return txtName.Text; }
            set { txtName.Text = value; }
        }
        public string Password
        {
            get { return txtPassword.Text; }
            set { txtPassword.Text = value; }
        }
    }
```

微课3.6 文件路径

3.5.5 动态修改用户控件的内容

1. 设计用户控件

页面代码如下。

```
<%@ Control Language="C#" AutoEventWireup="true" CodeFile="Control.ascx.cs" Inherits=
"Control" %>
     <div>
         <table style="width: 539px; height: 192px" border="1">
             <tr>
```

```
                <td> 用户名：</td>
                <td> <asp:TextBox ID="txtName" runat="server" AutoPostBack="True"></
asp:TextBox></td>
            </tr>
            <tr>
                <td> 密码：</td>
                <td> <asp:TextBox ID="txtPassword" runat="server" TextMode=
"Password"></asp:TextBox></td>
            </tr>
            <tr>
                <td> <asp:Button ID="Button10" runat="server" Text=" 确定 " /></td>
                <td>                    </td>
                <td>                    </td>
            </tr>
        </table>
    </div>
```

2. 用户控件定义公用的属性

```
    public partial class Control : System.Web.UI.UserControl
        public String UserID
        {
            get { return txtName.Text; }
            set { txtName.Text = value; }
        }
        public string Password
        {
            get { return txtPassword.Text; }
            set { txtPassword.Text = value; }
        }
```

3. Web 页面引用用户控件并动态修改其内容

```
    <%@ Page Language="C#" AutoEventWireup="true"  CodeFile="Default.aspx.cs"
Inherits="_Default" %>
    <%@ Register Src="Control.ascx" TagName="Control" TagPrefix="uc1" %>
    <html xmlns="http://www.w3.org/1999/xhtml" >
    <head id="Head1" runat="server">
        <title> 无标题页 </title>
    </head>
    <body>
    <h2> 用户控件示例  </h2>
        <form id="form1" runat="server">
        <div>

    <uc1:Control ID="login" runat="server" />
    <p><asp:Label ID="message" runat="server" Text="Label"></asp:Label>
            </p>
```

```
        </form>
    </body>
public partial class _Default : System.Web.UI.Page
{
    protected void Page_Load(object sender, EventArgs e)
        {
          message.Text = " 用户名为：" + login.UserID + "<br>";
          Login. Password="123";
}
```

项目实训

【实训题目】

掌握用户控件的使用，提高代码的复用性。

【实训内容】

将 SelectOkShop 电子商务网站的可复用功能模块用用户控件实现，如：用户搜索功能模块、商品展示功能模块等。

单元小结

本单元主要介绍了运行在服务器端的 HTML 服务器控件、ASP.NET 控件的使用（控件的主要属性、事件驱动机制等），使用其设计出较好交互功能的 Web 页面，使读者理解 Web 窗体页面服务器控件的功能、与传统 HTML 控件的区别，还重点介绍了用于服务器控件数据验证的验证控件，使用其能够方便地完成页面输入数据的验证功能，结合代码的重用思想理解用户控件的创建和使用。

评价体系表

专业能力测评表

（在□中打 √，A 理解，B 基本理解，C 未理解）

专业核心能力	评价指标	自测结果
运用服务器控件设计动态交互 Web 页面的能力	1．能够区分服务器控件、客户端控件	□A □B □C
	2．能够使用服务器控件设计友好交互页面	□A □B □C
	3．能够使用服务器控件设计后台代码	□A □B □C

续表

专业核心能力	评价指标	自测结果
运用验证控件验证服务器控件输入数据有效性的能力	1. 能够理解验证控件的引入意义 2. 能够按照验证功能分类正确选择验证控件进行服务器控件数据有效性的验证	□A □B □C □A □B □C
运用用户控件创建可重用控件的能力	1. 能够使用用户控件创建可复用的功能模块 2. 能够在 Web 页面中使用创建好的用户控件 3. 能够通过代码动态修改用户控件的值	□A □B □C □A □B □C □A □B □C
学生签字：	教师签字：	年 月 日

职业能力测评表

（在□中打 √，A 通过，B 基本通过，C 未通过）

职业核心能力	评价指标	自测结果
自我管理能力	1. 培养自己的责任心 2. 能够管理自己的时间 3. 所学知识的灵活运用	□A □B □C □A □B □C □A □B □C
合作交流能力	1. 知道如何尊重他人的观点 2. 能与其他人有效沟通 3. 能获取信息并反馈信息	□A □B □C □A □B □C □A □B □C
解决问题能力	1. 能够有效使用信息资源 2. 能客观分析事物的现状 3. 能发现并解决常规问题	□A □B □C □A □B □C □A □B □C
设计创新能力	1. 能够提出有价值的观点 2. 能够运用不同的思维方式 3. 能够制定创新方案并实施	□A □B □C □A □B □C □A □B □C
学生签字：	教师签字：	年 月 日

单元练习题

一、单项选择题

1. 现有一人口年龄调查输入框，年龄范围为 10 ～ 120，则最好使用（ ）验证控件。

A. RequiredFieldValidator　　B. CompareValidator

C. RangeValidator　　D. RegularExpressionValidator

2. 某 ASP.NET 的 Web 项目，名称为“TestWeb”。在其根目录下建立两个目录 dic1 和 dic2，两目录下分别有文件 file1.aspx 和 file2.aspx。现在需要编写代码从 file1.aspx 跳转到 file2.aspx，正确的代码是（ ）。

A. Response.Redirect(“dic2/file2.aspx”)

B. Response.Redirect(“~\dic2\file2.aspx”)

C. Response.Redirect(“../dic2/file2.aspx”)

D. Response.Redirect(“..\dic2\file2.aspx”)

3. 如需在 Calendar 控件的 SelectionChanged 事件发生时得到用户选择的日期，则需要用到 Calendar 的（ ）属性。

A. SelectDate　　B. SelectedDate

C. ChangeDate　　D. ChangedDate

4. 定义一个验证控件如下：

<asp:RequiredFieldValidator id="RFValidator1" ControlToValidate="TextBox1" Text="Error" ErrorMessage=" 错误 " runat="server"/>

当验证没有通过时，显示的提示信息是（　　）。

A. Error　　B. 错误

C. Error 错误　　D. 错误 Error

5. 已经定义好主题 myTheme，并定义了默认皮肤 button.skin，为了使用皮肤，需要在 Web.config 中添加下面哪行代码（　　）。

A. <pages theme="default"/>　　B. <pages theme="myTheme"/>

C. <pages theme="myTheme" skin="button"/>　　D. <%@ page Theme="myTheme" %>

6. 在多层开发中使用的数据源是（　　）。

A. ObjectDataSource　　B. SqlDataSource

C. XmlDataSource　　D. StringDataSource

7. 下面哪一行代码可以得到当前的日期和时间（　　）。

A. DateTime.Now　　B. DateTime.Today

C. DateTime.DateAndTime　　D. new DateTime()

8. dsStudents 数据集中包含一个名为 students 的表，该表的字段按顺序为：Id，Name，Age。如果要获得第 1 条记录中 Name 字段的值，应该使用以下哪个代码（　　）。

A. dsStudents.Tables("students").Rows(0).Item("Name")

B. dsStudents.students(1).Name

C. dsStudents.Tables[O].Rows[O][1]

D. dsStudents.Fields["Name"]

9. 现有 TextBox 控件，需要验证其输入类型为整型，需要使用 CompareValidator 验证控件判断，需要设置 CompareValidator 那个属性（　　）。

A. Operator 属性为 DataTypeCheck，Type 属性为 Integer

B. Operator 属性为 Equal，Type 属性为 Integer

C. Operator 属性为 DataTypeCheck，Type 属性为 Currency

D. Operator 属性为 Equal，Type 属性为 Currency

二、填空题

1. 用户控件的文件扩展名是 ________。

2. 在 ASP.NET 中所有的自定义用户控件都必须继承自 ________。

3. 如果希望控件内容变换后立即回传表单，需要在控件中添加 ________ 属性。

三、简答题

1. 试说明 HTML 服务器控件、HTML 控件的区别；HTML 服务器控件与 Web 服务器控件的区别。

2. 简要阐述使用服务器验证控件的一般步骤。

3. 简述 ASP.NET 服务器控件的生命周期。

4. 简要说明 ASP.NET 验证控件中的验证组的概念和应用场合。

四、编程题

1. 试创建一个 Windows Application 应用程序：实现具有简单功能（能执行加、减、乘、除运算）的计算器。

2．创建一个 WebApplication，实现简单的登录验证功能。

（1）要求用集合数据类型预先设定用户名、密码初始值见表 1。

（2）创建一登录界面如图 1 所示，单击【确定】按钮，实现登录验证功能。

表 1　用户名、密码初始集合值

序　号	用　户　名	密　码
1	admin	123
2	guest	Sys123

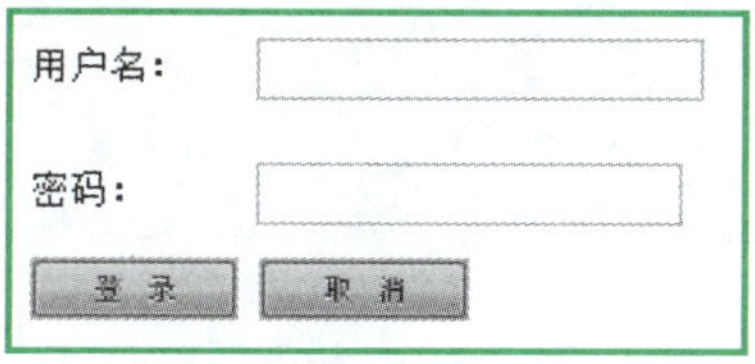

图 1　登录界面

3．要求使用 ASP.NET 验证控件，实现如图 2 所示 Web 页面的验证功能。

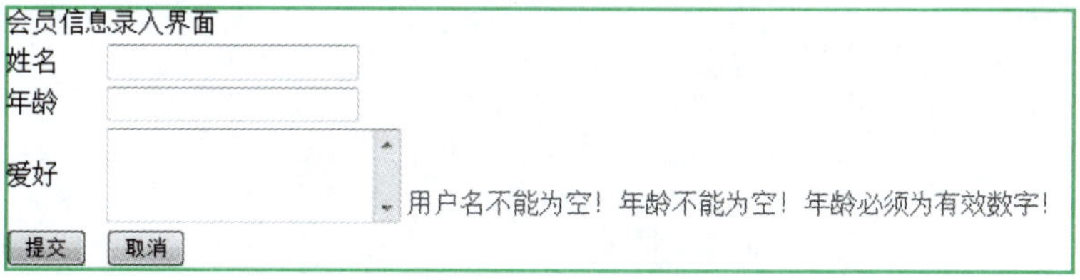

图 2　页面验证功能

单元 4

系统对象与数据传递

学习目标

【知识目标】

- 理解 ASP.NET 页面间数据传递的工作机制。
- 熟练掌握使用页面对象进行不同页面之间传递数据的方法。
- 熟练掌握 Response 对象、Request 对象的使用。
- 掌握 Cookie 对象的使用。
- 掌握 Session 对象的使用。
- 掌握 Application 对象的使用。
- 掌握 Server 对象的使用。

学习目标

【技能目标】

- 能够熟练应用页面对象进行不同页面之间的数据传递。
- 能够熟练使用 Session、Cookie 对象保存系统中的访问信息。
- 能够使用 Server 对象访问服务器端的方法及属性。
- 能够使用 Application 对象存储应用程序中的全局信息。

【素质目标】

- 具备强烈的社会责任感和责任心。
- 培养较强的社会适应能力、活动能力。

引例描述

Web 应用程序在传统的意义上是无状态的，Web 应用不能维持客户端状态，因此在 Web 应用中，通常需要使用内置对象对客户端状态进行保存，使用户更容易收集通过浏览器请求发送的信息，响应浏览器并存储用户信息，以实现其他特定的状态管理和页面信息的传递。

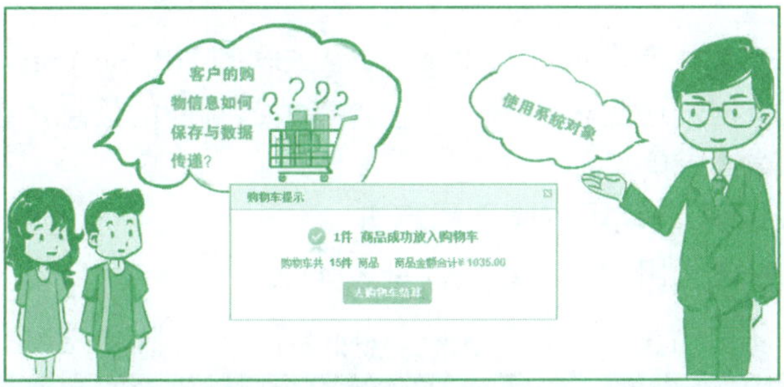

本单元主要介绍 ASP.NET 内置对象的使用，即使用对象实现不同页面之间传递数据，获取服务器端或客户端的信息。学习完本章内容后，读者将熟悉 ASP.NET 网站不同页面之间如何实现数据传递，可实现在页面上输入内容、传递数据、弹出提示框等功能。

教学 PPT

PPT

教学录像

源代码

教学案例

任务 4.1 Response 对象、Request 对象和 Session 对象的应用

Response 对像、Request 对象的使用和 Session 对象的应用

任务陈述

任务构思与目标：根据需求在创建的 SelectOKShop 电子商务网站中添加登录模块，合法注册的用户输入验证码后，单击【登录】按钮进入系统，运行结果如图 4-1 所示。

微课 4.1.1 Response、Request 对象

图 4-1 程序运行结果

任务设计：在电子商务网站 SelectOKShop 项目中添加登录页面、忘记密码页面和验证码页面，当输入用户名、密码和验证码之后单击【登录】按钮，验证成功则进入程序主页面。

知识准备

Response 对象的使用

PPT

4.1.1 Response 对象的使用

Response 对象用于获取与该 Page 对象关联的 HttpResponse 对象，该对象将 HTTP 响应数据发送到客户端，并包含有关该响应的信息，在开发过程中主要用于向客户端输出信息。

1. Response 对象常用的属性和方法

Response 对象常用的方法和属性见表 4-1。

表 4-1 Response 对象的方法和属性

名　称	类型	描　述
Write	方法	将信息输出到客户端浏览器
Redirect	方法	将网页重定向到指定的 URL
End	方法	停止并结束该页面的执行，并引发 EndRequest 事件
Flush	方法	将缓冲区的数据输出到客户端浏览器
WriteFile(filename)	方法	将指定的文件写入 HTML 文档
Close	方法	关闭客户端的联机
AddHeader	方法	将一个 HTTP 表头添加到输出流
AppendHeader	方法	将 HTTP 头添加到输出流
AppendCookie	方法	向响应对象的 Cookie 集合中增加一个 Cookie
Clear	方法	清除缓冲区的数据
Buffer	属性	获取或设置一个值，该值指示是否缓冲输出并在处理完整个响应后发送它
Charset	属性	获取或设置输出流的 HTTP 字符集
ContentType	属性	控制送出的文件类型
Cookies	属性	获取响应 Cookie 集合
IsClientConnected	属性	获取一个值，通过该值确认客户端是否仍连接在服务器上

2. Response 对象的应用

（1）利用 Write 方法输出信息

Response 对象最常用的方法是 Write，Response.Write 方法可以在程序的执行过程中，将任何类型的数据输出到浏览器上显示。输出的内容可以是字符串、HTML 标记或变量，且无论变量的内容是什么，都是以字符串的形式输出到浏览器上，例如：

```
Response.Write(" 我是 Response 对象的输出。");
```

使用 Write 方法输出的字符串会被浏览器按 HTML 语法进行解释，因此可以使用 Write 方法直接输出 HTML 代码实现页面内容和格式的定制，例如：

```
Response.Write("<font color=red> 我是 Response 对象的输出。</font>");// 向浏览器
输出字符串“我是 Response 对象的输出。”，字体为红色字体。
```

（2）使用 Redirect 方法重定向

Response 对象的 Redirect 方法将客户端浏览器重定向到其他的 URL，即跳转到另一个网页，例如：

```
Response.Redirect("Index.htm");              // 将网页重定向到 Index.htm 页面
Response.Reditect("http://www.asp.net ");    // 将网页定向到“www.asp.net”网站
```

（3）使用 End 方法终止 ASP.NET 程序

若希望实现提前结束网页运行并输出已生成的内容，可通过 Response 对象的 End 方法实现。Response.End 方法的功能是结束程序的执行，若缓冲区有数据，则还会将其输出到客户端浏览器，用法如下。

```
Response.End();     // 终止 ASP.NET 程序并将缓冲区内容输出到客户端浏览器
```

Request对象的使用

PPT

4.1.2 Request 对象的使用

服务器在收到客户端的请求后，HttpRuntime 将会创建一个 HttpRequest 对象的实例 Request。用于获取当前 HTTP 请求的 HttpRequest 对象。

1. Request 对象常用属性和方法

Request 对象常用的属性和方法见表 4-2。

表 4-2 Request 对象的常用属性和方法

名 称	类型	描 述
RequestType	属性	客户端网页的传送方式（Get/Post）
Browser	属性	取得客户端浏览器的特征，如类型、版本号等
Cookies	属性	取得客户端浏览器的 Cookies 数据
ContentEncoding	属性	客户端浏览器的字符设置
ContentLength	属性	指定客户端发送的内容长度
ContentType	属性	当前需求的 MIME 内容类型
ClientCertificate	属性	客户端安全认证信息
Form	属性	获取客户端表单元素中所填入的信息
ServerVariables	属性	获取服务器环境变量信息
Params	属性	获取 Cookies/Form/QueryString/ServerVariables/Cookies 项的数据
Path	属性	当前网页的相对地址
PathInfo	属性	获取具有 URL 扩展名的资源的附加路径信息
PhysicalApplicationPath	属性	当前在服务器端执行的程序的实际路径
QueryString	属性	浏览器地址栏后的参数
SaveAs	方法	将 HTTP 请求保存到磁盘
MapPath	方法	为当前请求将请求的 URL 中的虚拟路径映射到服务器上的物理路径

2. Request 对象的应用

Request 对象功能是从客户端得到数据，其常用的 3 种获得数据的方法包括：Request.Form、Request.QueryString 和 Request，前两种主要对应 Form 提交时的两种不同的提交方法：Post 方法和 Get 方法。

（1）获取浏览器提交数据

利用 Request 方法，可以获取其他页面提交的数据。提交的数据包括通过 Form 表单提交和通过超级链接后面的参数提交两种方式，两种方式都可以利用 Request 对象读取。

以下案例实现获取页面提交的姓名字段，代码如下。

```
<%@ Page Language="C#"%>
 <%
     string strUserName = Request["UserName"];
  %>
 姓名：<%=strUserName%>
 <form action="" method="post">
     <P> 姓名：<input type="TEXT" size="20" name=" UserName "></P>
     <P><input type="submit" value=" 提 交 "></P>
 </form>
```

（2）获取客户端的信息

利用 Request 对象内置的属性，可以获取客户端的信息，如客户端浏览器版本、客户端地址等，具体可参考表 4-2 中的属性及方法。

```
<%@ Page Language="C#"%>
客户端浏览器：<%=Request.UserAgent %>
客户端 IP 地址：<%=Request.UserHostAddress %>
当前文件服务端物理路径：<%=Request.PhysicalApplicationPath %>
```

【实例 4-1】 设计一个用户登录页面，使用 Form 数据集合获取客户端提交的登录信息。设计步骤如下。

（1）创建一个网站，添加一个命名为“WebForm1”的 Web 页面。

（2）切换到设计视图，从工具栏中拖放 2 个文本框（用于输入用户名和密码）和一个按钮（登录）控件，控件的 ID 属性设置如图 4-2 所示，其中密码文本框控件的 TextMode 属性设置为“Password”。

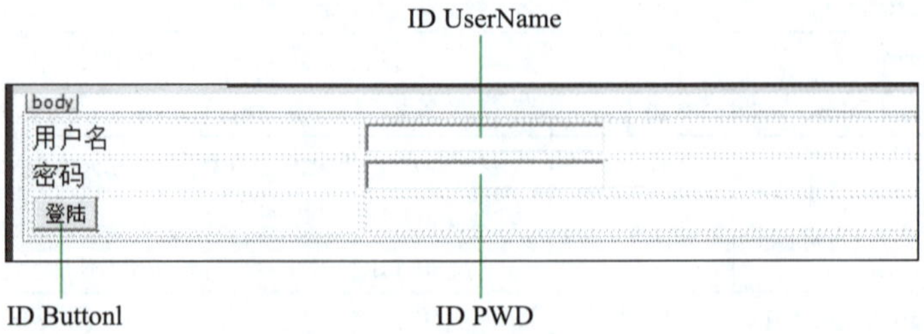

图 4-2 获取表单数据

微课 4.1.2 Request 对象

设计代码如下：

```
<form id="form1" runat="server">
```

```
        <table style="width: 31%;">
            <tr>
                <td width="73px">
                    <asp:Label ID="lblName" runat="server" Text=" 用户名 "></asp:Label>
                </td>
                <td>
                    <asp:TextBox ID="txtUserName" runat="server"></asp:TextBox>
                </td>
            </tr>
            <tr>
                <td width="73px">
                    <asp:Label ID="lblPass" runat="server" Text=" 密码 "></asp:Label>
                </td>
                <td>
                    <asp:TextBox ID="txtPass" runat="server"></asp:TextBox>
                </td>
            </tr>
            <tr>
               <td colspan="2">
               <asp:Button ID="btnLogin" runat="server" Text=" 登录 " onclick="btnLogin_Click" />
                </td>
            </tr>
        </table>
        </form>
```

双击登录按钮，切换到代码视图，可添加 btnLogin 方法，在代码块中添加如下代码。

```
    protected void btnLogin_Click(object sender, EventArgs e)
        { // 页面自身回传
            Response.Write(" 你输入的用户名是 :" + Request.Form["txt UserName"] + "<br/>");
            Response.Write(" 你输入的密码是 :" + Request.Form["txtPass"] + "<br/>");
        }
```

（3）运行页面，当用户输入用户名和密码，并单击【登录】按钮后，将在当前页面输出用户输入的用户名和密码信息，程序的运行结果如图 4-3 所示。

【实例 4-2】 Response 对象与 Request 对象结合使用。设计一个用户登录页面（loginDemo.aspx），如图 4-4 所示，使用查询字符串提交登录的客户信息（合法用户名：admin、密码：123），登录成功后，跳转到 page2.aspx 页面，并在页面显示客户端提交的登录信息，如图 4-5 所示，否则，停留在登录页面并提示错误信息。

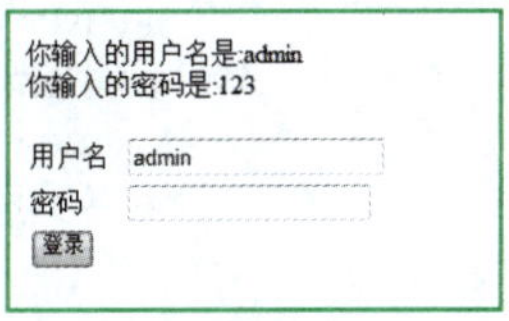

图 4-3　获取表单数据

图 4-4　登录页面

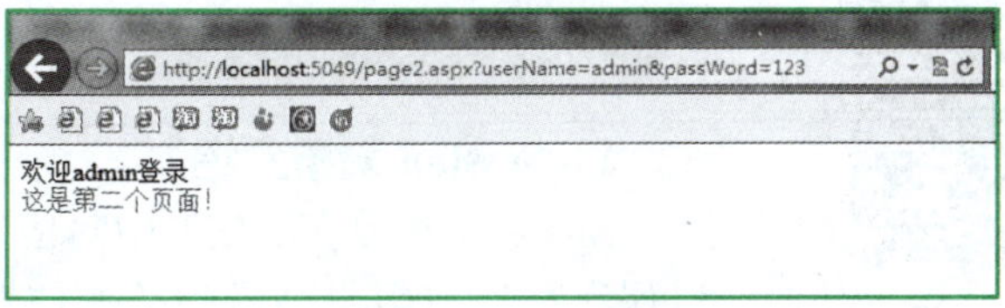

图 4-5　page2 页面

（1）添加一个命名为“loginDemo”的 Web 页面，设置控件 ID 相关属性，其页面代码如下。

```
public partial class loginDemo : System.Web.UI.Page
 {
   protected void Ibtnregister_Click(object sender, ImageClickEventArgs e)
     {
        // 用户名：admin    密码：123    才能登录
        string user = txtUserName.Text;
        string pass = txtPass.Text;
        if (user == "admin")
        {
           if (pass == "123")
           {// 密码正确      // 查询字符串传值
             string strQuery = "page2.aspx?userName=" + user + "&passWord=" + pass;    // 跳转页面
                Response.Redirect(strQuery);
                }
             else
             {
                  Literal lt1 = new Literal();
                  lt1.Text = "<script>alert(' 密码错误！ ')</script>";
                  Page.Controls.Add(lt1);
             }
        }
        else
        {
                Literal lt1 = new Literal();
                lt1.Text = "<script>alert(' 用户不存在！ ')</script>";
                Page.Controls.Add(lt1);
         }
     }
 }
```

（2）添加一个命名为“page2”的 Web 页面，其页面代码如下。

```
public partial class page2 : System.Web.UI.Page
{
    protected void Page_Load(object sender, EventArgs e)
    {
        if (!IsPostBack)
        {// 取出上一登录页面的用户名
          string strName = Request.QueryString["userName"].ToString();
           Response.Write(" 欢迎 " + strName + " 登录 ");
        }
    }
}
```

Session 对象的使用

PPT

微课 4.1.3 Session 对象

4.1.3 Session 对象的使用

1. Session 对象介绍

Session 对象在 .NET 中对应 HttpSessionState 类，表示“会话状态”，可以保存与当前用户会话相关的信息。Session 是一种用于服务器端状态管理的机制，服务器使用键值对应的结构保存信息。程序需要为某个客户端的请求创建 Session 时，首先检查该客户端的请求里是否已包含了一个 Session 标识（Session id），如果已包含一个 Session id，则说明以前已经为此客户端创建过 Session 对象，服务器就按照 Session id 把该 Session 对象检索出来并使用。

用户在应用程序的各页面之间切换时，Session 对象的值不会被清除。同一个 Web 应用程序，所有用户访问到的 Application 对象的内容是一样的，而不同用户会话访问到的 Session 对象的内容则各不相同。Session 可以保存变量，该变量只能供一个用户使用，即每一个用户都有自己的 Session 对象变量，即 Session 对象具有唯一性。

2. Session 对象常用属性及方法

（1）Session 对象常用的属性

① SessionID（键名）：用于标识 session 对象。

语法格式为：

```
Session (" 键名 ") = 值
变量 = Session (" 键名 ")
```

② IsNewSession：如果用户访问页面时是创建新会话，则此属性将返回 true，否则将返回 false。

③ TimeOut：设置会话状态的超时期限，以分钟为单位。

语法格式为：

```
Session.TimeOut = 数值
```

⚠ 注意：如果不设置 TimeOut 属性，则系统默认的超时时间为 20 分钟。

（2）Session 对象常用的方法

① Add：用于将新的项添加到会话状态中。

语法格式为：

```
Session.Add( " 键名 " , 值 )
```

② Abandon：该方法用于结束当前会话并清除对话中的所有信息，如果用户重新访问页面，则可以创建新会话。

语法格式为：

```
Session.Abandon()
```

③ Clear：此方法将清除全部的 Session 对象变量，但不结束会话。

语法格式为：

```
Session.Clear()
```

⚠ 注意：Session 对象可以不需要 Add 方法进行创建，直接使用 “Session[" 变量名 "]= 变量值” 语句也可以创建 Session 对象。

3. Session 对象的使用

Session 对象可以使用于安全性较高的场合，如后台登录。

【实例 4-3】 设计页面（Default.aspx），通过 Button_Click 事件把文本框的内容附加到带指定键的 Session 对象中。然后用户单击进入另一个页面（Second.aspx），提取 Session 对象中的数据并显示。

以下是该实例的第 1 个页面（Default.aspx）的代码。

```
<body>
    <form id="form1" runat="server">
    <div style=" padding-left:50px; line-height:30px;">
        <asp:TextBox ID="TextBox1" runat="server"></asp:TextBox>
        <br />
        <asp:Button ID="Button1" runat="server" Text=" 存储到 Session 中 "
            onclick="Button1_Click" />
        <br />
        <asp:HyperLink ID="HyperLink1" runat="server"
NavigateUrl="Second.aspx"> 跳转至下一页面 </asp:HyperLink>
        <br />
    </div>
    </form>
</body>
```

后台相关代码如下。

```
protected void    Button1_Click(object sender, EventArgs e)
{
    Session["mykey"]=TextBox1.Text;// 将文本框中的值赋值给 Session;
}
```

第 2 个页面（Second.aspx）的前台代码如下。

```
<body>
    <form id="form1" runat="server">
    <div style=" text-align:center">
        <h3 style="text-align:center; color:Green"> 下面显示上个页面传过来的
Session 值 </h3>
        <asp:Label ID="Label1" runat="server" Text=""></asp:Label>
    </div>
    </form>
</body>
```

后台代码如下。

```
protected void Page_Load(object sender, EventArgs e)
{
    Label1.Text = Session["mykey"].ToString();// 将 Session 中的值赋值给 Label
}
```

运行页面，页面显示效果如图 4-6 所示。

在图 4-6 所示页面的文本框输入“hello”后单击【存储到 Session 中】按钮，再单击【跳转至下一页面】超链接跳转至 Second.aspx 页面，如图 4-7 所示。

Second.apsx 页面显示效果如图 4-8 所示。

图 4-6 Session 运行效果 1

图 4-7 Session 运行效果 2

图 4-8 Session 运行效果 3

任务实施

4.1.4 使用 Session 实现用户信息记录

（1）运行开发环境。启动 Visual Studio 2010 软件。

（2）打开单元 3 创建的电子商务网站。右键单击项目名称，在弹出的快捷菜单中选择【添加→新建项】菜单命令，如图 4-9 所示。

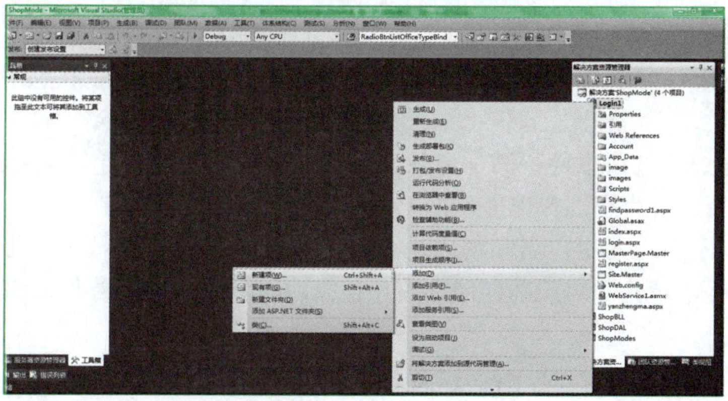

图 4-9 打开程序

打开【添加新项】窗口，在窗口中选择【Web 窗体】选项，命名为“Login.aspx”，单击【添加】按钮，如图 4-10 所示。

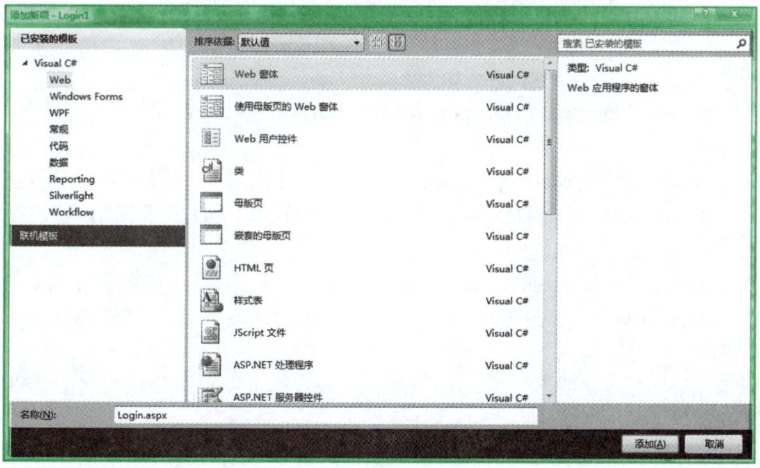

图 4-10 创建页面

（3）完成页面创建后开始布局登录页面的前台视图界面。登录页面包括头部宣传图片和导航菜单以及登录功能框，如图 4-11 所示。

图 4-11 登录页面布局

（4）建立后台程序文件。在 Web 窗体文件 Login.aspx 的设计视图中双击页面空白处，打开程序文件 Login.aspx.cs，且页面会自动生成 Page_Load() 页面加载方法。

① 在登录按钮事件中添加方法，首先获取文本框中的用户名和密码，判断是否为空，若为空则弹出提示框。

② 判断用户的用户名和密码是否正确，若用户名和密码正确则判断验证码是否正确，若验证码正确则保存用户信息跳转到主页面，若验证码错误弹出提示框。

```
protected void Ibtnregister_Click(object sender,ImageClickEventArgs e)// 登录信息验证
  {
     string username = txtname.Text.Trim();// 读取用户名
     string userpwd = txtpassword.Text.Trim();// 读取密码
     if (txtname.Text == ""||txtpassword.Text=="")// 如果用户名或密码为空
     {// 提示用户用户名和密码不能为空
        Response.Write("<script>alert(' 用户名及密码不能为空！ ')</script>");
     }
       if (ShopManage.UserLogin(username, userpwd) == true)// 如果用户名和密码正确
     {
       Session["UserName"] = txtname.Text;// 使用 Session 对象记录用户信息
       Response.Cookies["name"].Expires = new DateTime(2013,12,30);// 设置用户名
的生命周期
       Response.Cookies["name"].Value = txtname.Text;// 将用户名保存到 Cookies 中
       Response.Redirect("index.aspx?name=" + txtname.Text);// 跳转到首页
     }
     if (ShopManage.UserLogin(username,userpwd) == false)// 如果用户名或密码错误
     {
      Response.Write("<script>alert(' 您输入的用户名或密码错误！ ')</script>");// 提
示用户输入错误
```

```
        }

    }
```

⚠ **注意：代码“Response.Write("<script>alert('用户名及密码不能为空！ ')</script>");”是向页面中写脚本，其作用是弹出提示框。**

```
Response.Redirect("index.aspx?name=" + txtname.Text);// 跳转到首页
Response.Cookies["name"].Value = txtname.Text;// 将用户名保存到 Cookies 中。
```

在取消按钮事件中添加方法，该方法用于清空文本框中填写的内容。

```
protected void Ibtnreset_Click(object sender,ImageClickEventArgs e)
{ // 清空文本框
    txtname.Text = "";
    txtpassword.Text = "";
}
```

4.1.5　Response 与 Request 对象实现找回密码页面功能

参照上一节方法在项目中添加找回密码页面 findpassword1.aspx，如图 4-12 所示，其页面与登录页面相似，分为两部分，分别是头部导航和找回密码的功能模块。

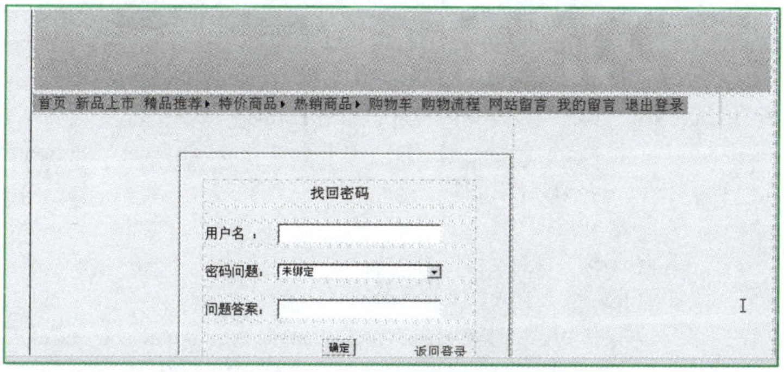

图 4-12　找回密码页面

（1）在项目中添加 findpassword1.aspx 页面之后，设计前台展示页面，其中，Table 表格页面代码如下。

```
    <asp:Panel ID="Panel1" runat="server" BorderStyle="Groove" Height="350px" >
        <table style="width: 330px; margin:30px auto auto 26px;">
            <tr>
                <td colspan="2" align="center" style="font-size: larger; height:28px;">
找回密码 </td>
            </tr>
            <tr>
                <td colspan="2">                    </td>
```

```
            </tr>
            <tr>
                <td style=" width:100px;"> 用户名：</td>
                <td style="width:250px;">
                <asp:TextBox ID="txtname" runat="server" Height="25px" Width=
"200px"></asp:TextBox></td>
            </tr>
            <tr>        <td colspan="2">       </td>       </tr>
             <tr>
              <td> 密码问题：</td>
               <td> <asp:DropDownList ID="DropDownList1" runat="server"
Height="25px" Width="200px">
                 </asp:DropDownList>
                </td>
             </tr>
              <tr>    <td colspan="2">    </td>       </tr>
              <tr>       <td> 问题答案：</td>
             <td> <asp:TextBox ID="txtanswer" runat="server" Height="25px"
Width="200px"></asp:TextBox>
                 </td>
              </tr>
              <tr>          <td colspan="2">    </td>       </tr>
              <tr>
                <td colspan="2" align="center">      &n
bsp;  
                <asp:Button ID="btnok" runat="server" OnClick="btnok_Click" Text="
确定 "style="margin-top: 1px" />     
               <asp:HyperLink ID="HLlogin" runat="server" NavigateUrl=" ～ /
login.aspx"> 返回登录 </asp:HyperLink>
              </td>
             </tr>
          </table>
            <asp:GridView ID="gvpassword" runat="server" AutoGenerateColumns="False"
CellPadding="4" ForeColor="#333333" GridLines="None" Width="301px">
            <AlternatingRowStyle BackColor="White" />
                <Columns>
                    <asp:BoundField DataField="Password" HeaderText=" 找回的
密码 " ReadOnly="True" SortExpression="Password" />
                  </Columns>
                 <EditRowStyle BackColor="#2461BF" />
                 <FooterStyle BackColor="#507CD1" Font-Bold="True" ForeColor=
"White" />
                 <HeaderStyle BackColor="#507CD1" Font-Bold="True" ForeColor=
"White" />
                 <PagerStyle BackColor="#2461BF" ForeColor="White"
HorizontalAlign="Center" />
```

```
                <RowStyle BackColor="#EFF3FB" />
                <SelectedRowStyle BackColor="#D1DDF1" Font-Bold="True"
ForeColor="#333333" />
                <SortedAscendingCellStyle BackColor="#F5F7FB" />
                <SortedAscendingHeaderStyle BackColor="#6D95E1" />
                <SortedDescendingCellStyle BackColor="#E9EBEF" />
                <SortedDescendingHeaderStyle BackColor="#4870BE" />
            </asp:GridView>
        </asp:Panel>
```

（2）建立后台程序文件。在 Web 窗体文件 findpassword1.aspx 的设计视图中双击页面空白处，打开程序文件 findpassword1.aspx.cs，页面自动生成 Page_Load() 页面加载方法。

在 Page_Load() 方法中添加如下代码。

```
usermanage Pn163 = new usermanage();// 实例化一个 usermanage 类型的对象 Pn163
DropDownList1.DataSource = Pn163.DataSet1();// 指定数据源
DropDownList1.DataTextField = "UserQuestion";// 调用数据文本文件
DropDownList1.DataBind();// 绑定数据源
```

在确定按钮事件中添加代码如下。

```
//btnok 按钮的点击事件
    protected void btnok_Click(object sender, EventArgs e)
    {
        users User = new users();// 声明 User
        User.UserName = txtname.Text;// 将 txtname 的内容赋值给 UserName
        User.Answer = txtanswer.Text;// 将 txtanswer 的内容赋值给 Answer
        usermanage Pn163 = new usermanage();// 实例化一个 usermanage 类型的对象 Pn163
        if (txtname.Text == "" || txtanswer.Text == "")// 如果用户名或回答问题项为空
        {
            Response.Write("<script>alert(' 不能为空！ ')</script>");// 弹出“不能为
空”的对话框
        }
        else// 如果用户名或回答问题项都不为空
        {  // 在 gvpassword 控件中显示找回的密码
            gvpassword.DataSource = Pn163.DataSet(User);// 指定数据源
            gvpassword.DataBind();// 绑定数据源
        }
    }
```

任务拓展

4.1.6 利用 Request 对象获取服务器环境变量

Request 对象的 ServerVaribles 数据集合可用于读取服务器端的环境变量

信息。ServerVaribles 数据集合由一些预定义的服务器环境变量组成，如发出请求的浏览器的信息、构成请求的 HTTP 方法、用户登录 Windows 的账号、客户端的 IP 地址等，这些变量为 ASP.NET 的处理提供了便利，但都是只读变量。

下面的代码可以获取并输出 Web 服务器当前网页虚拟路径、实际路径、服务器主机名或服务器 IP 地址、服务器连接端口号、客户端主机名以及浏览器信息。

```
Response.Write(" 当前网页虚拟路径 :"+Request.ServerVariables["URL"]);
Response.Write(" 实际路径 :"+Request.ServerVariables["PATH_TRANSLATED"]);
Response.Write(" 服务器名或 IP:"+Request.ServerVariables["SERVER_NAME"]);
Response.Write(" 服务器连接端口号 :"+Request.ServerVariables["SERVER_PORT"]);
Response.Write(" 客户主机名 :"+Request.ServerVariables["REMOTE_HOST"]);
Response.Write(" 浏览器 :"+Request.ServerVariables["HTTP_USER_AGENT"]);
```

4.1.7 利用 Request 对象获取客户端浏览器信息

Request 对象的 Browser 数据集合是 HttpBrowserCapabilities 类型的对象，通过访问 Request 对象的 Browser 数据集合，可以查询浏览器信息。例如，下面的代码可以获取并输出浏览器描述、版本、是否支持 Cookies、是否支持 VBScript、DOM 版本号、是否安装 CLR、客户端操作系统等信息。

```
Response.Write(" 浏览器 :"+Requset.Browser.Browser);
Response.Write(" 版本 :"+Requset.Browser.Version);
Response.Write(" 支持 Cookies:"+Requset.Browser. Cookies);
Response.Write(" 支持 VBScript:"+Requset.Browser. VBScript);
Response.Write(" 微软 DOM 版本号 :"+Requset.Browser.MSDomVersion.ToString());
Response.Write("W3C DOM 版本号 :"+Requset.Browser.W3CDomVersion.ToString());
Response.Write(" 客户端操作系统 :"+Requset.Browser.Platform);
Response.Write(" 安装 CLR:"+Requset.Browser.ClrVersion.ToString());
```

项目实训

【实训目的】

① 掌握页面之间和页面内部数据的传输过程。

② 掌握 Visual Studio 2010 开发工具中服务器控件的使用。

【实训内容】

① 新建一个门户网站。

② 在网站中添加会员管理模块的注册和登录页面。

任务 4.2　Cookie 对象的使用

Cookie 对象的使用

任务陈述

任务构思与目标：根据需求在电子商务网站项目 SelectOKShop 中创建用户访问站点统计页面（CookieDemo.arpx），完成用户访问站点次数统计功能。

任务设计：使用 Cookie 对象统计同一用户访问站点的次数。

微课 4.2　Cookie 对象的使用

Cookie 对象的使用

PPT

知识准备

4.2.1　Cookie 对象的应用

1. Cookie 对象介绍

Cookie 对象提供了一种在 Web 应用程序中存储用户特定信息的方法。例如，当用户访问站点时，可以使用 Cookie 对象存储该站点选项或其他信息。当该用户再次访问时，应用程序可以检索以前存储的信息。

使用 Cookie 对象能够长期保存用户信息，与 Session 对象和 Application 对象不同，Cookie 对象保存在客户端，而 Session 对象和 Application 对象保存在服务器端，Cookie 对象能够长期保存。Web 应用程序可以通过获取客户端的 Cookie 对象的值认证用户的身份。

例如，如果在用户请求站点中的页面时应用程序发送给该用户的不仅仅是一个页面，还有一个包含日期和时间的 Cookie，用户的浏览器在获得页面的同时获得了该 Cookie，并将其存储在客户端，通常存放在 Windows 文件夹中临时文件夹下的 Cookies 文件夹中。Cookie 以“关键字 key= 值 value”的格式保存记录。

2. Cookie 的限制

大多数浏览器支持最大为 4 096 字节的 Cookie，限制了 Cookie 的大小，一般用 Cookie 来存储少量数据，或存储用户 ID 之类的标识符。用户 ID 可用于标识用户，或从数据库或其他数据源中读取用户信息。

浏览器还限制站点在用户计算机上存储 Cookie 的数量。大多数浏览器只允许每个站点存储 20 个 Cookie。如果试图存储更多 Cookie，则最旧的 Cookie 便会被删除。有些浏览器还会对其接受的来自所有站点的 Cookie 总数进行限制，通常限制为 300 个。

3. Cookie 的常用方法和属性

创建 Cookie 时需指定 Name 属性和 Value 属性。每个 Cookie 必须有一个唯一的名称，以便以后从浏览器读取 Cookie 时可以识别。由于 Cookie 按名称存储，因此，用相同的名称命名两个 Cookie 会导致其中一个 Cookie 被覆盖。

可以设置 Cookie 的到期日期和时间，用户访问站点时将删除过期的 Cookie。只要应用程序认为 Cookie 值有效，就应将 Cookie 的有效期设置为这一段时间。如果没有设置 Cookie 的有效期，仍可创建 Cookie，但不会将其存储在用户的硬盘上，而会将 Cookie 作为用户会话信息的一部分进行维护，当用户关闭浏览器时删除该 Cookie。

可以通过下面常用的方法和属性熟悉 Cookie 的创建。

（1）常用属性

① Name：获取或设置 Cookie 的名称。

② Value：获取或设置 Cookie 的 Value。

③ Expires：获取或设置 Cookie 的过期的日期和事件。

④ Version：获取或设置 Cookie 的符合 HTTP 维护状态的版本。

（2）常用方法

① Add：增加 Cookie 变量。

② Clear：清除 Cookie 集合内的变量。

③ Get：通过变量名称或索引得到 Cookie 的变量值。

④ Remove：通过 Cookie 变量名称或索引删除 Cookie 对象。

4. 创建 Cookie

可以通过多种方法将 Cookie 添加到 Cookies 集合中，与请求页面一起返回给浏览器。以下示例演示两种编写 Cookie 的方法。

（1）创建方法一

```
Response.Cookies["userName "].Value = "Joe"; // 创建一个名为 userName 的 Cookie，在 Cookie 中存储的值为 Joe
Response.Cookies("userName ").Expires = DateTime.Now.AddDays(1);// 指定 Cookie 的过期时间为 1 天
```

（2）创建方法二

```
HttpCookie acookie=new HttpCookie("birthday");//HttpCookie 类创建 Cookie，在构造方法中指定 Cookie 名称
HttpCookie acookie=new HttpCookes("birthday ","1990/08/09 ");
acookie.Expires=DateTime.Now.AddDays(1);// 给 Cookie 指定失效时间，失效时间为 1 天
Response.Cookies.Add(acookie); // 写入到浏览器中
```

⚠ 注意：设置 Cookie 有效期必须使用 DateTime 类型，为 Cookie 的 Value 属性赋值必须为字符串类型（若不是字符串类型，则必须要转型），Cookie 中的任何值最终都是以字符串的形式保存的。

本示例向 Cookies 集合添加两个 Cookie，分别为 userName 和 birthday。对于第 1 个 Cookie，Cookies 集合的值是直接设置的，可以通过这种方式向集合添加值，原因是 Cookies 是从 NameObjectCollectionBase 类型的专用集合派生的。对于第 2 个 Cookie 代码，创建了一个 HttpCookie 类型的对象实例，设置其属性，通过 Add 方法将其添加到 Cookies 集合。在实例化 HttpCookie 对象时，必须将该 Cookie 的名称作为构造函数的参数进行传递。

以上两个示例都实现了向浏览器写入一个 Cookie。

5. 使用 Request 对象读取 Cookie

Web 应用程序在客户端浏览器创建 Cookie 对象之后，可以通过 Cookie 的方法读取客户端中保存的 Cookies 信息，例如：

```
    if(Request.Cookies["userName"] != null)
        Label1.Text = Server.HtmlEncode(Request.Cookies["userName"].Value); // 通过
Request.Cookies 方法获取 Cookie 的值
    if(Request.Cookies["userName"] != null)
    {
        HttpCookie aCookie = Request.Cookies["userName"];
        Label1.Text = Server.HtmlEncode(aCookie.Value);
    }
```

在网站或论坛中，经常使用到 Cookie，当用户浏览并登录网站后，用户浏览完毕并退出网站时，Web 应用程序可以通过 Cookie 方法对用户信息进行保存。当用户再次登录时，可以直接获取客户端的 Cookie 的值而无需用户再次进行登录操作。

任务实施

4.2.2　使用 Cookie 记录用户访问次数

Cookie 对象的使用

客户第一次访问站点时，客户端没有 Cookie，若直接读取则会产生错误，因此，首先用“Request.Cookies["VNumber"]==null”判断，若不存在 Cookie，则返回 null。此外，需设置 Cookie 有效期语句，DataTime.Now.AddYear(1) 表示有效期为 1 年。

设计步骤：

① 在电子商务网站中添加页面（CookieDemo.aspx）。

② 切换到设计视图，从工具栏中拖放 1 个 Lable 控件用于显示客户访问站点的次数，页面效果如图 4-13 所示：

图 4-13　页面（CookieDemo.aspx）

③ 添加后台代码。

```
    protected void Page_Load(object sender, EventArgs e)
        {
            // 定义一个访问次数的变量
            int vNumber;
            if (Request.Cookies["vNumber"] == null)
            {// 如果是第一次访问，访问次数为 1
                vNumber = 1;
            }
            else
```

```
        {
            // 如果不是第一次访问，则在原次数上加 1
            vNumber = Convert.ToInt32(Request.Cookies["vNumber"].Value) + 1;
        }
        DateTime dt = DateTime.Now.AddYears(1);
        Response.Cookies["vNumber"].Value = vNumber.ToString();
        Response.Cookies["vNumber"].Expires = dt;// 设置有效期为 1 年后
        message.Text = " 您是第 " + vNumber + " 次访问本站 ";
    }
```

思政小课堂

Cookie 安全

第 1 次运行程序，访问站点次数为 1，再次运行，访问次数累加为 2，结果如图 4-14 所示。

图 4-14　第 2 次网站访问效果

任务拓展

4.2.3　网站文件

网页中 Cookie 的删除与销毁，实现代码如下。

```
    HttpCookie cookie = new HttpCookie("id", "234"); // 创建 Cookie 的实例。
    cookie.Expires = DateTime.Now.AddMonths(5);// 设置 Cookie 的过期时间，5 分钟后过
期，自动清除文件
    Response.Cookies.Add(cookie);// 将创建的 Cookie 文件输入到浏览器端
    Response.Write(Request.Cookies["id"].Value); // 读取 Cookie 文件中存储的值
    cookie.Expires = DateTime.Now.AddMonths(-5); //Cookie 的销毁是通过设置一个过去的时
间实现的
```

项目实训

【实训目的】

① 掌握网站中 Cookie 的属性和方法。

② 掌握页面中应用 Cookie 对象控制客户端记录信息。

【实训内容】

① 新建一个个人网站。

② 在网站中添加一个 Web 页，记录网站在线人数。

微课 4.3

Application 对象

任务 4.3　Application 对象的使用

Application 对象的使用

任务陈述

任务构思与目标：根据需求在电子商务网站项目 SelectOKShop 中创建一

个在线聊天页面，用户在留言框输入留言内容单击【提交】按钮实现在线聊天功能，结果如图 4-15 所示。

任务设计：创建一个名称为“onlineMsg.aspx”的页面，在页面添加留言框和提交按钮（btnSubmit），使用 Application 对象实现在线聊天功能。

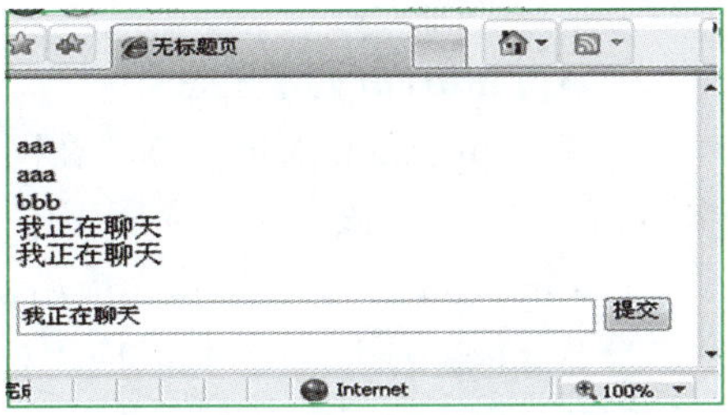

图 4-15　聊天程序运行结果

Application 对象的使用

PPT

知识准备

4.3.1　Application 对象

Application 对象由 System.Web.HttpApplicationState 类实现，用于保存所有客户的公共信息，与 Session 对象的不同之处在于 Session 对象用于记载特定客户的信息，Sessin 对象和用户是一一对应的。简而言之，不同的客户必须访问不同的 Session 对象，但可以访问公共的 Application 对象。

Application 对象使给定应用程序的所有用户之间共享信息，且在服务器运行期间长期地保存数据。多个用户可以共享一个 Application 对象，因此必须要有 Lock 和 Unlock 方法，以确保多个用户无法同时改变某一属性。当关闭 IIS 或使用 Clear 方法清除后，Application 对象成员的生命周期结束。

1. Application 对象的属性和方法

① Application 对象的常用属性见表 4-3。

表 4-3　Application 对象常用属性

属　性	属 性 值	描　述
AllKeys	HttpApplicationState 对象名的字符串数组	获取 HttpApplicationState 集合中的访问键
Count	集合中的 Item 对象数，默认为 0	获取 HttpApplicationState 集合中的对象数

② Application 对象的常用方法见表 4-4。

表 4-4　Application 对象的常用方法

方　法	描　述
Add	新增一个新的 Application 对象变量
Clear	清除全部的 Application 对象变量
Get	使用索引关键字或变数名称得到变量值
GetKey	使用索引关键字来获取变量名称
Lock	锁定全部的 Application 变量
Remove	使用变量名称删除一个 Application 对象
RemoveAll	删除全部的 Application 对象变量
Set	使用变量名更新一个 Application 对象变量的内容
UnLock	解除锁定的 Application 变量

2. Application 对象的使用

使用 Application 对象前需要在网站根目录添加一个文件“Global.asax（全局应用程序类）”。该文件是应用程序全局启动文件，文件内容如下。

① Application_Start：代表应用程序启动时触发的事件。

② Application_End：代表应用程序结束时触发的事件。

③ Application_BeginRequest：代表请求开始时触发的事件。

④ Application_EndRequest：代表请求结束时触发的事件。

⑤ Application_Error：应用程序出错时触发的事件，如果有信息，则必须在页面的 Page 指令中设置属性 Debug="true"。

Application 与 Session 类似，不同的是 Application 用于 ASP.NET 应用程序中多个会话和请求之间的全局信息共享，而 Session 是用于 ASP.NET 应用程序中一个会话内部的局部信息共享。

Application 的典型应用如下。

① 统计目前上站的人数。

② 用于网站上不同用户之间的通信。

③ 记录广告条被点击的次数。

④ 在每个主页上显示动态信息。

⑤ 从数据库提取数据供多个网页使用。

由于 Application 变量不会自动消亡，Application 对象没有自己的属性，用户可以根据自己的需要定义属性保存一些共有的信息，其基本的语法是：Application[" 属性名 "]，例如：

```
<% Application["webSite"]="www.kingvcn.com";%>
<%= Application["webSite"]%>
```

任务实施

Application 对象的使用

4.3.2 Application 对象实现在线聊天

（1）创建一个名称为“onlineMsg”的页面，在该页面上添加文本框控件（TextBox1）和 button 按钮控件（btnSubmit），并进行简单的属性设置，如图 4-16 所示。

图 4-16 添加控件

（2）在 button 按钮上双击添加在线聊天功能代码，聊天功能处理步骤如下。

① 将留言信息读取到变量中。

② 将 Application 对象锁定使其他用户不能修改该对象。

③ 将留言信息存入到 Application 对象中。

④ 将 Application 对象中的留言信息显示到页面。

⑤ 将锁定的 Application 对象解锁，使其他用户可以使用该对象。

实现代码如下：

```
protected void btnSubmit_Click(object sender, EventArgs e)
        {
            string mywords = this.TextBox1.Text;// 读取留言信息
            Application.Lock();    // 锁定对 Application 的访问
            Application["chat"] = Application["chat"] + "<br>" + mywords;   // 将留言
信息存入 Application 对象
            Response.Write(Application["chat"]);   // 在页面中显示 Application 象内容
            Application.UnLock();   //Application 对象解锁
        }
```

运行效果，如图 4-17 所示。

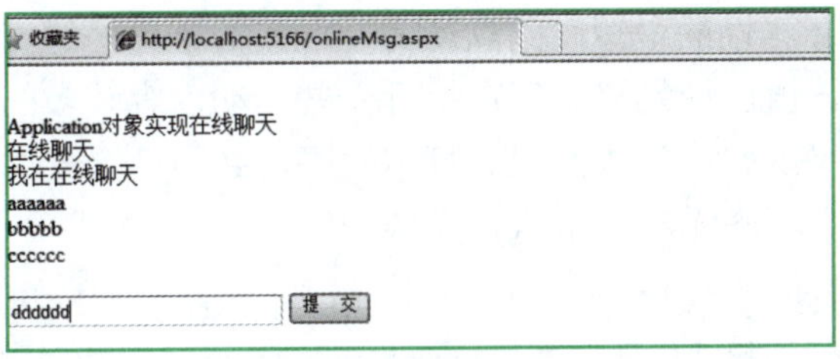

图 4-17　实时在线聊天

任务 4.4　Server 对象的使用

Server 对象的使用

任务陈述

任务构思与目标：根据需求新建电子商务网站项目 SelectOKShop 的在线聊天页面，加入获取服务器名的功能，并使用页面传递参数方式进行页面间传值，效果如图 4-18 所示。

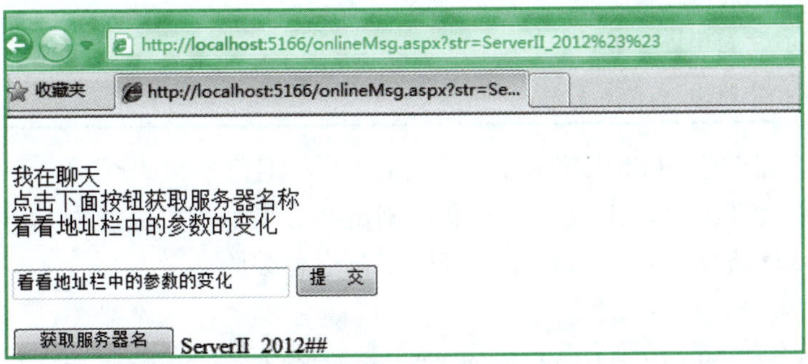

图 4-18　在线聊天获取服务器名程序运行结果

任务设计：在 onlineMsg.aspx 页面添加获取服务器名的 button 按钮和一个文本框控件，使用 Server 服务对象实现服务器信息的显示。

Server 对象的使用

PPT

知识准备

4.4.1 Server 对象

Server 对象是用于获取服务器的相关信息的对象，主要提供对服务器上的方法和属性的访问以及进行 HTML 编码的功能，分别通过 Server 对象相应的方法和属性实现。

1. Server 对象的常用属性

① MachineName：获取远程服务器的名称。

② ScriptTimeout：获取和设置请求超时。

ScriptTimeout 属性的最短时间默认为 90 s，对于一些逻辑简单、活动内容较少的脚本程序该值已经足够。但在执行一些活动内容较多的脚本程序时，则可能导致时间不够。如访问数据库的脚本程序，必须设置较大的 ScriptTimeout 属性值，否则脚本程序无法正常执行完毕。

```
Response.Write(" 服务器机器名：" + Server.MachineName);// 读取服务器机器名
Response.Write(" 超时时间为：" + Server.ScriptTimeout);// 读取超时时间
```

2. Server 对象的常用方法

Server 对象的常用方法见表 4-5。

表 4-5 Server 对象的常用方法

属性名	说明
Execute	执行指定的资源，并且在执行完之后再执行本页的代码
HtmlDecode	消除对特殊字符串编码的影响
HtmlEncode	对特殊字符串进行编码
MapPath	获取指定相对路径在服务器上的物理路径
Transfer	停止执行当前网页，转到新的网页执行
UrlDecode	对路径字符串进行解码
UrlEncode	对路径字符串进行编码

向浏览器输出 HTML 代码：一般情况下，浏览器将“<”和“>”作为系统标记，不会在浏览器上显示。如需在浏览器上显示，可以使用 Server 对象的 HTMLEncode 方法，该方法用于对特殊字符进行编码。

```
<%
Response.Write(Server.HtmlEncode("hello world;(<p>I'm number one</p>)"));
Response.Write("<br>");
```

```
Response.Write("hello world;(<p>I'm Mr.Ma</p>)");%>
```

3. Server.MapPath 方法

在 Web 窗体页中经常需要访问文件或文件夹，此时往往要求将相对路径转换为物理文件路径。MapPath 方法将指定的相对或虚拟路径映射到服务器上相应的物理目录上。Web 服务器中的多个 Web 应用程序一般都按照各自不同的功能存放于不同的目录中。

微课 4.4 Server 对象

使用虚拟目录后，客户端仍然可以利用虚拟路径存取网页，这就是用户在浏览器中常见的网页 URL，但此时用户无法知道该网页的实际物理路径。如需要知道某网页文件的实际路径，可利用 MapPath 方法，MapPath 方法的语法如下：

```
Server.MapPath(Path)
```

⚠ 注意：在应用过程中不易区分相对路径、绝对路径、物理路径、虚拟路径，其概念分别如下。

① 相对路径：相对当前目录的路径、或相对某个目录的路径，主要体现“相对”的概念。

② 绝对路径：从网站的根路径为最高层开始的路径，如“**C:\Website\web1\index.html**”。

③ 物理路径：实际磁盘中的路径，可以是相对路径、也可以是绝对路径。

④ 虚拟路径：是服务器映射出来的路径，如 **/myweb**。

分别读取各种站点目录，其代码如下：

```
protected void Page_Load(object sender, System.EventArgs e)
{
    Response.Write("Web 站点的根目录为："+Server.MapPath("/")+"<br>");
    Response.Write(" 当前虚拟目录的实际路径为："+Server.MapPath("./")+"<br>");
//E:\asp.net\Server 对象 \code\
    Response.Write(" 当前网页的实际路径为："+Server.MapPath(Request.FilePath)+"<br>");
//E:\asp.net\Server 对象 \code\WebForm1.aspx
    Response.Write(" 当前网页的实际路径为："+Server.MapPath("webform2.aspx")+"<br>");
//E:\asp.net\Server 对象 \code\WebForm2.aspx
    }
```

任务实施

4.4.2 获取远程服务器的信息

在线聊天页面中用 Server 对象可以添加显示远程服务器名称的功能，单击一个按钮查看服务器和远程服务器上的信息。

① 在页面中添加获取服务器信息的按钮和一个文本框控件，界面效果如图 4-19 所示。

图 4-19 MapPath 示意图

② 双击获取服务器名的 button 按钮，进行 click 事件的编写，实现远程服务器名称的读取。

有时在给计算机命名时会使用特殊字符，但页面参数传值显示服务器名称中页面参数传值不支持空格等特殊字符，因此，在读取服务器名称时应先进行服务器名称的编码，实现代码如下。

```
string str = Server.UrlEncode(Server.MachineName);          // 获取远程服务器名称，
并使用 UrlEncode 进行编码
```

③ 实现页面传值跳转代码如下。

```
server.Redirect("onlineMsg.aspx?str=" + str);                // 页面跳转
```

④ 在该页面的 Page_Load 方法中实现接收该字符串，接收的时候要对编码的字符串进行解码才能正确显示在页面中，实现代码如下。

```
if (Request.QueryString["str"] != "")
  {
    Label1.Text = Server.UrlDecode(Request.QueryString["str"]);// 使用 UrlDecode 进行解码
  }
```

⑤ 整体的事件代码如下。

Server 对象的使用

```
protected void Page_Load(object sender, EventArgs e)
  {
    if (Request.QueryString["str"] != "")
    {
        Label1.Text = Server.UrlDecode(Request.QueryString["str"]);// 使用 UrlDecode
进行解码
      }
    }
    protected void Button2_Click(object sender, EventArgs e)
    {
        string str = Server.UrlEncode(Server.MachineName) ;// 获取远程服务器名
称，并使用 UrlEncode 进行编码
            Response.Redirect("onlineMsg.aspx?str=" + str);          // 页面跳转
        }
```

⑥ 程序运行效果如图 4-20，注意查看地址栏中页面参数的变化。

图 4-20 MapPath 示意图

任务拓展

4.4.3 ASP.NET HttpContext.Server 属性

Server 对象是用于获取服务器相关信息的对象，是 HttpServerUtility 类的实例，获取用于处理 Web 请求的方法的 HttpServerUtility 对象。HttpServerUtility 类的方法和属性通过 Server 对象公开。

Server 属性提供对 HttpServerUtility 类的属性和方法的编程访问。由于 ASP.NET 页包含对 System.Web 命名空间（含有 HttpContext 类）的默认引用，因此，在 .aspx 页中可以引用 HttpContext 的成员，而不需要对 HttpContext 的完全限定类引用。例如，可只使用 Server.CreateObject("MyCOMComponent") 在服务器上创建 COM 对象的实例。但是，若要从 ASP.NET 代码隐藏模块中使用 HttpServerUtility 的成员，则必须在该模块中包括对 System.Web 命名空间的引用，同时还要完全限定对当前活动的请求 / 响应上下文以及要使用的 System.Web 中类的引用。例如，在代码隐藏页中，必须指定全名 HttpContext.Current.Server.CreateObject("MyCOMComponent")。

以下示例演示如何使用 HttpServerUtility 类的 HtmlEncode 方法和 UrlEncode 方法。HtmlEncode 方法有助于确保用户提供的所有字符串输入将作为静态文本显示在浏览器中，而不是作为可执行脚本或 HTML 元素呈现。UrlEncode 方法对 URL 进行编码，以便在 HTTP 流中正确传输。

【实例 4-4】 通过 Server 对象使用 HttpServerUtility 类的 HtmlEncode 方法和 UrlEncode 方法。

```
<%@ Page Language="C#" %>
<!DOCTYPE html PUBLIC "-//W3C//DTD XHTML 1.0 Transitional//EN" "http://www.w3.org/TR/xhtml1/DTD/xhtml1-transitional.dtd">
<script runat="server">
   protected void Button1_Click(object sender, EventArgs e)
     {
     if (!String.IsNullOrEmpty(TextBox1.Text))
         {
             Label1.Text = "    欢迎进入本站点 , " +
             Server.HtmlEncode(TextBox1.Text) +".<br/> 你现在访问的页面地址是：" +
             Server.UrlEncode(Request.Url.ToString());
         }
     }
</script>
<html xmlns="http://www.w3.org/1999/xhtml" >
<head runat="server">
```

```
        <title>HttpServerUtility 示例 </title>
    </head>
    <body>
        <form id="form1" runat="server">
        <div>
            输入名称 :<br />
            <asp:TextBox ID="TextBox1" runat="server"></asp:TextBox>
            <asp:Button ID="Button1" runat="server" OnClick="Button1_Click" Text="Submit" />
            <br />
            <asp:Label ID="Label1" runat="server"/>
            </div>
        </form>
    </body>
    </html>
```

单元小结

本单元讲解了 ASP.NET 内置对象，包括如何创建 ASP.NET 内置对象和使用 ASP.NET 内置对象。Web 应用程序从本质上来讲是无状态的，为了维持客户端的状态，需要使用 ASP.NET 内置对象进行客户端状态维护，本单元还对这些对象进行了拓展，方便学习开发人员深入地掌握并使用。

评价体系表

专业能力测评表

（在□中打 √，A 理解，B 基本理解，C 未理解）

专业核心能力	评价指标	自测结果		
Response 对象的使用、Request 对象的使用、Session 对象的使用	1. 能够熟练使用页面对象实现 ASP.NET 网站不同页面之间传递数据	□ A	□ B	□ C
	2. 能够通过 Session 对象存储并获取信息，并熟练应用	□ A	□ B	□ C
Cookie 对象的使用	能够使用 Cookie 对象在客户端存储信息，并熟练应用	□ A	□ B	□ C
Application 对象的使用	能够使用 Application 对象存储网站的全局变量，并熟练应用	□ A	□ B	□ C
Server 对象的使用	能够利用 Server 服务对象控制服务器端的基本属性方法，并熟练应用	□ A	□ B	□ C
学生签字：	教师签字：	年	月	日

职业能力测评表

（在□中打√，A通过，B基本通过，C未通过）

职业核心能力	评价指标	自测结果
自我管理能力	1．培养自己的责任心	□A　□B　□C
	2．能够管理自己的时间	□A　□B　□C
	3．所学知识的灵活运用	□A　□B　□C
合作交流能力	1．知道如何尊重他人的观点	□A　□B　□C
	2．能与其他人有效沟通	□A　□B　□C
	3．能获取信息并反馈信息	□A　□B　□C
解决问题能力	1．能够有效使用信息资源	□A　□B　□C
	2．能客观分析事物的现状	□A　□B　□C
	3．能发现并解决常规问题	□A　□B　□C
设计创新能力	1．能够提出有价值的观点	□A　□B　□C
	2．能够运用不同的思维方式	□A　□B　□C
	3．能够制定创新方案并实施	□A　□B　□C
学生签字：	教师签字：	年　月　日

单元练习题

一、单项选择题

1．Session 对象的默认有效期是（　　）。

A．20min　　B．10min　　C．20s　　D．从应用程序启动到结束

2．Application 对象的默认有效期是（　　）。

A．20min　　B．10min　　C．20s　　D．从应用程序启动到结束

3．执行下列代码后的结果为（　　）。

```
Response.Write("<a href='http://news.sohu.com'></a>");
```

A．news.sohu.com　　B．<a href='http://news.sohu.com'></a>

C．没有输出结果　　D．有语法错误

4．下面代码执行后的结果为（　　）。

```
Application["a"]=Label1.Text;
Label2.Text=Application["a"];
```

A．a　　B．Label1.Text

C．没有输出结果　　D．有语法错误

5．以下程序段执行完毕，页面显示的内容是（　　）。

```
String strTemp = "user_name";
Session["strTemp"]="Kim";
Session[strTemp]="John";
Reponse.Write(Session["user_name"])
```

A．Kim　　B．John

C．KimJohn　　D．语法有错，无法正常输出

二、填空题

1. ASP.NET 提供了大量的内置对象，其中________对象用于获取客户端的信息，________对象的作用恰恰相反，主要用于控制对浏览器的输出。

2. ________对象可以在客户端长期保存信息，________对象用来记载一次会话中的客户的信息。

三、问答题

简述在 .NET 中常用的几种页面间传递参数的方法，并说出其各自的优缺点。

四、程序设计题

在某购物网站程序中，用户“家电系列产品”“运动系列产品”和“食品”的购物信息都存储在 Session 对象中，Session 对象名分别为“electronics”“sport”和“food”，要实现的功能是：当单击 id 为“LinkButton1”的超链接按钮时，在 id 为“Label1”的标签中显示用户的购物信息，若没有购买任何商品则该标签显示“您什么都没有购买”，若已经选购了产品，则显示如下信息：

您购买了以下*家电产品*：……

您购买了以下*运动产品*：……

您购买了以下*食品*：……

```
namespace pg3
{
    public class cart: System.Web.UI.Page
    {
        private void LinkButton1_Click(object sender, System.EventArgs e)
        {

        }
}
```

单元 5

使用 ADO.NET 访问数据库

学习目标

【知识目标】

- 了解 ADO.NET。
- 熟练掌握 ADO.NET 连接 SQL 数据库。
- 熟练掌握 Connection 对象的使用。
- 熟练掌握 DataAdapter 对象的使用。
- 熟练掌握 Command 对象的使用。
- 掌握 DataSet 对象中常用的方法，并高效使用 DataSet 开发。
- 掌握 DataReader 对象的使用。
- 了解三层架构系统。
- 掌握三层架构系统的创建过程。
- 掌握三层架构中每一层的代码设计。

学习目标

【技能目标】

- 能够使用 ADO.NET 完成对数据库数据的操作。
- 能够使用数据访问对象进行数据操作。
- 能够创建三层架构的系统结构。
- 能够完成三层中每一层代码的设计。

【素质目标】

- 形成良好的数据管理习惯。
- 具备一定的数字化素养。

教学 PPT

教学录像

源代码

教学案例

引例描述

数据库在应用程序开发中十分重要，数据库通常用于保存用户信息、文章内容等数据，数据库也能够提供用户进行查询、搜索等操作。静态 HTML 页面已经不能满足互联网的发展和应用，使用数据库能使网站与用户很好地交互信息，并对信息进行整合。

ADO.NET 是由微软公司推出的，提供了在 .NET 开发中数据库需要操作的类。在 .NET 应用程序开发中，C# 和 VB.NET 都可以使用 ADO.NET。

ADO.NET 可以看作是介于数据源和数据使用者之间的转换器。ADO.NET 接受使用者语言中的命令，如连接数据库、返回数据集等，将这些命令转换成在数据源中可以正确执行的语句。在传统的应用程序开发中，应用程序可以连接 ODBC 来访问数据库，微软公司提供的类库非常丰富，但是开发过程并不简单。ADO.NET 简化了开发过程，用户无须了解数据库产品的 API 或接口，可以使用 ADO.NET 对数据进行操作。ADO.NET 中常用的对象有：

① Connection：主要用于建立与数据源连接。

② Command：表示要执行的 SQL 命令。

③ Parameter；代表了一个将被命令中标记代替的值。

④ DataReader：主要用于按顺序读取数据源中的数据。

⑤ DataAdapter：主要用于将数据源中数据填充到 DataSet，或更新数据源中的数据。

⑥ DataSet：是不依赖于数据库的独立数据集合。

通过使用上述对象，可以连接数据库并对数据库中的数据进行操作。对开发人员而言，可以使用 ADO.NET 对数据库进行操作，在 ASP.NET 中，还提供了高效的数据绑定控件，这些控件同样使用了 ADO.NET 技术，能够连接、绑定数据集并进行相应的数据操作。

通过三层架构可以使开发人员只关注整个结构中的其中一层；可以用新的实现替换原有层次的实现；可以降低层与层之间的依赖；有利于标准化；有利于各层逻辑的复用；使结构更加明确；在后期维护的时候，极大地降低了维护成本和时间。三层架构具体功能如下。

① 表示层，为用户提供交互式操作界面。

② 业务逻辑层，负责关键业务的处理，负责与表示层和数据访问层之间的数据传递。

③ 数据访问层，实现对数据的保存和读取操作。

本单元主要介绍在网站中使用 ADO.NET 完成对系统数据库的操作；为达到“高内聚，低耦合”的思想，掌握三层架构的基本创建和使用。本单元主要采用项目驱动法、讲授法和实践教学法，通过电子商务网站整体规划与布局项目驱动，引出课程内容，讲授教学法通过教师课堂授课实施。通过课堂练习和课后实践，完成项目实施。

任务 5.1 基于 ADO.NET 连接数据库

任务陈述

任务构思与目标：使用 ADO.NET 在网站中进行连接字符串的配置，连接到网站数据库，并进行连接结果测试。程序运行结果如图 5-1 所示。

任务设计：在 Web.config 中创建数据库连接，在页面的后台代码中创建数据库连接对象，打开数据库连接，读取数据库连接状态，最后关闭数据库连接。

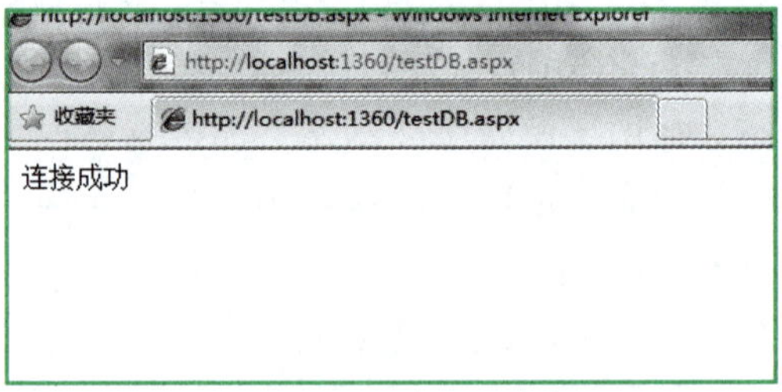

图 5-1 程序运行结果

知识准备

5.1.1 ADO.NET 概述

ADO.NET 是 .NET 中用于操作数据库的类库的总称，是 .NET 应用软件对数据库操作的软件技术。ADO.NET 对 Microsoft SQL Server、XML 等数据源以及通过 OLE DB 和 XML 公开的数据源提供一致的访问。数据共享使用者应用程序可以使用 ADO.NET 连接到数据源，并检索、处理和更新数据。

ADO.NET 通过数据处理将数据访问分解为多个可以单独使用或一前一后使用的不连续组件。ADO.NET 包含用于连接到数据库、执行命令和检索结果的 .NET Framework 数据提供程序。结果数据可以直接处理，放在 ADO.NET DataSet 对象中以特定方式向用户公开，并与来自多个源的数据组合，也可以在层之间传递。DataSet 对象可以独立于 .NET Framework 数据提供程序，用于管理应用程序本地的数据或源自 XML 的数据。ADO.NET 用于访问和操作数据的两个主要组件是 .NET Framewor 数据提供程序（DataProvider）和 DataSet，其对象结构如图 5-2 所示：

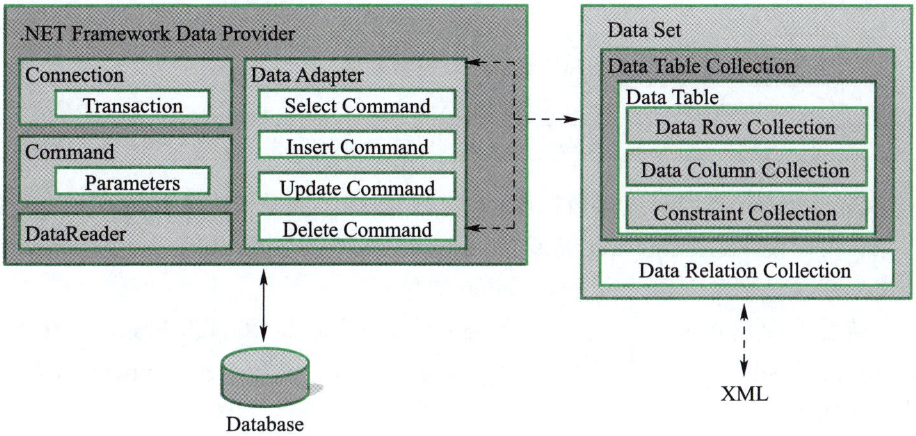

图 5-2　ADO.NET 对象的结构

.NET Framework 数据提供程序是为链接、操作、读取访问数据而设计的组件，包括 Connection 对象、Command 对象、DataReader 对象和 DataAdapter 对象 4 个核心对象。Connection 对象提供到数据源的链接。使用 Command 对象可以用于返回访问数据、修改数据、运行存储过程，以及发送或检索参数信息的数据库命令。DataReader 对象可从数据源提供高性能的数据流。DataAdapter 对象在 DataSet 对象和数据源之间起到桥梁作用，DataAdapter 使用 Command 对象在数据源中执行 SQL 命令以向 DataSet 中加载程序，并将对 DataSet 中数据的更改反馈回数据源。

ADO.NET DataSet 是专门为独立于任何数据源的数据访问而设计的，可用于多种不同的数据源，如 XML 数据、管理应用程序本地的数据。DataSet 包含一个或多个 DataTable 对象的集合，这些对象由数据行和数据列及有关数据的主键、外键、约束和关系信息组成。

5.1.2　连接 SQL Server 数据库

.NET Framework 中的 System.Data.Comman.DbConnection 类是一个抽象类，表示到数据库的连接。从 DbConnection 类中派生出一组数据库连接类，分别表示到特定数据源的连接，OdbcConnection 类表示连接到 ODBC 数据源的连接，OleDbConnection 类表示连接到 OleDB 数据源的连接，OrcleConnection 类表示连接到 Orcle 数据库的连接，SqlConnection 类表示连接到 MS SQL Server 数据库的连接。DbConnection 类中的各个派生类的属性方法类似，以下以 SqlConneciton 为例来说明连接到数据库的方法。

SqlConnection 类的主要属性见表 5-1：

表 5-1 SqlConnection 类的主要属性

属 性	值 类 型	说 明
ConnectionString	string	用于连接到 SQL SERVER 数据库的连接字符串
DataBase	string	连接到的数据库名称
DataSource	string	SQL Server 数据源名称
State	ConnectionState	连接的当前状态
ConnectionTimeout	int	连接超时值（以秒为单位）

Connection 类用于连接数据库。任何对数据源的操作都需要建立一个连接对象。可以使用 Connection 类或 Command 类建立连接对象，使用 Command 类建立连接时隐含创建一个 Connection 对象。

若要连接 SQL Server 7.0 及以上版本数据库可以使用 .NET Framework 数据提供程序的 SqlConnection 对象。使用无参数的构造函数创建 Connection 对象，其语法如下。

```
string strcon;                                                          // 声明连接字符串
strcon = "server='(local)';database='mytable';uid='sa';pwd='123';";     // 设置连接字符串
```

以上代码声明了一个数据库连接字串，SqlConnection 类将会通过此字符串连接数据库。其中，server 是 SQLServer 服务器的地址，如果相对于应用程序而言数据库服务器是本地服务器，则只需配置为（local）即可，如果是远程服务器，则需要设置具体的 IP 地址。uid 是数据库登录时的用户名，pwd 是数据库登录时使用的密码。在声明数据库连接字串后，可以使用 SqlConnection 类连接数据库，示例代码如下。

```
string strcon;                                                          // 声明连接字串
strcon = "server='(local)';database='mytable';uid='sa';pwd='123';";     // 编写连接字串
SqlConnection con = new SqlConnection(strcon);                          // 新建 SQL 连接
try
{
    con.Open();                                                         // 打开 SQL 连接
    Label1.Text = " 连接数据库成功 ";                                    // 提示成功信息
}
catch
{
    Label1.Text = " 无法连接数据库 ";                                    // 提示失败信息
}
```

思政小课堂
数据库与工匠精神

以上代码连接了本地数据库服务器中的 mytable 数据库，如果连接成功，则提示“连接数据库成功”，出现异常则提示“无法连接数据库”。

提示：在使用 SqlConnection 类时，需要引用命名空间 using System.Data.SqlClient，若连接 Access 数据库，则需引用命名空间 using System.Data.OleDb。

任务实施

5.1.3 ADO.NET 实现数据库连接

① 在网站的 Web.config 中配置数据库连接字符 <connectionStrings> 节点。

<connectionStrings> 节点主要用于配置数据库连接，用户可以在 <connectionStrings> 节点中增加节点保存数据库连接字符串，可在程序中通过代码动态实例化数据库连接对象，数据库连接信息发生变化用户仅需更改此处的配置即可，而不必因数据库连接信息的变化而改动程序代码和重新部署。

微课 5.1
ADO.NET 实现
SQL 数据连接

配置代码如下：

```
<connectionStrings>
    <!--SQL Server 数据库配置 -->
    <add name="OnlineShopConnectionString" connectionString="Data Source=.;Initial Catalog=OnlineShop;User ID=sa;Password=123"    providerName="System.Data.SqlClient" />
</connectionStrings>
```

② 完成的数据库配置信息后，需要在页面中验证该配置信息，测试是否能够正确的连接到数据库。用户在网站中创建 testDB.aspx 测试页面。

③ 在页面中放置一个标签控件用于显示连接的正确性。

④ 进入页面后台编写连接数据库的验证信息。注意在后台代码文件中连接数据库需要使用 SqlConnection 对象，并引用 SQL 命名空间 system.Data.SqlClient。

在页面引用 SQL 命名空间代码如下：

```
using System.Data.SqlClient;                          // 使用 SQL 命名空间
```

⑤ 读取在 Web.config 文件中配置的数据库连接信息需要添加 using System.Configuration 引用，用来对配置文件进行操作。

输入以下代码实例化数据库连接对象：

```
// 读取 Web.config 节点配置
string connectionString =
ConfigurationManager.ConnectionStrings["OnlineShopConnectionString"].ConnectionString;
// 实例化 SqlConnection 对象
SqlConnection connection = new SqlConnection(connectionString);
```

以上做法的优点是一旦开发时所用的数据库和部署时的数据库不一致，仅需要用记事本之类的文本编辑工具编辑 connectionString 属性的值即可。

⑥ 以上代码创建了一个 SqlConnection 对象，并读取了配置文件的连接字串。SqlConnection 对象定义了一个专门接受连接字符串的变量 ConnectionString，配置 ConnectionString 变量后可以使用 Open() 方法打开数据库连接，完整的 Page_Load 代码如下。

```
        protected void Page_Load(object sender, EventArgs e)
        {
            // 读取 web.config 节点配置
            string connectionString = ConfigurationManager.ConnectionStrings["OnlineShopCo
nnectionString"].ConnectionString;
            // 实例化 SqlConnection 对象
            SqlConnection connection = new SqlConnection(connectionString);
            try
            {
                connection.Open();                        // 尝试打开连接
                Label1.Text = " 连接成功 ";               // 提示打开成功
                connection.Close();                       // 关闭连接
            }
            catch
            {
                Label1.Text = " 连接失败 ";               // 提示打开失败
            }
        }
```

最后，应关闭数据库连接，使用的方法为 connection.Close()。

⑦ 运行查看数据库的连接是否成功。程序运行效果如图 5-1 所示。

提示连接成功说明配置文件中所保存的数据库配置信息是正确的，如在配置信息里设置错误的密码，则运行该页面查看连接效果如图 5-3 所示。

图 5-3 密码错误的运行结果

任务拓展

5.1.4 连接池概述

连接到数据库服务器通常由几个耗时较长的步骤组成。例如，建立物理通道（如套接字或命名管道）、与服务器进行初次握手、分析连接字符串信息、服务器对连接进行身份验证、运行检查以便在当前事务中登记等。

实际上，大多数应用程序使用一个或多个不同的连接配置，这意味着在执行应用程序期间，许多相同的连接将反复地打开和关闭。为了使打开的连接成本最低，ADO.NET 使用连接池优化连接成本。

连接池减少新连接需要打开的次数。池进程保持物理连接的所有权。通过为每个给定的连接配置保留一组活动连接来管理连接。只要用户在连接上调用 Open() 方法，池进程就会检查池中是否有可用的连接，如果某个池连接可用，则将该连接返回给调用者，而不需打开新连接。应用程序在该连接上调用

Close() 方法时，池进程会将连接返回到活动连接池集中，而不是真正关闭连接。连接返回到池中之后，即可在下一个 Open () 方法调用时重复使用。

只有配置相同的连接可以建立池连接。ADO.NET 同时保留多个池，每个连接配置一个池，连接由连接字符串以及 Windows 标识（使用集成的安全性时）分为多个池。

池连接可以大大提高应用程序的性能。默认情况下，ADO.NET 中启用连接池，除非显式禁用，连接在应用程序中打开和关闭时，池进程将对连接进行优化。ADO.NET 还提供几个连接字符串修饰符用于控制连接池的行为。连接池的主要操作如下。

① 建立数据库连接池对象。

② 对于一个数据库访问请求，直接从连接池中得到一个连接。如果数据库连接池对象中没有空闲的连接，且连接数没有达到最大，则创建一个新的数据库连接。

③ 存取数据库。

④ 关闭数据库，释放所有数据库连接。

⑤ 释放数据库连接池对象。

> ⚠ **注意：在关闭数据库这一步中，并非真正的关闭，而是将其放入空闲队列中。如实际空闲连接数大于初始空闲连接数则释放连接。**

项目实训

【实训目的】

① 掌握 SqlConnection 数据库连接对象的定义，学会对配置文件的 ConnectionString 配置信息进行读取。

② 掌握数据库连接的打开和关闭操作。

【实训内容】

实现对本地数据库的连接对象的创建，并进行数据库连接的打开和关闭操作。

任务 5.2　ADO.NET 实现数据库操作

任务陈述

任务构思与目标：使用 ADO.NET 实现对数据库中商品信息的显示、添加、删除等功能。任务运行效果如图 5-4、图 5-5 和图 5-6 所示。

任务设计：设计 Web 页面，在程序页面内使用 ADO.NET 常用对象，分别实现商品信息的显示、添加、删除等功能。

图 5-4　商品列表读取

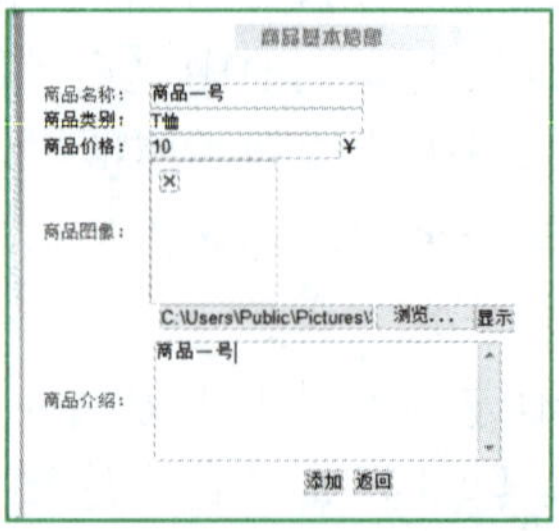

图 5-5　商品信息添加

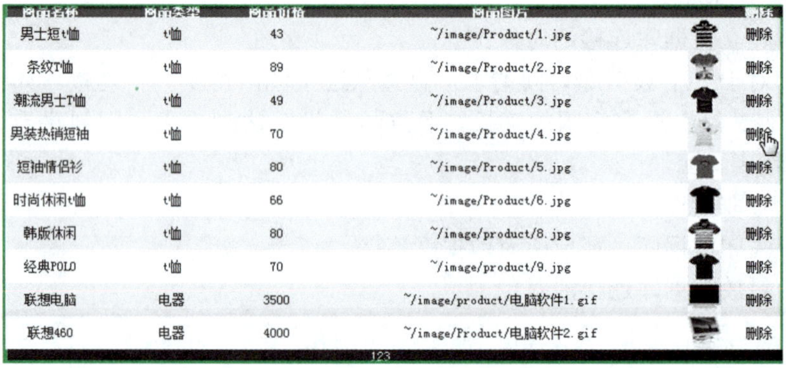

图 5-6　商品信息删除

知识准备

5.2.1　ADO.NET 常用对象

ADO.NET 提供了丰富的数据库操作对象，主要包括 Connection（连接数据库）、Command（执行 T-SQL 语句）、DataAdapter（用户填充 DataSet，断开模式）、DataReader（读取数据库，一种只读模式，只向前的）和 DataSet（数据集，类似于内存）。

这些对象在 .NET 应用程序操作数据库中非常重要，它们不仅提供了数据库操作的便利，同时，还提供了高级的功能解决开发人员特定的需求。

微课 5.2.1　使用命令对象与阅读器显示商品名称

1. Connection 对象

Connection 对象也称为数据库连接对象，Connection 对象的功能是负责对数据源的连接。所有 Connection 对象的基类都是 DbConnection 类。

（1）Connection 对象的重要属性

① ConnectionString：表示用于连接 SQL Server 数据库的字符串。

② State：表示 Connection 的状态，有 Closed 和 Open 两种状态。

（2）Connection 对象的重要方法

① Open() 方法：打开数据库连接。

② Close() 方法：关闭数据库连接。

2. Command 对象

Command 对象用于完成对数据源的操作，包括查询、插入、删除、更新等操作。可以使用 SQL 语句。对数据源执行命令。所有 Command 对象的基类均为 DbCommand 类。

.NET Framework 中的 System.Data.Comman.DbCommand 类是一个抽象类，表示对数据库执行各种操作。

使用无参数构造函数创建 SqlCommand 对象的代码如下。

```
SqlCommand command = new SqlCommand();
command.CommandType = CommandType.Text;
command.Connection=myconn;
```

使用带参数的构造函数创建 SqlCommand 对象，参数必须为查询 Sql 语句，示例代码如下。

```
string sqlstr = "select * from book";
SqlCommand command = new SqlCommand(sqlstr);
command.CommandType = CommandType.Text;
command.Connection=myconn;
```

使用带参数构造函数创建 SqlCommand 对象，参数为查询 Sql 语句和 Sql Connection 对象，示例代码如下。

```
SqlConnection conn=new SqlConnection("server=(localhost);DataBase=NorthWind;Uid=
sa;Pwd=123;")
string sqlstr = "select * from book";
SqlCommand command = new SqlCommand(sqlstr,conn);
```

3. DataReader 数据访问对象

DataReader 对象类用于从数据源中检索只读、只进的数据流，DataReader 对象的最大特点是以“基于连接”的方式访问数据。DataReader 需要与数据源实时连接，提供循环和使用全部或部分结果集的高效方式。该对象不能实例化，必须调用 Command 对象的 ExecuteReader 方法才能获取有效的 DataReader 对象。

在使用 DataReader 对象完成任务后，一定要关闭连接，否则连接会一直处于打开状态，直到用 Close 方法或 Command 对象显式关闭该连接。使用完 DataReader 对象后可以用两种方式关闭连接，其中，一种方式是在调用 Command 对象的 ExecuteReader 时提供 CommandBehavior.CloseConnection 枚举，这种方式只能用于遍历数据读取器，一直到结果集的尾部，此时 DataReader 对象会自动关闭连接。但是，如果不想让 DataReader 对象一直取到结果集的末尾，可以调用 Connection 对象的 Close() 方法关闭该连接。

使用 DataReader 检索数据的步骤如下。

① 创建 Command 对象。

② 调用 ExecuteReader() 方法创建 DataReader 对象。

③ 使用 DataReader 的 Read() 方法逐行读取数据。

④ 使用 (type)dataReader[ ] 读取某列的数据。

⑤ 关闭 DataReader 对象。

以下示例实现数据查询创建 DataReader 对象并读取数据，最后关闭 DataReader 对象。

```
string sql = "SELECT Name FROM Student;
SqlCommand command = new SqlCommand(sql, connection);
connection.Open();
SqlDataReader dataReader = command.ExecuteReader();
Response.Write(" 遍历 DataReader 对象：");
while (dataReader.Read())
{
    Response.Write((string)dataReader["Name"]);
}
dataReader.Close();
```

4. DataAdapter 对象

DataAdapter 对象表示一组 SQL 命令和一个数据库连接，用于填充 DataSet 和更新数据源。DataAdapter 用作 DataSet 和数据源之间的桥接器以便检索和保存数据。DataAdapter 通过映射 Fill（更改 DataSet 中的数据以便与数据源中的数据相匹配）和 Update（更改数据源中的数据以便与 DataSet 中的数据相匹配）实现这一桥接器。

5. DataSet 对象

DataSet 对象又称为数据集对象。数据集对象是 ADO.NET 技术的精髓，DataSet 对象可以理解为 ADO.NET 通过数据库提供程序获得数据库的数据后，在客户机的内存中缓存的数据库，即内存中的数据库。DataSet 对象包括相关表、数据行、列、主外键约束和表间关系在内的整个数据集，是一个独立的实体，不是数据提供者类的组成部分，也不直接和数据源进行关联，而是通过 DataAdapter 操作数据源。

（1）DataSet 数据集基本对象

DataSet 对象是支持 ADO.NET 的断开式、分布式数据方案的核心对象。DataSet 是数据的内存驻留表示形式，无论数据源是什么，都会提供一致的关系编程模型。DataSet 可用于多种不同的数据源，如 XML 数据、管理应用程序本地的数据。DataSet 表示包括相关表、约束和表间关系在内的整个数据集。DataSet 对象模型如图 5-7 所示。

图 5-7 列出了常用对象之间的构架关系。在 DataSet 中，主要包括 DataTableCollection、DataRelationCollection、ExtendedProperties 等对象。

① DataTableCollection：DataSet 包含 DataTable 对象所表示的零个或多个表的集合。DataTableCollection 包含 DataSet 中的所有 DataTable 对象。

DataTable 在 System.Data 命名空间中定义，表示内存驻留数据的单个表。其中包含由 DataColumnCollection 表示的列集合以及由 ConstraintCollection 表示的约束集合，这两个集合共同定义表的架构。DataTable 还包含 DataRowCollection 所表示的行的集合，而 DataRowCollection 则包含表中的数据。DataRow 还保留其当前版本和初始版本以标识对行中存储的值的更改。

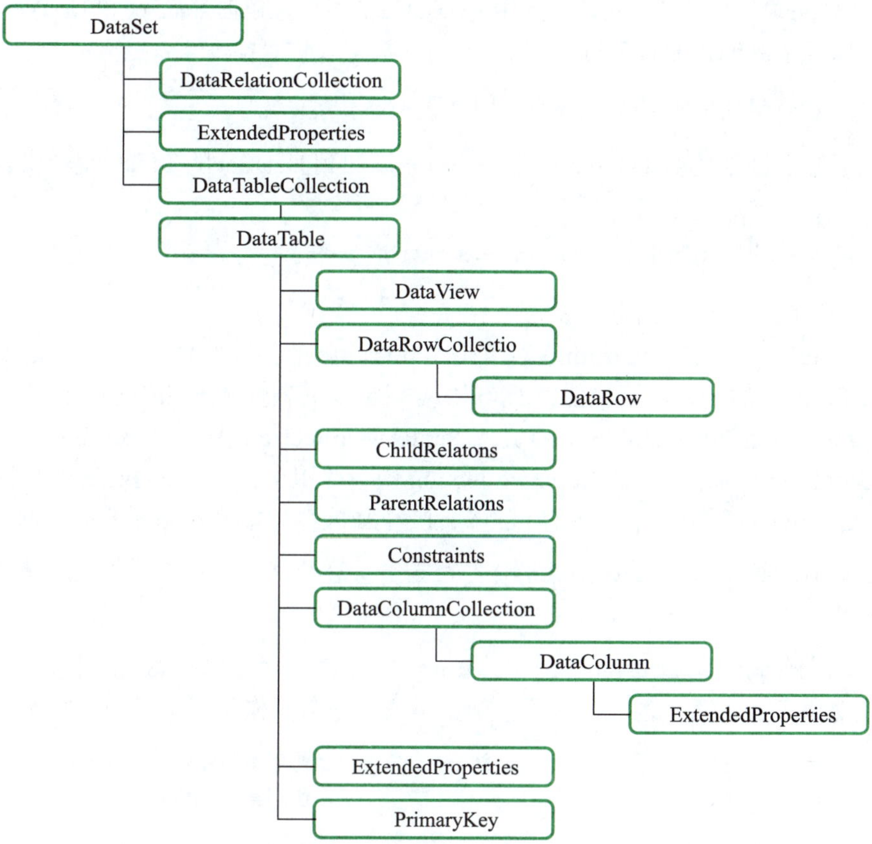

图 5-7　DataSet 对象模型

② DataRelationCollection：DataSet 在其 DataRelationCollection 对象中包含关系信息。关系由 DataRelation 对象表示，使一个 DataTable 中的行与另一个 DataTable 中的行相关联。关系类似于关系数据库中的主键列和外键列之间的联接路径。DataRelation 标识 DataSet 中两个表的匹配列。

关系使用户能够在 DataSet 中从一个表导航至另一个表。DataRelation 的基本元素为关系的名称、相关表的名称以及每个表中的相关列。关系可以通过一个表的 DataColumn 对象指定为键列生成。将关系添加到 DataRelationCollection 中之后，可以选择添加 UniqueKeyConstraint 和 ForeignKeyConstraint，在对相关列的值进行更改时，强制执行完整性约束。

③ DataSet、DataTable 和 DataColumn 都有 ExtendedProperties 属性。ExtendedProperties 是一个 PropertyCollection，可以在其中加入自定义信息，例如用于生成结果集的 SELECT 语句或生成数据的时间。ExtendedProperties 集合与 DataSet 的架构信息一起持久化。

（2）DataTable 数据表对象

DataTable 表示一个内存内关系数据的表，可以独立创建和使用，也可以由其他 .NET Framework 对象使用，最常见的情况是作为 DataSet 的成员使用。DataTable 是 ADO.NET 库中的核心对象，使用 DataTable 的对象还包括 DataSet 和 DataView。

以下示例创建 DataTable 对象，并为其指定名称“User”。

```
DataTable personTable = new DataTable("User");
```

以下示例创建 DataTable 对象，并将其添加到 DataSet 的 Tables 集合中。

```
DataSet user = new DataSet();
DataTable userTable = user.Tables.Add("User");
```

（3）DataRow 数据行对象

DataRow 和 DataColumn 对象是 DataTable 的主要组件。DataRow 表示 DataTable 中的一行数据。使用 DataRow 对象及其属性和方法检索、评估、插入、删除和更新 DataTable 中的值。DataRowCollection 表示 DataTable 中的实际 DataRow 对象，DataColumnCollection 中包含用于描述 DataTable 的架构的 DataColumn 对象。使用重载的 Item 属性返回或设置 DataColumn 的值。例如：

```
DataRow Row = Table.NewRow();    // 使用 DataTable 的 NewRow 方法创建一个新
DataRow 对象
```

以上代码使用 DataTable 的 NewRow 方法创建一个新 DataRow 对象，当使用该对象添加了新行之后，必须使用索引或者列名操作新行，示例代码如下。

```
Row[0] = 123;                    // 使用索引赋值列
Row[1] = "row1";                 // 使用索引赋值列
```

上述代码通过索引为一行中各个列赋值。从数组的语法可以知道，索引都是从第 0 个位置开始。将 DataTable 想象成一个表，从左到右从 0 开始索引，直到数值等于列数减 1 为止。为了提高代码的可读性，也可以直接使用列名添加新行，示例代码如下。

```
Row["bh"] = 123;                 // 使用列名赋值列
Row["title"] = "row1";           // 使用列名赋值列
```

通过直接使用列名添加新行与使用索引添加新行的效果相同，但是使用列名能够让代码可读性更强，便于理解。在数据插入到新行后，使用 Add 方法将该行添加到 DataRowCollection 中，示例代码如下。

```
Table.Rows.Add(Row);             // 增加列
```

（4）DataView 数据视图对象

DataView 能够创建 DataTable 中所存储的数据的不同视图，该功能通常用于数据绑定应用程序。DataView 可以使用不同排序顺序显示表中的数据，且可以按行状态或基于筛选器表达式筛选数据。

DataView 提供基础 DataTable 中的数据的动态视图：内容、排序和成员资格会实时反映它们的更改。该行为与 DataTable 的 Select 方法不同，该方法从基于特定筛选器和排序顺序的表中返回 DataRow 数组：其内容可反映对基础表的更改，但其成员资格和顺序却保持不变。DataView 的动态功能使其成为数据绑定应用程序的理想选择。

以下代码演示如何使用 DataView 构造函数来创建 DataView。RowFilter、Sort 列和 DataViewRowState 将与 DataTable 同时使用。

```
DataSet usertDS = new DataSet();
DataView userDV = new DataView(custDS.Tables["User"],"Name = 'Joe'", "Address", "USA");
```

以下代码演示如何使用该表的 DefaultView 属性获取对 DataTable 的默认 DataView 的引用。

```
DataView customersTable = customers.Tables["User"].DefaultView;
```

任务实施

5.2.2　ADO.NET 实现后台商品列表数据读取

在上一节中实现了与数据库的连接，本节实现通过数据库连接读取数据库数据并绑定到数据控件的操作。

① ADO.NET 提供了丰富的数据库操作，在这些操作中 SqlConnection 和 SqlCommand 类是必须使用的。使用 SqlDataAdapter 和 DataSet 实现读取数据功能。

② 在网站中添加 ProductList.aspx 内容页面，并在页面中添加 GridView 控件用于显示商品的列表，如图 5-8 所示。

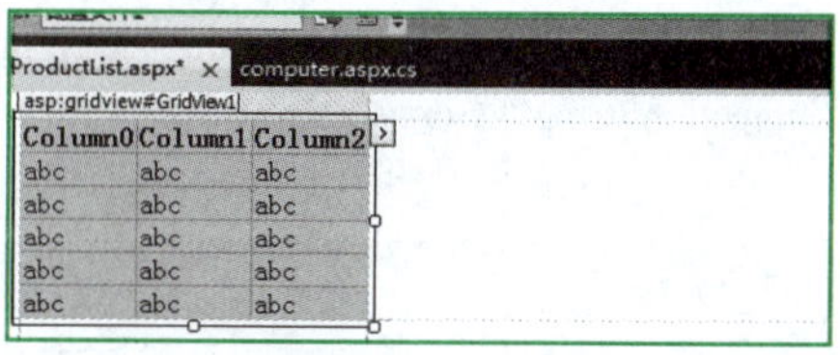

图 5-8　在内容页面内添加 GridView 控件

在网站页面编写后台 BindView() 方法实现商品信息读取。创建数据库连接对象，并打开连接。

```
// 读取 web.config 节点配置
string connectionString = ConfigurationManager.ConnectionStrings["OnlineShopConnec
tionString"].ConnectionString;
// 实例化 SqlConnection 对象
SqlConnection connection = new SqlConnection(connectionString);
try
{
    connection.Open();
}
catch
{
```

```
        //提示打开失败
    }
```

③ 创建 SQL 语句实现商品数据的查找。

```
string commstr1 = "select *from product where P_type= " + strname;// 创建查找命令
```

④ 调用 SqlDataAdapter 类的 Fill 方法执行存储在 SqlDataAdapter 对象的 SqlCommand 属性中的查询，并将查询结果存储在 DataSet 中。

```
SqlDataAdapter myda = new SqlDataAdapter(commstr1, conn);
// 实例化一个 SqlDataAdapter 对象 myda，并传递参数 commstr1, conn
DataSet myds = new DataSet();              // 声明 myds 为 DataSet 类型
myda.Fill(myds, "product");                // 调用 myda 填充数据集方法 Fill
```

执行以上代码后，DataSet 的实例对象 ds 中会创建一个新的 DataTable，该 DataTable 拥有 strSql 查询语句中所包括的字段，但 DataTable 对象的名称为默认的 Table，而不是查询语句中所查询的表的名称。

⑤ 实现数据对象与数据绑定控件之间的绑定。

```
GridView1.DataSource = myds;                    // 指定数据源
GridView1.DataBind();                           // 绑定数据库
```

⑥ 关闭数据库连接。

```
conn.Close();                                   // 关闭连接
```

⑦ 完整代码如下。

```
private void BindView()
{
    // 读取 web.config 节点配置
    string connectionString = ConfigurationManager.ConnectionStrings["OnlineShopCo
nnectionString"].ConnectionString;
    // 实例化 SqlConnection 对象
    SqlConnection connection = new SqlConnection(connectionString);
    try
    {
        connection.Open();                              // 打开连接
        string commstr1 = "select *from product";       // 创建查找命令
        // 实例化一个 SqlDataAdapter 对象 myda，并传递参数 commstr1, conn
        SqlDataAdapter myda = new SqlDataAdapter(commstr1, connection);
        DataSet myds = new DataSet();               // 声明 myds 为 DataSet 类型
        myda.Fill(myds, "product");                 // 调用 myda 填充数据集方法 Fill
        GridView1.DataSource = myds;                // 指定数据源
        GridView1.DataBind();                       // 绑定数据库
        connection.Close();                         // 关闭连接
    }
    catch (Exception)
    {
```

微课 5.2.2 使用数据集和配置器显示商品信息

```
            Response.Write("<script>alert(' 无商品记录！ ')</script>");// 提示无商品记录
        }
    }
```

最后，在页面的 Page_Load 事件中调用以上方法。

```
    if (!IsPostBack)
    {
        BindView();
    }
```

⑧ 完成前台 GridView 代码格式调整和数据列数据绑定，启动 GridView 分页功能，并设置其自动套用格式，代码如下。

```
    <asp:GridView ID="GridView1" runat="server" AutoGenerateColumns="False"
            DataKeyNames="P_id" AllowPaging="True" CellPadding="4" ForeColor=
"#333333"
            GridLines="None" Width="90%">
                <AlternatingRowStyle BackColor="White" ForeColor="#284775" />
                <Columns>
                    <asp:BoundField DataField="P_id" HeaderText="P_id" InsertVisible="False"
Visible="false"
                        ReadOnly="True" SortExpression="P_id" />
                    <asp:BoundField DataField="P_Name" HeaderText=" 商品名称 "
SortExpression="P_Name" />
                    <asp:BoundField DataField="P_type" HeaderText=" 商品类型 "
SortExpression="P_type" />
                    <asp:BoundField DataField="P_price" HeaderText=" 商品价格 "
SortExpression="P_price" />
                    <asp:BoundField DataField="P_image" HeaderText=" 商品图片 "
SortExpression="P_image" />
                    <asp:TemplateField>
                        <ItemTemplate>
                            <asp:Image ID="Image2" runat="server" ImageUrl='<%#
Eval("P_image")%>'
                                Height="30px" Width="30px"/>
                        </ItemTemplate>
                    </asp:TemplateField>
                    <asp:BoundField DataField="P_infomation" HeaderText=" 商品信
息 " Visible="false" SortExpression="P_infomation" />
                </Columns>
                <EditRowStyle BackColor="#999999" />
                <FooterStyle BackColor="#5D7B9D" Font-Bold="True" ForeColor="White" />
                <HeaderStyle BackColor="#5D7B9D" Font-Bold="True" ForeColor="White" />
                <PagerStyle BackColor="#284775" ForeColor="White" HorizontalAlign="Center" />
                <RowStyle BackColor="#F7F6F3" ForeColor="#333333" />
                <SelectedRowStyle BackColor="#E2DED6" Font-Bold="True"
```

```
ForeColor="#333333" />
            <SortedAscendingCellStyle BackColor="#E9E7E2" />
            <SortedAscendingHeaderStyle BackColor="#506C8C" />
            <SortedDescendingCellStyle BackColor="#FFFDF8" />
            <SortedDescendingHeaderStyle BackColor="#6F8DAE" />
        </asp:GridView>
```

运行程序查看数据读取，效果如图 5-4 所示。

5.2.3 ADO.NET 实现商品数据编辑

数据库商品数据的编辑，包括对数据库数据的增加、删除和修改，其都是使用 SqlCommand 进行类似的操作，都是执行非查询语句 ExecuteNonQuery() 进行数据库操作，只是 SQL 语句有点不同。以下是实现新增商品数据功能的步骤。

① 创建 addproduct.aspx 内容页面，并在页面添加商品字段属性对应的控件用于数据收集，其内容包括：

4 个文本框控件，分别用于输入商品名称、商品类型、商品价格和商品介绍。

2 个图片控件，分别用于显示页面标题和商品图像。

1 个 FileUpload 上传控件，用于上传商品图片。

编辑好的页面样式如图 5-5 所示。

② 双击【添加】按钮进入代码编辑窗口进行按钮的 Click 事件编写。其内容包括创建并打开数据库连接对象，代码如下。

```
    // 读取 web.config 节点配置
    string connectionString = ConfigurationManager.ConnectionStrings["OnlineShopConnec
tionString"].ConnectionString;
        // 实例化 SqlConnection 对象
        SqlConnection connection = new SqlConnection(connectionString);
        try
        {
            connection.Open();
        }
        catch
        {
            // 提示打开失败
        }
```

微课 5.2.3
ADO.NET 实现数据库添加操作

③ 创建 insert SQL 语句实现商品数据的插入。

```
    SqlCommand cmd = new SqlCommand("insert into product values('" + txtGoodsName.
Text + "','" + txtKind.Text + "','" + txtGoodsPrice.Text + "','" + imgGoodsPhoto.ImageUrl + "','"
+ txtGoodsDesc.Text + "')", connection);          // 定义 insert 命令
```

④ 执行非查询语句 ExecuteNonQuery() 实现插入语句。

```
cmd.ExecuteNonQuery();
```

⑤ 关闭数据库连接并显示添加商品成功提示信息并重新加载当前页面。

```
connection.Close();                              // 关闭连接
Response.Write("<script>alert(' 添加成功！ ');window.location='addproduct.aspx';</script>");// 弹出“添加成功”对话框
```

⑥ 在整体的代码中添加异常处理语句，整合后的代码如下。

```
// 读取 web.config 节点配置
string connectionString = ConfigurationManager.ConnectionStrings["OnlineShopConnectionString"].ConnectionString;
// 实例化 SqlConnection 对象
SqlConnection connection = new SqlConnection(connectionString);
try
{
    connection.Open();      // 打开连接
    SqlCommand cmd = new SqlCommand("insert into product values('" + txtGoodsName.Text + "','" + txtKind.Text + "','" + txtGoodsPrice.Text + "','" + imgGoodsPhoto.ImageUrl + "','" + txtGoodsDesc.Text + "')", connection);// 定义 insert 命令
    cmd.ExecuteNonQuery();
    connection.Close();     // 关闭连接
    Response.Write("<script>alert(' 添加成功！ ');window.location='addproduct.aspx';</script>");  // 打开“添加成功”对话框
}
catch (Exception)
{
    Response.Write("<script>alert(' 无商品记录！ ')</script>");// 提示无商品记录
}
```

运行该页面并输入商品信息浏览插入商品效果，如图 5-9 所示。

单击【添加】按钮打开【添加成功】消息框，如图 5-10 所示。

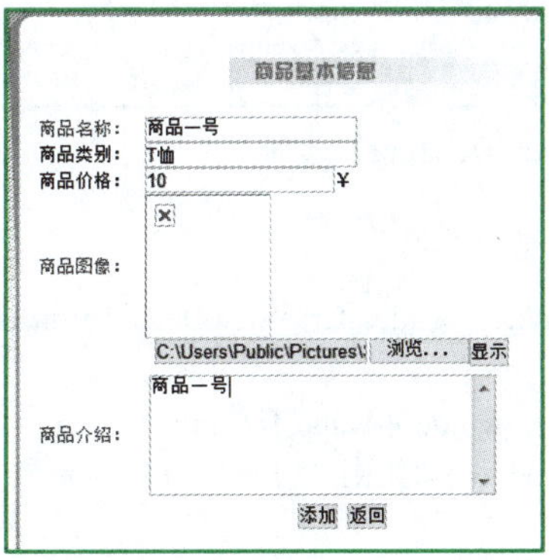

图 5-9 运行添加商品页面图

图 5-10 添加成功提示

以同样的步骤把 SQL 语句修改为更新语句，即可完成商品修改功能，作为实训内容请读者自行完成。

5.2.4 ADO.NET 实现商品数据删除

① 商品删除功能在 GridView 的 RowDeleting 事件中编写。确定 GridView 的 DataKeyNames 属性设置为商品数据表的主键字段，GridView 控件删除、编辑数据都需要根据主键生成相应的 SQL 语句。

② 在 ProductList.aspx 页面内，单击 GridView 控件右上角智能按钮，打开智能面板，选择【添加新项】菜单命令，如图 5-11 所示，打开【添加字段】对话框，在【选择字段类型】中选择 CommandField 选项，如图 5-12 所示。

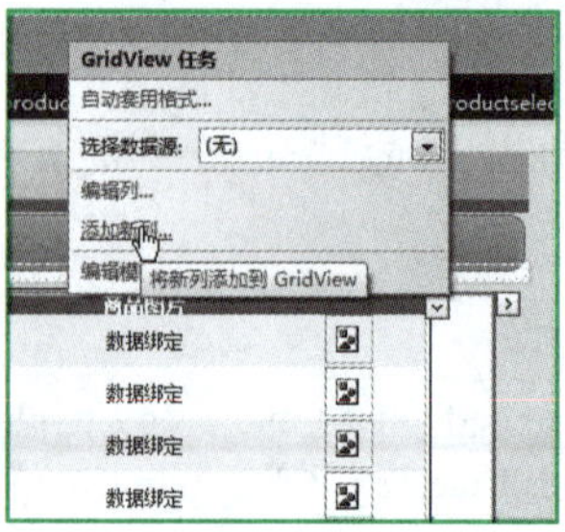

图 5-11 添加新项

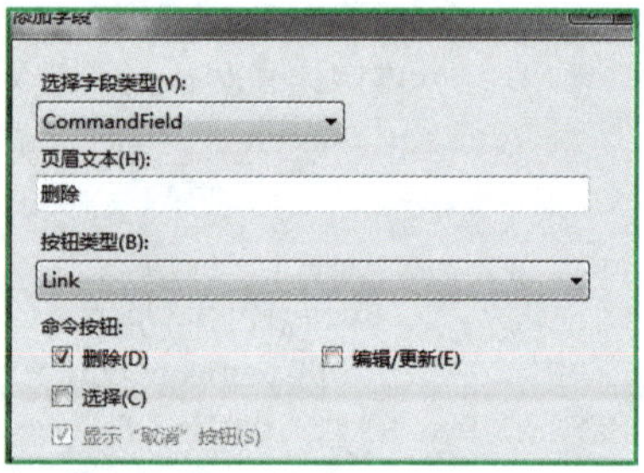

图 5-12 添加字段

在 GridView 的 RowDeleting 事件中编写代码，界面如图 5-13 所示。

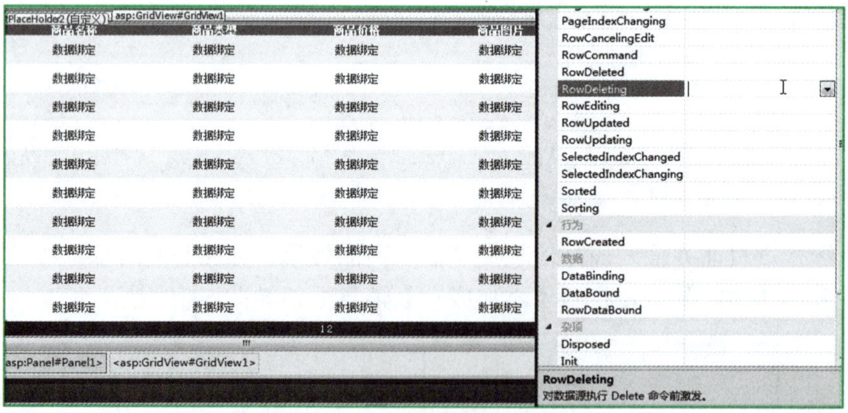

图 5-13 选择【RowDeleting】选项

微课 5.2.4
ADO.NET 实现数据库删除操作

代码如下：

```
protected void GridView1_RowDeleting(object sender, GridViewDeleteEventArgs e)
{
    string KeyId = GridView1.DataKeys[e.RowIndex].Value.ToString();
    string DeleteStr = "DELETE FROM product WHERE P_id='" + KeyId + "'";// 创建删
除命令
            // 读取 web.config 节点配置
```

```
        string connectionString = ConfigurationManager.ConnectionStrings["Online
ShopConnectionString"].ConnectionString;
        // 实例化 SqlConnection 对象
        SqlConnection connection = new SqlConnection(connectionString);
        SqlCommand DeleteCmd = new SqlCommand(DeleteStr, connection);// 创建一个
SqlDataAdapter 的对象 NorthWindDa，并传递参数 DeleteStr, DeleteCon
        try
        {
            connection.Open();       // 打开连接
            DeleteCmd.ExecuteNonQuery();// 调用 DeleteCmd 的 ExecuteNonQuery 方法
删除数据
            BindView();              // 调用 BindView 方法显示数据
            Response.Write("<script>alert(' 删除成功！ ')</script>");// 提示删除成功
        }
        catch (Exception ex)
        {
            Response.Write("<script>alert(' 删除失败！ ')</script>"); // 提示删除失败
        }
        finally {
            connection.Close();
        }
    }
```

运行商品列表页面查看是否删除成功，如图 5-14 和图 5-15 所示。

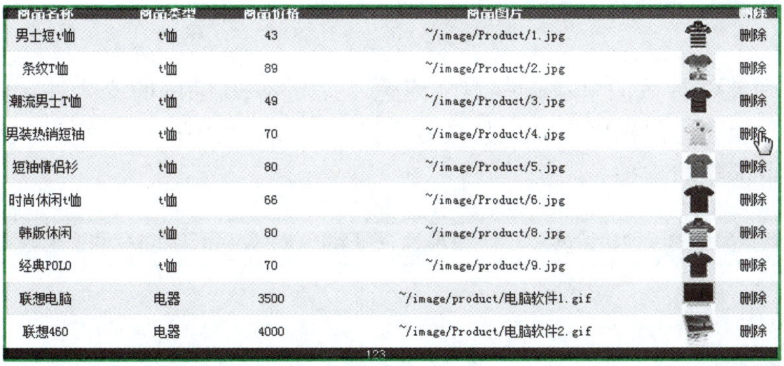

商品名称	商品类型	商品价格	商品图片		删除
男士短t恤	t恤	43	~/image/Product/1.jpg		删除
条纹T恤	t恤	89	~/image/Product/2.jpg		删除
潮流男士T恤	t恤	49	~/image/Product/3.jpg		删除
男装热销短袖	t恤	70	~/image/Product/4.jpg		删除
短袖情侣衫	t恤	80	~/image/Product/5.jpg		删除
时尚休闲t恤	t恤	66	~/image/Product/6.jpg		删除
韩版休闲	t恤	80	~/image/product/8.jpg		删除
经典POLO	t恤	70	~/image/product/9.jpg		删除
联想电脑	电器	3500	~/image/product/电脑软件1.gif		删除
联想460	电器	4000	~/image/Product/电脑软件2.gif		删除

图 5-14　运行效果

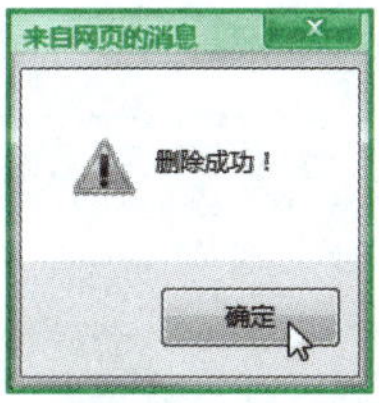

图 5-15　删除成功提示

任务拓展

5.2.5　参数化查询

微课 5.2.5
ADO.NET 实现数据库参数化查询 1

参数化查询（Parameterized Query 或 Parameterized Statement）是指在设计数据库连接并访问数据时，在需要填入数值或数据的地方使用参数（Parameter）来传递值，该方法目前已被视为最有效可预防 SQL 注入式攻击（SQL Injection）

的防御方式。Microsoft SQL Server 的参数格式是以 "@" 字符加上参数名称，同时其支持匿名参数 “?”。

例如：SELECT * FROM myTable WHERE myID = @myID INSERT INTO myTable (c1, c2, c3, c4) VALUES (@c1, @c2, @c3, @c4) 或者 SELECT * FROM myTable WHERE myID = @myID INSERT INTO myTable (c1, c2, c3, c4) VALUES(?,?,?,?)，通过 “?” 指定占位符。在添加参数时，必须按照 c1、c2、c3、c4 的顺序来添加，否则会出错。

通过 Command 对象可以为存储过程，以及参数化查询语句添加参数，其示例代码如下。

```
protected void Page_Load(object sender, EventArgs e)
{
    string str = "server='(local)';database=News;uid='sa';pwd='123'";
    SqlConnection con = new SqlConnection(str);
    con.Open();
    string strsql = "select * from news where id = @num";
    SqlCommand cmd = new SqlCommand(strsql, con); // 创建 Command 对象
    cmd.Parameters.Add("@num", SqlDbType.Int);              // 增加参数 @bh
    cmd.Parameters[0].Value = 4;                            // 通过索引为参数赋值
    SqlDataReader dr = cmd.ExecuteReader();     // 执行后返回 DataReader 对象
    while (dr.Read())                                       // 遍历 DataReader 对象
    {
        Response.Write(dr["title"].ToString() + "<hr>");
    }
}
```

微课 5.2.6
ADO.NET 实现数据库参数化查询 2

参数化查询能够有效的解决一些安全问题，提高 Web 应用的安全性。同时，参数化查询能够简化程序设计，其只需要修改参数的数值而不需修改 SQL 语句，便于应用程序的维护。

⚠ 注意：如果未初始化 Parameter 数据类型的属性，但设置了 Value 属性，那么 Parameter 会自动选择数据类型。

项目实训

微课 5.2.7
ADO.NET 实现数据库修改操作

【实训目的】

① 掌握 SqlConnection 和 SqlCommand 类的使用。

② 掌握使用 SqlDataAdapter 联合 DataSet 读取数据。

③ 掌握执行非查询语句 ExecuteNonQuery() 进行数据库操作的方法。

【实训内容】

定义 SqlConnection 类，使用 SqlCommand 类定义增加、删除、修改和查询的 SQL 语句，并执行语句。

任务 5.3　项目三层架构设计实现

任务陈述

任务构思与目标：使用三层架构思想设计实现系统的数据结构框架，如图 5-16 所示。

任务设计：使用三层架构设计实现系统，分别实现表现层（UI）、业务逻辑层（BLL）和数据访问层（DAL）的创建。

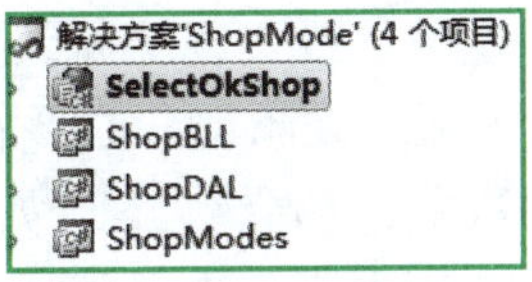

图 5-16　架构设计

微课 5.3.1　三层架构设计实现

知识准备

5.3.1　三层架构简介

三层架构 C3-tier apptication 是基于模块化程序设计的思想，为实现分解应用程序的需求，而逐渐形成的一种标准模式的模块划分方法。三层架构的优点在于不必为了业务逻辑上的微小变化而导致修改整个程序，只需要修改业务逻辑层中的函数或过程，增强了代码的可重用性，便于不同层次的开发人员之间的合作，只要遵循一定的接口标准就可以进行并行开发，最终将各个部分拼接到一起即可构成最终的应用程序。本节主要介绍三层架构的基本概念及搭建步骤。

通常意义上的三层架构是指将整个业务应用划分为表现层（UI）、业务逻辑层（BLL）和数据访问层（DAL）。区分层次的目的是实现“高内聚，低耦合”的软件设计思想。

① 表现层（UI）：展现给用户的界面，即用户在使用一个系统时的所见所得。

② 业务逻辑层（BLL）：针对具体问题的操作，即对数据层的操作，及对数据业务逻辑的处理。

③ 数据访问层（DAL）：该层直接操作数据库，包括对数据的增添、删除、修改、查找等。

三层架构关系如图 5-17 所示。

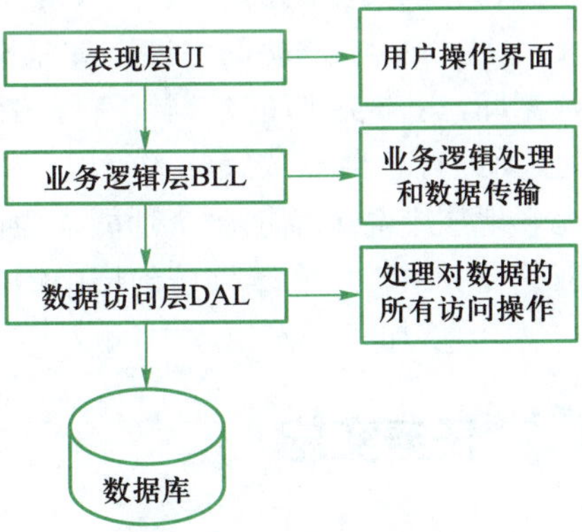

图 5-17　三层架构关系

5.3.2 三层架构概述

在软件体系架构设计中，分层式结构是最常见，也是最重要的一种结构。微软公司推荐的分层式结构一般分为三层，从下至上分别为数据访问层、业务逻辑层（又或称为领域层）、表现层。

数据访问层：主要是对原始数据（数据库或者文本文件等存放数据的形式）的操作层，不是指原始数据，即对数据的操作，但不是数据库，具体为业务逻辑层或表现层提供数据服务。

业务逻辑层：主要是针对具体的问题的操作，也可以理解成对数据层的操作，对数据业务逻辑处理，如果说数据层是积木，那逻辑层就是对这些积木的搭建。

表现层：主要表示为 WEB 方式，也可以表示成 WINFORM 方式，WEB 方式也可以表现成 aspx。如果逻辑层足够强大和完善，无论表现层如何定义和更改，逻辑层都能完善地提供服务。

（1）三层架构的区别

数据访问层：主要看数据层中是否包含逻辑处理。其各个函数主要完成对数据文件的操作，而不进行其他操作。

业务逻辑层：主要负责对数据层的操作，即对数据层的操作进行组合。

表现层：主要接收用户的请求、数据的返回，是客户端提供应用程序访问的最外层（最上层）。用于显示数据和接收用户输入的数据，为用户提供一种交互式操作的界面。

（2）三层架构的优点

① 开发人员可以只关注整个结构中的某一层。

② 便于用新的实现来替换原有层次的实现。

③ 可以降低层与层之间的依赖。

④ 有利于标准化。

⑤ 利于各层逻辑的复用。

（3）三层架构的缺点

① 降低了系统的性能。如果不采用分层式结构，很多业务可以直接访问数据库，获取相应的数据，三层架构中却必须通过中间层来完成。

② 有时会导致级联的修改。级联修改尤其体现在自上而下的方向，如果在表现层中需要增加一个功能，为保证其设计符合分层式结构，可能需要在相应的业务逻辑层和数据访问层中增加相应的代码。

③ 增加了开发成本。

任务实施

5.3.3 三层架构创建

ASP.NET 三层体系架构解决方案中应该包含 4 个项目，分别为业务实体类库、数据访问层、业务逻辑层和 Web 表现层。前面创建了 Web 表现层，以下分别创建业务实体类库、数据访问层和业务逻辑层。

在使用 .NET 开发分层应用程序时，通常每一层是一个单独的项目。其中，表现层（UI）创建为 ASP.NET 项目，主要负责实现用户界面；业务逻辑层（BLL）和数据访问层（DAL）都创建为类库项目，实现系统的业务逻辑和数据库操作；还需创建一个类库项目用于封装实体类（Model），实现在各层之间传递数据。

微课 5.3.2 数据访问层的实现

1. 创建数据访问层

① 在【解决方案资源管理器】中，在解决方案名称上单击鼠标右键，在弹出的快捷菜单中选择【添加→新建项目】菜单命令，如图 5-18 所示。

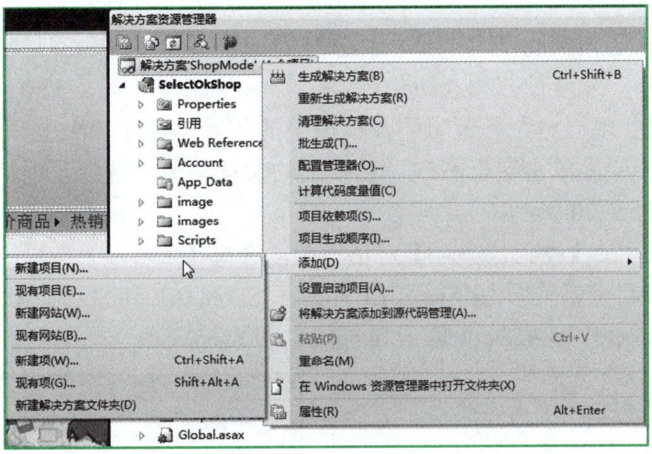

图 5-18 选择【添加→新建项目】菜单命令

② 在打开的【添加新项目】对话框中，选择项目类型为【Visual C#】，选择模板为【类库】。输入项目的名称为 ShopDAL，该项目用于实现数据访问层，如图 5-19 所示。

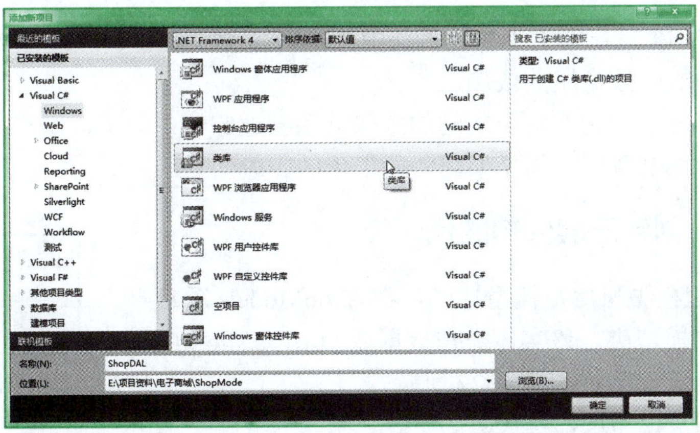

图 5-19 选择项目类型为【Visual C#】，选择模板为【类库】

2. 创建业务逻辑访问层

创建业务逻辑层的步骤与创建数据访问层类似，不同的是其项目名称为“ShopBLL”。

在三层架构开发中，通常还会使用模型层。模型层包含所有与数据库中的表相对应的实体类。表现层、业务逻辑层和数据访问层三层之间通过传递实体对象实现数据传递。

创建模型层的步骤与搭建业务逻辑层和数据访问层类似，不同的是其项目名称为“ShopModels”。

此时，在【解决方案资源管理器】中，三层结构的基本框架如图 5-16 所示。

5.3.4 添加各层之间依赖关系

此时，三层架构的基本框架已经创建完成，但是各层之间是独立的。只有添加依赖关系，才能使其相互协作。

① 添加表现层对业务逻辑层及模型层的依赖。在【解决方案资源管理器】中，在任意一层上单击鼠标右键，在弹出的快捷菜单中选择【项目依赖项】菜单命令，如图 5-20 所示。

② 在打开的【项目依赖项】对话框中，选择【依赖项】选项卡，如图 5-21 所示，设置项目依赖关系为：ShopBLL 依赖于 ShopDAL 和 ShopModel，ShopDAL 依赖于 ShopModel，WebSite 依赖于 ShopBLL 和 ShopModel。

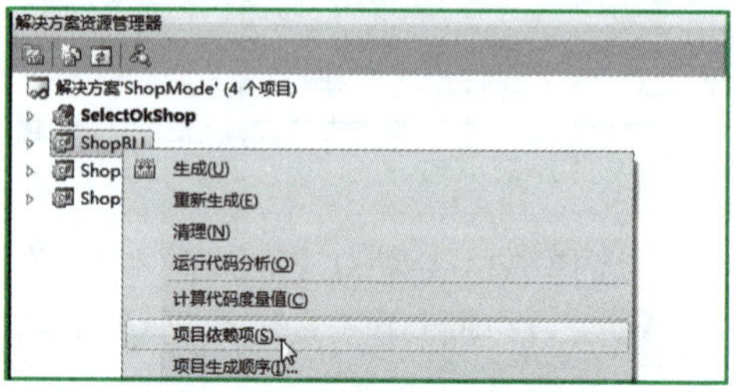

图 5-20 选择【项目依赖项】菜单命令

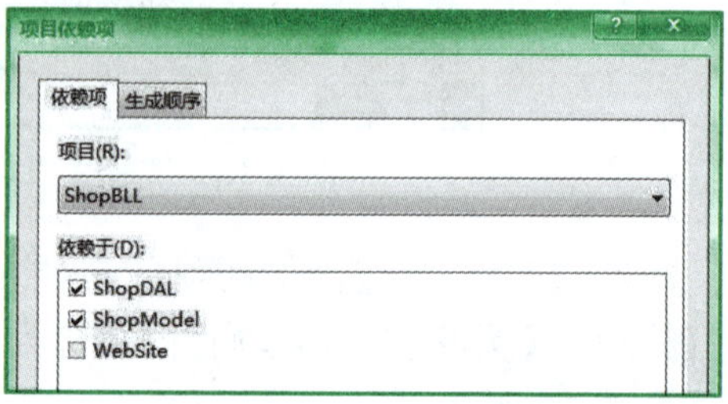

图 5-21 【项目依赖项】对话框

③ 使用以上方法在业务逻辑层中添加对数据访问层和模型层的依赖，以及数据访问层对模型层的依赖。

至此，三层架构及各层之间的依赖关系创建完毕。以下以用户登录功能的实现为例，测试各层之间是如何协同工作的。

微课 5.3.3 业务逻辑层的实现

5.3.5 创建三层架构的代码

① 创建模型层用户模型代码，在 ShopModels 项目中创建用户模型类，该实体类与数据库 OnlineShop 中的表 dbuser 相对应，如图 5-22 所示。

图 5-22 创建三层代码

微课 5.3.4 表现层的实现

编写用户模型层，其代码如下。

```
using System;
```

```
using System.Collections.Generic;
using System.Linq;
using System.Text;

namespace ShopModes
{
    public class users
    {
        // 实体类属性
        private  int id;                         // 用户编号
        private string userName;                 // 用户名
        private string pWD;                      // 用户密码
        private string realname;                 // 用户真实姓名
        private string sex;                      // 用户性别
        private string email;                    // 用户邮箱
        private string mphone;                   // 用户移动电话
        private string phone;                    // 用户电话
        private string adress;                   // 用户地址
        private string code;                     // 邮编
        private string question;                 // 密码问题
        private string answer;                   // 问题答案
        public users()
        {

        }
        // 属性 get set 访问器
        public int Id
        {
            get { return this.id ; }
            set { this.id = value; }
        }
        public string UserName
        {
            get { return this.userName; }
            set { this.userName = value; }
        }
        public string PWD
        {
            get { return this.pWD; }
            set { this.pWD = value; }
        }

        public string RealName
        {
            get { return this.realname ; }
            set { this.realname = value; }
```

```
            }
            public string Sex
            {
                get { return this.sex; }
                set { this.sex = value; }
            }
            public string Email
            {
                get { return this.email; }
                set { this.email = value; }
            }
            public string Mphone
            {
                get { return this.mphone; }
                set { this.mphone = value; }
            }
            public string Phone
            {
                get { return this.phone; }
                set { this.phone = value; }
            }
            public string Adress
            {
                get { return this.adress; }
                set { this.adress = value; }
            }
            public string Code
            {
                get { return this.code; }
                set { this.code = value; }
            }
            public string Question
            {
                get { return this.question; }
                set { this.question = value; }
            }
            public string Answer
            {
                get { return this.answer; }
                set { this.answer = value; }
            }
        }
    }
```

② 针对模型层中的每个实体类，业务逻辑层中也有一个对应的类。创建用户的业务逻辑层代码，如图 5-23 所示。

图 5-23 创建用户的业务逻辑层

业务逻辑层代码如下。

```
using System;
using System.Collections.Generic;
using System.Linq;
using System.Text;
using ShopDAL;
using ShopModes;
using ShopMode;
using System.Data;
using System.Data.SqlClient;

namespace ShopMode
{
    public  class usermanage
    {
        /// <summary>
        /// 用户登录
        /// </summary>
        public static bool UserLogin(string UserName, string PWD)
        {
            shops user = ShopDAL.Userserver.GetUserByUserName(UserName);// 数据库中的数据
            if (user == null)
            {
                return false;
            }
            else if (user.PWD != PWD)
            {
                return false;
            }
            else
            {
                return true;
            }
        }
        /// <summary>
        /// 添加
```

```
        /// </summary>
        public bool InsertUser(users Users)
        {
            string sql = "insert into dbuser(UserName,Password,RealName,Email,Phone,
MobilePhone,Adress,PostCode,UserQuestion,UserAnswer,Password2,Sex) values('" + Users.
UserName + "','" + Users.PWD + "','" + Users.RealName + "','" + Users.Email + "','" + Users.Phone+
"','" + Users.Mphone + "','" + Users.Adress + "','" + Users.Code + "','" + Users.Question + "','" +
Users.Answer + "','" + Users.PWD1 + "','" + Users.Sex + "')";
            Userserver dal = new Userserver();
            if (dal.ExecuteCmd(sql) > 0)
                return true;
            else return false;
        }
        /// <summary>
        /// 显示
        /// </summary>
        /// <returns></returns>
        public DataSet DataSet(users User)
        {
            Userserver dal = new Userserver();
            string sql = "select Password from dbuser where UserName= '"
            + User.UserName + "'and UserAnswer= '" + User.Answer + "'";
            return dal.GetDataSet(sql);

        }
        public DataSet DataSet1( )
        {
            Userserver dal = new Userserver();
            string sql = "select UserQuestion from dbuser";
            return dal.GetDataSet(sql);

        }
        /// <summary>
        /// 查询
        /// </summary>
        public bool Read(users User)
        {
            string sql = "select Password from dbuser where UserName= '"
            + User.UserName + "'and UserAnswer= '" + User.Answer + "'";
            Userserver dal = new Userserver();
            if (dal.ExecuteRead(sql) > 0)
            {
                return true;
            }
            else return false;
```

```
        }

        public DataTable EditTable(users User)
        {
            string sql = "select * from dbuser where UserName= '"
            + User.UserName + "'and UserAnswer= '" + User.Answer + "'"; ;
            Userserver dal = new Userserver();
            return dal.getDataTable(sql);
        }
        /// <summary>
        /// 修改
        /// </summary>
        public bool Edit(users User)
        {
            string sql = "update dbuser set Password='"+ User.PWD +"',Password2='"+
User.PWD1 +"' where UserName='"+ User.UserName +"'";
            Userserver dal = new Userserver();
            if (dal.ExecuteCmd(sql) > 0)
            {
                return true;
            }
            else return false;
        }
    }
}
```

③ 针对模型层中的每个实体类，数据访问层有一个对应的数据访问类。例如，针对 User 实体类，创建一个对应的 UserServer 类，用于对数据表 Users 的数据处理。

在 UserServer 类中添加一个根据登录名进行查询的方法，如图 5-24 所示。

图 5-24 创建用户数据层

数据层代码如下。

```
using System;
using System.Collections.Generic;
using System.Linq;
using System.Text;
using ShopModes;
using System.Data;
using System.Data.SqlClient;
using System.Web;

namespace ShopDAL
{
  public   class Userserver
```

```
{
   private SqlConnection Conn = null;
private SqlCommand Cmd;
private SqlDataAdapter Da;
private DataSet Ds;
private DataTable Dt;
private static String strConn;
public Userserver()
{
     strConn = "Data Source=.;Database=OnlineShop;Integrated Security=SSPI; ";

}
   /// <summary>
   /// 用户登录
   /// </summary>
public static shops GetUserByUserName(string UserName)
{
     SqlConnection userconn = new SqlConnection(strConn);
     userconn.Open();
     SqlCommand usercomm = new SqlCommand("select * from dbuser", userconn);
     SqlDataReader userDr = usercomm.ExecuteReader();
     shops user = new shops();
     if (userDr.Read())
     {


          // user.Id = (int)userDr["Id"];
          user.UserName = (string)userDr["UserName"];
          user.PWD = (string)userDr["Password"];
          userDr.Close();
          return user;
     }
     else
     {
          userDr.Close();
          return null;
     }
}
/// <summary>
/// 打开 Conn 连接
/// </summary>
public void Open()
{
     if (Conn == null)
     {
```

```
            Conn = new SqlConnection(strConn);
        }
        if (Conn.State.Equals(ConnectionState.Closed))
        {
            Conn.Open();
        }
    }
    /// <summary>
    /// 关闭 Conn 连接并释放 ....
    /// </summary>
    public void Close()
    {
        if (Conn.State.Equals(ConnectionState.Open))
        {
            Conn.Close();
            // 释放占用的资源
            Conn.Dispose();
        }
        else
            Conn.Dispose();
    }
    /// <summary>
    /// 执行 CMD 操作类
    /// </summary>
    public int ExecuteCmd(string sql)
    {
        try
        {
            Open();
            Cmd = new SqlCommand(sql, Conn);
            return Cmd.ExecuteNonQuery();
        }
        catch
        {
            return -1;
        }
        finally
        {
            Close();
        }
    }
    /// <summary>
    /// DataSet 类
    /// </summary>
    public DataSet GetDataSet(string sql)
```

```
{
    try
    {
        Open();
        Da = new SqlDataAdapter(sql, Conn);
        Ds = new DataSet();
        Da.Fill(Ds);
    }
    catch (Exception e)
    {
        throw new Exception(e.Message, e);
    }
    finally
    {
        Close();
    }
    return Ds;
}
/// <summary>
/// 验证类
/// </summary>
public int ExecuteRead(string sql)
{
    try
    {
        Open();
        Cmd = new SqlCommand(sql, Conn);
        return (int)Cmd.ExecuteScalar();
    }
    catch
    {
        return -1;
    }
    finally
    {
        Close();
    }
}
public DataTable getDataTable(string sql)
{
    try
    {
        Open();
        Da = new SqlDataAdapter(sql, Conn);
        Dt = new DataTable();
```

```
                Da.Fill(Dt);
            }
            catch (Exception e)
            {
                throw new Exception(e.Message, e);
            }
            finally
            {
                Close();
            }
            return Dt;
        }
    }
}
```

5.3.6　调用三层架构实现用户后台登录

① 在表现层创建后台登录页面 AdminLogin.aspx，如图 5-25 所示。

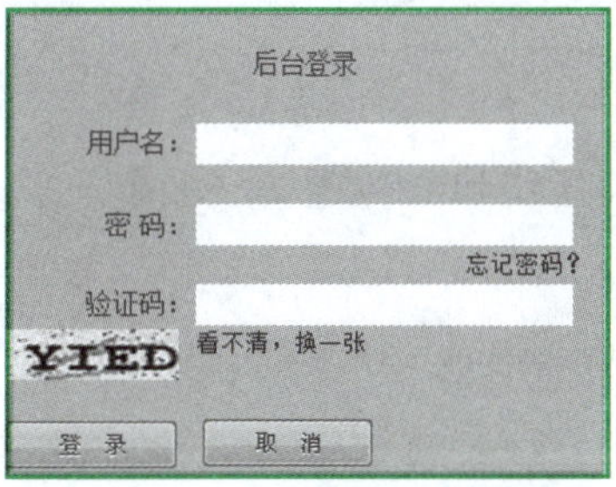

图 5-25　创建后台登录页面

② 双击【登录】按钮，生成其 Click 事件，在代码后置文件 Login.aspx.cs 中编写事件处理程序，代码如下所示。

```
protected void Ibtnregister_Click(object sender, ImageClickEventArgs e)
{
    string username = txtname.Text.Trim();              // 读取用户名
    string userpwd = txtpassword.Text.Trim();           // 读取密码
    if (txtname.Text == "" || txtpassword.Text == "")// 如果用户名或密码为空
    {
        // 提示用户用户名及密码不能为空
        Response.Write("<script>alert(' 用户名及密码不能为空！ ')</script>");
    }

    if (usermanage.UserLogin(username, userpwd) == true)// 如果用户名和密码正确
    {
      // 如果验证码输入正确
      if (Session["CheckCode"].ToString() == this.txtvalid.Text.Trim())
```

```
        {
            Session["UserName"] = txtname.Text;// 将用户名保存到 Session 中
            // 设置用户名的生命周期
            Response.Cookies["name"].Expires = new DateTime(2010, 12, 30);
            // 将用户输入的用户名保存到 Cookies 中
            Response.Cookies["name"].Value = txtname.Text;
            // 跳转到该用户名的订单管理页面
            Response.Redirect("Ordermanage.aspx?name=" + txtname.Text);
        }
        else                    // 如果验证码输入错误
        {
            // 提示用户验证码错误
            Response.Write("<script>alert(' 你输入的验证码有误，请重新输入！ ')</script>");
        }
    }
    if (usermanage.UserLogin(username, userpwd) == false)// 如果用户名或者密码错误
    {
        // 提示用户密码输入错误
        Response.Write("<script>alert(' 您输入的用户名或密码错误！ ')</script>");
    }
}
```

在登录方法中，调用了用户业务逻辑层的用户登录方法，实现用户登录判断，其调用代码如下。

```
usermanage.UserLogin(username, userpwd)
```

运行查看登录页面，其运行效果如图 5-26 所示。

图 5-26　登录页面运行效果

任务拓展

5.3.7　三层架构

三层架构中每一层都可以在更改少量代码后，在物理上不同的服务器上

使用，因此结构灵活且性能更好。此外，每层做些什么其他层是完全看不到的，因此更改时不再需要重新编译或更改全部的层了。例如，如果把数据访问代码与业务逻辑层分离，当数据库服务器更改后，用户只需要更改数据访问的代码，此时业务逻辑层是不变的，因此不需要更改或者重新编译业务逻辑层。

一个三层的应用程序通常有表现层、业务层和数据层。

1. 表现层（Presentation Layer）

表现层用于用户接口的展示，以及用业务层的类和对象来“驱动”这些接口。在 ASP.NET 中，该层包括 aspx 页面、用户控制、服务器控制以及某些与安全相关的类和对象。

2. 业务层（Business Tier）

业务层用于访问数据层，从数据层读取、修改和删除数据，并将结果返回给表现层。在 ASP.NET 中，该层包括使用 SqlClient（或 OleDb）从 SQL Server（或 Access）数据库读取、更新和删除数据，并把取得的数据存储在 DataReader 或 DataSet 中返回给表现层。返回的数据可以只有一个整型数字，比如一个表的行记录数目，但这也要用数据层的数据进行计算。

3. 数据层（Data Tier）

数据层是数据库或者数据源。在 .NET 中，数据层通常是 SQL Server 或 Access 数据库，但不仅限于这两种形式，还可能是 Oracle、mySQL 或 XML。

拓展阅读
信创产业

项目实训

【实训目的】

① 掌握三层架构的基本思想。

② 理解三层架构每一层的作用。

③ 创建至少包含一个数据表的三层架构。

【实训内容】

了解三层架构的设计原理及每层的作用，学会创建使用三层架构的系统框架。

单元小结

本单元主要介绍了：

① ADO.NET 连接 SQL 数据库：使用 ADO.NET 连接 SQL 数据库示例。

② Connection 对象：Connection 对象概述。

③ 连接 SQL 数据库：使用 Connection 对象连接 SQL Server 数据库。

④ DataAdapter 对象：讲解了 DataAdapter 对象的使用。

⑤ Command 对象：讲解了 Command 对象的使用。

⑥ DataSet 对象：讲解了 DataSet 对象中常用的方法，并高效使用 DataSet 开发。

⑦ DataReader 对象：讲解了 DataReader 对象。

在了解基本的 ADO.NET 对象及其作用后，下一章将讲解如何使用数据源控件显示和操作数据库。

本单元还对三层架构进行了简单的介绍与设计，通过本单元了解了表现层（UI）、业务逻辑层（BLL）和数据访问层（DAL）。区分层次是为了实现“高内聚，低耦合”的软件设计思想。

评价体系表

专业能力测评表

（在□中打 √，A 理解，B 基本理解，C 未理解）

专业核心能力	评价指标	自测结果		
运用基于 ADO.NET 实现 SQL 数据库连接的能力	1. 了解 ADO.NET 的内容及工作原理	□A	□B	□C
	2. 能够使用 ADO.NET 的完成数据库连接及关闭数据库连接	□A	□B	□C
	3. 能够使用 DataAdapter 适配器对象和 Command 执行对象操作数据库	□A	□B	□C
运用 ADO.NET 实现数据库增删改查的能力	1. 能够掌握 SqlConnection 和 SqlCommand 类的使用	□A	□B	□C
	2. 能够会使用 SqlDataAdapter 联合 DataSet 实现数据读取	□A	□B	□C
	3. 能够使用 ExecuteNonQuery() 进行数据库操作	□A	□B	□C
理解并掌握项目三层架构设计实现的能力	1. 了解三层架构系统的特点及工作原理	□A	□B	□C
	2. 能够掌握三层架构系统的创建方法	□A	□B	□C
	3. 能够掌握三层架构中每一层的代码设计	□A	□B	□C
学生签字：	教师签字：	年	月	日

职业能力测评表

（在□中打 √，A 通过，B 基本通过，C 未通过）

职业核心能力	评价指标	自测结果		
自我管理能力	1. 培养自己的责任心	□A	□B	□C
	2. 能够管理自己的时间	□A	□B	□C
	3. 所学知识的灵活运用	□A	□B	□C

续表

职业核心能力	评价指标	自测结果
合作交流能力	1. 知道如何尊重他人的观点	□A　□B　□C
	2. 能与其他人有效沟通	□A　□B　□C
	3. 能获取信息并反馈信息	□A　□B　□C
解决问题能力	1. 能够有效使用信息资源	□A　□B　□C
	2. 能客观分析事物的现状	□A　□B　□C
	3. 能发现并解决常规问题	□A　□B　□C
设计创新能力	1. 能够提出有价值的观点	□A　□B　□C
	2. 能够运用不同的思维方式	□A　□B　□C
	3. 能够制定创新方案并实施	□A　□B　□C
学生签字：	教师签字：	年　月　日

单元练习题

一、单项选择题

1. ADO.NET 中用于对 SQL Server 数据库执行一条 Transact-SQL 语句或存储过程的对象是（　　）。

A. Command 对象　　B. Connection 对象
C. DataReader 对象　　D. DataRow 对象

2. ADO.NET 中，用于从数据源中获取只读数据的对象是（　　）。

A. Command 对象　　B. Connection 对象
C. DataReader 对象　　D. DataRow 对象

3. ADO.NET 中，用于建立 Connection 对象和数据集之间的桥梁的对象是（　　）。

A. DataTable 对象　　B. Command 对象
C. DataSet 对象　　D. DataAdapter 对象

4. SqlConnection 对象中，用于设置连接 SQL Server 数据库的字符串的属性是（　　）。

A. DataSource 属性　　B. ServerVersion 属性
C. ConnectionString 属性　　D. State 属性

5. SqlCommand 对象中，用于设置要对数据源执行的 SQL 语句或存储过程的属性是（　　）。

A. Connection 属性　　B. CommandText 属性
C. CommandType 属性　　D. Parameters 属性

6. SqlCommand 对象中，将 CommandText 发送到 Connection 并生成一个 SqlDataReader 的方法是（　　）。

A. ExecuteReader 方法　　B. ExecuteScalar 方法
C. ExecuteNonQuery 方法　　D. ToString 方法

7. SqlCommand 对象中，对连接执行 SQL 语句并返回受影响的行数的方法是（　　）

A. ExecuteReader 方法　　B. ExecuteScalar 方法
C. ExecuteNonQuery 方法　　D. ToString 方法

8. Command 对象的 ExecuteNonQuery 方法的返回值代表（　　）。

A. 该 ExecuteNonQuery 方法执行后，数据源中受影响的行数

B．该 ExecuteNonQuery 方法执行后，数据源中被删除的数据行的行数

C．该 ExecuteNonQuery 方法执行后，数据源中新增加数据行的行数

D．该 ExecuteNonQuery 方法执行是否成功的真假值

9．employee 是 SQL Server 2000 数据库中的一个数据表，为执行下列 SQL 语句

```
SELECT * from employee
```

应调用命令对象（command 对象）的（　　）方法。

A．ExecuteScalar　　B．ExecuterXmlreader

C．ExecuterReader　　D．ExecuterEnonquery

10．employee 是 SQL Server 2000 数据库中的一个数据表，为执行下列 SQL 语句，

```
INSERT into employer Values(10,tom,1997)
```

应调用命令对象（command 对象）的（　　）方法。

A．ExecuteScalar　　B．ExecuterXmlreader

C．ExecuterReader　　D．ExecuteNonquery

11．在 ADO.NET 程序中，某连接字符串如下：

```
provider=Microsoft.jet.oledb.4.0;data source=\samples\northwind.mdb
```

则该连接所引用的数据库是（　　）类型。

A．SQL Server 2000　　B．OLEDB 4.0

C．SQL Server 6.5　　D．Access

12．使用 command 对象的（　　）方法可以执行返回单一值的 SQL 命令。

A．ExecuteScalar　　B．ExecuterSingleValue

C．ExecuterReader　　D．ExecuterEnonquery

13．为访问 Microsoft Access 2000 数据库中的数据，可以使用（　　）连接到数据库。

A．SQL Server .NET 数据提供程序　　B．OLE DB .NET 数据提供程序

C．ODBC .NET 数据提供程序　　D．XML .NET 数据提供程序

二、填空题

1．ADO.NET 的类由________和________两个部分组成。

2．ADO.NET 中的数据集可以分为________和________两种。

3．DataTable 由哪些对象组成（任写 3 个）：________________________。

4．三层架构就是将整个业务应用划分为：________、________和________。

单元 6 数据库服务控件的应用

学习目标

【知识目标】

- 了解数据控件的应用。
- 熟练掌握 SqlDataSource 数据源控件。
- 熟练掌握 GridView 数据绑定控件。
- 熟练掌握 DataList 控件的应用。
- 熟练掌握 Repeator 控件的应用。
- 熟练掌握 DetailsView 控件的应用。

【技能目标】

- 学会使用 SqlDataSource 数据源控件。
- 学会使用 GridView 数据绑定控件。
- 学会使用 DataList 控件。
- 学会使用 Repeator 控件。
- 学会使用 DetailsView 控件。

【素质目标】

- 具备科学精神和态度。
- 具备流程意识。
- 具备良好的个性心理品质和较强的心理调适能力。

教学 PPT

PPT

教学录像

实训任务

教学案例

思政小课堂
内容与形式

引例描述

ASP.NET 提供了一些 Web 窗体的数据源控件，开发人员利用这些控件能够灵活地配置与数据库的连接，而不需要手动编写数据库连接。ASP.NET 不仅提供了数据源控件，还提供了能够显示数据的控件，简化了数据显示的开发，开发人员只需简单修改模板即可实现数据显示和分页。

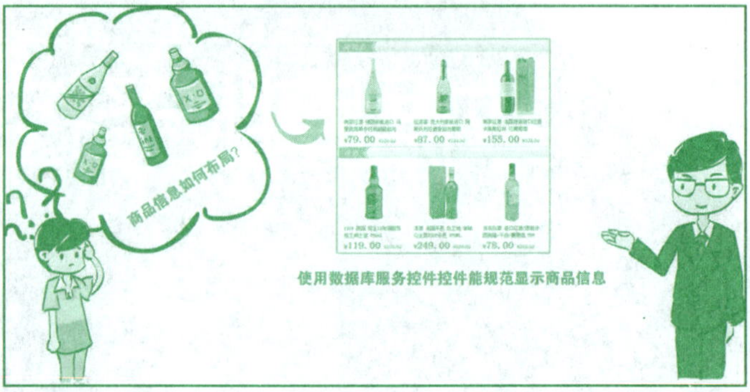

常用的数据控件如下。

（1）数据源控件：包括 SQL 数据源控件（SqlDataSource）、目标数据源控件（ObjectDataSource）和 XML 数据源控件（XmlDataSource）；

（2）重复列表控件（Repeater）；

（3）数据列表控件（DataList）；

（4）数据列表控件（GridView）；

（5）数据绑定控件（DetailsView）。

在 ASP.NET 中，这些控件使开发变得更加简单。例如，在 ASP.NET 中，数据源控件和数据绑定控件使开发人员在开发页面时，无须更多的操作即可实现强大的功能，解决了在传统的 ASP 中难以解决的问题。

本单元主要介绍如何利用数据绑定控件及数据源控件完成数据的绑定、修改等常用的数据操作功能。本单元主要采用项目驱动法、讲授法和实践教学法，通过电子商务网站整体规划与布局项目驱动，引出课程内容，讲授教学法通过教师课堂授课实施，通过课堂和课后实践，完成项目实施。

任务 6.1 实现商品分类数据绑定

任务陈述

任务构思与目标：在 index.aspx 页面中添加 DataList 控件，并从数据库中提取出商品的类别信息，将商品类别信息绑定到 DataList 中，运行效果如图 6-1 所示。

图 6-1 商品分类界面

微课 6.1 实现商品分类数据绑定

任务设计：把 SqlDataSource 控件添加到页面中，通过该控件提取商品类别信息，并把 SqlDataSouce 控件绑定到 DataList 控件中。

知识准备

6.1.1 数据源控件

Microsoft Expression Web 中提供了两种类型的 ASP.NET 数据控件：一种是数据源控件，用于设置数据库或 XML 数据源的连接属性；另一种是数据控件，用于显示来自数据源控件中指定数据源的数据。

数据源控件主要有以下 4 种：

① AccessDataSource 控件：AccessDataSource 控件是一个与 Microsoft Access 数据库配套使用的数据源控件。

② SiteMapDataSource 控件：该控件从站点地图提供程序中检索导航数据，然后将数据传递给可显示该数据的控件，如 TreeView 和 Menu 控件。

③ SqlDataSource 控件：通过 SqlDataSource 控件可以使用 Data 控件访问位于关系数据库（包括 Microsoft SQL Server 和 Oracle 数据库以及 OLE DB 和 ODBC 数据源）中的数据。

④ XmlDataSource 控件：该控件使 XML 数据可用于数据绑定控件。尽管 XmlDataSource 控件通常用于在只读情况下显示分层 XML 数据，但是既可以使用该控件显示分层数据，也可以使用它显示表格数据。

通过 SqlDataSource 控件，可以使用 Web 服务器控件访问位于关系数据库中的数据，包括 Microsoft SQL Server、Oracle 数据库以及 OLE DB 和 ODBC 数据源。可以将 SqlDataSource 控件与数据绑定控件（如 GridView、FormView 和 DetailsView 控件）一起使用，实现用极少代码或甚至不用代码在 ASP.NET 网页上显示数据并对数据进行增加、删除、修改和查询等操作。

使用 SqlDataSource 控件，可以在 ASP.NET 页中访问和操作数据，无须直接使用 ADO.NET 类。只需提供用于连接到数据库的连接字符串，并定义使用数据的 SQL 语句或存储过程即可。运行时，SqlDataSource 控件会自动打开数据库连接，执行 SQL 语句或存储过程，返回选定数据（如有），最后关闭连接。

以下演示如何在页面中添加 SqlDataSource 控件，并与数据库建立连接。

（1）在工具栏的数据标签中找到 SqlDataSource 的图标 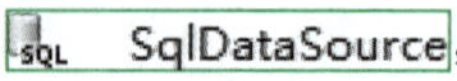
，双击即可在页面中添加该控件。

（2）切换到视图模式下，单击 SqlDataSource 控件会显示【SqlDataSource 任务】列表，选择【配置数据源】选项，进入 SqlDataSource 控件配置向导，如图 6-2 所示。

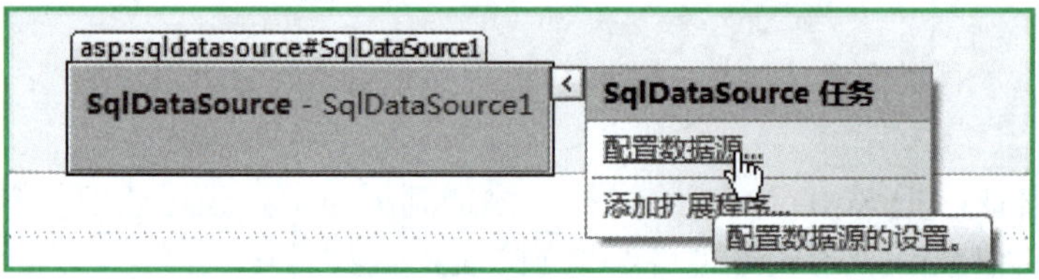

图 6-2 配置数据源 -1

（3）在【配置数据源】对话框中单击【新建连接】按钮，在打开的【选择数据源】对话框中选择【Microsoft SQL Server】选项，如图 6-3 所示，单击【继续】按钮。

（4）在打开的【添加连接】对话框中对数据库信息进行配置。在【服务器名】中选择所要连接的数据库服务器，这里为本机的数据库实例名 localhost，在【登录到服务器】处使用前面设置的数据库登账号，在【连接到一个数据库】中选择所要连接的数据库【teamTask】，单击【测试连接】按钮，测试连接是否成功，如图 6-4 所示。

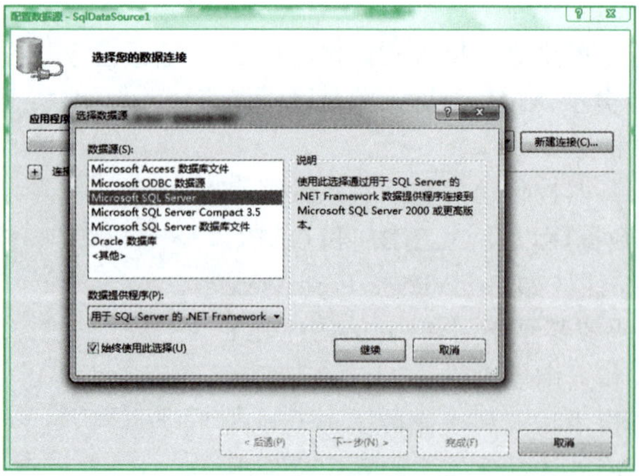

图 6-3 配置数据源 -2

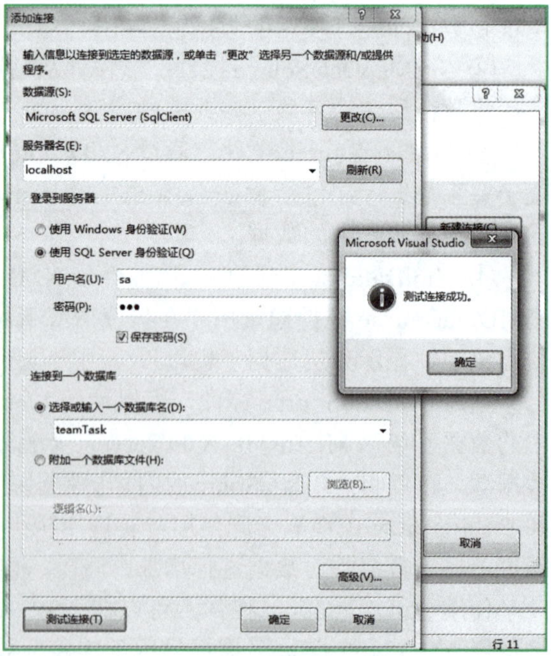

图 6-4 配置数据源 -3

若提示连接成功则可以进单击【确定】按钮，返回【添加连接】对话框，继续单击【确定】按钮，在【配置数据源】对话框中单击【下一步】按钮。

在这里，用户可以选择“是否将连接保存到应用程序配置文件中”，以便应用程序进行全局配置，通常情况下选择保存，如图 6-5 所示。当选择完成后，配置信息就会显示在 web.config 中。当需要对用户控件进行维护时，可以直接修改 web.config，而不需要修改每个页面的数据源控件，便于开发和维护。

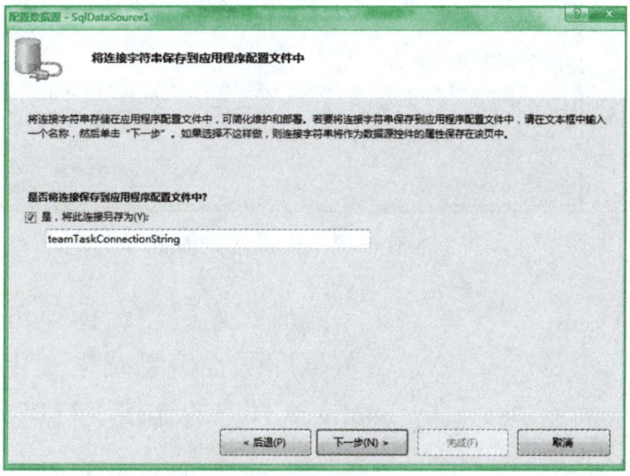

图 6-5　配置数据源 -4

（5）单击【下一步】按钮。

数据源控件可以指定所需要使用的 SELECT 语句或存储过程，能够在配置 SELECT 语句窗口中进行 SELECT 语句的配置和生成。如果希望手动编写 SELECT 语句或其他语句，可以选择【指定自定义 SQL 语句或存储过程】单选项进行自定义配置。

在这里只需要勾选相应的字段，单击【ORDER BY】按钮，在【添加 ORDER BY 子句】对话框中即可配置一个 SELECT * FROM [taskCategory] ORDER BY [ID] DESC 语句，完全可以满足用户的要求，如图 6-6 和图 6-7 所示。

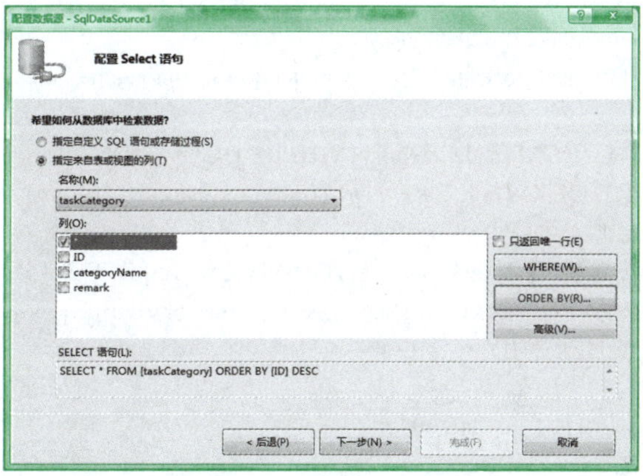

图 6-6　配置数据源 -5

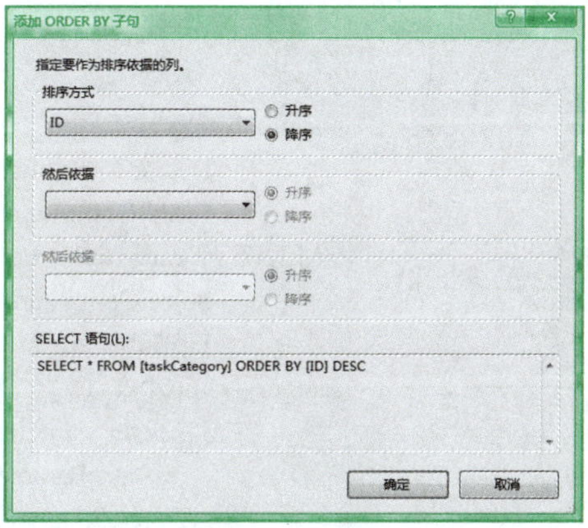

图 6-7　配置数据源 -6

（6）SqlDataSource 控件支持自动生成编辑、添加和删除操作所需的 SQL 语句，从而允许不编写代码即可以实现数据操作，因此，还需要在设置完“ORDER BY”后单击【高级】按钮，在打开的【高级 SQL 生成选项】对话框中选择【生成 INSERT、UPDATE 和 DELETE 语句】选项后单击【确定】按钮，返回【配置数据源】对话框，可进行测试查询如图 6-8 和图 6-9 所示。

（7）单击【测试查询】按钮可以测试查询，如果测试后显示的结果和预期一样，则可以单击【完成】按钮。

图 6-8 配置数据源 -7

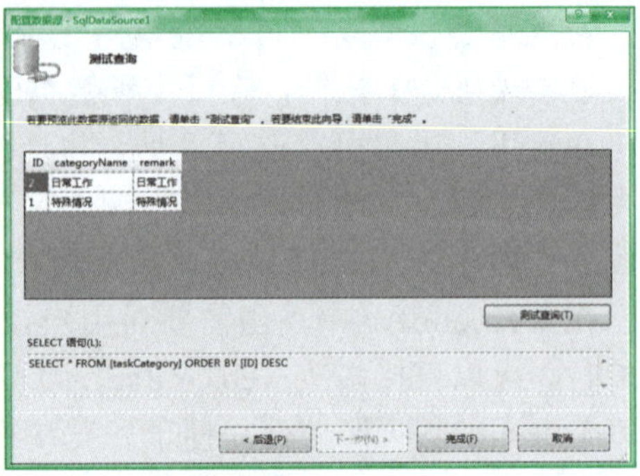

图 6-9 配置数据源 -8

完成配置后，查看 web.config 配置文件，其中生成了该连接的连接字串。当数据库配置信息发生变化时，可以直接更改 web.config 的配置信息，web.config 文件中的连接字符串代码如下。

```
<connectionStrings>
    <add name="teamTaskConnectionString" connectionString="Data Source=localhost;Initial Catalog=teamTask;Persist Security Info=True;User ID=sa;Password=123"
providerName="System.Data.SqlClient" />
</connectionStrings>
```

通过上述步骤，任务中商品分类所需要的数据源就建立完成了，返回页面查看配置结束后在页面生成的代码如下。

```
<asp:SqlDataSource ID="SqlDataSource1" runat="server"
                        ConnectionString="<%$ ConnectionStrings:teamTaskConnectionString %>"
    DeleteCommand="DELETE FROM [taskCategory] WHERE [ID] = @ID"
    InsertCommand="INSERT INTO [taskCategory] ([categoryName], [remark]) VALUES (@categoryName, @remark)"
    SelectCommand="SELECT * FROM [taskCategory] ORDER BY [ID] DESC"
    UpdateCommand="UPDATE [taskCategory] SET [categoryName] = @categoryName, [remark] = @remark WHERE [ID] = @ID">
    <DeleteParameters>
        <asp:Parameter Name="ID" Type="Int32" />
    </DeleteParameters>
    <UpdateParameters>
        <asp:Parameter Name="categoryName" Type="String" />
        <asp:Parameter Name="remark" Type="String" />
        <asp:Parameter Name="ID" Type="Int32" />
    </UpdateParameters>
    <InsertParameters>
        <asp:Parameter Name="categoryName" Type="String" />
        <asp:Parameter Name="remark" Type="String" />
    </InsertParameters>
</asp:SqlDataSource>
```

通过以上步骤实现了 SqlDataSource 绑定 SQL 数据库的 taskCategory 表的数据。

6.1.2　DataList 控件基础知识

通过 DataList 控件，Web 服务器控件用可自定义的格式显示各行数据库信息。显示数据的格式在创建的模板中定义，可以为项、交替项、选定项和编辑项创建模板。标头、脚注和分隔符模板也用于自定义 DataList 的整体外观。通过在模板中引入 Button Web 服务器控件，可将列表项连接到代码，而这些代码允许用户在显示、选择和编辑模式之间进行切换。在工具栏中 DataList 控件的图标为 DataList。

任务实施

6.1.3　实现商品分类数据绑定

实现商品分类数据绑定的步骤如下。

① 从工具箱中把 SqlDataSource 控件、DataList 控件拖入 Index.aspx 页面中，如图 6-10 所示。

② 按功能需求配置 SqlDataSource 控件，从数据库中提取出商品类别信息，如图 6-11 所示。

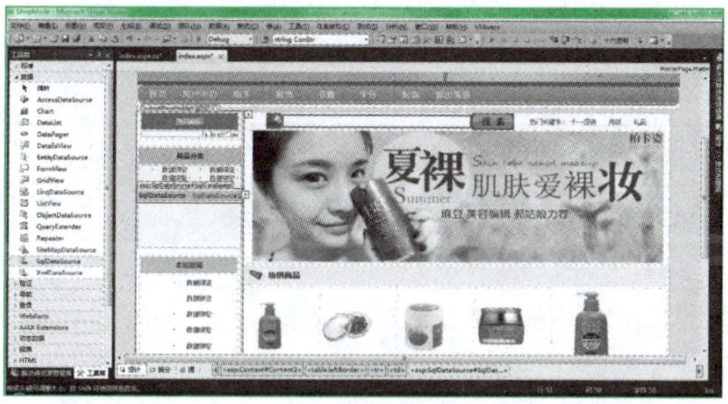

图 6-10　将控件拖入 index.aspx 页面

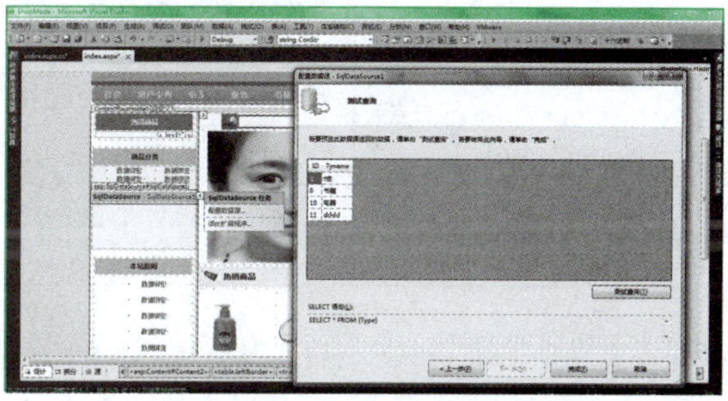

图 6-11　配置 SqlDataList 控件取出商品类别

③ 把 SqlDataSource 控件绑定到 DataList 控件中，如图 6-12 所示。

最终运行效果如图 6-13 所示。

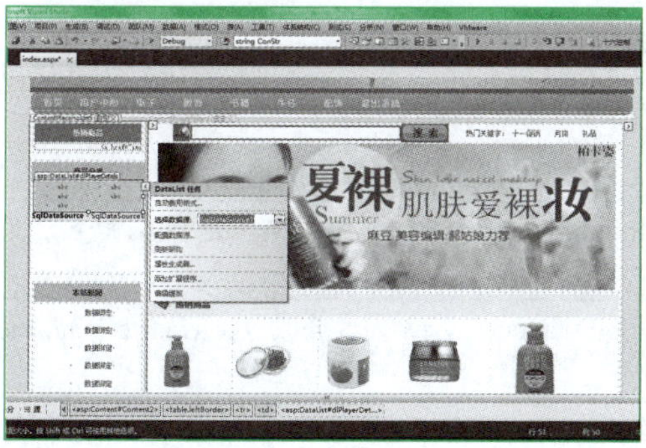

图 6-12　将 SqlDataSourcer 控件绑定到 DataList 控件

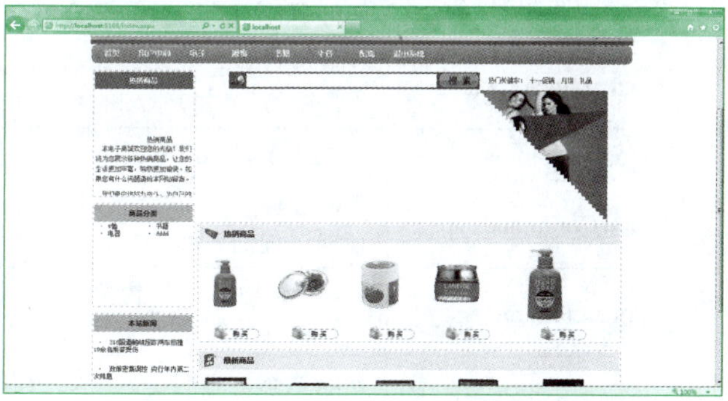

图 6-13　商品类别信息运行效果图

任务拓展

6.1.4 SqlDataSource 控件

（1）SqlDataSource 控件的常用属性

SqlDataSource 控件的常用属性见表 6-1。

表 6-1 SqlDataSource 控件的常用属性

属 性	描 述
ConnectionString	获取或设置特定于 ADO.NET 提供程序的连接字符串，SqlDataSource 控件使用该字符串连接基础数据库
ConflictDetection	获取或设置值，该值指示操作期间基础数据库中的一行数据更改时，SqlDataSource 控件如何执行更新和删除
DataSourceMode	获取或设置 SqlDataSource 控件获取数据所用的数据检索模式
EnableCaching	获取或设置一个值，该值指示 SqlDataSource 控件是否启用数据缓存
DeleteCommand	获取或设置 SqlDataSource 控件从基础数据库删除数据所用的 SQL 字符串
DeleteCommandType	获取或设置一个值，该值指示 DeleteCommand 属性中的文本是 SQL 语句还是存储过程的名称
DeleteParameters	从与 SqlDataSource 控件相关联的 SqlDataSourceView 对象获取包含 DeleteCommand 属性所使用的参数的参数集合
InsertCommand	获取或设置 SqlDataSource 控件将数据插入基础数据库所用的 SQL 字符串
InsertCommandType	获取或设置一个值，该值指示 InsertCommand 属性中的文本是 SQL 语句还是存储过程的名称
InsertParameters	从与 SqlDataSource 控件相关联的 SqlDataSourceView 对象获取包含 InsertCommand 属性所使用的参数的参数集合
SelectCommand	获取或设置 SqlDataSource 控件从基础数据库检索数据所用的 SQL 字符串
SelectCommandType	获取或设置一个值，该值指示 SelectCommand 属性中的文本是 SQL 查询还是存储过程的名称
SelectParameters	从与 SqlDataSource 控件相关联的 SqlDataSourceView 对象获取包含 SelectCommand 属性所使用的参数的参数集合
SortParameterName	获取或设置存储过程参数的名称，在使用存储过程执行数据检索时，该存储过程参数用于对检索到的数据进行排序
UpdateCommand	获取或设置 SqlDataSource 控件更新基础数据库中的数据所用的 SQL 字符串
UpdateCommandType	获取或设置一个值，该值指示 UpdateCommand 属性中的文本是 SQL 语句还是存储过程的名称
UpdateParameters	从与 SqlDataSource 控件相关联的 SqlDataSourceView 控件获取包含 UpdateCommand 属性所使用的参数的参数集合
ViewState	获取状态信息的字典，这些信息使用户可以在同一页的多个请求间保存和还原服务器控件的视图状态

（2）SqlDataSource 控件的常用事件

SqlDataSource 常用事件见表 6-2。

表 6-2　SqlDataSource 常用事件

事　件	描述说明
DataBinding	当服务器控件绑定到数据源时发生
Deleted	完成删除操作后发生
Deleting	执行删除操作前发生
Disposed	当从内存释放服务器控件时发生，这是请求 ASP.NET 页时服务器控件生存期的最后阶段
Filtering	执行筛选操作前发生
Inserted	完成插入操作后发生
Inserting	执行插入操作前发生
Selected	数据检索操作完成后发生
Selecting	执行数据检索操作前发生
Updated	完成更新操作后发生
Updating	执行更新操作前发生

（3）SqlDataSource 控件的常用方法

SqlDataSource 控件的常用方法见表 6-3。

表 6-3　SqlDataSource 的常用方法

方　法	描述说明
DataBound	将数据源绑定到被调用的服务器控件上
Delete	使用 DeleteCommand SQL 字符串和 DeleteParameters 集合中的所有参数执行删除操作
Insert	使用 InsertCommand SQL 字符串和 InsertParameters 集合中的所有参数执行插入操作
Select	通过使用 SelectCommand SQL 字符串以及 SelectParameters 集合中的任何参数，从基础数据库中检索数据
RowDeleted	在单击某一行的【删除】按钮时，但在 SqlDataSource 控件删除该行之后发生
Update	使用 UpdateCommand SQL 字符串和 UpdateParameters 集合中的所有参数执行更新操作

项目实训

【实训目的】

① 掌握使用 SqlDataSourcer 控件的基本方法。

② 掌握使用 DataList 控件的基本方法。

【实训内容】

使用数据源及数据绑定控件实现用户信息的显示。

任务 6.2 GridView 控件实现新闻列表显示

任务陈述

任务构思与目标：借助 GridView 控件，将后台数据库中的新闻列表展示到前台页面。需要实现首页限制条数的新闻显示和新闻列表页面的全部新闻列表展示，运行效果如图 6-14 和图 6-15 所示。

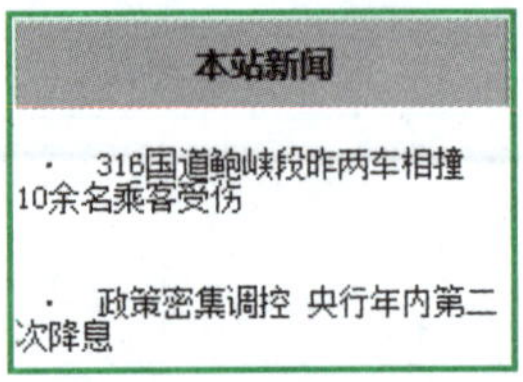

图 6-14 首页面新闻列表运行效果

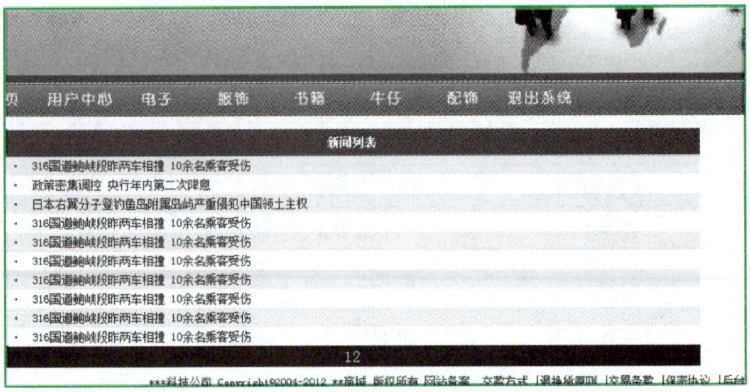

图 6-15 新闻列表页面运行效果

任务设计：将新闻信息从数据库中提取出来，并将其绑定到 GridView 控件中。最后进行页面布局设计、样式设计、分页设计、数据绑定设计等工作，并运行预览设计效果。

知识准备

6.2.1 GridView 控件

微课 6.2
GridView 实现新闻列表显示

GridView 控件是 ASP.NET 提供用于显示表格数据的控件。使用 GridView 控件可以显示、编辑和删除来自多种不同数据源（包括数据库、XML 文件和公开数据的业务对象）的数据。

以下演示如何使用 GridView 控件。

① 在工具栏的数据标签中，拖放或双击 GridView 控件添加该控件。

② 单击 GridView 控件右上角的箭头图标，列出【GridView 任务】面板，在其中选择【数据源】（数据源选为 6.1.4 节示例中所创建的 SqlDataSource 控件），选中数据源后，GridView 会根据数据源中的字段自动生成列，而且在【GridView 任务】面板中会多出几个选项，分别是【启用分页】、【启用编辑】、【启用删除】等。

根据需要选择【启用分页】、【启用编辑】或【启用删除】复选框，如

图 6-16 所示。

为 GridView 各字段指定列标题，选择【启用编辑】选项，打开如图 6-17 所示的【字段】对话框。

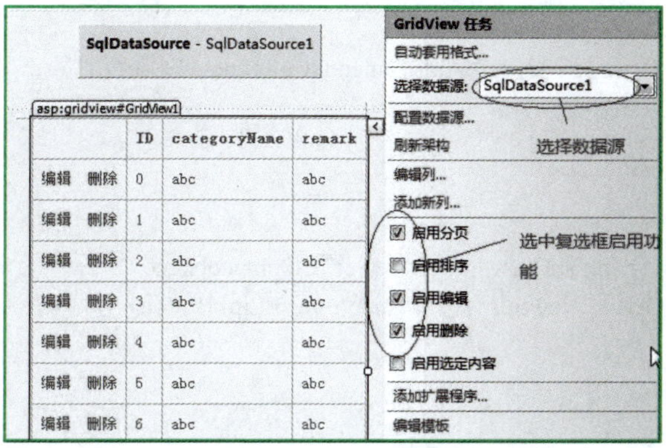

图 6-16　GridView 配置 -1

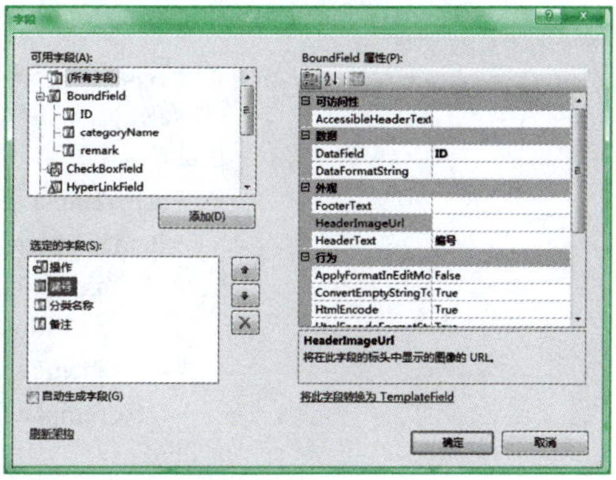

图 6-17　GridView 配置 -2

③ 在【字段】对话框中将各字段的 HeaderText 属性设置为对应的汉字。调整列的显示顺序，效果如图 6-18 所示。

④ 运行查看效果，如图 6-19 所示。

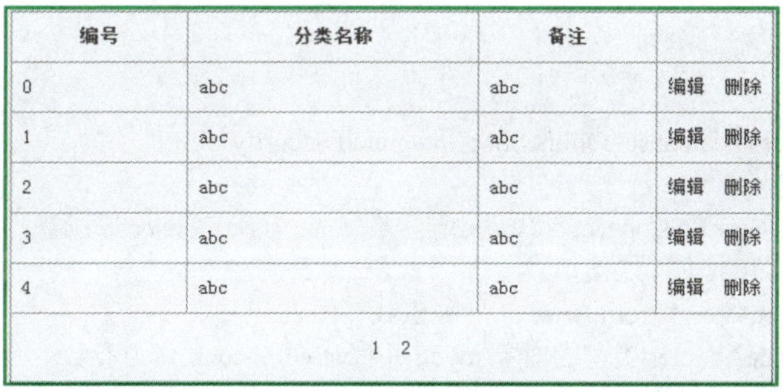

图 6-18　GridView 配置效果

图 6-19　运行 GridView 查看效果

任务实施

6.2.2　GridView 控件实现首页新闻列表显示

① 在控件工具栏中，将 GridView 控件拖入页面，创建 GridView 控件，并设置其显示属性。

② 创建后的 GridView 控件如图 6-20 所示，其中 GridView 提供了一个 AutoGenerateColumns 属性，用于确定是否为数据源中的每个字段自动创建绑定字段。如果将 AutoGenerateColumns 属性设置为 True，则为数据源中的每个字段自动创建一个

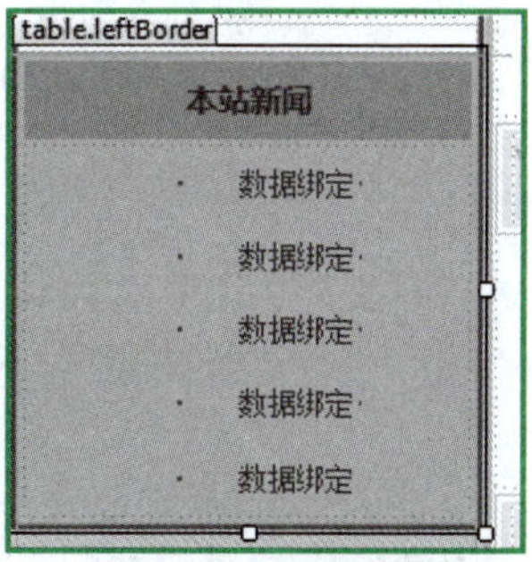

图 6-20　创建 GridView 控件后的界面

AutoGeneratedField 对象，然后每一个字段将作为 GridView 控件中的一列显示，其顺序是数据源中字段的顺序。

如果将 AutoGenerateColumns 属性设置为 False，可以手动定义列字段，代码如下。

```
<asp:GridView ID="GridView1" runat="server" AutoGenerateColumns="False"
    DataKeyNames="NewID" >
  <Columns>
      <asp:TemplateField>
      <ItemTemplate>
          <asp:LinkButton ID="lnkbtnClass" runat="server" CommandName="New">
              <span><%# Eval("Newtitle") %></span></asp:LinkButton>
          </ItemTemplate>
      </asp:TemplateField>
  </Columns>
</asp:GridView>
```

创建 GridView 控件的效果如图 6-20 所示。

③ 通过以上步骤设置好 GridView 控件的属性，并引用预先定义好的样式，最后借助代码将数据库中的新闻信息提取出来并绑定到 GridView 控件上。关键代码如下。

```
public void bind()
{
    string strcon = "server=.;database=OnlineShop;Integrated Security=SSPI";
    // 连接数据库字符串
    SqlConnection conn = new SqlConnection(strcon);// 声明 conn 为 SqlConnection 类型
    conn.Open();      // 打开数据库连接
    string strcom = "select top 6 * from New";        // 查找新闻表
    // 实例化一个 SqlDataAdapter 类型的对象 myda 并将 strcom, conn 作为参数
    SqlDataAdapter myda = new SqlDataAdapter(strcom, conn);
    DataSet myds = new DataSet();                          // 实例化一个 DataSet 对象
    myda.Fill(myds);                              // 调用 myda 的填充数据集的方法 Fillmyds
    dlPlayerDetails.DataSource = myds;                     // 指定数据源 myds
    dlPlayerDetails.DataBind();                            // 绑定数据库
    conn.Close();                                          // 关闭连接
}
```

④ 运行并查看绑定效果，其效果如图 6-21 所示。

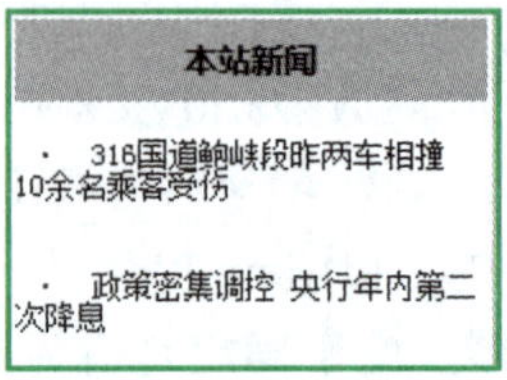

图 6-21 GridView 控件绑定

6.2.3 GridView 控件实现新闻页面列表分页排序显示

新闻列表页面用于显示新闻的全部记录信息，可以使用 GridView 控件的分页面和排序功能实现将最新添加的新闻显示在顶部并设定一页显示 10 条新闻的功能。

① 创建 NewsList.aspx 新闻列表页面，在该页面上创建一个 GridView 控件，效果如图 6-22 所示。

② 实现其数据列模板的设置，效果同图 6-15 中的设置即可。

```
<asp:GridView ID="GridView1" runat="server" AutoGenerateColumns="False"
    DataKeyNames="NewID" HeaderText=" 新闻列表 " HeaderStyle-Height="28px">
    <Columns>
        <asp:TemplateField>
    <ItemTemplate>
                <asp:LinkButton ID="lnkbtnClass" runat="server" CommandName="New">
    <span><%# Eval("Newtitle") %></span>
    </asp:LinkButton>
            </ItemTemplate>
        </asp:TemplateField>
    </Columns>
</asp:GridView>
```

③ 通过 GridView 的自动套用格式属性设置其基本显示样式。如图 6-23 所示，单击 GridView 控件右上角，在打开的【GridView 任务】面板中选择【自动套用格式】菜单命令，打开【自动套用格式】对话框。

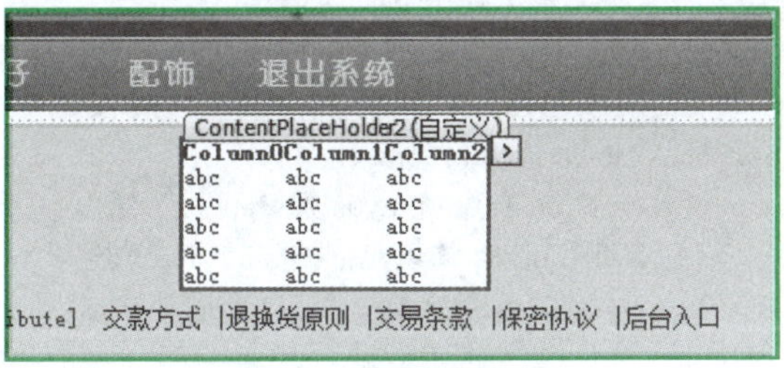

图 6-22　创建 GridView

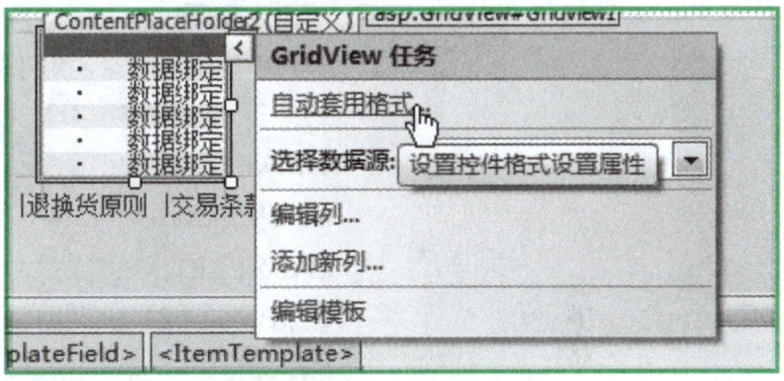

图 6-23　设置 GridView

④ 在打开的【自动套用格式】对话框中选择【专业型】选项，如图 6-24 所示。

⑤ 右键单击 GridView 控件，在弹出的属性列表中对其显示宽度、行列等属性进行简单调整，如图 6-25 和图 6-26 所示。

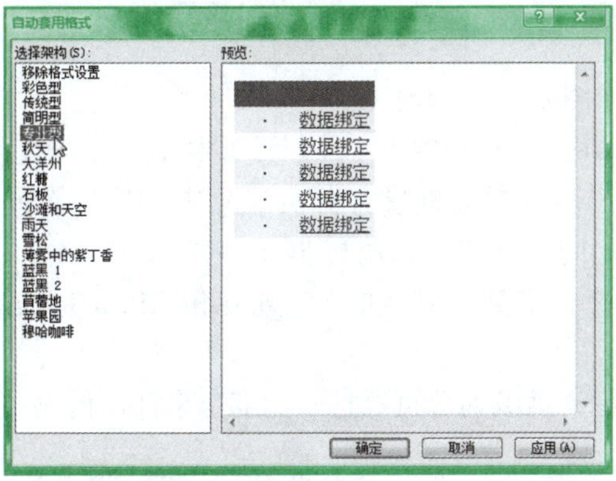

图 6-24　【自动套用格式】对话框

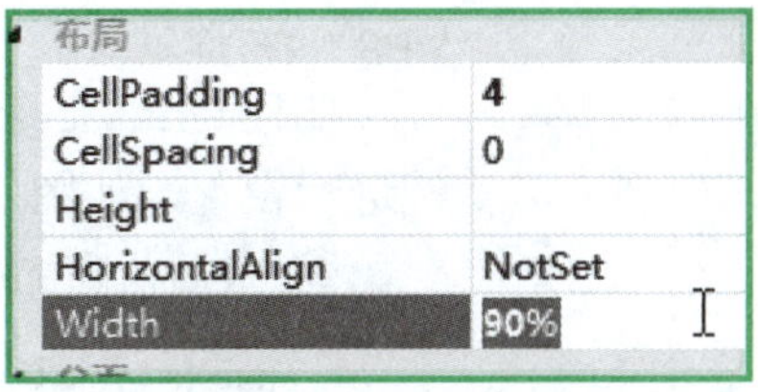

图 6-25　设置 GridView－调整显示宽度

设置完成的样式如图 6-27 所示。

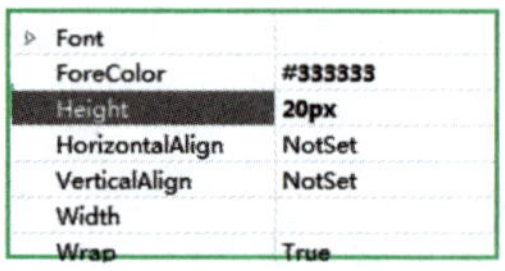

图 6-26 设置 GridView-调整显示行高

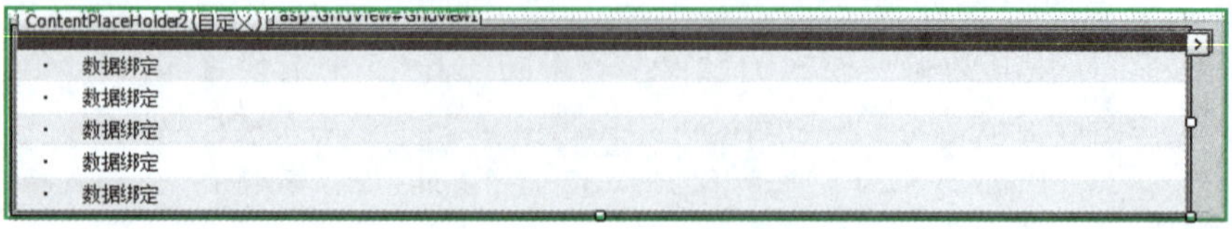

图 6-27 GridView 样式应用

⑥ 完成后台数据的绑定，绑定方法同首页的新闻列表绑定方法基本相同，只是在 SQL 语句中没有 top 的条数限制，绑定方法代码如下。

```
//绑定后台新闻
//定义绑定列表控件的方法
public void bindNews()
{
    //连接数据库字符串
    string strcon = "server=.;database=OnlineShop;Integrated Security=SSPI";
    //声明 conn 为 SqlConnection 类型，建立连接
    SqlConnection conn = new SqlConnection(strcon);
    conn.Open();                                    //打开数据库连接
    string strcom = "select top 6 * from New ";     //从数据库中查找表 New
    //实例化一个 SqlDataAdapter 类型的对象 myda 并将 strcom, conn 作为参数
    SqlDataAdapter myda = new SqlDataAdapter(strcom, conn);
    DataSet myds = new DataSet();                   //声明 myds 为 DataSet 类型
    myda.Fill(myds);                       //调用 myda 的填充数据集的方法 Fill
    GridView1.DataSource = myds;                    //指定数据源为 myds
    GridView1.DataBind();                           //绑定数据库
    conn.Close();                                   //关闭连接
}
```

在 Page_Load 事件中加入的绑定代码如下。

```
if (!IsPostBack) {
    bindNews();
}
```

浏览该页面查看绑定效果，如图 6-28 所示。

⑦ GridView 控件会把数据库中的所有数据在一个页面中显示。若数据量很大的话，则浏览起来很不方便。可以对数据进行分页显示来解决这个问题。GridView 控件本身支持分页功能，同时其也可以将数据排序显示。

要让 GridView 进行分页和排序，需要对其 AllowPaging 和 AllowSorting 属性进行设置，如图 6-29 所示。

⑧ 最后，在 PageIndexChanging 事件编写分页执行时的绑定事件，代码如下。

```
protected void GridView1_PageIndexChanging(object sender, GridViewPageEventArgs e)
{
```

```
        GridView1.PageIndex = e.NewPageIndex;        // 对 GridView1 的索引重新赋值
        bindNews();                                   // 调用 bindNews 方法显示数据
    }
```

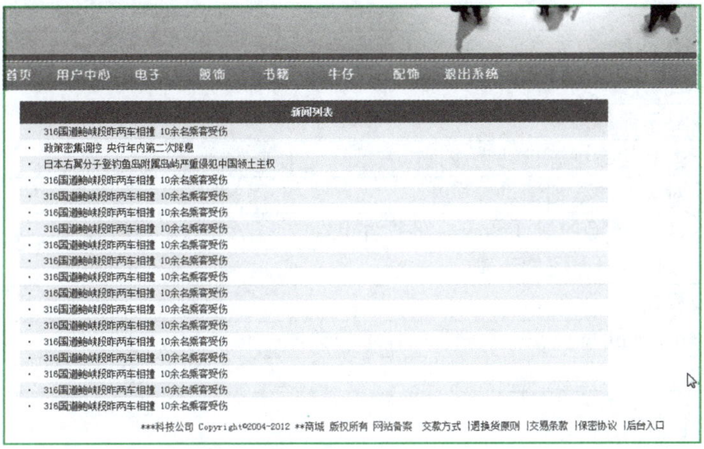

图 6-28　绑定效果

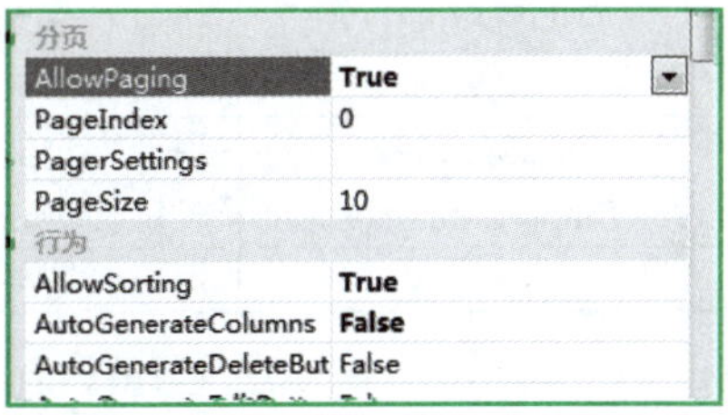

图 6-29　GridView 属性设置

通过以上步骤就实现了 GridView 的分页功能，运行页面并单击对应页数查看，其效果如图 6-30 所示。

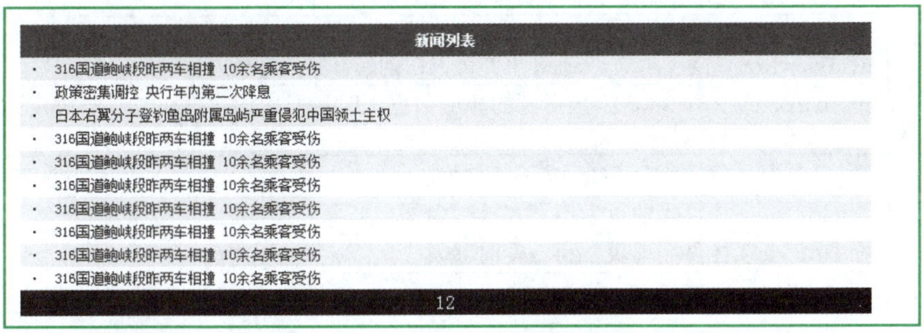

图 6-30　分页功能效果

任务拓展

6.2.4　GridView 控件

1. GridView 控件的常用属性

GridView 常用属性见表 6-4。

表 6-4　GridView 的常用属性

属　性	描　述
HorizontalAlign	控件水平对齐。其属性有 NotSet、Top、Bottom、Left 和 Right
Gridlines	设置 GridView 单元格之间网格线的显示方式。其属性值有 None、Horizontal、Vertical 和 Both

续表

属　性	描　述
CellPadding	单元格内的空白
CellSpacing	单元格之间的间距
Caption	GridView 控件描述性标题
AllowPaging	是否在 GridView 中打开分页功能
PageSize	数据源中每页要显示的行数
AutoGeneraterColumns	运行时是否基于关联的数据源自动生成列，其默认值为 False
AllowSorting	字段头是否用于对关联的数据源进行排序
DataSourceID	将被 GridView 用作数据源的 IdataSource 的控件 ID
DataKyeName	数据源中关键字段以逗号分隔的列表
DataMember	用于绑定的表或视图
EmptyDataText	未定义 EmptyDataTemplate 是在空数据行中显示的文本
CssClass	用于该控件的 CSS 类名

2. GridView 控件的常用事件

表 6-5 列出了 GridView 的常用事件。

表 6-5　GridView 的常用事件

事　件	描述说明
DataBind	将数据源绑定到被调用的服务器控件及其所有子控件上
RowsCreate	每次在栅格中创建新行时触发。在显示栅格前，必须为控件中的每一行都创建一个 GridViewRow 对象。RowCreated 事件可以在创建行时为行插入定制的内容
RowDataBoud	把 GridViewRow 绑定到数据源的相应数据上时触发。该事件可以计算绑定到当前行上的数据，改变输出
DataBound	绑定完成后，准备显示 GridView 时触发
PageIndexChangeing	在 GridView 控件当前页索引正在改变时激发
PageIndexChanaged	在 GridView 控件当前页索引改变时激发
RowCommand	在 GridView 生成事件时激发

3. 在 GridView 控件的常用方法

表 6-6 列出了 GridView 的常用方法。

表 6-6　GridView 的常用方法

方　法	描述说明
DataBound	将数据源绑定到被调用的服务器控件上
PageIndexChanged	在单击某一页导航按钮时，但在 GridView 控件处理分页操作之后发生
RowCreated	在 GridView 控件中创建行时发生
Equals	确定两个对象实例是否相等
RowDeleted	在单击某一行的【删除】按钮时，但在 GridView 控件删除该行之后发生
RowUpdated	发生在单击某一行的【更新】按钮，并且 GridView 控件对该行进行更新之后

4. 列字段

通过将 AutoGenerateColumns 属性设置为 False，然后定义用户的列字段集合，用户也可以手动控制哪些列字段将显示在 GridView 控件中。不同的列字段类型决定控件中各列的行为。表 6-7 列出了可以使用的不同列字段类型。

表 6-7 列字段类型表

列字段类型	说 明
BoundField	显示数据源中某个字段的值。这是 GridView 控件的默认列类型
ButtonField	为 GridView 控件中的每个项显示一个命令按钮。可以创建一列自定义按钮控件，如【添加】按钮或【移除】按钮
CheckBoxField	为 GridView 控件中的每一项显示一个复选框。该列字段类型通常用于显示具有布尔值的字段
CommandField	显示用来执行选择、编辑或删除操作的预定义命令按钮
HyperLinkField	将数据源中某个字段的值显示为超链接。该列字段类型使用户可以将另一个字段绑定到超链接的 URL
ImageField	为 GridView 控件中的每一项显示一个图像
TemplateField	根据指定的模板为 GridView 控件中的每一项显示用户定义的内容。该列字段类型使用户可以创建自定义的列字段

项目实训

【实训目的】

掌握 GridView 控件的基本使用方法。

【实训内容】

使用 GridView 控件显示商品类别信息，要求实现分页及排序功能。

任务 6.3 DataList 控件实现全部商品列表显示

任务陈述

任务构思与目标：查询全部商品信息，绑定到 DataList 控件中。其运行效果如图 6-31 所示。

图 6-31 主页面设计运行效果

任务设计：根据需求，将全部商品信息从 product 表里提取数据，并绑定到 DataList 中。

知识准备

6.3.1 DataList 控件

DataList 控件允许自定义数据显示的模板和样式格式，对重复结构（如表格）的数据非常有用。DataList 控件可以在不同的布局中显示数据行，如按列或行对数据进行排序。

DataList 控件允许使用多种方法显示控件中的项。可以指定控件以流模式（类似于 Word 文档）或以表模式（类似于 HTML 表）呈现项。流模式适合于简单布局，表模式可提供控制更为精确的布局，还允许使用 CellPadding 等属性。

在设置流模式或表模式时，需将 DataList 控件的 RepeatLayout 属性设置为 Flow 或 Table。

默认情况下，DataList Web 服务器控件显示单个列，但也可以是指定任意数量的列。在这些列内，可指定项的排序方式：垂直（默认）或水平。

DataList 控件布局设置步骤如下。

（1）在页面添加 DataList 控件，并绑定前面创建的数据源控件，同 GridView 控件基本相同。

（2）单击 DataList 控件右上角，打开【DataList 任务】面板，选择【自动套用格式】选项，如图 6-32 所示。

（3）可以在 DataList 控件【自动套用格式】对话框中选择一种格式进行应用，如图 6-33 所示。

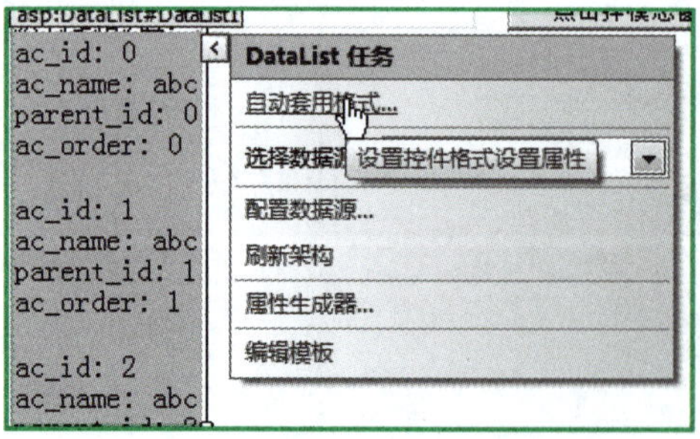

图 6-32 选择【DataList 任务】面板【自动套用格式】选项

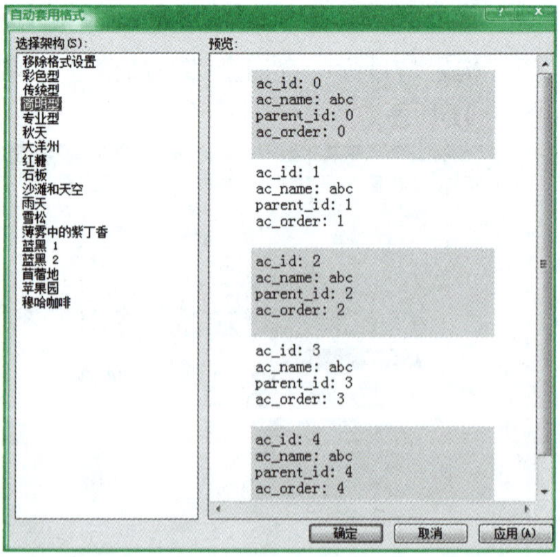

图 6-33 DataList 控件【自动套用格式】对话框

然后，设定排列方式，本例中设定为 3 列垂直布局。要实现这种排列布局需要进行如下设置。

① 将 DataList 控件的 RepeatColumns 属性设置为需要的列数。

② 将 RepeatDirection 属性设置为 Vertical 或 Horizontal，如图 6-34 所示。

通过以上的设置实现了 DataList 控件的自动样式设定及水平或垂直布局设定。其效果如图 6-35 所示。

微课 6.3
DataList 实现全部商品列表显示

图 6-34　RepeatDirection 属性设置

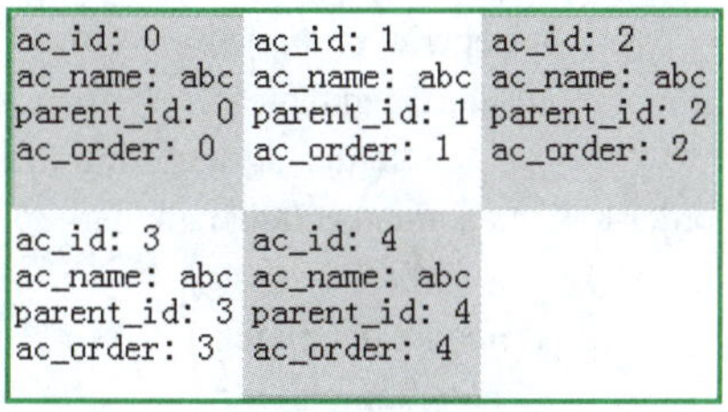

图 6-35　DataList 控件设置后的运行效果

DataList 控件允许用户编辑 DataList Web 服务器控件中的单个项。将单个项设置为编辑模式时，可以更改的值通常显示在文本框或其他可编辑的控件中。

任务实施

6.3.2　DataList 控件实现全部商品列表显示

实现全部商品列表显示的步骤如下。

① 创建 DataList 控件，并设置其显示属性，如图 6-36 所示。

② 在属性列表中进行控件属性的设置，如图 6-37 所示。

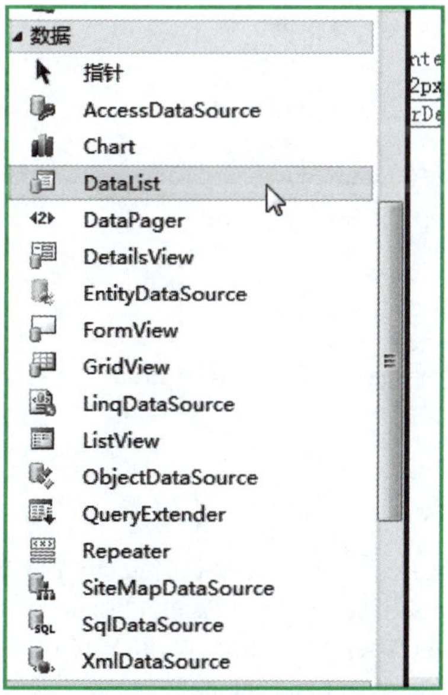

图 6-36　创建 GridView 控件

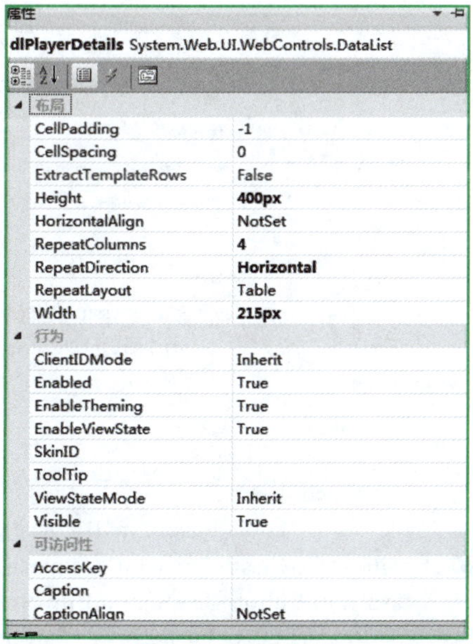

图 6-37　属性列表进行控件属性的设置

在 DataList 控件中，编辑其自定义模板。并在模板中，将从数据库中提取出来的商品信息绑定到相应的控件上，关键代码如下。

```
<asp:DataList ID="dlPlayerDetails" runat="server" Width="215px"
    RepeatColumns="4" RepeatDirection="Horizontal" GridLines="Horizontal"
Height="400px" onitemcommand="dlPlayerDetails_ItemCommand" DataKeyField="P_id">
        <SeparatorTemplate>
            <hr   style="color:Red" />
        </SeparatorTemplate>
        <HeaderTemplate>
            <center style="font-size:large; background-image: url('images/tbg.png');
border-top:3px solid #cc0000; padding-top:5px;"> 电器信息 </center>
            <br />
        </HeaderTemplate>
        <FooterTemplate>

        </FooterTemplate>
        <ItemTemplate>
            <table style="width:200px; height:50px;">
            <tr>
                    <td colspan="2">
                        <asp:Image ID="Image2" runat="server"
        ImageUrl='<%# Eval("P_image")%>' Height="130px" Width="130px"/>
                    </td>

                </tr>
                <tr>
                    <td style="width:80px;"><span> 商品名：</span></td>
                    <td>
                    <span><%# Eval("P_Name") %></span>
                    </td>
                </tr>
                <tr>
                    <td><span> 商品类型：</span></td>
                    <td><span><%# Eval("P_type") %></span></td>
              </tr>
                <tr>
                    <td><span> 价格：</span></td>
                    <td style="color:#cc0000"><span><%# Eval("P_price") %> ￥
</span></td>
              </tr>
                <tr>
        <td colspan="2">
                    <asp:LinkButton ID="lnkbtnClass" runat="server" Height="18px"
Width="46px" CssClass="smallbtn" CommandName="detailSee" > 详细 </asp:LinkButton>
    <asp:LinkButton ID="lnkbtnBuy" runat="server" Height="18px" Width="46px"
CssClass="smallbtn" CommandName="buyGoods"> 购买 </asp:LinkButton>
        </td>
```

```
        </tr>
        </table>
        </ItemTemplate>
</asp:DataList>
```

③ 创建后台代码绑定商品数据，其代码如下。

```
// 连接数据库字符串
string strcon = "server=.;database=OnlineShop;Integrated Security=SSPI";
// 声明 conn 为 SqlConnection 类型，连接数据库
SqlConnection conn = new SqlConnection(strcon);
conn.Open();                              // 打开数据库
string strcom = "select * from product where P_type=' 电器 '";
// 执行从表 product 中查询类型为“电器”的信息命令
SqlCommand comm = new SqlCommand(strcom,conn);
// 实例化一个 SqlDataAdapter 类型的对象 myda 并将 strcom, conn 作为参数
SqlDataAdapter myda = new SqlDataAdapter(strcom, conn);
DataSet myds = new DataSet();             // 实例化一个 DataSet 对象 myds
myda.Fill(myds);                          // 调用 myds 的填充数据集的方法 Fill
dlPlayerDetails.DataSource = myds;        // 指定数据源
dlPlayerDetails.DataBind();               // 绑定数据库
conn.Close();                             // 关闭数据库
```

运行页面查看效果，如图 6-38 所示。

图 6-38　页面运行效果

任务拓展

6.3.3　DataList 控件

1. DataList 控件的常用属性

表 6-8 列出了 DataList 的常用属性。

表 6-8 DataList 常用属性

属　　性	描　　述
HorizontalAlign	控件水平对齐。其属性有 NotSet、Top、Bottom、Left 和 Right
Gridlines	设置 GridView 单元格之间网格线如何显示。其属性值有 None、Horizontal、Vertical 和 Both
CellPadding	单元格内的空白
CellSpacing	单元格之间的间距
RepeatColumns	获取或设置要在 DataList 控件中显示的列数
RepeatDirection	获取或设置 DataList 控件是垂直显示还是水平显示，其属性值：Vertial（垂直方向重复）和 Horization（水平方向重复）
RepeatLayout	获取或设置控件是在表中显示还是在流布局中显示
Caption	GridView 控件描述性标题
AllowPaging	是否在 GridView 中打开分页功能
PageSize	数据源中每页要显示的行数
AutoGeneraterColumns	运行时是否基于关联的数据源自动生成列，其默认值为 False
AllowSorting	字段头是否用于对关联的数据源进行排序
DataSourceID	将被 GridView 用作数据源的 IdataSource 的控件 ID
DataKyeName	数据源中关键字段以逗号分隔的列表
DataMember	用于绑定的表或视图
EmptyDataText	未定义 EmptyDataTemplate 是在空数据行中显示的文本
CssClass	用于该控件的 CSS 类名
ShowHeader	显示或隐藏页眉

2. 为 DataList 项定义模板

表 6-9 描述了 DataList 控件支持的模板。

表 6-9 DataList 控件支持的模板

模 板 属 性	说　　明
ItemTemplate	包含一些 HTML 元素和控件，将为数据源中的每一行呈现一次这些 HTML 元素和控件
AlternatingItemTemplate	包含一些 HTML 元素和控件，将为数据源中的每两行呈现一次这些 HTML 元素和控件。通常，用户可以使用该模板来为交替行创建不同的外观，例如指定一个与在 ItemTemplate 属性中指定的颜色不同的背景色
SelectedItemTemplate	包含一些元素，当用户选择 DataList 控件中的某一项时将呈现这些元素。通常，用户可以使用此模板来通过不同的背景色或字体颜色直观地区分选定的行。还可以通过显示数据源中的其他字段来展开该项
EditItemTemplate	指定当某项处于编辑模式中时的布局。该模板通常包含一些编辑控件，如 TextBox 控件
HeaderTemplate 和 FooterTemplate	包含在列表的开始和结束处分别呈现的文本和控件
SeparatorTemplate	包含在每项之间呈现的元素。典型的示例可能是一条直线（使用 HR 元素）

3. 将数据绑定到控件

必须将 DataList Web 服务器控件绑定到数据源。最常用的数据源是数据源控件，如 SqlDataSource 或 ObjectDataSource 控件。或者，可以将 DataList 控件绑定到任何实现 IEnumerable 接口的类，该接口包括 ADO.NET 数据集（DataSet 类）、数据读取器（SqlDataReader 类或 OleDbDataReader 类）或大部分集合。绑定数据时，可以为 DataList 控件整体指定一个数据源。在给该控件添加其他控件（如列表项中的标签或文本框）时，还可以将子控件的属性绑定到当前数据项的字段。

4. DataList 控件的常用事件

表 6-10 列出了 DataList 的常用事件。

表 6-10　DataList 常用事件

事　件	描述说明
DataBind	将数据源绑定到被调用的服务器控件及其所有子控件上
OnEditCommand	引发 EditCommand 事件，使用户可以为事件提供自定义处理程序
OnItemCreated	引发 ItemCreated 事件，使用户可以为事件提供自定义处理程序
OnItemDataBound	引发 ItemDataBound 事件，使用户可以为事件提供自定义处理程序
OnCancelCommand	引发 CancelCommand 事件，使用户可以为事件提供自定义处理程序
Equals	确定两个对象实例是否相等

5. DataList 控件的常用方法

表 6-11 列出了 DataList 的常用方法。

表 6-11　DataList 常用方法

方　法	描述说明
DataBind	将数据源绑定到被调用的服务器控件及其所有子控件上
Focus	为控件设置输入焦点
Dispose	使服务器控件得以在从内存中释放之前执行最后的清理操作
Equals	确定两个对象实例是否相等

项目实训

【实训目的】

掌握 DataList 控件的基本使用方法。

【实训内容】

使用 DataList 控件显示所有用户的列表信息，要求分为 4 列显示。

任务 6.4　Repeater 控件实现热销商品显示

任务陈述

任务构思与目标：自定义 Repeater 控件的模板，将热销商品绑定到 Repeater 控件中。其运行效果如图 6-39 所示。

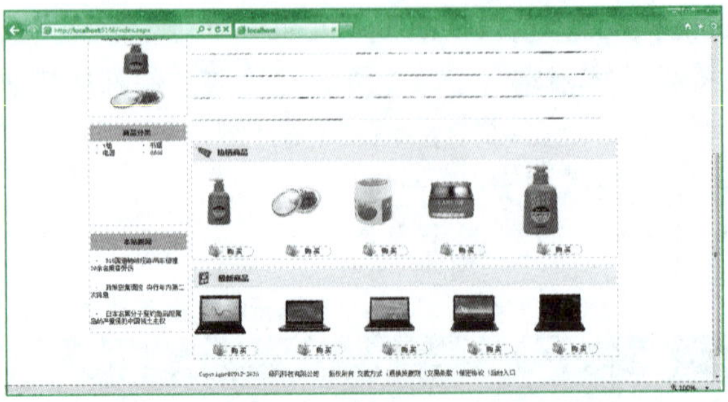

图 6-39　绑定 Repeater 控件程序运行效果图

任务设计：将所需要的热销商品从后数据库里提取出来，并绑定到 Repeater 控件中。

知识准备

6.4.1　Repeater 控件基础

Repeater 控件是一个容器控件，其使用户可以从页的可用数据中创建自定义列表。Repeater 控件没有内置的呈现功能，即用户必须通过创建模板设置 Repeater 控件的布局。当网页运行时，Repeater 控件会遍历数据源中的记录，并为每条记录呈现一个项。

由于 Repeater 控件没有默认的外观，因此可以使用该控件创建多种列表，其中包括表格布局、逗号分隔的列表（例如，a, b, c, d 等）和 XML 格式的列表。

Repeater 控件提供了 5 种模板用于自定义列表的外观。

① AlternatingItemTemplate：指定如何显示其他选项。

② ItemTemplate：指定如何显示选项。

③ HeaderTemplate：建立如何显示标题。

④ FooterTemplate：建立如何显示页脚。

⑤ SeparatorTemplate：指定如何显示不同选项之间的分隔符。

其中，Repeater 控件将其 ItemTemplate 和 AlternatingItemTemplate 绑定到由其 DataSource 属性声明和引用的数据模型，或绑定到由其 DataSourceID 属性指定的数据源控件。HeaderTemplate、FooterTemplate 和 SeparatorTemplate 都未进行数据绑定。如果设置了 Repeater 控件的数据源但未返回数据，该控件将呈现不带项的 HeaderTemplate 和 FooterTemplate。每个 Repeater 控件必须至少定义一个 ItemTemplate，其他的模板可以选用，示例代码如下。

```
<asp:Repeater ID="Repeater1" runat="server" DataSourceID="SqlDataSource1">
    <ItemTemplate>
        <%# Eval("Name")%>
    </ItemTemplate>
</asp:Repeater>
```

以下实例演示了使用 Repeater 控件将 DisplayMode 属性置为 LinkButton，并设置 OnClick 属性指向 Repeater1_Click 事件。

前台代码：

```
<div>
    <asp:Repeater ID="Repeater1" runat="server" DataSourceID="XmlDataSource1">
        <HeaderTemplate>
            <table border="1px solid #dedede" style=" width:800px;" >
                <tr>
                    <th>Title</th>
                    <th>Artist</th>
                    <th>County</th>
                    <th>Company</th>
                    <th>Price</th>
                    <th>Year</th>
                </tr>
        </HeaderTemplate>
        <ItemTemplate>
                <tr>
                        <td><%#XPath("title")%></td>
                    <td><%#XPath("artist")%></td>
                    <td><%#XPath("country")%></td>
                    <td><%#XPath("company")%></td>
                    <td><%#XPath("price")%></td>
                    <td><%#XPath("year")%></td>
                </tr>
        </ItemTemplate>
        <FooterTemplate>
            </table>
        </FooterTemplate>
    </asp:Repeater>
    <br />
    <asp:XmlDataSource ID="XmlDataSource1" runat="server" DataFile="~/catelog.
xml" XPath="catalog/cd">
    </asp:XmlDataSource>
</div>
```

页面加载后效果如图 6-40 所示：

Title	Artist	County	Company	Price	Year
Empire Burlesque	Bob Dylan	USA	Columbia	10.90	1985
Hide your heart	Bonnie Tyler	UK	CBS Records	9.90	1988
Greatest Hits	Dolly Parton	USA	RCA	9.90	1982
Still got the blues	Gary Moore	UK	Virgin records	10.20	1990
Eros	Eros Ramazzotti	EU	BMG	9.90	1997

图 6-40 Repeater-Click 事件运行效果

任务实施

6.4.2 Repeater 实现热销商品列表显示

① 在网页中添加 Repeater 控件，并进行样式设置，完成后的样式如图 6-41 所示。

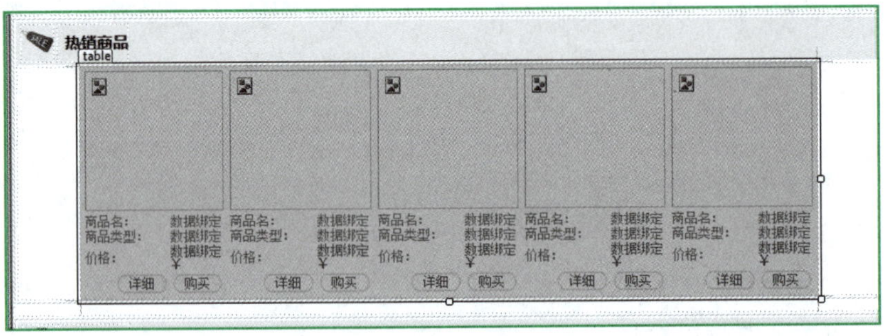

图 6-41 添加 Repeater 控件

② 完成后的 Repeater 控件页面代码如下所示。

```
<table class="centerBorder">
    <tr>
        <td colspan="5" class="centerbg" >
        <table style="margin-left:2px;">
            <tr>
            <td><img src="images/sale-label.png" style="height:32px; width:32px;" /></td>
                <td>      热销商品 </td>
            </tr>
        </table>
        </td>
    </tr>
    <tr>
        <td colspan="5">
            <table style="width:200px; height:50px;">
                <tr>
                <asp:Repeater ID="Repeater2" runat="server"   >
                        <ItemTemplate>
                    <td>
                    <table>
                        <tr>
                            <td colspan="2">
                                <asp:Image ID="Image2" runat="server"
ImageUrl='<%# Eval("P_image")%>' Height="130px" Width="130px"/>
                        </td>
                    </tr>
                        <tr>
```

微课 6.4
Repeater 实现热销商品显示

```
                        <td style="width:80px;"><span> 商品名：</span></td>
                        <td> <span><%# Eval("P_Name") %></span> </td>
                    </tr>
                    <tr>
                        <td><span> 商品类型：</span></td>
                        <td><span><%# Eval("P_type") %></span></td>
                    </tr>
                    <tr>
                        <td><span> 价格：</span></td>
                        <td style="color:#cc0000"><span><%# Eval("P_
price") %> ￥</span></td>
                    </tr>
                    <tr> <td colspan="2">
                        <asp:LinkButton ID="lnkbtnClass" runat="server"
Height="18px" Width="46px" CssClass="smallbtn" CommandName="detailSee" > 详细
</asp:LinkButton>
                        <asp:LinkButton ID="lnkbtnBuy" runat="server"
Height="18px" Width="46px" CssClass="smallbtn" CommandName="buyGoods"> 购买
</asp:LinkButton></td>
                    </tr>
                </table>
            </td>
                </ItemTemplate>
            </asp:Repeater>
        </tr>
    </table>
  </td>
 </tr>
</table>
```

自定义 Repeater 控件的模板，并查询商品热销信息，再将预先定义的样式引用到 Repeater 控件上。其中，查询商品热销信息的关键代码如下。

```
// 绑定后台商品热销
// 定义绑定列表控件的方法
// 绑定后台商品的类型
public void bind()
{
    string strcon = "server=.;database=OnlineShop;Integrated Security=SSPI";
      // 连接数据库字符串
    SqlConnection conn = new SqlConnection(strcon);
      // 声明 conn 为 SqlConnection 类型
    conn.Open();                                    // 打开数据库连接
    string strcom = "select * from Type ";          // 查找 Type 表
    SqlDataAdapter myda = new SqlDataAdapter(strcom, conn);
      // 实例化一个 SqlDataAdapter 类型的对象 myda 并将 strcom, conn 作为参数
    DataSet myds = new DataSet();         // 实例化一个 DataSet 对象
    myda.Fill(myds);                      // 调用 myda 的填充数据集的方法 Fillmyds
```

```
        dlPlayerDetails.DataSource = myds;  // 指定数据源 myds
        dlPlayerDetails.DataBind();          // 绑定数据库
        conn.Close();                        // 关闭连接
    }
```

运行页面，效果如图 6-42 所示。

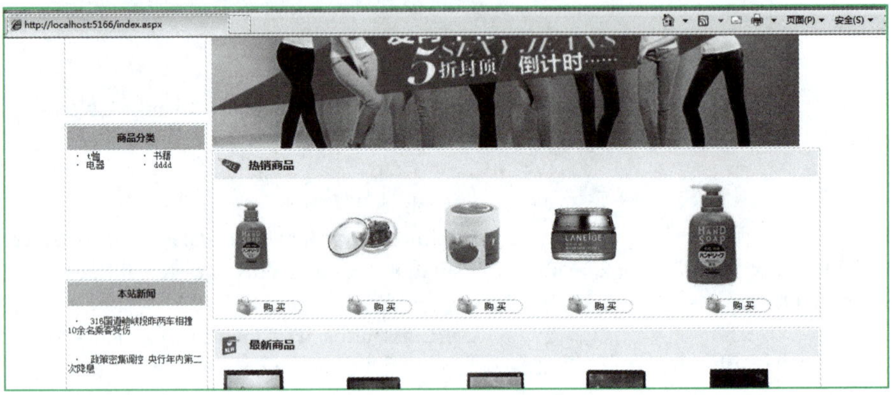

图 6-42 页面运行效果图

任务拓展

6.4.3 Repeater 控件

1. Repeater 控件的常用属性

表 6-12 列出了 Repeater 控件的常用属性。

表 6-12 Repeater 控件的常用属性

属性	描述
ClientIDMode	指示如何为该控件生成 ClientID
EnableTheming	获取或设置一个值，该值指示主题是否应用于此控件
EnableViewState	获取或设置一个值，该值指示服务器控件是否向发出请求的客户端保持自己的视图状态以及它所包含的任何子控件的视图状态
DataSourceID	获取或设置数据源控件的 ID 属性，Repeater 控件应使用它来检索其数据源
DataNumber	获取或设置 DataSource 中要绑定到控件的特定表

2. Repeater 控件的常用事件

表 6-13 列出了 Repeater 控件的常用事件。

表 6-13 Repeater 控件的常用事件

事件	描述
ItemCommand	在 Repeater 控件中单击某个按钮时发生
ItemCreated	当在 Repeater 控件中创建一项时发生
ItemDataBound	该事件在 Repeater 控件中的某一项被数据绑定后但尚未呈现在页面上之前发生
DataBinding	当服务器控件绑定到数据源时发生

3. Repeater 控件的常用方法

表 6-14 列出了 Repeater 控件的常用事件。

表 6-14 Repeater 控件的常用方法

方 法	描 述 说 明
DataBind	将 Repeater 控件及其所有子控件绑定到指定数据源
Dispose	使服务器控件得以在从内存中释放之前执行最后的清理操作
Equals	确定两个对象实例是否相等
OnClick	引发 Repeater 控件的 Click 事件

项目实训

【实训目的】

掌握 Repeater 控件的基本使用方法与自定义模板。

【实训内容】

使用 Repeater 控件显示所有用户的详细信息。

任务 6.5 使用 DetailsView 控件实现商品详细信息显示

任务陈述

任务构思与目标：从数据库中提取商品信息，并绑定到 DetailsView 控件中。其运行效果如图 6-43 所示。

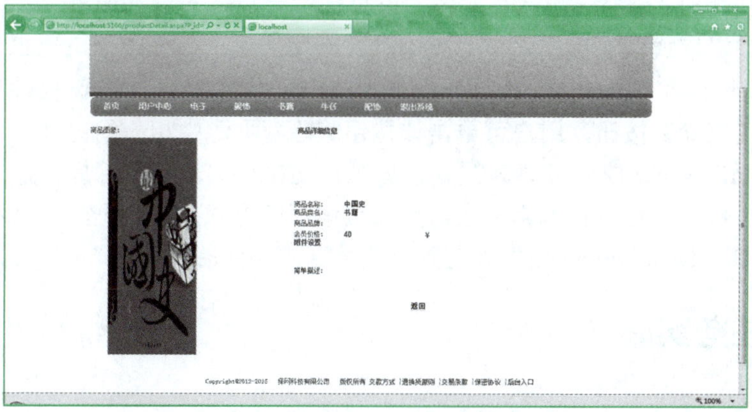

图 6-43 DetailsView 控件程序运行效果图

任务设计：从数据库提取某一商品的详细信息，绑定到 DetailsView 控件中。

知识准备

6.5.1 DetailsView 控件

DetailsView 控件用于在表中显示来自数据源的单条记录的值，其中每个数据行表示该记录的一个字段。使用 DetailsView 控件，可以逐一显示、编辑、插入或删除其关联数据源中的记录。默认情况下，DetailsView 控件将逐行单独显示记录的各个字段。DetailsView 控件通常用于更新和插入新记录，可与 GridView 控件结合使用，以用于主 / 详细信息方案。在这些方案中，主控件的选中记录决定了要在 DetailsView 控件中显示的记录。即使 DetailsView 控件的数据源公开了多条记录，该控件一次也仅显示一条数据记录。DetailsView 控件不支持排序。

DetailsView 控件支持如下功能。

① 绑定至数据源控件，如 SqlDataSource 控件。

② 内置插入功能。

③ 内置更新和删除功能。

④ 内置分页功能。

⑤ 以编程方式访问 DetailsView 对象模型以动态设置属性、处理事件等。

⑥ 可通过主题和样式自定义外观。

添加 DetailsView 控件后，可以为该控件指定数据源，其自定义 DetailsView 显示格式的最简便方法是使用【自动套用格式】选项，同 DataList 控件操作步骤相似。

```
<asp:DetailsView ID="DetailsView1" runat="server"
    DataSourceID="Details" Height="50px" Width="301px">
</asp:DetailsView>
```

默认情况下，DetailsView 控件以只读模式显示数据。但是，该控件还支持一种编辑模式，在该模式下 DetailsView 控件显示一个包含可编辑控件（如 TextBox 控件或 CheckBox 控件）的行。用户可以对 DetailsView 控件进行配置以显示【删除】按钮，用户可单击该按钮删除数据源中相应的记录。

DetailsView 控件可对其关联数据源自动执行编辑和删除操作，这使用户无须编写代码即可进行编辑。也可以通过编程的方式控制数据的编辑和删除过程（例如在 DetailsView 控件绑定到只读数据源控件的情况下）。

任务实施

6.5.2 DetailsView 控件显示商品详细信息

① 在工具栏中，将 DetailsView 控件拖入页面，添加 DetailsView 控件，

显示商品详细信息。

② 修改 DetailsView 控件用于显示商品详细信息。

```
<asp:DetailsView ID="DetailsView1" runat="server" AutoGenerateRows="False"
        DataKeyNames="P_id"    Height="50px" Width="125px">
        <Fields>
            <asp:ImageField DataImageUrlField="P_image"
HeaderText=" 商品图片：" ></asp:ImageField>
        <asp:BoundField DataField="P_Name" HeaderText=" 商品名称： "
            SortExpression="P_Name" />
        <asp:BoundField DataField="P_type" HeaderText=" 商品类型： "
            SortExpression="P_type" />
        <asp:BoundField DataField="P_price" HeaderText=" 商品价格： "
            SortExpression="P_price" />
            <asp:BoundField DataField="P_infomation" HeaderText=
" 商品信息： "
            SortExpression="P_infomation" />

        </Fields>
</asp:DetailsView>
```

微课 6.5
DetailsView 商品详细信息显示

从数据库提取某一商品的详细信息，并将其绑定到 DetailsView 控件中，最后把定义好的样式引用到 DetailsView 控件上。

运行效果如图 6-44 所示。

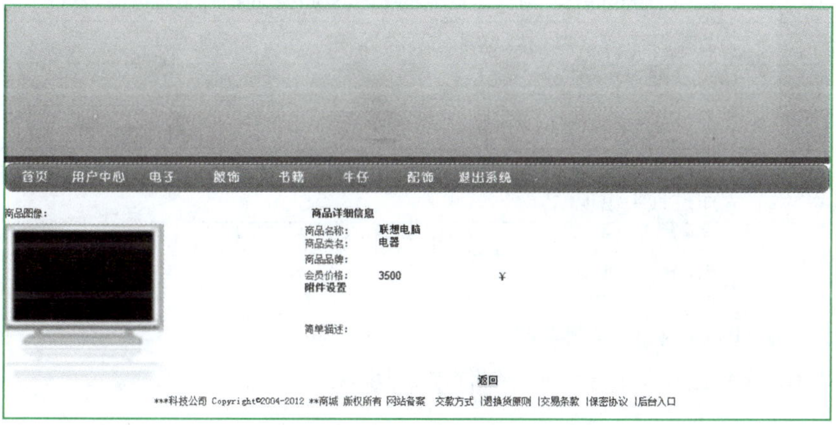

图 6-44　商品详细信息页面

任务拓展

6.5.3　DetailsView 控件

1. DetailsView 控件的常用属性

表 6-15 列出了 DetailsView 控件的常用属性。

表 6-15　DetailsView 控件属性

属　　性	描　　述
HorizontalAlign	控件水平对齐。其属性有 NotSet、Top、Bottom、Left 和 Right
Gridlines	设置 DetailsView 单元格之间网格线的显示方式。其属性值有 None、Horizontal、Vertical 和 Both
CellPadding	单元格内的空白
CellSpacing	单元格之间的间距
Caption	DetailsView 控件描述性标题
AllowPaging	是否在 DetailsView 中打开分页功能
DataItem	获取绑定到 DetailsView 控件的数据项
DataItemCount	获取数据源中的数据项的数目
DataItemIndex	获取从数据源绑定到 DetailsView 控件的数据项的索引
DataKey	获取一个 DataKey 对象，该对象表示所显示的记录的主键
DataKeyNames	获取或设置一个数组，该数组包含数据源的键字段的名称
CurrentMode	获取 DetailsView 控件的当前数据输入模式
PageSize	数据源中每页要显示的行数
PageIndex	获取或设置所显示的页的索引
AutoGeneraterColumns	运行时是否基于关联的数据源自动生成列，其默认值为 False
AllowSorting	字段头是否用于对关联的数据源进行排序
DataSourceID	将被 DetailsView 用作数据源的 IdataSource 的控件 ID
DataKeyName	数据源中键字段的以逗号分隔的列表
DataMember	用于绑定的表或视图
EmptyDataText	未定义 EmptyDataTemplate 是在空数据行中显示的文本
EnableModelValidation	获取或设置一个值，该值指示验证程序控件是否会处理在插入或更新操作过程中出现的异常
EnablePagingCallbacks	获取或设置一个值，该值指示客户端回调函数是否用于 DetailsView 控件中的分页操作

2. DetailsView 控件常用事件

表 6-16 列出了 DetailsView 控件的常用事件。

表 6-16　DetailsView 控件的常用事件

事　　件	描　　述
ItemCommand	在单击 DetailsView 控件中的某个按钮时发生
DataBoud	在服务器控件绑定到数据源后发生
DataBinding	当服务器控件绑定到数据源时发生
ItemCreated	在 DetailsView 控件中创建了所有行后发生
ItemDeleted	在单击 DetailsView 控件中的【删除】按钮时，但在删除操作之后发生
ItemDeleting	在单击 DetailsView 控件中的【删除】按钮时，但在删除操作之前发生

续表

事　件	描　述
ItemInserted	在单击 DetailsView 控件中的【插入】按钮时，但在插入操作之后发生
ItemInserting	在单击 DetailsView 控件中的【插入】按钮时，但在插入操作之前发生
ItemUpdated	在单击 DetailsView 控件中的【更新】按钮时，但在更新操作之后发生
ItemUpdating	在单击 DetailsView 控件中的【更新】按钮时，但在更新操作之前发生
ModeChanged	在 DetailsView 控件在编辑、插入和只读模式间切换时，但在模式更改之后发生
ModeChanging	在 DetailsView 控件在编辑、插入和只读模式间切换时，但在模式更改之前发生
PageIndexChanged	当 PageIndex 属性的值在分页操作后更改时发生
PageIndexChanging	当 PageIndex 属性的值在分页操作前更改时发生

3. DetailsView 控件的常用方法

表 6-17 列出了 DetailsView 属性的常用方法。

表 6-17　DetailsView 控件的常用方法

方　法	描述说明
OnDataBinding	引发 DataBinding 事件
OnDataBound	引发 DataBound 事件
OnItemCreated	引发 ItemCreated 事件
OnItemCommand	引发 ItemCommand 事件
OnItemDeleted	引发 ItemDeleted 事件
OnItemDeleting	引发 ItemDeleting 事件
OnItemInserted	引发 ItemInserted 事件
OnItemInserting	引发 ItemInserting 事件
OnItemUpdated	引发 ItemUpdated 事件
OnItemUpdating	引发 ItemUpdating 事件
OnModeChanged	引发 ModeChanged 事件
OnModeChanging	引发 ModeChanging 事件
OnPageIndexChanged	引发 PageIndexChanged 事件
OnPageIndexChanging	引发 PageIndexChanging 事件

项目实训

【实训目的】

掌握 DeatailsView 控件的基本使用方法与自定义模板的使用方法。

【实训内容】

使用 DeatailsView 控件显示一个用户的详细信息。

单元小结

本单元介绍了 ASP.NET 中绑定数据和数据源相关的控件。在 ASP.NET 中，数据源控件和数据绑定控件使开发人员在页面开发时，无须更多的操作即可实现强大的功能，解决了在传统的 ASP 中难以解决的问题。本章还介绍了以下内容。

① 数据源控件：包括 SqlDataSource 等常用的数据源控件，并介绍了数据源控件的配置步骤。

② 重复列表控件：讲解了 Repeater 重复列表控件。

③ 数据绑定控件：讲解了常用的数据绑定控件并使用数据绑定控件对数据进行更新、删除等操作。

数据操作无论是在 Web 开发还是在 WinForm 开发中，都是经常使用的，数据控件能够极大地简化开发人员对数据的操作，提高开发效率。

评价体系表

专业能力测评表

（在□中打√，A 理解，B 基本理解，C 未理解）

专业核心能力	评价指标	自测结果
利用数据绑定控件及数据源控件完成数据的绑定、显示、修改等操作	1. 了解数据源控件的作用，能够使用数据源控件完成数据库数据的绑定	□A □B □C
	2. 了解数据绑定控件 GridView 的作用，学会使用该控件完成数据列表的展示，并实现分页、排序功能	□A □B □C
	3. 了解数据绑定控件 DataList 的作用，学会使用该控件完成数据列表的展示，并实现分页、排序功能	□A □B □C
	4. 了解数据绑定控件 Repeator 的作用，学会使用该控件完成数据列表的展示，并且可以进行数据显示格式的设计	□A □B □C
	5. 了解数据绑定控件 DetailsView 的作用，学会使用该控件完成数据详细信息的绑定	□A □B □C
学生签字：	教师签字：	年 月 日

职业能力测评表

（在□中打√，A 通过，B 基本通过，C 未通过）

职业核心能力	评价指标	自测结果
自我管理能力	1．培养自己的责任心	□A　□B　□C
	2．能够管理自己的时间	□A　□B　□C
	3．所学知识的灵活运用	□A　□B　□C
合作交流能力	1．知道如何尊重他人的观点	□A　□B　□C
	2．能与其他人有效沟通	□A　□B　□C
	3．能获取信息并反馈信息	□A　□B　□C
解决问题能力	1．能够有效使用信息资源	□A　□B　□C
	2．能客观分析事物的现状	□A　□B　□C
	3．能发现并解决常规问题	□A　□B　□C
设计创新能力	1．能够提出有价值的观点	□A　□B　□C
	2．能够运用不同的思维方式	□A　□B　□C
	3．能够制定创新方案并实施	□A　□B　□C
学生签字：	教师签字：	年　月　日

单元练习题

一、单项选择题

1．若要在 GridView 控件中显示【上一页】和【下一页】的导航栏，则属性集合 PagerSettings 中的属性 Mode 值应设为（　　）。

A．Numeric　　B．NextPrevious　　C．NextPrev　　D．上一页，下一页

2．如果对定制后的 GridView 控件实现排序功能，除设置 GridView 控件的属性 AllowSorting 的值为 True 外，还应该设置（　　）属性。

A．SortExpression　B．Sort　　C．SortField　　D．DataFieldText

3．利用 GridView 控件和 DetailsView 控件显示主从表数据时，DetailsView 中插入了一条记录，需要刷新 GridView，则应把 GridView 控件的 DataBind( ) 方法的调用置于（　　）事件的代码中。

A．GridView 的 ItemInserting　　B．GridView 的 ItemInserted

C．DetailsView 的 ItemInserting　　D．DetailsView 的 ItemInserted

4．下列控件中，（　　）控件是容器控件。

A．Repeater　　B．DeatailsView　　C．GridView　　D．DataList

二、填空题

1．数据绑定控件通过属性________与数据源控件实现绑定。

2．数据绑定控件通过属性________与 LINQ 查询返回的结果实现绑定。

3．GridView 控件的属性________确定是否分页。

4．若设置了 ImageFile 列的属性 DataImageUrlFormatString= "~/pic/{0}"，其中的 {0} 由属性________值确定。

5．模板列中实现数据绑定时，________方法用于单向绑定，________方法用于双向绑定。

6．实现不同页显示从主从表常利用________传递数据。

7．模板列中的绑定方法必须写成 <%Eval(“Name”)%> 或________形式。

8．GridView 控件分页后每页默认的记录是________条。

9．SqlDataSource 控件会自动打开数据库连接，执行 SQL 语句或________。

单元 7

ASP.NET 文件操作

学习目标

【知识目标】

- 掌握 DriveInfo 类的使用。
- 掌握目录类 Directory 对文件目录进行操作。
- 熟练掌握文件操作类 File 类、I/O 流的使用。
- 熟练掌握文件上传控件 FileUpload 的使用。

【技能目标】

- 能够使用 DriveInfo 类获取驱动器信息。
- 能够使用目录类 Directory 操作目录。
- 能够使用类 File、Stream 及 I/O 流进行文件的操作。
- 能够使用文件上传控件（FileUpload）上传文件。

【素质目标】

- 具有依法规范自己行为的意识和习惯。
- 具有一定的网络安全意识。

教学 PPT

教学录像

源代码

教学案例

引例描述

在软件开发过程中经常需要对文件夹及文件进行操作，C# 中与文件、文件夹及文件读写有关的类都位于 System.IO 命名空间下。

（1）操作流类：包括文件流、内存流，以及读写这些流的类。

（2）操作目录类：包括对文件夹目录进行创建、移动、删除等操作，以及对磁盘信息进行访问的类。

（3）操作文件类：包括对文件进行创建、移动、删除等操作，以及获取文件信息等。

（4）文件上传控件的使用。

比较常用的类有：FileStream 类、StreamReader 类、StreamWriter 类、BinaryReader 类、BinaryWriter 类、MemoryStream 类、File 类、FileInfo 类、Directory 类、DirectoryInfo 类等。

本单元主要学习如何使用 System.IO 命名空间中的类，以获取文件系统信息、操作文件目录、读写文件，并学习使用文件上传控件实现文件上传功能。

任务 7.1　获取本地驱动器信息

微课 7.1　获取本地驱动器信息

任务陈述

任务构思与目标：获取驱动器信息和系统基本信息并显示，如图 7-1 所示。

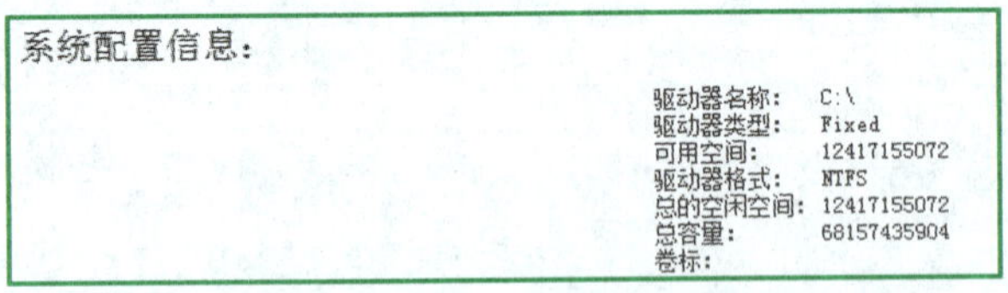

图 7-1　运行结果

任务设计：通过使用 DriveInfo 类，获取有关驱动器信息。

知识准备

7.1.1　文件系统操作

System.IO 命名空间包含允许读写文件和数据流的类型以及提供基本文件和目录支持的类。

在 .NET Framework 中，可以通过以下类访问文件系统和驱动器信息：

（1）System.IO.FileInfo：提供创建、复制、删除、移动和打开文件的实例方法，并且帮助创建 FileStream 对象。

（2）System.IO.DirectoryInfo：公开用于创建、移动和枚举目录和子目录的实例方法。

（3）System.IO.DriveInfo：提供对有关驱动器的信息的访问。

（4）System.IO.Directory：公开用于创建、移动和枚举通过目录和子目录的静态方法。

（5）System.IO.File：提供用于创建、复制、删除、移动和打开文件的静态方法，并协助创建 FileStream 对象。

FileInfo 和 DirectoryInfo 类表示文件或目录，包含公开 NTFS 文件系统所支持的很多文件特性的属性，同时还包含用于打开、关闭、移动、删除文件和文件夹的方法。可以通过将表示文件、文件夹或驱动器名称的字符串传递到下面的构造函数创建这些类的实例，如：

```
System.IO.DriveInfo di = new System.IO.DriveInfo(@"C:\");
```

此外，还可以通过调用 DirectoryInfo.GetDirectories、DirectoryInfo.GetFiles 和 DriveInfo.RootDirectory 来获取文件、文件夹或驱动器的名称。

7.1.2 DriveInfo 类

DriveInfo 类提供对有关驱动器的信息的访问，通过该类，可以获取驱动器的名称、类型、容量、状态等信息。

表 7-1 列出了 DriveInfo 类的主要成员。

表 7-1 DriveInfo 类的主要成员

成员名	说明
AvailableFreeSpace	指示驱动器上的可用空间
DriveFormat	获取文件系统的名称，例如 NTFS 或 FAT32
DriveType	获取驱动器类型
IsReady	获取一个指示驱动器是否已准备好的值
Name	获取驱动器的名称
RootDirectory	获取驱动器的根目录
TotalFreeSpace	获取驱动器上的可用空闲空间总量
TotalSize	获取驱动器上存储空间的总大小
VolumeLabel	获取或设置驱动器的卷标
GetDrives()	检索计算机上的所有逻辑驱动器的驱动器名称

⚠ 注意：DriveInfo 类对驱动器进行建模，并提供方法和属性以查询驱动器信息。使用 DriveInfo 来确定哪些驱动器可用，以及这些驱动器的类型。还可以通过查询来确定驱动器的容量和可用空间。

【实例 7-1】 使用 DriveInfo 类显示有关当前系统中所有驱动器的信息。

```
using System;
using System.IO;
class Test
{
    public static void Main()
    {
        DriveInfo[] allDrives = DriveInfo.GetDrives();
        foreach (DriveInfo d in allDrives)
        {
            Console.WriteLine("Drive {0}", d.Name);
            Console.WriteLine("    File type: {0}", d.DriveType);
            if (d.IsReady == true)
            {
                Console.WriteLine("    Volume label: {0}", d.VolumeLabel);
                Console.WriteLine("    File system: {0}", d.DriveFormat);
                Console.WriteLine("Available space to current user:{0, 15} bytes",
                    d.AvailableFreeSpace);
                Console.WriteLine( "Total available space:{0, 15} bytes",
                    d.TotalFreeSpace);
                Console.WriteLine("Total size of drive:{0, 15} bytes ",
                    d.TotalSize);
            }
        }
        Console.Read();
    }
}
```

程序运行效果如图 7-2 所示（仅截取显示 C 盘数据）。

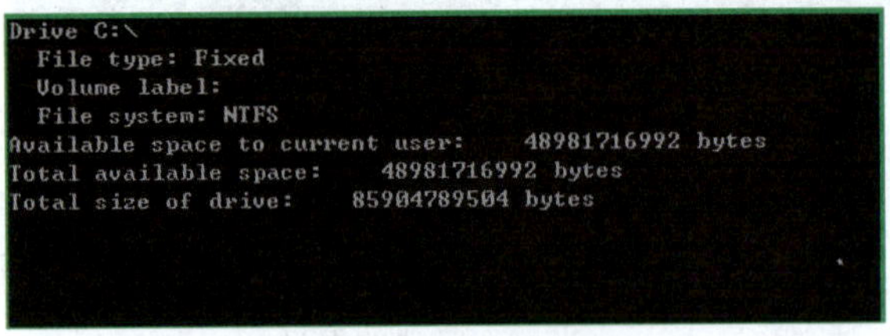

图 7-2 运行结果

任务实施

7.1.3 获取本地磁盘驱动信息

系统及磁盘信息的获取有助于网站管理员对网站服务器情况的了解，

通过创建 DriveInfo 对象，将本地驱动器信息显示在网页上。

① 创建 Web 页面（AboutServer.aspx），添加相关控件，页面效果如图 7-3 所示。

图 7-3 页面设置

② 在 AboutServer.aspx.cs 文件中添加 Page_Load 事件处理函数。代码如下：

```
using System;
using System.IO;
  protected void Page_Load(object sender, EventArgs e)
      {
        DriveInfo drive = new System.IO.DriveInfo(@"C:\");
        lblDriveName.Text = drive.Name;
        lblDriveType.Text = drive.DriveType.ToString();
        lblAvailableFreeSpace.Text = drive.AvailableFreeSpace.ToString();
        lblDriveFormat.Text = drive.DriveFormat;
        lblTotalFreeSpace.Text = drive.TotalFreeSpace.ToString();
        lblTotalSize.Text = drive.TotalSize.ToString();
        lblVolumeLabel.Text = drive.VolumeLabel;
      }
```

③ 运行代码，效果如图 7-1 所示。

任务 7.2 文件目录操作

任务陈述

任务构思与目标：判断目录是否存在，若不存在则生成该目录，若存在则上传图片文件，如图 7-4 所示。

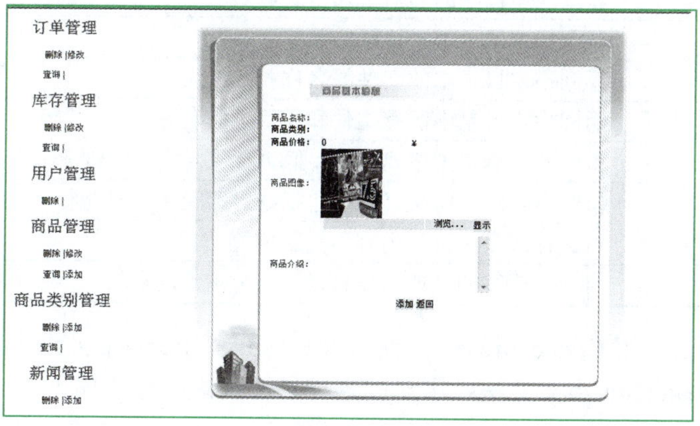

图 7-4 判断目录是否存在

微课 7.2 文件目录操作

任务设计：使用操作目录的 DirectoryInfo 类，实现此功能。

知识准备

7.2.1 Directory 类和 DirectoryInfo 类

Directory 类公开了用于创建、移动、枚举、重命名、删除目录和子目录的静态方法，而 DirectoryInfo 声明一个特殊的对象，可以让用户在该对象上执行与 Directory 类相同的动作。

在接受路径的成员中，路径可以是指文件或只是目录。指定路径可以是绝对路径、相对路径或服务器和共享名称的统一命名约定（UNC）路径。例如，以下都是可接受的路径。

```
"D:\\MyDir"                 // 绝对路径
"MyDir\\MySubdir"           // 相对路径
\\\\MyServer\\MyShare       //UNC 路径
```

7.2.2 Directory 类的主要方法

Directory 类的主要方法见表 7-2。

表 7-2　Directory 类的主要方法

方　　法	说　　明
CreateDirectory()	创建指定路径中的所有目录
Delete()	删除指定的目录。如果指定的文件不存在，则引发异常
Exists	确定给定路径是否引用磁盘上的现有目录
GetAccessControl()	获取一个 DirectorySecurity 对象，该对象封装指定目录的访问控制列表 (ACL) 项
GetCreationTime()	获取目录的创建日期和时间
GetLastAccessTime()	返回上次访问指定文件或目录的日期和时间
GetCurrentDirectory()	获取应用程序的当前工作目录
GetDirectories()	获取指定目录中子目录的名称
GetFiles()	返回指定目录中的文件的名称
GetFileSystemEntrie()s	返回指定目录中所有文件和子目录的名称
GetLogicalDrives()	检索此计算机上格式为“< 驱动器号 >:\”的逻辑驱动器的名称
GetParent()	检索指定路径的父目录，包括绝对路径和相对路径
Move()	将文件或目录及其内容移到新位置
SetCurrentDirectory()	将应用程序的当前工作目录设置为指定的目录

下面详细介绍 CreateDirectory、Delete、Move、Replace 方法。

（1）CreateDirectory 方法：用户创建目录，其语法形式如下：

```
public static DirectoryInfo CreateDirectory (string path);
```

例：

```
Directory.CreateDirectory(path);    // 按照指定路径创建目录
```

（2）Delete 方法：用于打开文件，其语法形式如下：

```
public static void Delete(string path);    // 从指定路径删除空目录。
public static void Delete(string path, bool recursive); // 删除指定的目录并（如果指示）
删除该目录中的任何子目录。
```

例：

```
Directory.Delete("D:\\test");
Directory.Delete("D:\\test", true);
```

（3）Move 方法：用于将文件或目录及其内容移动到新目录，其语法形式如下：

```
public static void Move(string sourceDirName, string destDirName);
```

在程序页面中的应用如下：

```
Directory.Move(path, target);
```

（4）GetFiles 方法：用于返回指定目录下文件的名称，并以字符串数组的形式返回。其语法形式如下：

```
public static string[] GetFiles(string path); // 返回指定目录中的文件的名称。
public static string[] GetFiles(string path, string searchPattern); // 返回指定目录中与指
定搜索模式匹配的文件的名称。
```

（5）GetDirectories 方法：用于指定目录下的所有的子目录的名称，其语法形式如下：

```
public static string[] GetDirectories(string path);    // 获取指定目录中子目录的名称。
public static string[] GetDirectories(string path, string searchPattern);
  // 从当前目录获取与指定搜索模式匹配的目录的数组。
```

（6）Exists 方法：用于检查文件夹是否存在，其语法形式如下：

```
public static bool Exists(string path);
```

7.2.3　DirectoryInfo 类

DirectoryInfo 类也是对文件夹执行各种操作，与 Directory 类不同的是，在使用 DirectoryInfo 类时，需要创建 DirectoryInfo 类的对象。表 7-3 给出 DirectoryInfo 类常用的方法与属性。

表 7-3　DirectoryInfo 类的常用方法与属性

成员名	说明
Create()	创建指定目录
Delete()	删除指定的目录
GetFiles()	返回当前目录的所有文件

续表

成员名	说明
Attributes	获取或设置当前文件或目录的特性
CreationTime	获取或设置当前文件或目录的创建时间
Extension	获取表示文件扩展名部分的字符串
FullName	获取目录或文件的完整目录
LastAccessTime	获取或设置上次访问当前文件或目录的时间
LastWriteTime	获取或设置上次写入当前文件或目录的时间
Name	获取此 DirectoryInfo 实例的名称
Root	获取路径的根部分

⚠ **注意：DirectoryInfo 的方法与 Directory 类的方法类似，请参照上述 Directory 类的方法。**

任务实施

在所有文件上传页面中添加后台代码，用于判断存放文件的目录是否存在，若存在则进行文件上传，若不存在则创建目录，代码如下。

```
using System;
using System.IO;
class Test
{
    public static void Main()
    {
        // 需要进行判断的文件夹路径 D 盘下的 FileUpLoad
        DirectoryInfo di = new DirectoryInfo(@"D:\FileUpLoad");
        try
        {
            // 判断 FileUpLoad 是否存在，存在返回 Ture, 否则返回 false
            if (di.Exists)
            {
                // 如果存在返回提示信息
                Console.WriteLine(" 图片文件夹已经存在。");
                return;
            }
            // 如果不存在，则进行文件夹创建
            di.Create();
            Console.WriteLine(" 图片文件夹已经被成功创建。");
        }
        catch (Exception e)
        {
            Console.WriteLine(" 程序出现异常 : {0}", e.ToString());
        }
        finally {      }
```

```
        }
    }
```

任务拓展

7.2.4 Directory 类创建子目录

在指定路径中创建一个或多个子目录，指定路径可以是相对于 DirectoryInfo 类实例的路径，下面的示例演示如何创建子目录。

【实例 7-2】 在指定目录创建子目录。

```
using System;
using System.IO;
public class CreateSubTest
{
    public static void Main()
    {
        // 创建一个目录的实例
        DirectoryInfo di = new DirectoryInfo(" 父目录 ");
        // 如果上面的目录不存在则进行新建
        if (di.Exists == false)
            di.Create();
        // 在上面指定的目录下创建一个名称为子目录的目录
        DirectoryInfo dis = di.CreateSubdirectory(" 子目录 ");
            }
    }
```

项目实训

【实训目的】

掌握 Directory 类的使用。

【实训内容】

使用 Directory 类显示指定文件夹中的文件名称。

任务 7.3 文件操作

微课 7.3 文件操作

任务陈述

任务构思与目标：使用 File 类检查文件是否存在，若文件不存在，则创建新的文件并写入文件信息，或打开现有文件并从中读取文件信息。运行效果如图 7-5 所示。

任务设计：通过使用 File 类检查文件是否存在，使用编写器 StreamWriter 写入文本文件、使用读取器 StreamReader 读取文件。

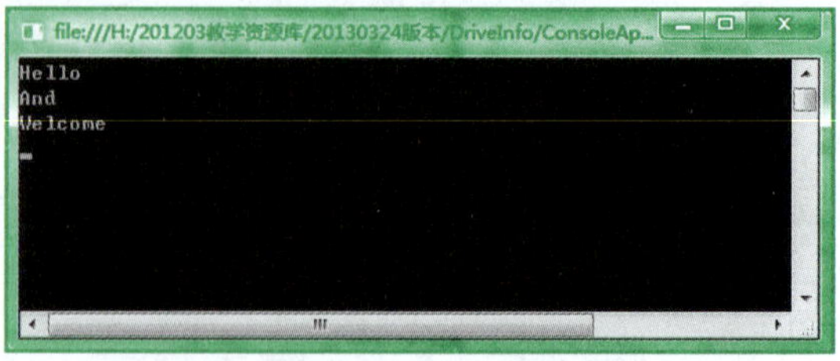

图 7-5 运行结果

知识准备

使用 File 类以检查文件是否存在，若文件不存在，则创建新的文件和写入，或打开现有文件并从中读取。

通过 Directory 和 DirectoryInfo 类可以操作文件目录，若要进一步操作目录中的文件，可以使用 File 类和 FileInfo 类。File 类提供用于创建、复制、删除、移动和打开文件的静态方法，并协助创建 FileStream 对象，而 FileInfo 类提供的是实例方法。

7.3.1 File 类与 FileInfo 类

File 类的常用方法与属性见表 7-4。

表 7-4 File 类属性及方法

成员	说明
Attributes	获取或设置当前 FileSystemInfo 的 FileAttributes
CreationTime	获取或设置当前 FileSystemInfo 对象的创建时间
Directory	获取父目录的实例
DirectoryName	获取表示目录的完整路径的字符串
Extension	获取表示文件扩展名部分的字符串
FullName	获取目录或文件的完整目录
IsReadOnly	获取或设置确定当前文件是否为只读的值
LastAccessTime	获取或设置上次访问当前文件或目录的时间
LastWriteTime	获取或设置上次写入当前文件或目录的时间
Length	获取当前文件的大小
Name	获取文件名
Exists()	确定指示的文件是否存在
Copy()	复制文件
Delete()	删除指定的文件，若文件不存在，并不引发异常
Move()	将指定文件移动到新位置
Create()	在指定路径中创建文件，返回一个 FileStream 对象用于写入

⚠ **注意：FileInfo 的方法与 File 类的方法大致相同，请参照 File 类的方法添加文件读写内容。**

【实例 7-3】 使用 FileInfo 类移动文件。

```
using System;
using System.IO;
FileInfo finfo = new FileInfo("c:\\test.txt");
  finfo.MoveTo("D:\\Test.txt");
```

【实例 7-4】 使用 FileInfo 类删除文件。

```
FileInfo finfo = new FileInfo("c:\\test.txt");
finfo.Delete();
```

【实例 7-5】 FileInfo 数组的应用实例。

```
using System;
using System.IO;
protected void Page_Load(object sender, EventArgs e)
        {
            DirectoryInfo dir = new DirectoryInfo(@"c:\");
            foreach(FileInfo file in dir.GetFiles("*.*"))
            {
                Response.Write(file.Name + " ");
                Response.Write(file.LastAccessTime.ToString() + " ");
                Response.Write(file.Attributes.ToString() + "<br/><hr/>");
            }
        }
```

保存并运行程序，如图 7-6 所示。

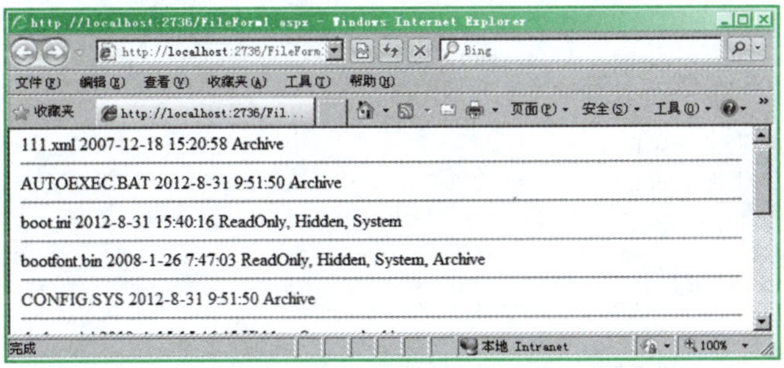

图 7-6　运行结果

7.3.2　I/O 流

.NET 框架使用流模型读写数据，使得程序员能够使用类似的有序字节流的方式处理不同的数据，而无须对不同数据源编写不同的代码。流模型基于两个基本的概念，流（Stream）和读取器 / 编写器（Reader/Writer）。

1. 文件流类

在.NET Framework 中，流由 Stream 类表示，但是 Stream 类只是一个抽象类，实际使用时，应选择 Stream 的派生类之一。在处理文件输入 / 输出（I/O）时，最重要的类为 FileStream，其他类主要包括 BufferedStream、MemoryStream、NetworkStrea m 等。表 7-5 列出了部分主要的派生类。

表 7-5 Stream 类的派生类

类	说明
FileStream	支持通过 Seek 方法随机访问文件
MemoryStream	非缓冲的流，可以在内存中直接访问其封装数据
BufferedStream	是向另一个 Stream 添加缓冲的 Stream
NetworkStream	表示网络连接上的 Stream

2. 使用 FileStream 类对文件进行读写

【实例 7-6】 使用 FileStream 对象写入文件内容。

（1）新建 Web 应用程序项目，在程序目录中新建一个名为“Text.txt”空的文本文件。

（2）页面添加按钮（btnWrite），并添加按钮的单击事件处理函数，其代码如下。

```
using System;
using System.IO;
    protected void btnWrite_Click(object sender, EventArgs e)
    {
        FileStream fs = new FileStream(Server.MapPath("Text.txt"), FileMode.
Append, FileAccess.Write);
        byte[] data = System.Text.Encoding.Default.GetBytes("This is added by
FileStream.Write().");
        fs.Write(data, 0, (int)data.Length);
        // 清除的缓冲区
        fs.Flush();
        fs.Close();
    }
```

【实例 7-7】 使用 FileStream 读取文本文件。

```
protected void btnRead_Click(object sender, EventArgs e)
    {
        // 文件读操作
        FileStream fs=new FileStream(Server.MapPath("Text.txt"),FileMode.Open);
        byte[] data = new byte[fs.Length];
        fs.Read(data, 0, (int)fs.Length);
        string content = System.Text.Encoding.Default.GetString(data);
        txtFile.Text = content;
        fs.Close();
    }
```

单击按钮，运行程序，结果如图 7-7 所示。

3. 使用读取器 / 编写器进行文件读写

图 7-7 读取文件

除了使用 FileStream 流进行 I/O 外，还有大部分 I/O 操作使用 Reader 和 Writer 类完成。.NET 提供了多种读取器和编写器类，每一种都针对特定的规则而设计。

【实例 7-8】 使用 StreamWriter 写入文件。

```
protected void Page_Load(object sender, EventArgs e)
        {
            string textToAdd = "Example text in file";
            // 新建 StreamWriter 对象打开 axample.txt 文件，写入文件
            StreamWriter writer = new StreamWriter(File.Open(Server.MapPath("example.
txt"), FileMode.Append));
            writer.Write(textToAdd);
            writer.Close();
        }
```

【实例 7-9】 使用 StreamReader 来读取文件。

```
protected void Page_Load(object sender, EventArgs e)
        {
            // 使用 StreamReader 对象打开 aexample.txt, 将内容写入到 tmp 字符串中
            StreamReader reader = new StreamReader(File.Open(Server.
MapPath("example.txt"), FileMode.Open));
            string tmp = reader.ReadToEnd();
            reader.Close();
            Response.Write(tmp);
        }
```

程序运行效果如图 7-8 所示。

图 7-8 StreamReader 来读取文件

任务实施

```
using System;
```

```
using System.IO;
class Test
{
    public static void Main()
    {
        string path = @"c:\temp\MyTest.txt";
        if (!File.Exists(path))
        {
            // Create a file to write to.
            using (StreamWriter sw = File.CreateText(path))
            {
                sw.WriteLine("Hello");
                sw.WriteLine("And");
                sw.WriteLine("Welcome");
            }
        }
        using (StreamReader sr = File.OpenText(path))
        {
            string s = "";
            while ((s = sr.ReadLine()) != null)
            {
                Console.WriteLine(s);
            }
        }
    }
}
```

项目实训

【实训目的】

掌握 File 类的基本使用方法。

【实训内容】

使用 File 类移动一个文件。

微课 7.4 应用上传控件上传商品图片

任务 7.4 使用文件上传控件上传商品图片

任务陈述

任务构思与目标：将商品图片上传到服务器指定的文件夹中，如图 7-9 所示。

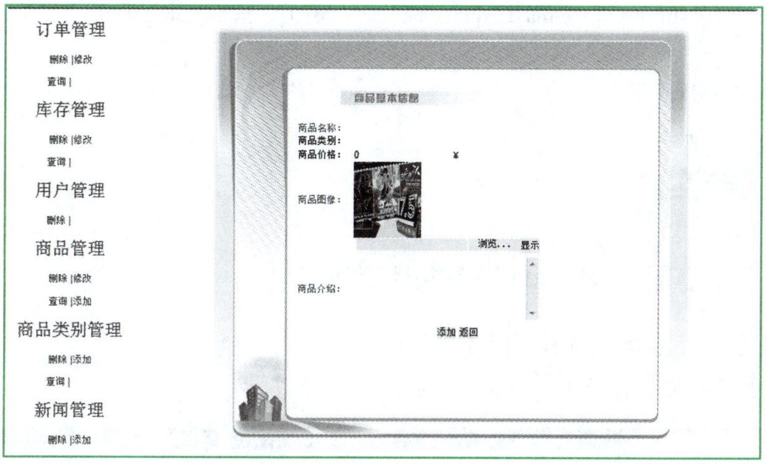

图 7-9 上传控件上传图片

任务设计：在页面添加文件上传控件（FileUpload），使用其相关属性及方法实现文件上传功能。

知识准备

7.4.1 FileUpload 控件

ASP.NET 提供了一个 FileUpload 控件用于将文件上传到 Web 服务器，服务器接收到上传文件后，可以用代码管理该文件。

FileUpload 控件显示一个文本框控件和一个浏览按钮，用户可以选择客户端上的文件并将其上传到 Web 服务器，用户通过在控件的文本框中输入本地计算机上文件的完整路径（例如“C:\MyFiles\TestFile.txt”）来指定要上传的文件，也可以通过单击“浏览”按钮，在“选择文件”对话框中定位文件选择要上传的文件。在工具箱中 FileUpload 控件的图标为：

。

FileUpload 控件用法格式如下。

```
<asp:FileUpload id="FileUpload1" runat="server"/>
```

用户选择要上传的文件后，FileUpload 控件不会自动上传文件，必须设置相关的事件处理程序。例如，可以提供一个按钮，用户单击该按钮即可上传文件。

用户选择要上传的文件并提交页面后，该文件作为请求的一部分上传。文件将被完整地缓存在服务器内存中。通过调用 SaveAs（fileName）方法，将文件内容保存到服务器上指定的路径。

以下代码可以设置上传文件的大小和上传服务器最大请求时间。

```
<configuration>
    <system.web>
```

```
        <httpRuntime maxRequestLength="40690"    executionTimeout="6000"/>
    </system.web>
</configuration>
```

任务实施

7.4.2 使用 FileUpload 控件上传商品图片

① 在商品添加页面添加上传图片控件。

操作界面如图 7-10 所示。

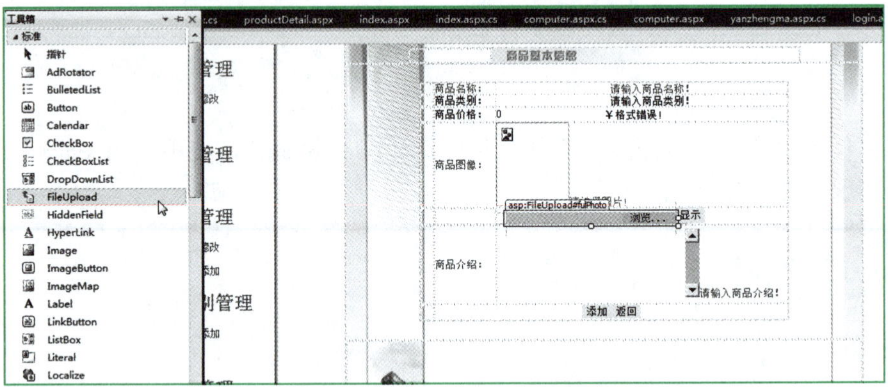

图 7-10 添加文件上传控件

② 添加完成后的文件上传控件的 HTML 代码如下。

```
<asp:FileUpload ID="fulPhoto" runat="server" />
```

③ 在后台编写文件上传控件的关键代码如下。

```
// 显示商品图片
    //btnShow 按钮的单击事件
    protected void btnShow_Click(object sender, EventArgs e)
    {
        string P_str_name = this.fulPhoto.FileName;// 获取上载文件的名称
        bool P_bool_fileOK = false;// 上传文件的格式不可用
        if (fulPhoto.HasFile)
        {
            String fileExtension = System.IO.Path.GetExtension(fulPhoto.FileName).
ToLower();// 定义文件类型变量
            String[] allowedExtensions = { ".gif", ".png", ".jpeg", ".jpg", ".bmp" };// 规
定上传图片的格式
        for (int i = 0; i < allowedExtensions.Length; i++)
        {
          if(fileExtension == allowedExtensions[i])// 上传文件的格式与数组中的某个相匹配
```

```
                {
                    P_bool_fileOK = true;// 上传文件的格式可用
                }
            }
        }
        if (P_bool_fileOK)// 如果上传文件已有可用格式
        {
            this.fulPhoto.PostedFile.SaveAs(Server.MapPath("~/Image/Product/") + P_str_name);// 将文件保存在相应的路径下
            this.imgGoodsPhoto.ImageUrl = "~/image/Product/" + P_str_name;// 将图片显示在 Image 控件上
        }
        else// 如果上传文件没选择格式
        {
            Response.Write("<script>alert(' 请选择 .gif,.png,.jpeg,.jpg,.bmp 格式的图片文件 !');</script>");// 弹出对话框，提示选择图片格式
        }
}
```

运行程序，效果如图 7-11 所示。

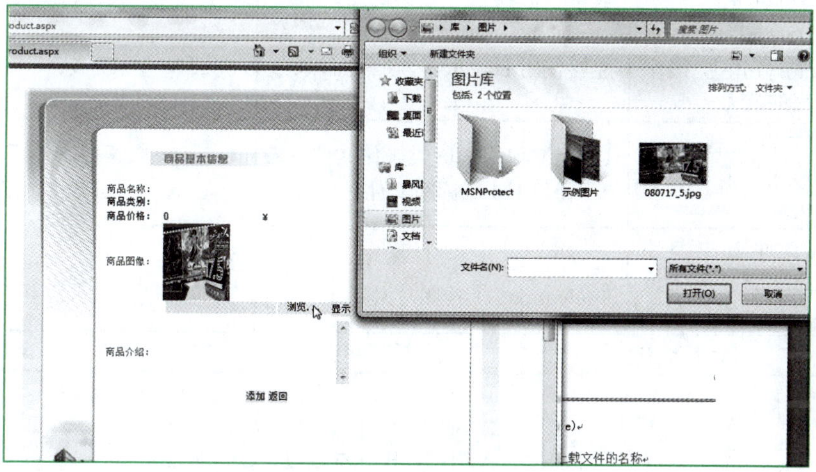

图 7-11　页面运行效果

项目实训

【实训目的】

掌握 FileUpload 控件的使用。

【实训内容】

使用 FileUpload 控件批量上传图片。

单元小结

本章主要讲述了与文件操作有关的.Net Framework类，这些类包括DriveInfo类、Directory和DirectoryInfo类、File和FileInfo类，并结合ASP.Net文件上传控件的使用实现上传并显示商品图片的功能。

此外，还介绍了.Net I/O流类及I/O流的读写。

评价体系表

专业能力测评表

（在□中打√，A理解，B基本理解，C未理解）

专业核心能力	评价指标	自测结果		
使用DriveInfo类获取驱动器的能力	能够使用获DriveInfo类获取磁盘驱动信息	□A	□B	□C
使用Directory类或DirectoryInfo类操作文件夹的能力	能够使用Directory类操作目录	□A	□B	□C
应用File类操作文件、应用流读写文件的能力	1. 能够使用File类操作文件 2. 使用I/O流读写文件	□A □A	□B □B	□C □C
应用文件上传控件FileUpLoad控件上传图片且显示的能力	能够熟练使用文件上传控件FileUpLoad上传图片且显示	□A	□B	□C
学生签字：	教师签字：	年	月	日

职业能力测评表

（在□中打√，A通过，B基本通过，C未通过）

职业核心能力	评价指标	自测结果		
自我管理能力	1. 培养自己的责任心 2. 能够管理自己的时间 3. 所学知识的灵活运用	□A □A □A	□B □B □B	□C □C □C
合作交流能力	1. 知道如何尊重他人的观点 2. 能与其他人有效沟通 3. 能获取信息并反馈信息	□A □A □A	□B □B □B	□C □C □C
解决问题能力	1. 能够有效使用信息资源 2. 能客观分析事物的现状 3. 能发现并解决常规问题	□A □A □A	□B □B □B	□C □C □C

续表

职业核心能力	评价指标	自测结果
设计创新能力	1. 能够提出有价值的观点	□A　□B　□C
	2. 能够运用不同的思维方式	□A　□B　□C
	3. 能够制定创新方案并实施	□A　□B　□C
学生签字：	教师签字：	年　月　日

单元练习题

一、单项选择题

文件上传控件 PostedFile 的 FileName 属性表示的是（　　）。

A．服务器端文件物理路径　　B．客户端文件物理路径

C．服务器端文件名称　　D．客户端文件名称

二、程序设计题

1．尝试开发一个程序，实现提取指定文件夹中的目录功能。

2．编写一个程序，从页面文本框中输入内容，然后写入到文件中。

单元 8
网站导航

学习目标

【知识目标】

- 掌握设计 SiteMapPath 面包屑导航的方法。
- 掌握设计 TreeView 树形结构导航的方法。
- 了解数据源控件。
- 掌握设计 Menu 菜单导航的方法。

【技能目标】

- 能够使用 SiteMapPath 控件设置网站面包屑导航。
- 能够使用 TreeView 控件设置网站导航。
- 能够使用 Menu 控件设置菜单导航。

【素质目标】

- 具备一定的规划设计素质。
- 具备自我管理、自我约束的能力。

教学 PPT

教学录像

源代码

教学案例

引例描述

当用户输入网站地址浏览网站时，网站的信息不可能全部显示在首页上，也不可能使一个网页包含所有的信息，用户需要在同一网站的不同页面之间进行切换。用户浏览网站时，如果没有详细的引导，则很不方便浏览网站内容，用户在绝大多数情况下通过网站首页的引导栏目浏览网站内容。

2022 年 2 月中国互联网络信息中心发布的《第 49 次中国互联网络发展状况统计报告》指出，截至 2021 年 12 月，我国网站数量为 418 万个，网页数量为 3350 亿个。随着网站数量和内容的增加，网站规模日益变大，当浏览大型网站时，由于网站的板块比较多，用户不容易找到想要的内容。网站内的页面越来越多使网站中页面之间的导航变得越来越不易于管理，特别是当页面结构发生变化，如增加新页面、删除旧页面时，网站管理员将面临很大的挑战。网站需要一个向导，该向导能带领网站的浏览者穿梭于网站的各个页面，帮助用户随时了解自己所处的位置，该向导即网站的导航。

网站导航的基本作用是为了让用户在浏览网站的过程中可以方便地回到网站首页以及其他相关内容的页面。一个清晰的网站导航系统是网站设计的重要目标，对企业网站建设信息的架构、用户的体验影响很大。ASP.NET 提供了专门的导航技术，在 ASP.NET Web 应用程序中，可以利用 SiteMapPath 控件、TreeView 导航控件和 Menu 菜单控件实现网站导航。通过本单元的学习，读者可以了解网站导航的概念，理解和掌握使用 SiteMapPath、TreeView 和 Menu 导航控件进行网站导航的方法，掌握站点地图文件的设计和创建，并了解 SiteMapPath、TreeView 和 Menu 导航控件的常用属性、方法和事件。

任务 8.1　使用站点地图和 SiteMapPath 控件设计网站导航

任务陈述

利用站点地图和 SiteMapPath 控件设计网站导航

任务构思与目标：根据需求新建 SelectOKShop 网站的面包屑导航，创建网站的“关于我们”页面 About.aspx，并应用 MasterPageQian.master 母版，效果如图 8-1 所示。

任务设计：添加 web.sitemap 文件，新建 SiteMapPath 控件，打开 About.aspx，在导航条显示如图 8-2 所示内容。

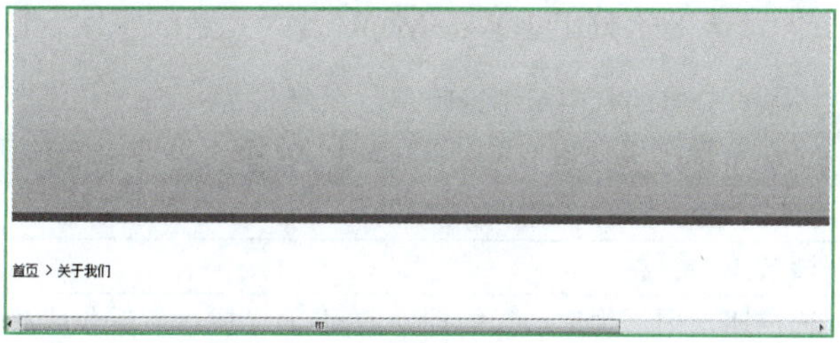

图 8-1　SiteMapPath 导航运行效果图

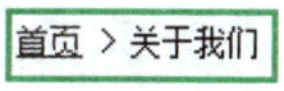

图 8-2　面包屑导航

微课 8.1　利用站点地图和 SiteMapPath 控件

知识准备

利用站点地图和 SiteMapPath 控件设计网站导航

PPT

8.1.1　站点地图

站点地图与城市地图类似，用于快速定位网站中每一个文件的位置。ASP.NET 中的站点地图文件名为 web.sitemap，是一个 XML（Extensible Markup Language，可扩展标记语言）文件，用来表示一个网站各个页面之间的层次结构关系。要实现页面导航，应该先在 web.sitemap 文件中以 XML 的形式提供整个网站的页面结构层次。

⚠ 注意：站点地图文件名必须为“web.sitemap”且必须置于 Web 应用程序（站点或网站）的根目录。

站点地图由一系列相联系的 SiteMapNode 对象组成，SiteMapNode 以一种层次方式联系在一起，包含单个根节点，根节点是唯一没有父节点的节点，每个节点代表网站的一个逻辑部分，每一部分都包括标题、URL、描述等，每个节点用 SiteMapNodes 类的属性（URL、Title、Description 等）建模。

SiteMapNode 对象的层次说明了站点地图在内存中的描述 - 当通过 ASP.NET 的站点导航 API 对其进行分析时。站点地图必须以某种方式进行物理地串行化，如通过一个 XML 文件或通过一个数据库表。ASP.NET 默认使用一个 XML 文件串行化该站点地图。为使用该技术，用户需要在其 Web 应用程序的根目录 web.sitemap 下创建一个 XML 文件，其结构如下。

```
<?xml version="1.0" encoding="utf-8" ?>
<siteMap xmlns="http://schemas.microsoft.com/AspNet/SiteMap-File-1.0" >
    <siteMapNode attributes url=" " title=" "   description=" ">
        <siteMapNode url=" " title=" "   description=" " />
    </siteMapNode>
</siteMap>
```

其中 <?xml version="1.0" encoding="utf-8" ?> 为 XML 文件标识，version 表示 XML 文件的版本，encoding 表示编码。<siteMap xmlns="http://schemas.microsoft.com/AspNet/SiteMap-File-1.0" > 语句的作用是指明该文件是站点导航文件。<sitemap> 为根节点，一个站点地图只能有一个 <sitemap> 元素。<siteMapNode> 对应于页面的节点，一个节点描述一个页面，表 8-1 列出了 <site MapNode> 元素的常用属性。

表 8-1 <siteMapNode> 元素的常用属性说明

属　性	说　明
url	用于设置节点导航的 URL 地址，是可选的，站点地图中的每一个 URL 必须是唯一的
title	提供链接的文本描述，指定该节点的标题
descrption	设置节点说明性文本，是可选描述，用于生成的导航控件的 alt 属性中，并提供光标停留时显示的内容

编写站点地图的注意事项如下。

① 站点地图根节点为 <siteMap> 元素，每个文件有且仅有一个根节点。

② <siteMap> 下一级有且仅有一个 <siteMapNode> 节点。

③ <siteMapNode> 下面可以包含多个新的 <siteMapNode> 节点。

④ 站点地图中，同一个 URL 仅能出现一次。

【实例 8-1】“新闻导航”站点地图的创建。

```
<?xml version="1.0" encoding="utf-8"?>
<siteMap xmlns="http://schemas.microsoft.com/AspNet/SiteMap-File-1.0">
    <siteMapNode title=" 新闻中心 " description="" url="Default.aspx">
        <siteMapNode title=" 国内新闻 " url="newsNei.aspx" description="" >
            <siteMapNode title=" 时政要闻 " url="szyw.aspx" description=""/ >
            <siteMapNode title=" 财经新闻 " url="cjxw.aspx" description=""/ >
        </siteMapNode >
        <siteMapNode title=" 国际新闻 " url="newsWai.aspx" description=""/>
    </siteMapNode>
</siteMap>
```

8.1.2 SiteMapPath 控件

ASP.NET 的 SiteMapPath 控件会显示一个导航路径，以便用户能够确定当前在 Web 网站上所处的位置。事实上 siteMapPath 控件提供了一个“你在这里”的功能，如图 8-3 所示的网易新闻导航。

这种类型的导航元素常称为面包屑（breadcrumb），该导航显示了从站点的首页（根节点）到当前页面之间的路径。基本的表现是向用户显示当前页面所在的位置，并提供回到主页的链接。即用于显示终端用户处于相对于站点结构的具体位置。例如，在访问 Amazon.com 站点的 Novels 部分时，一个面包屑导航显示可能是：Home > Books > Novels。

网易>新闻中心>体育新闻>奥运

图 8-3　网易新闻导航

SiteMapPath 控件用于站点的逻辑位置的导航，这种类型的导航可以帮助用户理解站点结构。通过该导航，可以迅速找到相关的位置。

SiteMapPath 控件必须与站点地图文件相结合，如果当前站点中有已经编写好的站点地图文件，只要将 SiteMapPath 控件拖到页面中，该控件将会自动与站点地图文件结合，而不需要编写代码。

⚠ 注意：站点地图中必须有当前页的 URL，否则该站点导航控件将无法显示。

SiteMapPath 控件的基本语法：

```
<asp:SiteMapPath ID="SiteMapPath1" runat="server"></asp:SiteMapPath>
```

在默认状态下，SiteMapPath 控件会显示根节点以及其他代表当前 Web 页面的节点。SiteMapPath 控件还会显示网站地图的根节点与当前节点之间页面，形式是横向排列这些链接，每个链接之间用大于号（>）隔开。以下例子显示了一个简单的网站地图。

```
Home Page > Page One > Page Two
```

SiteMapPath 控件只能显示从根节点到当前节点之间的路径，通过单击超链接可以转向某个页面，而不能向前选择页面。表 8-2 列出了 SiteMapPath 控件的重要属性。

表 8-2　SiteMapPath 控件的重要属性

属　性	说　明
ParentLevelsDisplayed	设置要显示的父节点的数目。如设置为 2，则只显示当前页面前面的两个父节点。默认为 -1，表示将所有节点全部展开
PathDirection	设置路径显示的方向，有两种选择：RootToCurrent，从根节点到当前页面；CurrentToRoot，从当前页面到根节点
PathSeparator	设置显示在每个节点之间的分隔符字符串，可以通过编辑分隔符模板 <PathSparatorTemplate> 更改分隔符为任意样式
RenderCurrentNodeAsLink	设置当前节点是否呈现为链接，取值为 True 或 False
CurrentNodeStyle	用来控制当前显示的节点的表示
CurrentNodeTemplate	定义显示样式以及当前节点的样式
NodeStyle	用来控制所有节点的表示

续表

属　性	说　明
NodeTemplate	定义显示样式以及所有节点的样式
PathSeparatorStyle	用来控制分隔符的表示
PathSeparatorTemplate	定义显示样式以及分隔符的样式
RootNodeStyle	用来控制根节点的表示
RootNodeTemplate	定义显示样式以及根节点的样式

任务实施

8.1.3 创建并使用 SelectOKShop 电子商务网站面包屑导航

1. 新建 About.aspx 页面

在【解决方案资源管理器】下，右击网站名称，在弹出的快捷菜单中选择【添加新项】菜单命令。打开【添加新项】对话框，选择【Web 窗体页】选项，修改名称为 About.aspx。单击【添加】按钮就可以创建一个新的页面。在 ContentPlaceHolderRight 中输入本网站的简介。

2. 修改母版页

在 StyleSheet.css 中添加如下代码：

```
#sitemap
 {
      width:950px;/* 设置层的宽度为 950px*/
      height:20px;/* 设置层的高度为 20px*/
      text-align: left;/* 设置层内内容左对齐 */
 }
```

在母版页中添加层，并拖放一个名为 "ContentPlaceHolderSitemap" 的 ContentPlaceHolder 控件，代码如下。

```
<div id="sitemap">
   <asp:ContentPlaceHolder ID="ContentPlaceHolderSitemap" runat="server"></asp:
ContentPlaceHolder>
</div>
```

3. 新建 web.sitemap 文件

在【解决方案资源管理器】下，右击网站名称，在弹出的快捷菜单中选择【添加新项】菜单命令。打开【添加新项】对话框，选择【站点地图】选项，默认名称为 web.sitemap，单击【添加】按钮就可以创建一个 web.sitemap 页面。输入如下代码。

```
<siteMap xmlns="http://schemas.microsoft.com/AspNet/SiteMap-File-1.0" >
   <siteMapNode url="~/Index.aspx" title=" 首页 "   description=" 首页 ">
      <siteMapNode url="~/About.aspx" title=" 关于我们 "   description=" 关于我们 " />
```

```
        </siteMapNode>
    </siteMap>
```

4. 创建 SiteMapPath 控件

从工具箱【导航】选项卡，将 SiteMapPath 控件，拖放到母版页的 ContentPlaceHolderSitemap 中或在相应位置处输入如下代码。

```
    <asp:SiteMapPath ID="SiteMapPath1" runat="server">
    </asp:SiteMapPath>
```

5. 任务运行

运行 About.aspx 页面，其效果如图 8-1 所示。

任务拓展

8.1.4 SiteMapPath 控件的样式控制

SiteMapPath 控件能准确定位当前位置以及浏览路径，能够根据站点导航信息准确定位当前页面所处整个 Web 站点的位置。同时，使用层次化表示方法将位置信息显示为有序的静态文本或者超链接。此外，还可以调节相关属性，自定义位置信息的外观以及其他内容，从而适应站点的总体设计风格。

SiteMapPath 控件由多个节点组成，节点可分为根节点、父节点和当前节点 3 种类型：

根节点（Root）：锚定节点分层组的节点。

父节点（Parent）：处于当前节点和根节点之间的是父节点，该类型节点有一个或多个子节点。

当前节点（Current）：表示当前所显示页面所处的节点。

1. 自定义 SiteMapPath 控件的链接样式属性

SiteMapPath 控件的每个节点都可由 SiteMapNodeItem 对象表示。节点通常显示为静态文本或者超链接，可以为其添加自定义的外观样式或者模板。在设置模板和样式的过程中，必须注意以下规则。

① 若为节点设置了自定义模板，则模板将会自动覆盖为节点定义的任何样式。

② 为特殊类型节点设置的自定义模板和样式，将会覆盖为所有节点设置的自定义模板和样式。

SiteMapPath 控件可以让用户通过可选的自定义元素更加精细地控制各个节点，可以使用 Style 和 FontInfo 类中的大多数属性，包括 CssClass 属性。

【实例 8-2】 通过 CSS 控制 SiteMapPath 控件的样式，代码如下。

```
    <asp:SiteMapPath ID="SiteMapPath1" runat="server" PathSeparator=" "
ParentLevelsDisplayed="1">
    <CurrentNodeStyle CssClass="LinkSJ" />
    <NodeStyle CssClass="LinkSJ" />
```

```
<RootNodeStyle CssClass="LinkSJ" />
</asp:SiteMapPath>
    CSS Code
a.LinkSJ{ background:url(../Images/Cn/ClientSJ.gif) no-repeat 0px 2px; color:#FFFFFF; padding-left:20px; padding-right:20px;}
span.LinkSJ{ background:url(../Images/Cn/ClientSJ.gif) no-repeat 0px 2px ;color:#FFFFFF; padding-left:20px; padding-right:20px;}
```

通过设置控件的参数或配置作用于控件的模板，可以对网站导航控件的可视外观进行自定义。

【实例 8-3】 自定义链接的样式属性

在包含 SiteMapPath 控件的 ASP.NET Web 页面里，为控件添加下列属性：

```
RootNodeStyle-Font-Names="Verdana" RootNodeStyle-ForeColor="Orange" RootNodeStyle-BorderWidth=2
```

例如，用于 SiteMapPath 控件的代码示例如下。

```
<asp:SiteMapPath ID="SiteMapPath1" Runat="server" SkipLinkText="Skip Menu" RootNodeStyle-Font-Names="Verdana" RootNodeStyle-ForeColor="Orange" RootNodeStyle-BorderWidth=2 ></asp:SiteMapPath>
```

如需为每一个链接指定不同的样式内容，重复前面的步骤并分别设置 SiteMapPath 控件的 ParentNodeStyle、CurrentNodeStyle 和 PathSeperatorStyle 属性。

提示：为了改进性能，可以使用 NodeTemplate 对象一次性完成所有样式的定义。

可以将主题或控件皮肤应用于控件，或者开发符合特殊呈现需求的自定义网站导航控件。SiteMapPath 控件的自定义特征如下。

① 指定显示在链接之间的分隔字符或图片。

② 反转导航路径的方向。

③ 指定父链接的显示数目。

参照前述步骤创建网站地图文件和包含 SiteMapPath 控件的页面。

2. 自定义显示在链接之间的字符

在包含 SiteMapPath 控件的页面中，为控件添加 PathSeparator 属性。

【实例 8-4】 自定义显示在链接之间的分隔字符。

```
<asp:SiteMapPath ID="SiteMapPath1" Runat="server" PathSeparator=" :: "></asp:SiteMapPath>
```

现在的 SiteMapPath 控件显示示例如下。

```
Home :: Services :: Training
```

可以使用任意字符串分隔链接，甚至可以使用图片，在包含 SiteMapPath 控件的网页中，向控件添加以下代码。

```
<PathSeparatorTemplate>
<asp:Image ID="Image1" Runat="Server" Width="20" ImageUrl="Images/PathSeparatorImage.jpg" />
</PathSeparatorTemplate>
```

【实例 8-5】 使用图片分隔链接，代码如下。

```
<asp:SiteMapPath ID="SiteMapPath1" Runat="server" >
<PathSeparatorTemplate>
<asp:Image ID="Image1" Runat="Server" Width="20" ImageUrl="Images/PathSeparatorImage.jpg" />
  </PathSeparatorTemplate>
</PathSeparatorTemplate>
</asp:SiteMapPath>
```

3. 反转 SiteMapPath 控件所显示路径的方向

在包含 SiteMapPath 控件的网页中，向该控件添加 PathDirection 和 PathSeparator。

【实例 8-6】 反转显示在 SiteMapPath 控件中路径的方向代码如下。

```
<asp:SiteMapPath ID="SiteMapPath1" Runat="server" PathDirection="CurrentToRoot"
PathSeparator=" <-- " ></asp:SiteMapPath>
```

4. 限制父链接显示的数目

在包含 SiteMapPath 控件的页面中，为控件添加 ParentLevelsDisplayed 属性。

【实例 8-7】 使 SiteMapPath 控件并最多只显示两个父链接代码如下。

```
<asp:SiteMapPath ID="SiteMapPath1" Runat="server" ParentLevelsDisplayed="2" > </
asp:SiteMapPath>
```

5. 可访问性

网站导航控件通常在网站的每一个页面中都被使用，屏幕阅读器和其他辅助设备会在每次访问页面以及每次回传页面时读取导航控件中的文本内容。

包括 SiteMapPath，TreeView 及 Menu 在内的网站导航控件都有 SkipLinkText 属性，使复述信息被连续页面访问或重复页面访问时能够被跳过。

在包含导航控件的页面中为控件添加下列属性：

```
SkipLinkText="Skipped Menu"
```

【实例 8-8】 使 SiteMapPath 控件的跳过代码如下。

```
<asp:SiteMapPath ID="SiteMapPath1" Runat="server" SkipLinkText="Skip
Breadcrumb"></asp:SiteMapPath>
```

项目实训

【实训目的】

掌握使用 SiteMapPath 控件显示网站路径的方法。

【实训内容】

创建 SelectOk Shop 电子商务网站的面包屑导航。

利用 TreeView 设计网站树形导航

微课 8.2 利用 TreeView 控件设计

任务 8.2 使用 TreeView 控件设计网站树形导航

任务陈述

任务构思与目标：利用 TreeView 控件根据需求新建 SelectOKShop 网站的站点导航页 Navigation.aspx，并应用 MasterPageQian.master 母版，结果如图 8-4 所示。

图 8-4 TreeView 控件站点导航运行效果图

为方便管理，管理员后台的所有页面都在站点根目录下的 Admin 文件夹中，在该文件夹中添加页面 admin.aspx，并在该页面设置 TreeView 导航。管理员后台包含用户管理、新闻发布管理、新闻类别管理等页面。

任务设计：添加 Navigation.aspx 页面，新建 TreeView 控件，并设置数据源，调整 TreeView 控件的样式。

利用 TreeView 设计网站树形导航

PPT

知识准备

8.2.1 TreeView 控件简介

TreeView 控件用来显示信息的分级视图，类似于 Windows 中资源管理器的目录。TreeView 控件中的各项信息都有一个与之相关的 Node 对象。TreeView 显示 Node 对象的分层目录结构，每个 Node 对象均由一个 Label 对象和其相关的位图组成。在建立 TreeView 控件后，可以展开和折叠、显示或隐藏其中的节点。TreeView 控件一般用来显示文件和目录结构、文档中的类层次、索引中的层次和其他具有分层目录结构的信息。TreeView 控件包含很多属性，其关键属性见表 8-3。

表 8-3 TreeView 控件的关键属性

属　性	说　明
CheckedNodes	声明被选择的单个或多个节点
ExpandDepth	声明 TreeView 控件展开的深 Nodes
TreeNodeCollection	类型的节点集合
SelectedNode	当前被选择的节点
ShowCheckBoxes	声明是否显示复选框
ShowExpandCollapse	声明展开 / 折叠状态
ShowLines	声明节点间是否以线连接
LevelStyles	指定每个层次的节点样式

续表

属　　性	说　　明
NodeStyle	指定节点的默认样式
RootNodeStyle	指定根节点的样式
LeafNodeStyle	指定子节点的样式
SelectedNodeStyle	指定选定节点的样式
HoverNodeStyle	指定当鼠标移动到节点上方时的样式
ImageUrl Properties	指定表示展开 / 折叠的图片的 URL 路径

TreeNode 的关键属性见表 8-4。

表 8-4　TreeNode 的关键属性

属　　性	说　　明
Checked	标明节点上复选框的选择状态
ImageUrl	标明节点上所用图片的 URL 路径
NavigateUrl	当单击节点时所要导航到的 URL 路径
SelectAciton	无导航节点被单击时所要执行的动作 Selected 标明当前节点是否被选择的节点
ShowCheckBox	标明当前节点是否显示复选框 Text 节点上的文字

TreeView 控件的常见事件见表 8-5。

表 8-5　TreeView 控件的常用事件

事　　件	说　　明
CheckChanged	当复选框被选择或清除时所触发的事件
SelectedNodeChanged	当选择的节点发生改变时触发的事件 TreeNodeCollapsed 当分支被折叠时所触发的事件
TreeNodeExpanded	当分支被展开时所触发的事件
TreeNodeDataBound	当节点被绑定到数据源时所触发的事件 TreeNodePopulate only fired on server if EnableClientScript="false"

⚠ 注意：ExpandDepth 属性的默认值是“FullyExpand”，即展开全部节点，如需初始时根节点不展开，则设置其值为 0。

8.2.2　TreeView 控件的数据显示

TreeView 控件可以显示几种不同类型的数据：在控件中以声明方式指定的静态数据，可以使用站点地图作为数据源，也可以自行编写 XML 文件作为数据源，或作为对用户操作的响应通过执行代码添加到 TreeView 控件中的数据，如图 8-5 所示。

1. 显示静态数据

可以通过创建 TreeNode 元素集合显示静态数据，这些元素是 TreeView 控件的子集，在 TreeView 控件中显示静态数据，这些子元素也称为子节点。

以下实例演示用于 TreeView 控件的标记，该控件包含 3 个节点，其中 2 个节点具有子节点。

【实例 8-9】 演示用于 TreeView 控件的标记，该控件包含三个节点，其中两个节点具有子节点，代码如下。

```
<asp:TreeView ID="MyTreeView" Runat="server">
  <Nodes>
    <asp:TreeNode Value="Child1" Expanded="True" Text="1">
      <asp:TreeNode Value="Grandchild1" Text="A" />
      <asp:TreeNode Value="Grandchild2" Text="B" />
    </asp:TreeNode>
    <asp:TreeNode Value="Child2" Text="2" />
    <asp:TreeNode Value="Child3" Expanded="True" Text="3">
      <asp:TreeNode Value="Grandchild1" Text="A" />
    </asp:TreeNode>
  </Nodes>
</asp:TreeView>
```

【实例 8-10】 通过手动添加 TreeView 控件的节点的方式制作电子书导航。

① 新建 TreeViewDemo.aspx 网页，将 TreeView 控件从工具箱的【导航】选项卡拖放到网页中，如图 8-6 所示，修改控件名称为 myTreeView。

图 8-5 TreeView 控件

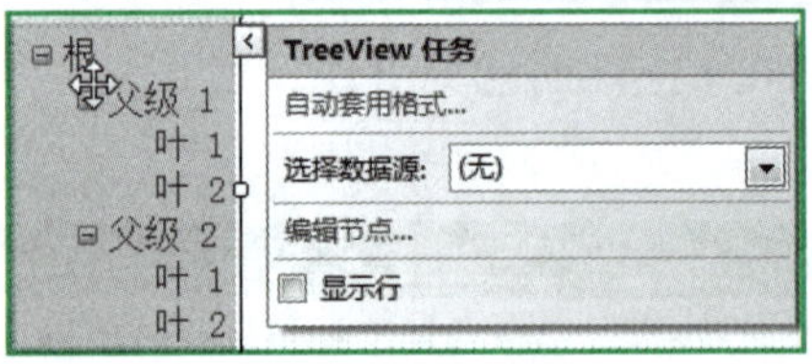

图 8-6 TreeView 控件的设计显示效果

② 单击 TreeView 控件右上角的按钮，弹出【TreeView 任务】窗格，选择【编辑节点】选项，如图 8-7 所示，或者选择属性【Nodes】，打开如图 8-8 所示的【TreeView 节点编辑器】对话框。

图 8-7 【TreeView 节点编辑器】对话框

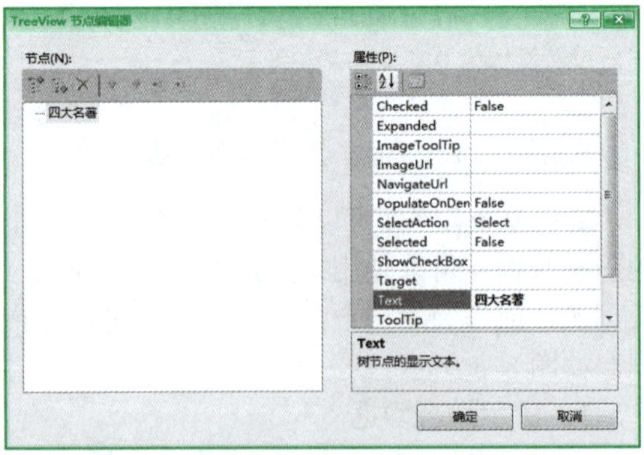

图 8-8 编辑根节点

③ 在打开的【TreeView 节点编辑器】对话框中单击左上角的【添加根节点】按钮，可添加一个新的根节点，在右侧【属性】窗口的 Text 属性中输

入文字“四大名著”，其效果如图 8-9 所示。

④ 单击该对话框中的【添加子节点】按钮，可以为刚刚添加的根节点“四大名著”添加一个子节点，在右侧【属性】窗口的 Text 属性中输入文字“三国演义”，选中“三国演义”子节点，用同样的方法添加“第一回”、“第二回”和“第三回”共 3 个子节点，同样为根节点“四大名著”添加另外 3 部书的子节点，其效果如图 8-10 所示。

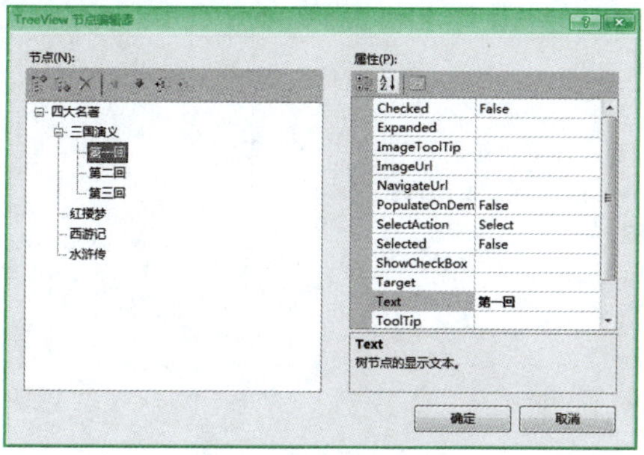

图 8-9　添加子节点

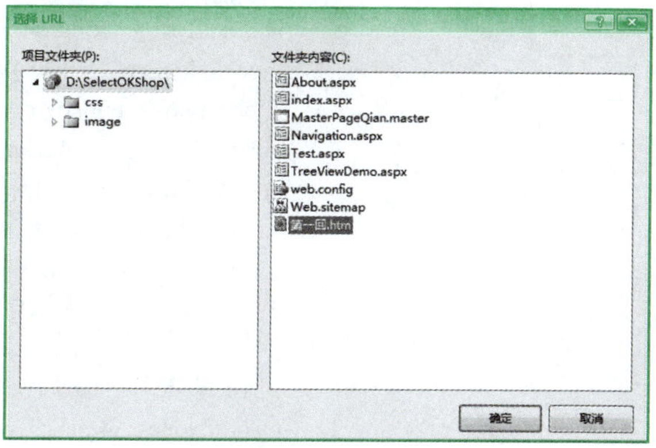

图 8-10　选择 URL

⑤ 在 Web 应用程序中添加一个 html 文件，命名为“第一回 .html”，选中子节点“第一回”，在 NavigateUrl 属性中单击按钮，打开如图 8-10 所示的【选择 URL】对话框，选中“第一回 .html”。

⑥ 单击【确定】按钮，可运行查看效果。

2. 显示动态数据

TreeView 控件由一个或多个节点构成。树中的每个项都被称为一个节点，由 TreeNode 对象表示。以下描述了 3 种不同的节点类型。

① 根节点：没有父节点，但具有一个或多个子节点的节点。

② 父节点：具有一个父节点，并且有一个或多个子节点的节点。

③ 叶节点：没有子节点的节点。

可以通过代码动态添加 TreeView 控件的节点，通过访问 Nodes 属性（该属性将返回 TreeNodeCollection 类），可以通过编程向 TreeView 控件填充数据。TreeNodeCollection 是 TreeNode 对象的强类型集合。TreeNode 对象含有一个名为 ChildNodes 的属性。由于该属性可进一步包含 TreeNode 对象，因此 TreeNodeCollection 类是一个表示 TreeView 控件的所有节点的分层数据结构。

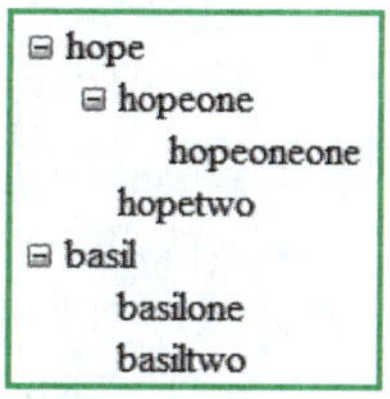

图 8-11　生成的树形目录

【实例 8-11】 通过代码动态添加 TreeView 控件的节点，生成效果如图 8-11 所示。

添加一个 TreeView 控件，命名为“TreeView1”，添加如下代码。

```
protected void Page_Load(object sender, EventArgs e)
    {
        TreeNode node = new TreeNode();// 这个节点是根节点。
        node.Text = "hope";
        TreeView1.Nodes.Add(node);
        TreeNode node1 = new TreeNode();
        node1.Text = "hopeone";
        TreeNode node11 = new TreeNode();
        node11.Text = "hopeoneone";
        TreeNode node2 = new TreeNode();
        node2.Text = "hopetwo";
        node1.ChildNodes.Add(node11);// 在 node1 下面在添加一个节点。
        node.ChildNodes.Add(node1);//node 下的两个子节点。
        node.ChildNodes.Add(node2);
        TreeNode t = new TreeNode("basil");// 作为根节点。
        TreeView1.Nodes.Add(t);

        TreeNode t1 = new TreeNode("basilone");
        t.ChildNodes.Add(t1);
        TreeNode t2 = new TreeNode("basiltwo");
        t.ChildNodes.Add(t2);
    }
```

3. 将数据绑定到 TreeView 控件

可以将 TreeView 控件绑定到支持 IHierarchicalDataSource 接口的数据源，例如 XmlDataSource 和 SiteMapDataSource 控件。此外，在绑定数据时，还可以完全控制要从数据源填充的字段，具体操作见 8.2.2 节。

在绑定 XmlDataSource 时，XML 文档有特殊的要求：

（1）描述节点名称是固定的 <treenodes></treenodes> 与 <treenode></treenode>。

（2）虽然 XML 文件严格区分字母的大小写，但绑定时会忽略。

（3）<treenode></treenode> 节点中的属性，必须与 TreeView 控件中的 TreeNode 属性对应。

（4）<treenode></treenode> 节点中的文本不能写在节点内，只能以 Text 属性出现，如 <treenode>Node01</treenode> 行不通，应为 <treenode Text="Node01"></treenode>。

【实例 8-12】 TreeView 控件绑定 XML 数据源。

新建 XML 文档，输入如下代码：

```
<?xml version="1.0" encoding="utf-8" ?>
<TREENODES>
  <TREENODE Text="Node01">
    <TREENODE NavigateUrl="04.htm" Text="Node04"></TREENODE>
  </TREENODE>
  <treenode NavigateUrl="05.htm" text="Node05" NodeData="05" CheckBox="true"></treenode>
```

```
    <TREENODE NavigateUrl="03.htm" Text="Node03"></TREENODE>
  </TREENODES>
```

后台绑定的代码如下：

```
this.TreeView1.TreeNodeSrc = "TreeXML.xml";
this.TreeView1.DataBind();
```

任务实施

8.2.3　通过数据绑定的方式创建网站的站点导航

1. 新建 Navigation.aspx 页面

在【解决方案资源管理器】中，右击网站名称，在弹出的快捷菜单中选择【添加新项】菜单命令。打开【添加新项】对话框，选择【Web 窗体页】选项，修改名称为 Navigation.aspx。选中【将代码放在单独文件中】和【选择母版页】两个复选框，单击【添加】按钮就可以创建一个新的页面。

2. 新建 TreeView 控件

在 Navigation.aspx 页面的 ContentPlaceHolderRight 中创建 TreeView 控件，并修改名称为“tvNavigation”。

3. 设置 TreeView 控件的数据源

单击 TreeView 控件右上角的 > 按钮，在打开的【TreeView 任务】窗格中单击【选择数据源】右侧的下拉按钮，如图 8-12 所示，在【选择数据源】下拉列表中选择【新建数据源】选项。

图 8-12　为 TreeView 控件设置数据源

4. 创建数据源链接

选择【新建数据源】选项后，打开如图 8-13 所示的【数据源配置向导】对话框，在该对话框中选择【站点地图】选项，打开如图 8-14 所示的【配置数据源】对话框单击【确定】按钮后，完成数据配置。

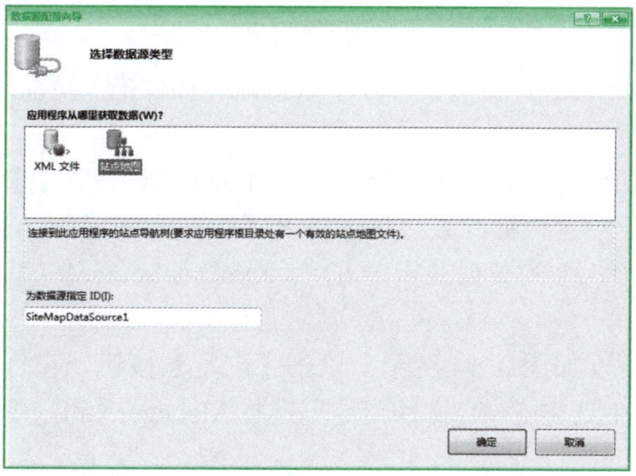

图 8-13　【数据源配置向导】对话框

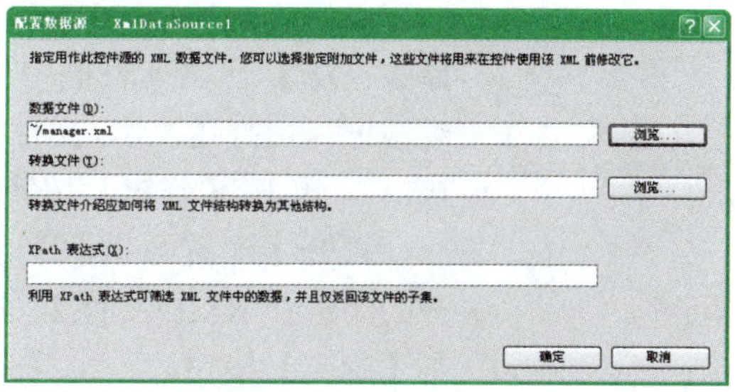

图 8-14　【配置数据源】对话框

5. 任务运行

运行 Navigation.aspx 页面，效果如图 8-4 所示。

8.2.4 通过 XML 文件创建网站新闻发布系统后台新闻管理目录导航页面

1. 创建 XML 文件

在【解决方案资源管理器】中鼠标右键单击站点，在弹出的快捷菜单中选择【添加新项】菜单命令，打开【添加新项】对话框。在该对话框中选择【XML 文件】选项，在【名称】文本框中输入文件名 Manager.xml，单击【添加】按钮。这时在站点根目录下创建一个名为 Manager.xml 的文件，同时打开该文件，编写 Manager.xml 文件代码如下：

```
<?xml version="1.0" encoding="utf-16" ?>
<siteMapNode url="~/Admin/default.aspx" title=" 管理员后台 "  description="">
  <siteMapNode url="" title=" 新闻发布管理 "  description="" >
     <siteMapNode url="Admin/addNews.aspx" title=" 添加新闻 "  description="" />
     <siteMapNode url="Admin/manageNews.aspx" title=" 新闻维护 "  description="" />
  </siteMapNode>
  <siteMapNode url="" title=" 新闻类别管理 "  description="" >
     <siteMapNode url="Admin/addNewsKind.aspx" title=" 添加新闻类别 "  description="" />
     <siteMapNode url="Admin/manageNewsKind.aspx" title=" 新闻类别维护 "  description="" />
  </siteMapNode>
  <siteMapNode url="~/admin/adminlogin.aspx" title=" 系统用户管理 "  description="">
     <siteMapNode url="Admin/userManager.aspx" title=" 用户管理 " description="" />
     <siteMapNode url="Admin/userRole.aspx" title=" 用户角色 " description="" />
     <siteMapNode url="Admin/userAuthority.aspx" title=" 权限管理 " description="" />
  </siteMapNode>
  <siteMapNode url="Admin/exit.aspx" title=" 退出 "  description="" >
  </siteMapNode>
</siteMapNode>
```

2. 添加新页

在“Admin”文件夹下创建 admin.aspx 窗体页，并将 TreeView 控件拖入页面。

3. 设置数据源

单击 TreeView 控件右上角的 > 按钮，打开【TreeView 任务】窗格。在【选择数据源】下拉列表框中选择【新建数据源】选项，打开【数据源配置向导】对话框。选择【XML 文件】选项，并为数据源指定 ID 为 XmlDataSource1（默认值），单击【确定】按钮。

打开【配置数据源】对话框，如图 8-14 所示。单击【浏览】按钮，在打开的【选择 XML 文件】对话框中选定 XML 文件，这里选择 Manager.xml，单击【确定】按钮。

鼠标单击 TreeView 控件右上角的 > 按钮，在打开的【TreeView 任务】窗格中选择【编辑 TreeNode 数据绑定】选项，打开【TreeView DataBindings 编辑器】对话框，如图 8-15 所示。为 siteMapNode 节点设置 NavigateUrlField 属性值为 url、TextField 属性值为 tilte，单击【确定】按钮。

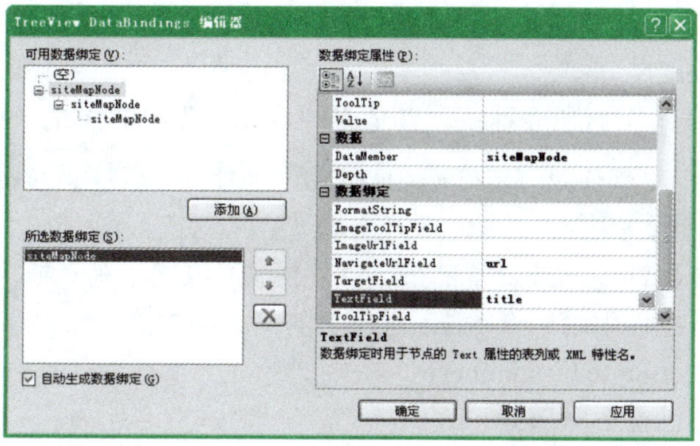

图 8-15　【TreeView DataBindings 编辑器】对话框

其中，数据绑定属性说明如下。

① TextField：设置显示的文字所绑定的字段或元素。

② NavigateUrlField：设置链接对应的字段或元素值。

4. 设置自动套用格式

在【设计】视图中鼠标右键单击 TreeView 控件，在弹出的快捷菜单中选择【自动套用格式】菜单命令，打开【自动套用格式】对话框，在【选择方案】列表框中选择方案为 FAQ，单击【确定】按钮。

运行该页面，结果如图 8-16 所示。

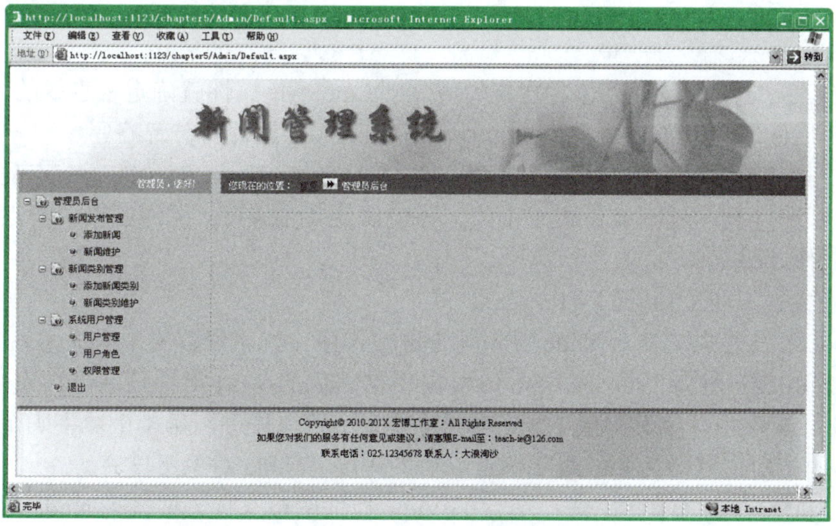

图 8-16　TreeView 控件应用示例

任务拓展

8.2.5 TreeView 控件的常用属性

（1）Nodes 属性返回对 TreeView 控件的 Node 对象的集合的引用。

语法：object.Nodes

object 代表一个对象表达式，其值是“应用于”列表中的一个对象。

说明：可以使用标准的集合方法（如 Add 方法和 Remove 方法）操作 Node 对象。可以按其索引或存储在 Key 属性中的唯一键来访问集合中的每个元素。

（2）Style 属性返回或设置图形类型（图像、文本、+/– 号、直线）以及出现在 TreeView 控件中每一个 Node 对象上的文本的类型。

语法：object.Style [= number]

Style 语法包含下面部分：

Object：对象表达式，其值是“应用于”列表中的一个对象。

Number：指定图形类型的整数。Number 的设置值见表 8-6。

表 8-6 Number 的设置值

设置值	描述
0	仅为文本
1	图像和文本
2	+/– 号和文本
3	+/– 号、图像和文本
4	直线和文本
5	直线、图像和文本
6	直线、+/– 号和文本
7	（缺省）直线、+/– 号、图像和文本

若 Style 属性设置为包含直线的值，则 LineStyle 属性就确定了直线的外观。如果 Style 属性设置为不含直线的值，则 LineStyle 属性将被忽略。

（3）Sorted 属性返回或设置一个值，该值确定 Node 对象的子节点是否按字母顺序排列，返回或设置一个值，该值确定 TreeView 控件的根层节点是否按字母顺序排列。

语法：object.Sorted [= boolean]

布尔表达式，表示 Node 对象是否已被排序，如“设置值”中描述。

boolean 值为 True 时，Node 对象根据它们的 Text 属性按字母顺序排列。其 Text 属性由数字开始的 Node 对象也作为字符串排序，第 1 个数字确定在排序中的初始位置，后面的数字确定以后的排序，Node 对象不排序。

Sorted 属性有两种用法，在 TreeView 控件的根（顶）层排列 Node 对象和对任何单个 Node 对象的立即子节点排序。

8.2.6　TreeView 控件的操作

1. 遍历所有节点

【实例 8-13】 遍历 TreeView 控件的所有节点，代码如下。

```
void GetAllNodeText(TreeNodeCollection tnc)
{
    foreach(TreeNode node in tnc)
    {
        if(node.Nodes.Count!=0)
        GetAllNodeText(node.Nodes);
        Response.Write(node.Text + " ");
    }
}
```

2. 选中或取消选中节点，自动选中或取消选中其子节点

【实例 8-14】 选中或取消选中节点 TreeView 控件的节点，代码如下。

```
private void CheckedChildNode(TreeNode tn)
{
    if (tn.Nodes.Count>0)
    {
      foreach (TreeNode tnn in tn.Nodes)
      {
          tnn.Checked=tn.Checked;
          CheckedChildNode(tnn);
      }
    }
}
```

项目实训

【实训目的】

① 掌握定义 TreeView 控件的方法。

② 掌握 TreeView 控件常用属性及数据库绑定的用法。

③ 掌握 TreeView 控件常用事件的用法。

【实训内容】

① 定义部门导航控件 TreeViewDepartment。

② 动态绑定部门表的部门名称字段。

使用 Menu 控件设计网站菜单导航

任务 8.3 使用 Menu 控件设计网站菜单导航

任务陈述

任务构思与目标：使用 Menu 控件设计 SelectOKShop 网站的菜单导航，应用到整个网站，结果如图 8-17 所示。

微课 8.3 使用 Menu 菜单设计网站菜单

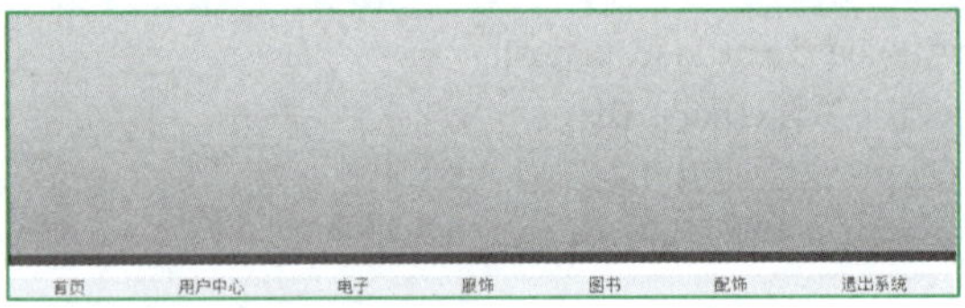

图 8-17 电子商务网站菜单导航系统

任务设计：在 MasterPageQian. master 母版中添加 Menu 控件，手动设置网站菜单。

使用 Menu 控件设计网站菜单导航

PPT

知识准备

8.3.1 Menu 菜单控件的基础知识

使用 ASP.NET Menu 控件可以开发 ASP.NET 网页的静态和动态显示菜单。

Menu 控件具有静态模式和动态模式两种显示模式。静态显示意味着 Menu 控件始终是完全展开的，整个结构都是可视的，用户可以单击任何部位。在动态显示的菜单中，只有指定的部分是静态的，而只有用户将鼠标指针放置在父节点上时才会显示其子菜单项。

用户可以在 Menu 控件中直接配置其内容，也可通过将该控件绑定到数据源的方式来指定其内容。无须编写任何代码即可控制 ASP.NET Menu 控件的外观、方向和内容。除该控件公开的可视属性外，该控件还支持 ASP.NET 控件外观和主题。

1. 静态显示行为

使用 Menu 控件的 StaticDisplayLevels 属性可控制静态显示行为。StaticDisplayLevels 属性指示从根菜单算起，静态显示菜单的层数。例如，如果将 StaticDisplayLevels 设置为 3，菜单将以静态显示的方式展开其前三层。静态显示的最小层数为 1，如果将该值设置为 0 或负数则会引发异常。

2. 动态显示行为

MaximumDynamicDisplayLevels 属性指定在静态显示层后应显示的动态显

示菜单节点层数。例如，如果菜单有 3 个静态层和 2 个动态层，则菜单的前三层静态显示，后两层动态显示。

如果将 MaximumDynamicDisplayLevels 设置为 0，则不会动态显示任何菜单节点。如果将 MaximumDynamicDisplayLevels 设置为负数，则会引发异常。

3. 定义菜单内容

可以通过两种方式来定义 Menu 控件的内容：添加单个 MenuItem 对象（以声明方式或编程方式）或用数据绑定的方法将该控件绑定到 XML 数据源。

4. 手动添加菜单项

可以通过在 Items 属性中指定菜单项的方式向控件添加单个菜单项。Items 属性是 MenuItem 对象的集合。以下示例演示 Menu 控件的声明性标记，该控件有 3 个菜单项，每个菜单项有 2 个子项：

```
<asp:Menu ID="Menu1" runat="server" StaticDisplayLevels="3">
<Items>
<asp:MenuItem Text="File" Value="File">
    <asp:MenuItem Text="New" Value="New"></asp:MenuItem>
    <asp:MenuItem Text="Open" Value="Open"></asp:MenuItem>
</asp:MenuItem>
<asp:MenuItem Text="Edit" Value="Edit">
    <asp:MenuItem Text="Copy" Value="Copy"></asp:MenuItem>
    <asp:MenuItem Text="Paste" Value="Paste"></asp:MenuItem>
</asp:MenuItem>
<asp:MenuItem Text="View" Value="View">
    <asp:MenuItem Text="Normal" Value="Normal"></asp:MenuItem>
    <asp:MenuItem Text="Preview" Value="Preview"></asp:MenuItem>
</asp:MenuItem>
</Items>
</asp:Menu>
```

5. 用数据绑定的方法将控件绑定到 XML 数据源

利用这种将控件绑定到 XML 文件的方法，可以通过编辑该文件来控制菜单的内容，而不需要使用设计器。这样就可以在不重新访问 Menu 控件或编辑任何代码的情况下，更新站点的导航内容。如果站点内容有变化，可使用 XML 文件来组织内容，再提供给 Menu 控件，以确保网站用户可以访问这些内容。

任务实施

8.3.2 创建并使用电子商务网站的导航菜单

1. 创建控件

从工具箱的【导航】选项卡中拖放 Menu 控件到网站 MasterPageQian.

master 母版页的 <div id="menu"> </div> 位置处，修改控件的 ID 为 MenuMain，设置该控件的 Orientation 属性为 Horizontal（设置布局方式采用水平方式呈现）。

2. 打开【菜单项编辑器】对话框

编辑在菜单中显示的项。单击 Menu 控件右上角的按钮，弹出【Menu 任务】窗格。选择【编辑菜单项】选项，打开【菜单项编辑器】对话框，如图 8-18 所示。

控件属性设置说明如下。

① NavigateUrl：菜单项被选中时定位到的 URL。

② Target：链接的文件显示的位置。

③ Text：菜单项的显示文本。

3. 添加节点

单击左侧【添加根项】按钮，在右侧的属性设置中设置其 Text 属性为“首页”，NavigateUrl 属性为 default.aspx，用同样的方法添加“用户中心”节点。选中“用户中心”节点，单击【添加子项】按钮，为“用户中心”节点添加子节点“修改密码”、“用户注册”。用同样的方法添加其他节点、子节点，单击【确定】按钮完成添加节点操作。

4. 设置节点的地址

在图 8-18 中选中“首页”节点，单击属性 NavigateUrl 中的按钮，打开如图 8-19 所示的【选择 URL】对话框，选中【文件夹内容】中的 index.aspx 页面，单击【确定】按钮。

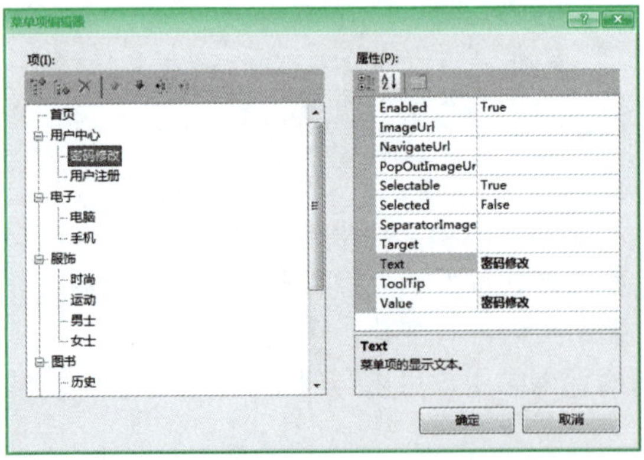

图 8-18 【菜单项编辑器】对话框

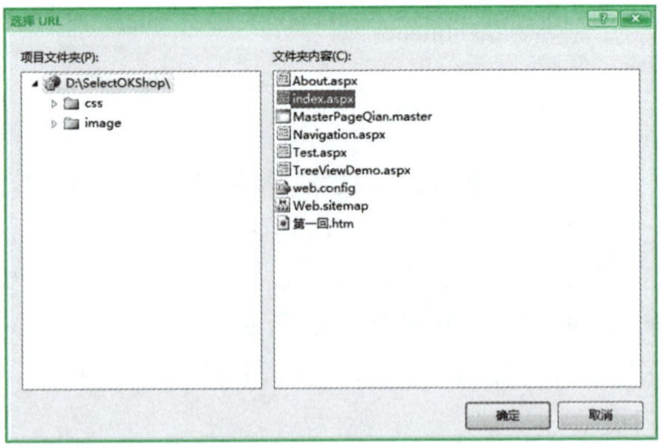

图 8-19 【选择 URL】对话框

5. 设置自动套用格式

在【设计】视图中鼠标右键单击 Menu 控件，在弹出的快捷菜单中选择【自动套用格式】菜单命令，打开【自动套用格式】对话框，如图 8-20 所示。在【选择架构】列表框中选择方案为【专业型】。单击【确定】按钮。

6. 修改样式

选择属性窗口的 font 下的 size 属性，修改为 Larger。设置 StaticEnable Default-PopOutImage 属性值为 False。设置 Static MenuItemStyle 下的 HorizontalPadding 属性值为 45 px。

7. 运行该页面

运行效果如图 8-17 所示。

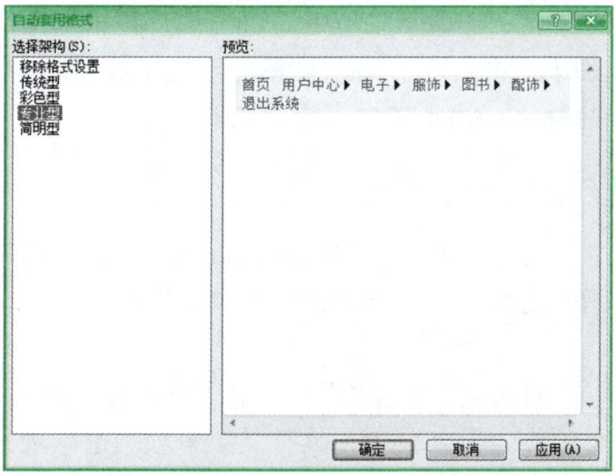

图 8-20 【自动套用格式】对话框

> ⚠ **注意：Menu 控件除了用此方法显示菜单项外，也可以像 TreeView 控件那样使用站点地图和 XML 文件作为数据源，此外，TreeView 控件也可以使用编辑节点方法显示树形菜单。**

任务拓展

8.3.3 Menu 控件的常用属性

Menu 控件用于显示 ASP.NET 网页中的菜单，并常与用于导航网站的 SiteMapDataSource 控件结合使用。Menu 控件支持以下功能。

① 数据绑定：将控件菜单项绑定到分层数据源。

② 站点导航：通过与 SiteMapDataSource 控件集成实现。

③ 对 Menu 对象模型的编程访问，可动态创建菜单、填充菜单项、设置属性等。

④ 可自定义外观，通过主题、用户定义图像、样式和用户定义模板实现。

用户单击菜单项时，Menu 控件可以导航到所链接的网页或直接回发到服务器。如果设置了菜单项的 NavigateUrl 属性，则 Menu 控件导航到所链接的页；否则，该控件将页回发到服务器进行处理。默认情况下，链接页与 Menu 控件显示在同一窗口或框架中，若要在另一个窗口或框架中显示链接内容，则使用 Menu 控件的 Target 属性。

> **说明：Target 属性影响控件中的所有菜单项。若要为单个菜单项指定一个窗口或框架，则直接设置 MenuItem 对象的 Target 属性。**

Menu 控件显示两种类型的菜单：静态菜单和动态菜单。静态菜单始终显示在 Menu 控件中。默认情况下，根级（级别 0）菜单项显示在静态菜单中。通过设置 StaticDisplayLevels 属性，可以在静态菜单中显示更多菜单级别（静态子菜单）。级别高于 StaticDisplayLevels 属性所指定的值的菜单项（如果有）显示在动态菜单中。仅当用户将鼠标指针置于包含动态子菜单的父菜单项上时，才会显示动态菜单。一定的持续时间之后，动态菜单自动消失。使用 DisappearAfter 属性指定持续时间。

说明：如果用户在菜单外部单击，动态菜单也会消失。

还可以通过设置 MaximumDynamicDisplayLevels 属性，限制动态菜单的显示级别数。高于指定值的菜单级别则被丢弃。

1. 菜单项

Menu 控件由菜单项（由 MenuItem 对象表示）树组成。顶级（级别 0）菜单项称为根菜单项。具有父菜单项的菜单项称为子菜单项，所有根菜单项都存储在 Items 集合中，子菜单项存储在父菜单项的 ChildItems 集合中。

每个菜单项都具有 Text 和 Value 属性。Text 属性的值显示在 Menu 控件中，而 Value 属性则用于存储菜单项的任何其他数据（如传递给与菜单项关联的回发事件的数据）。在单击时，菜单项可导航到 NavigateUrl 属性指示的另一个网页。

说明：如果菜单项未设置 NavigateUrl 属性，则单击该菜单项时，Menu 控件只是将页提交给服务器进行处理。

此外，通过设置 ImageUrl 属性，也可以选择在菜单项中显示的图像。

2. 静态数据

最简单的 Menu 控件数据模型即是静态菜单项。若要使用声明性语法显示静态菜单项，首先在 Menu 控件的开始和结束标记之间嵌套开始和结束标记 <Items>。然后，通过在开始和结束标记 <Items> 之间嵌套 <asp:MenuItem> 元素，创建菜单结构。每个 <asp:MenuItem> 元素都表示控件中的一个菜单项，并映射到一个 MenuItem 对象。通过设置菜单项的 <asp:MenuItem> 元素的属性（Attribute），可以设置其属性（Property）。若要创建子菜单项，则在父菜单项的开始和结束标记 <asp:MenuItem> 之间嵌套更多 <asp:MenuItem> 元素。

3. 绑定到数据

Menu 控件也可以绑定到数据。可以使用以下方法中的一种将 Menu 控件绑定到适当的数据源类型：

Menu 控件可以使用任意分层数据源控件，如 XmlDataSource 控件或 SiteMapDataSource 控件。若要绑定到分层数据源控件，则将 Menu 控件的 DataSourceID 属性设置为数据源控件的 ID 值，Menu 控件自动绑定到指定的数据源控件。这是绑定到数据的首选方法。

Menu 控件还可以绑定到 XmlDocument 对象，若要绑定到此数据源，则需将 Menu 控件的 DataSource 属性设置为该数据源，然后调用 DataBind 方法。

在绑定到数据源时，如果数据源的每个数据项都包含多个属性 (Property)（例如具有多个属性（Attribute）的 XML 元素），则菜单项默认显示数据项的

ToString 方法返回的值。对于 XML 元素，菜单项显示其元素名称，这样可显示菜单树的基础结构。通过使用 DataBindings 集合指定菜单项绑定，可以将菜单项绑定到特定数据项属性。DataBindings 集合包含 MenuItemBinding 对象，这些对象定义数据项及其所绑定到的菜单项之间的关系。用户可以指定要在节点中显示的绑定条件和数据项属性。

不能通过将 Text 或 TextField 属性设置为空字符串（""）在 Menu 控件中创建空节点，将属性设置为空字符串相当于未设置该属性。在这种情况下，Menu 控件将使用 DataSource 属性创建默认绑定。

4. 自定义样式

可以使用多种方法自定义 Menu 控件的外观。首先，可以通过设置 Orientation 属性，指定水平或垂直呈现 Menu 控件。还可以为每个菜单项类型指定不同的样式（如字体大小、颜色等）。

若使用级联样式表（CSS）自定义控件的外观，既可以使用内联样式，也可以使用一个单独的 CSS 文件，但不能同时使用这两者。同时使用内联样式和一个单独的 CSS 文件，会导致意外的结果。有关将样式表与控件结合使用的更多信息，请读者参阅 ASP.NET Web 服务器控件和 CSS 样式。表 8-7 列出了可用的菜单项样式。

表 8-7　Menu 控件常用的样式属性

菜单项样式属性	说　明
DynamicHoverStyle	动态菜单项在鼠标指针置于其上时的样式设置
DynamicMenuItemStyle	单个动态菜单项的样式设置
DynamicMenuStyle	动态菜单的样式设置
DynamicSelectedStyle	当前选定的动态菜单项的样式设置
StaticHoverStyle	静态菜单项在鼠标指针置于其上时的样式设置
StaticMenuItemStyle	单个静态菜单项的样式设置
StaticMenuStyle	静态菜单的样式设置
StaticSelectedStyle	当前选定的静态菜单项的样式设置
LevelMenuItemStyles	MenuItemStyle 对象的集合，这些对象根据级别控制菜单项的样式
LevelSelectedStyles	MenuItemStyle 对象的集合，这些对象根据级别控制所选菜单项的样式
LevelSubMenuStyles	MenuItemStyle 对象的集合，这些对象根据级别控制子菜单项的样式

集合的第 1 个样式对应于菜单树第 1 个深度级别的菜单项的样式。集合的第 2 个样式对应于菜单树第 2 个深度级别的菜单项的样式，依此类推。该集合最常用于生成目录风格的导航菜单，在这种导航菜单中，某个深度的菜单项不管是否具有子菜单，都有相同的外观。

说明：如果使用上表列出的任何级别样式集合来定义 Menu 控件的样式，这些样式设置都会重写各菜单项的样式属性。

改变控件外观的另一种方法是自定义显示在 Menu 控件中的图像。通过设置表 8-8 列出的属性，可以为控件各部分指定自己的自定义图像。

表 8-8 Menu 控件中的图像属性

图像属性	说明
DynamicBottomSeparatorImageUrl	显示在动态菜单项底部的可选图像，用于将菜单项与其他菜单项隔开
DynamicPopOutImageUrl	显示在动态菜单项中的可选图像，用于指示菜单项具有子菜单
DynamicTopSeparatorImageUrl	显示在动态菜单项顶部的可选图像，用于将菜单项与其他菜单项隔开
ScrollDownImageUrl	显示在菜单项底部的图像，用于指示用户可以向下滚动查看其他菜单项
ScrollUpImageUrl	显示在菜单项顶部的图像，用于指示用户可以向上滚动查看其他菜单项
StaticBottomSeparatorImageUrl	显示在静态菜单项底部的可选图像，用于将菜单项与其他菜单项隔开
StaticPopOutImageUrl	显示在静态菜单项中的可选图像，用于指示菜单项具有子菜单
StaticTopSeparatorImageUrl	显示在静态菜单项顶部的可选图像，用于将菜单项与其他菜单项隔开

若要完全控制用户界面（UI），可以使用表 8-9 列出的模板属性为 Menu 控件定义自己的自定义模板。

表 8-9 Menu 控件的自定义模板属性

模板属性	说明
DynamicItemTemplate	包含动态菜单项的自定义呈现内容的模板
StaticItemTemplate	包含静态菜单项的自定义呈现内容的模板

通过设置 DynamicVerticalOffset 和 DynamicHorizontalOffset 属性，可以控制动态菜单相对于其父菜单项的垂直和水平位置。若要控制静态子菜单在静态菜单中的缩进，可使用 StaticSubMenuIndent 属性。

小资料：动态导航技术除了使用 Menu 菜单控件外还可以使用 DIV+CSS、javascript、Photoshop、flash 等技术实现。

项目实训

【实训目的】

掌握使用 SiteMapPath 控件显示网站路径的方法。

【实训内容】

SelectOkShop 电子商务网站的网页均显示菜单导航，并实现链接。

单元小结

本单元主要介绍了在ASP.NET中用于页面导航的SiteMapPath控件、TreeView控件和Menu控件，SiteMapPath控件只能使用站点地图作为数据源，TreeView控件和Menu控件既可以使用站点地图作为数据源，也可以使用XML文件作为数据源。此外，TreeView控件和Menu控件还可以通过编辑节点方法显示导航。

评价体系表

专业能力测评表

（在□中打√，A 理解，B 基本理解，C 未理解）

专业核心能力	评 价 指 标	自 测 结 果		
能够利用站点地图和SiteMapPath控件设计网站导航	1. 了解站点地图	□A	□B	□C
	2. 熟练掌握SiteMapPath控件	□A	□B	□C
	3. 修改SiteMapPath控件的样式	□A	□B	□C
能够利用TreeView设计网站树形导航	1. 了解TreeView控件的数据显示方法	□A	□B	□C
	2. 掌握TreeView控件的属性	□A	□B	□C
	3. 掌握TreeView控件的数据绑定方法	□A	□B	□C
能够使用Menu设计网站菜单导航	1. 创建并使用Menu控件	□A	□B	□C
	2. 掌握Menu控件的属性	□A	□B	□C
学生签字：	教师签字： 年 月 日			

职业能力测评表

（在□中打√，A 通过，B 基本通过，C 未通过）

职业核心能力	评 价 指 标	自 测 结 果		
自我管理能力	1. 培养自己的责任心	□A	□B	□C
	2. 能够管理自己的时间	□A	□B	□C
	3. 所学知识的灵活运用	□A	□B	□C
合作交流能力	1. 知道如何尊重他人的观点	□A	□B	□C
	2. 能与其他人有效沟通	□A	□B	□C
	3. 能获取信息并反馈信息	□A	□B	□C
解决问题能力	1. 能够有效使用信息资源	□A	□B	□C
	2. 能客观分析事物的现状	□A	□B	□C
	3. 能发现并解决常规问题	□A	□B	□C
设计创新能力	1. 能够提出有价值的观点	□A	□B	□C
	2. 能够运用不同的思维方式	□A	□B	□C
	3. 能够制定创新方案并实施	□A	□B	□C
学生签字：	教师签字： 年 月 日			

单元练习题

一、选择题

1. 关于嵌套网站地图文件的说法中，（　　）是正确的。
   A．网站地图文件必须在网站根文件夹下
   B．网站地图文件必须在 App_Data 子文件夹下
   C．网站地图文件必须和引用的网页在同一个文件夹中
   D．web.sitemap 必须在网站根文件夹下
2. 网站导航控件（　　）不需要添加数据源控件。
   A．SiteMapPath　　B．TreeView
   C．Menu　　D．SiteMapDataSource
3. 母版页中使用导航控件，要求（　　）。
   A．母版页必须在根文件夹下
   B．母版页名字必须为 web.master
   C．与普通页一样使用，浏览母版页时就可以查看效果
   D．必须有内容页才能查看效果

二、填空题

1. 网站地图文件的扩展名是________。
2. <siteMapNode> 元素的 url 属性表示________。
3. 若要使用网站导航控件，必须在________文件中描述网站的结构。
4. SiteMapPath 控件的属性 PathDirection 功能是________________。

三、判断题

1. 一个网站地图中只能有一个 <siteMapNode> 根元素。（　　）
2. 网站导航文件不能嵌套使用。（　　）
3. 网站导航控件都必须通过 SiteMapPath 控件来访问网站地图数据。（　　）
4. 母版页中不能添加导航控件。（　　）

单元 9

AJAX 技术应用

学习目标

【知识目标】

■ 了解 ASP.NET AJAX 框架。
■ 掌握 ASP.NET AJAX 的 ScriptManager 控件。
■ 熟练掌握 UpdatePanel 控件使用方法。
■ 了解 ASP.NET AJAX Control Toolkit。
■ 熟练安装配置 ASP.NET AJAX Control Toolkit。
■ 掌握 AJAX Control Toolkit 的常用控件。

【技能目标】

■ 能够创建 AJAX 框架应用程序。
■ 能够使用 ASP.NET AJAX 核心组件。
■ 能够安装配置 AJAX Control Toolkit。
■ 能够使用 AJAX Control Toolkit 控件。

【素质目标】

■ 具有一定的整体观和大局意识。
■ 具有较强的社会适应能力、活动能力。

教学 PPT

教学录像

源代码

教学案例

引例描述

随着 Web 技术的发展和网络技术的日益完善，Web 页面的内容也变得越来越复杂。

小明发现：部分网页媒体提交都出现“闪屏”，频繁的“闪屏”影响用户体验，尤其是当加载或刷新较大的页面时，浏览器与服务器间的响应时间影响了用户的体验，在当前软件架构及网络等条件基本不变的前提下，如何减少客户端与服务器端的响应是一个比较好的思路，即加载或刷新页面时只回传部分关键数据，从而实现异步，这就是 AJAX 技术（Asynchronous JavaScript and XML，异步 JavaScript 和 XML）。

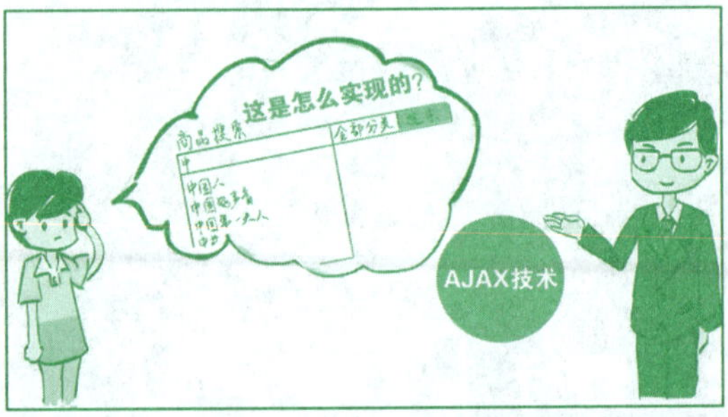

AJAX 不是一种新的编程语言，而是一种用于创建效率更高且交互性更强的 Web 应用程序的技术集合。每个网站都由大量页面组成，很多页面需要用户输入数据，单击【提交】按钮，客户端发出信息，服务器端进行处理，服务器完成处理后根据用户的要求将处理结果回传到客户端。每个页面刷新的部分只是其中一小部分，大部分则为静态页面，不需要刷新，频繁的刷新不但影响页面的速度，而且占用了网站的带宽，影响服务器的速度，对于一些聊天类的网站，频繁的刷新将产生大量的闪烁，影响用户的视觉体验。

本单元主要介绍如何在网站中添加 AJAX 应用，并使用 Ajax Extensions 核心组件（ScriptManager 和 UpdatePanel）实现页面的局部更新，安装配置 AJAX Control Toolkit，并使用 AJAX Control Toolkit 的 Text Box Watermark Extonder 水印控件实现网页中的模态对话。

任务 9.1 AJAX 实现局部刷新功能

AJAX 核心技术应用

任务陈述

任务构思与目标：根据需求，在网站首页需要显示日期及时间，且需要显示实时更新。为了实现该功能，需要使用到 AJAX 的局部刷新技术，显示时钟的效果，效果如图 9-1 所示。

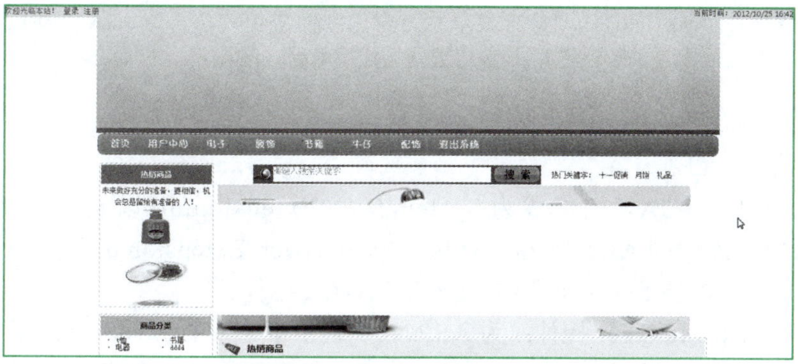

图 9-1　AJAX 程序运行结果

任务设计：首先，在首页面添加 ScriptManager 全局脚本控制器，再加入 UpdatePanel 控件实现无刷新效果的实时时间显示。

微课 9.1.1　AJAX 实现局部刷新功能 1

微课 9.1.2　AJAX 实现局部刷新功能 2

知识准备

AJAX 核心技术应用

PPT

9.1.1　ASP.NET AJAX 基础

AJAX 是 Asynchronous JavaScript And XML（异步 JavaScript 和 XML）的缩写。Web 应用程序在传统意义上，只能通过向 Web 服务器提交新的请求来检索对用户输入所做的响应。在某些情况下，开发人员可以使用 JavaScript 在客户端上加载所有响应，从而提供更好的用户体验。AJAX 提供了一种新的中间选择，能够在维持及时响应和灵活性的同时使用基于服务器的应用程序。

传统的 Web 应用程序模型工作流程为：用户的界面操作触发 HTTP 请求，服务器在接收到请求之后进行一些业务逻辑处理，如保存数据等，然后向客户端返回一个 HTML 页面。但这种方式并没有给予用户很好的应用体验，服务器在处理数据的时候用户处于等待状态，且每一步操作都需要等待，太多的等待会使用户越来越没有耐心。而 AJAX 则不同，通过 AJAX 引擎，使得应用过程很自然，操作很流畅，因为其只和服务器交换有用的数据，而页面显示等不必要的数据则不再重新加载。AJAX 引擎其实就是 JavaScript、XML、XMLHttpRequest 等各项技术的综合应用，AJAX 应用与传统的 Web 应用的区别主要在以下 3 个方面：

① 不刷新整个页面，在页面内与服务器通信。

② 使用异步方式与服务器通信，不需要打断用户的操作，具有更加迅速的响应能力。

③ 应用仅由少量页面组成。大部分交互在页面之内完成，不需要切换整个页面。

由此可见，AJAX 使得 Web 应用更加动态和灵活，且提供了表现能力丰富的 AJAX UI 组件。

提示：RIA（Rich Internet Application）翻译成中文为富因特网应用程序，像 AJAX、FLASH, SilverLight、Google Gear 等均为 RIA，是目前 Web 应用重要的技术革新方向。

9.1.2 ASP.NET AJAX 控件

ASP.NET AJAX 的组成为 System.Web.Extension.dll 以及封装在 ASP.NET AJAX 库中的 AJAX Core APIs，System.Web.Extension.dll 是一个 .NET assembly，它封装了 4 个重要的 ASP.NET AJAX 控件。

① ScriptManager 控件：为 ASP.NET 提供了重要的 JavaScript 部分刷新（Partial Update）或页面方法（Page Methods）等重要性质的支持。

② UpdatePanel 控件：提供实时刷新用户界面功能。

③ UpdateProgress 控件：可在 UpdatePanel 刷新页面的工作期间显示处理信息。

④ Timer 控件：为 AJAX 的客户端提供了计时器的支持。

1. ScriptManager 控件

ScriptManager 控件用于处理页面上的所有组件以及页面局部更新，在 ASP.NET AJAX 程序中必须包括该控件的引用。而在该控件中可以指定需要的脚本库、Web Service、身份验证服务、个性化设置、页面错误处理等。ScriptManager 是放置在 Web 窗体上的服务器端控件，在 ASP.NET AJAX 中发挥核心作用。其主要任务是调解 WebForm 上的其他 ASP.NET AJAX 控件，并将适当的脚本库添加到 Web 浏览器中，从而使 ASP.NET AJAX 的客户端部分能够正常工作。用户经常会发现自己使用 ScriptManager 注册其他控件、Web 服务和客户端脚本。

⚠ 注意：所有需要支持 ASP.NET AJAX 的 ASP.NET 页面上有且只能有一个 ScriptManager 控件。

ScriptManager 控件常用的属性与方法见表 9-1。

表 9-1 ScriptManager 控件的属性与方法

属性	说明
AllowCustomErrorsRedirect	该属性为布尔类型，默认值为 true，表示在异步更新发生异常时是否使用 Web.config 中 <customErrors> 节中的设定。Web.config 的 <customErrors> 节中可以指定应用程序级别的错误处理页面，这将通过重定向至某个专门显示异常的页面来实现
AsyncPostBackErrorMessage	该属性表示了异步回送过程中发生的异常将显示出的消息，用户可在 ScriptManager 的声明中设置这个属性
AsyncPostBackTimeout	异步回传时超时限制，默认值为 90，单位为秒
AsyncPostBackError	异步回传发生异常时的服务端处理函数，在这里可以捕获信息并作相应的处理
AuthenticationService	客户端身份验证服务的相关引用
EnablePageMethods	该属性用于设定客户端 Javascript 直接调用服务端静态 WebMethod
EnablePartialRendering	该属性可以使页面的某些控件或某个区域实现 AJAX 类型的异步回送和局部更新功能。若需要启用页面的局部更新模式，则应该将 EnablePartialRendering 属性设置为 True，保持默认值即可

续表

属　　性	说　　明
EnableScriptGlobalization	ScriptManager 绘制的脚本是否支持不同语种，默认值为 False
EnableScriptLocalization	ScriptManager 绘制的脚本是否需要本地化，默认值为 False
LoadScriptBeforeUI	是否需要在加载 UI 控件前首先加载脚本，默认为 False
ProfileService	与之相关的用户个性化信息管理类
ScriptMode	指定 ScriptManager 发送到客户端的脚本的模式，有 4 种模式：Auto、Inherit、Debug 和 Release，默认值为 Auto
ScriptPath	设置所有的脚本块的根目录，作为全局属性，包括自定义的脚本块或者引用第三方的脚本块。如果在 Scripts 中的 <asp:ScriptReference/> 标签中设置了 Path 属性，它将覆盖该属性
Scripts	页面所有的脚本集合
Services	页面相关的 Web Service
ResolveScriptReference	指定 ResolveScriptReference 事件的服务器端处理函数，在该函数中可以修改某一条脚本的相关信息如路径、版本等

向页面中添加的 ScriptManager 定义形式如下。

```
<asp:ScriptManager ID="ScriptManager1"    runat="server">
    <AuthenticationService Path="" />
    <ProfileService LoadProperties="" Path="" />
      <Scripts>              <asp:ScriptReference/>          </Scripts>
    <Services>              <asp:ServiceReference />         </Services>
</asp:ScriptManager>
```

2. UpdatePanel 控件

页面中使用的 AJAX 控件必须放在 UpdatePanel 控件中才能发挥作用。UpdatePanel 用于设置页面中异步局部更新区域，必须依赖于 ScriptManager 存在，ScriptManger 控件提供了客户端脚本生成与管理 UpdatePanel 的功能。当 ScriptManager 中允许页面局部更新时，它会以异步的方式回传给服务器，与传统的整页回传方式不同的是只有包含在 UpdatePanel 中的页面部分会被更新。UpdatePanel 控件的常用属性见表 9-2。

表 9-2　UpdatePanel 控件的常用属性

属　　性	说　　明
ChildrenAsTriggers	当 UpdateMode 属性为 Conditional 时，UpdatePanel 中的子控件的异步回送是否会引发 UpdatePanle 的更新
RenderMode	表示 UpdatePanel 最终呈现的 HTML 元素。Block（默认）表示 <div>，Inline 表示 <span>
UpdateMode	表示 UpdatePanel 的更新模式，有两个选项：Always 和 Conditional。Always 是不管有没有 Trigger，其他控件都将更新该 UpdatePanel，Conditional 表示只有当前 UpdatePanel 的 Trigger，或 ChildrenAsTriggers 属性为 true 时当前 UpdatePanel 中控件引发的异步回送或者整页回送，或是服务器端调用 Update() 方法才会引发更新该 UpdatePanel
Triggers	Triggers 属性设置 UpdatePanel 的触发事件
EnablePartialRendering	属性值为 True 时实现页面的异步局部更新；属性值为 false 时实现全页面的刷新

简单的 UpdatePanel 定义示例如下：

```
<asp:UpdatePanel ID="UpdatePanel3" runat="server">
 <ContentTemplate>          <!-- -->          </ContentTemplate>
 <Triggers>
       <asp:AsyncPostBackTrigger />       <asp:PostBackTrigger />
    </Triggers>
</asp:UpdatePanel>
```

3. Timer 控件

Timer 控件是一个定时器控件，该控件负责定时引发回传并局部刷新 UpdatePanel 控件中的内容。Timer 控件的常用属性和事件见表 9-3。

表 9-3 Timer 控件常用的属性与事件

属　性	说　明
Enabled	该属性确定 Timer 控件当前是否激活。当 Enabled 为 True 时，该控件按 Interval 属性内指定的时间间隔激活 Tick 事件。当 Enabled 为 False 时，控件什么也不会做，也不会启动任何事件
Interval	该属性确定控件激活的 Tick 事件之间的时间间隔（以毫秒为单位）。例如，如果要让控件每分钟激活一个事件，就可以将这个属性设置为 60,000
Tick 事件	指定间隔到期后触发该事件

Timer 控件按照指定的时间间隔激活其 Tick 事件。在这个事件的事件处理程序内，可以执行认为合适的任何代码。

⚠ 注意：对于 UpdatePanel 控件内部的 Timer 控件，在页从回发返回之前，计时时间间隔不会开始。例如，如果 Interval 属性设置为 60,000 ms（60 s），但完成回发需要 3 s，则下一个回发将在上一个回发的 63 s 之后发生。

任务实施

9.1.3 实现 UpdatePanel 局部刷新显示当前时间

① 根据任务描述把时间显示功能设置在系统母版页，打开系统的母版页面，在页面窗体中加入 ScriptManager 控件，如图 9-2 所示。

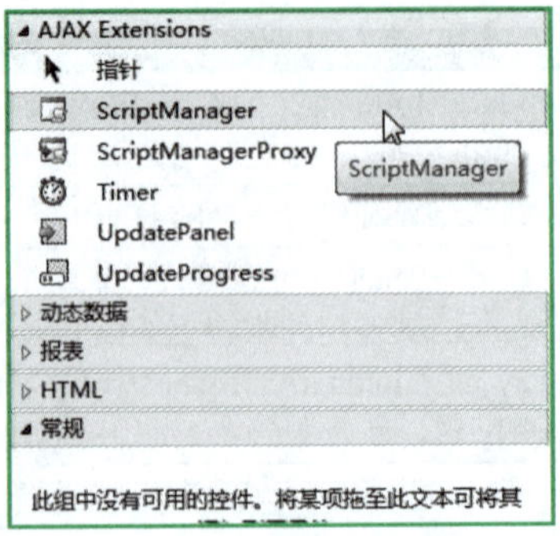

图 9-2 AJAX Extension

其代码如下。

```
<asp:ScriptManager ID="ScriptManager1" runat="server">
</asp:ScriptManager>
```

② 添加了 AJAX 框架之后，就可以使用 AJAX 控件了。首先在顶部的导航条中添加两个单元格，分别用于显示文字和时间，其效果如图 9-3 所示。

图 9-3 AJAX Extension 效果

顶部导航条的 HTML 代码如下。

```
<table class="header">
    <tr>
        <td style="width:70%">
        欢迎 <asp:Label ID="Label1" runat="server" Text="Label"></asp:Label> 光
临本站！ <asp:HyperLink ID="HyperLink1" runat="server" NavigateUrl="~/login.aspx"> 登录
</asp:HyperLink><asp:HyperLink ID="HyperLink3" runat="server" NavigateUrl="~/register.
aspx"> 注册 </asp:HyperLink>
        </td>
        <td style="text-align:right; width:20%;"> 当前时间： </td>
        <td style="text-align:left; ">                </td>
    </tr>
</table>
```

③ 添加 UpdatePanel 控件到第 3 个单元格中，如图 9-4 所示。

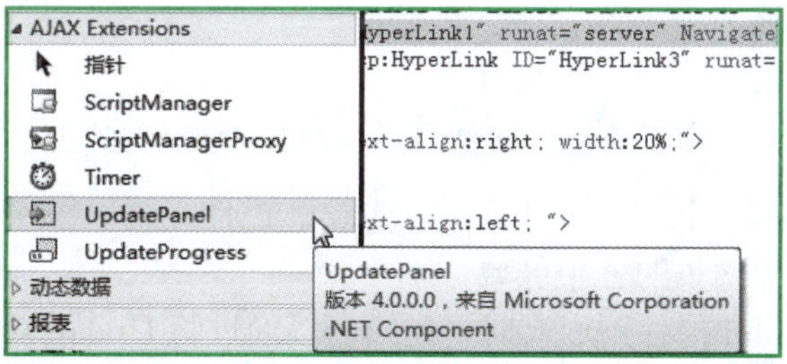

图 9-4 UpdatePanel

添加完成后代码如下：

```
<asp:UpdatePanel ID="UpdatePanel1" runat="server">        </asp:UpdatePanel>
```

④ 将需要局部刷新的控件放在 UpdatePanel 控件内部的 <ContentTemplate> 子元素中。为了实现显示时间，添加读取时间方法 <%= DateTime.Now %>，更改后的 UpdatePanel 代码如下。

```
<asp:UpdatePanel ID="UpdatePanel1" runat="server" UpdateMode="Conditional">
    <ContentTemplate> <%= DateTime.Now %> </ContentTemplate>
</asp:UpdatePanel>
```

⑤ 运行代码查看效果，发现时间可以显示，但不会实时更新，效果如图 9-5 所示。

图 9-5 Update Panel 控件程序运行结果

⑥ 为实现实时时间的显示还需要使用 Timer 控件进行定时触发。在页面中添加 Timer 控件，如图 9-6 所示。

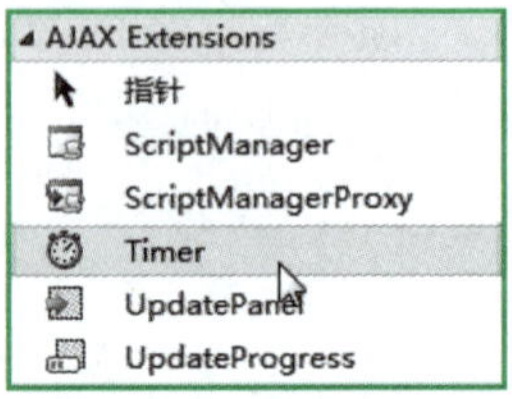

图 9-6 添加 Timer 控件

设置 Interval 属性为 1 000。Interval 属性的单位是毫秒，设置为 1 000 则相当于 1 秒钟刷新一次。Enable 属性设置为 True。在 UpdatePanel 中添加触发器后生成的代码如下：

```
<asp:UpdatePanel ID="UpdatePanel1" runat="server" UpdateMode="Conditional">
    <ContentTemplate>        <%= DateTime.Now %>       </ContentTemplate>
    <Triggers><asp:AsyncPostBackTrigger ControlID="Timer1" /> </Triggers>
</asp:UpdatePanel>
  <asp:Timer ID="Timer1" runat="server" Interval="1000"></asp:Timer>
```

⑦ 运行页面查看时间动态变化的效果。

任务拓展

9.1.4 一个 Web 页面上的多个 UpdatePanel 控件

通过在一个网页上使用多个 UpdatePanel 控件，可以按照递增的方式单独更新或同时更新该网页的各个区域。

当 UpdatePanel 控件不嵌套时，用户可以通过将 UpdateMode 属性设置为 Conditional 独立更新每个面板。UpdateMode 属性的默认值为 Always，表示面板在任何异步回发后进行刷新。

当面板嵌套时，如果将外部控件和嵌套控件的 UpdateMode 属性均设置为 Conditional，则可在不刷新外部面板的情况下刷新内部面板。但是，如果刷新外部更新面板，则内部更新面板也会刷新。

如果把 UpdateMode 属性设置为 Conditional，则还可以将 ChildrenAsTriggers 属性设置为 False，禁止 UpdatePanel 包含的控件触发 UpdatePanel 的更新操作。但在这种情况下，这些控件仍会触发一个部分页面回送操作，使页面上的其他 UpdatePanel 进行更新。例如，使 UpdateMode 属性值为 Always 的 UpdatePanel 进行更新，如以下代码所示。

思政小课堂
珍惜时间

```
<asp:UpdatePanel runat="Server" ID="UpdatePanel1" UpdateMode="Conditional"
ChildrenAsTriggers="false">
<ContentTemplate>
<asp:Button runat="Server" ID="Button1" Text="Click Me" />
<small>Panel 1 render time: <% =DateTime.Now.ToLongTimeString() %></small>
</ContentTemplate>
</asp:UpdatePanel>
<asp:UpdatePanel runat="Server" ID="UpdatePanel2">
<ContentTemplate>
<small>Panel 2 render time: <% =DateTime.Now.ToLongTimeString() %></small>
</ContentTemplate>
</asp:UpdatePanel>
<small>Page render time: <% =DateTime.Now.ToLongTimeString() %></small>
```

以上代码中，UpdatePanel2 控件的 UpdateMode 属性值设置为默认的 Always。单击按钮时，会引发一个部分页面回送操作，但只更新 UpdatePanel2。

9.1.5　服务器端 UpdatePanel 控件的更新

有时页面上有多个 UpdatePanel 控件，可以不更新其中的一个，除非满足某些条件。在这种情况下，应将 UpdatePanel 的 UpdateMode 属性设置为 Conditional，再把 ChilerenAsTriggers 属性设置为 False。接着，对于页面上引发部分页面回送操作的控件，在服务器端的事件处理程序中，有条件地调用 UpdatePanel 的 Update() 方法，例如：

```
protected void Button1_Click(Object sender, EventArgs e)
    {
        if (TestSomeCondition())
        {
            UpdatePanel1.Update();
        }
    }
```

9.1.6　UpdateProgress 控件

当网页包含一个或多个用于部分页呈现的 UpdatePanel 控件时，UpdateProgress 控件可帮助用户设计出更为直观的用户界面。如果部分页更新速度较慢，则可以使用 UpdateProgress 控件来提供有关更新状态的可视反馈。可以在页上放置多个 UpdateProgress 控件，其中每个控件都与不同的 UpdatePanel 控件相关联。也可以使用一个 UpdateProgress 控件，并将其与页上的所有 UpdatePanel 控件关联。

【实例 9-1】 UpdateProgress 控件应用。

① 新建一个 Web 页面并切换到设计视图。

② 在页面中分别添加 UpdatePanel、UpdateProgress 和 ScriptManager 3 个控件，如图 9-7 所示：

③ 在 UpdateProgress 控件中添加文本“页面正在加载，请稍候……”。

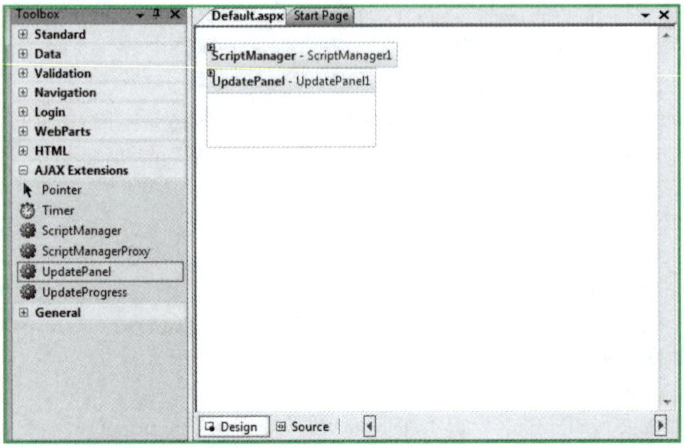

图 9-7 UpdatePanel

④ 在 UpdatePanel 中添加一个 Button 控件和一个 Label 控件。

⑤ 设置 Label 的 Text 属性值为“页面初始”。

⑥ 在 Buttond 的 Click 事件处理中添加如下代码，这里人为地创建一个 5 s 的延迟并显示当前时间。

```
System.Threading.Thread.Sleep(5000); // 设置延迟时间
Label1.Text = " 页面刷新时间：" +   DateTime.Now.ToString();
```

⑦ 运行页面并单击按钮查看效果如图 9-8 所示。

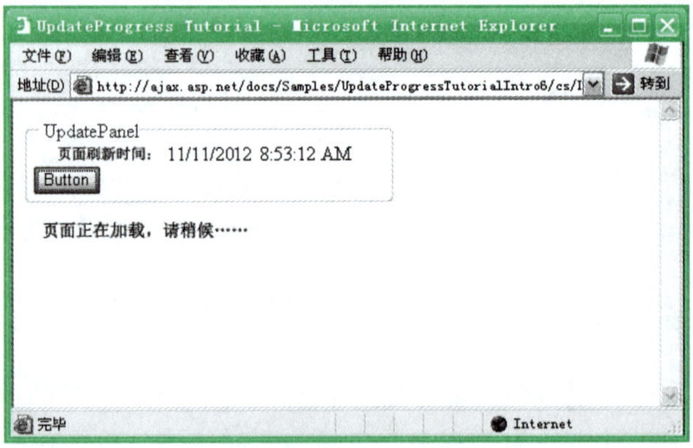

图 9-8 UpdateProgress 运行效果图

项目实训

【实训目的】

① 掌握网站中添加 AJAX 的方法。

② 熟练掌握 UpdatePanel 控件的用法。

【实训内容】

① 新建一个 ASP.NET AJAX 网站。

② 在网站中实现局部刷新的计时器功能。

任务 9.2 AJAX Control Toolkit 应用举例

任务陈述

AJAX 核心技术应用

任务构思与目标：在首页的搜索框中显示文本水印的效果，在这里使用 AJAX Control ToolKit 的 TextBoxWatermark 控件实现带有水印效果的文本框。查看首页搜索框部分，根据任务描述需要向搜索框中添加水印字样效果，添加水印文字前如图 9-9 所示。

图 9-9 添加水印文字前效果图

添加水印文字后如图 9-10 所示。

图 9-10 添加水印文字后效果图

微课 9.2 AJAX Control Toolkit 应用

任务设计：页面上已经注册了 ScriptManager 全局脚本控制器，一个页面只能有一个该控件，所以在实现文本水印效果的时候，只需要添加 TextBoxWatermark 控件即可，在添加该控件之前还需要先进行 AJAX Control ToolKit 的安装及配置。

知识准备

AJAX Control Toolkit 应用

PPT

9.2.1 ASP.NET AJAX Control Toolkit

ASP.NET AJAX 除了可以使用上述的 4 个控件之外，还可以使用大量的扩展控件。目前最常用的是 AJAX Control Toolkit，其是基于 ASP.NET AJAX 平台上开发的一组控件的工具箱，极大地扩充了 ASP.NET AJAX 的功能。以工具包的方式提供，在使用扩展控件之前，需要进行安装配置。使用 AJAX Control Toolkit 步骤如下。

① 在 AJAX 官方网站下载安装文件 AjaxControlToolkit.msi。

② 运行 AjaxControlToolkit.msi 安装文件，完成安装。

③ 将扩展 AJAX 控件添加到 Visual Studio 工具箱中。

在扩展控件中有一个 TextBoxWatermarkExtender 控件，该控件用于控制 TextBox 控件，其可以在 TextBox 控件上添加“水印”效果，即当 TextBox 内容为空时，显示提示消息，一旦 TextBox 获得焦点，样式就消失。

任务实施

9.2.2 实现搜索框带有水印效果

（1）下载并安装 AJAX Control Toolkit。

在 http://www.asp.net/ajax 中下载 AjaxControlToolkit.msi 安装文件，下载完成后，需要对环境进行以下设置：

① 安装 AjaxControlToolkit.msi 后，会在系统盘 C 盘出现如下文件夹路径“C:\Program Files\Microsoft asp.NET\ASP.NET 4.0 ajax Extensions\v1.0.61025”。

② 下载完成后把该文件解压到“C:\ProgramFiles\Microsoft asp.NET\ASP.NET 4.0 ajax Extensions\v1.0.61025\AjaxContronlToolkit\”。

③ 双击运行 AjaxControlToolkit.sln，编译 TemplateVSI 该项目后，将在“C:\Program Files\Microsoft asp.NET\ASP.NET 4.0 AJAX Extensions\SampleWebSite\Bin”文件夹下生成 AjaxControlToolkit.dll 和 AjaxControlToolkit.pdb。

④ 将这两个文件复制到“C:\Program Files\Microsoft asp.NET\ASP.NET 4.0 AJAX Extensions\Binaries”文件夹下，这样用户就可以在 VS 2010 中使用 AJAX.NET 相关的控件了。

（2）新建一个 Ajax ControlToolkitWebSite 类型的 Web 项目。在工具栏中添加一个选项卡，并命名为“AjaxControltoolkit”。在该选项卡单击右键，在弹出的快捷菜单中选择【选择项】菜单命令，如图 9-11 所示。

在打开的对话框中选择【AJAX Control Toolkit】选项，单击【确定】按钮完成添加，用户即可使用相关控件。可以到 AJAX 官方网站查看控件效果，具体如图 9-12 所示。

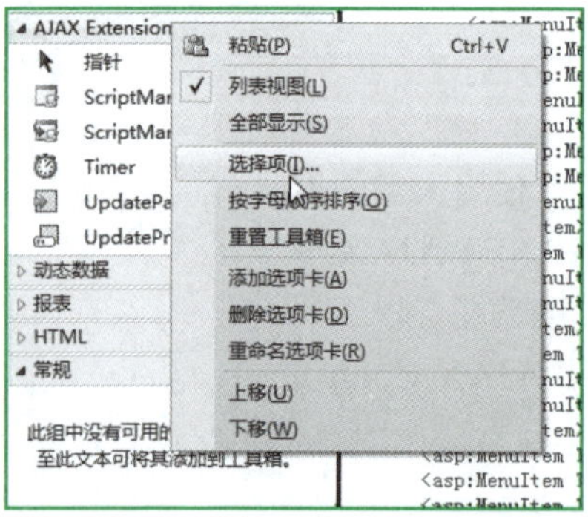

图 9-11 AJAX Control Toolkit

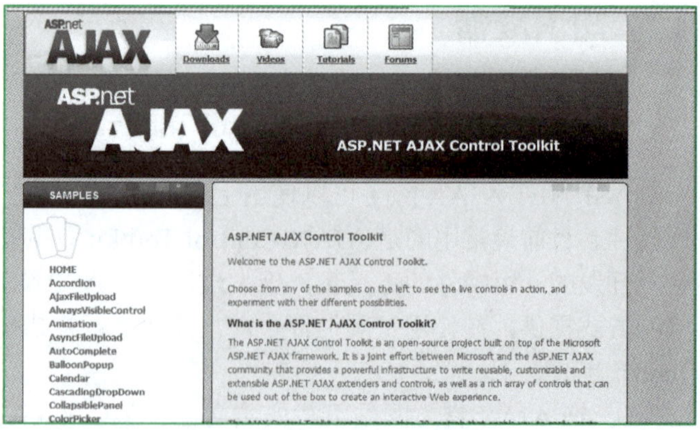

图 9-12 AJAX 效果图

（3）在网站首页上添加 TextBoxWatermarkExtender 控件，并对其属性进行设置，代码如下。

```
<cc1:TextBoxWatermarkExtender ID="TextBoxWatermarkExtender1" runat="server"
TargetControlID="txttype" WatermarkText=" 请输入搜索关键字 " WatermarkCssClass="watermarked" />
```

（4）从工具箱中拖动添加 TextBoxWatermarkExtender 控件时，在页面自动生成的注册 AJAX Control Toolkit 的代码如下。

```
<%@ Register assembly="AjaxControlToolkit" namespace="AjaxControlToolkit" tagprefix="cc1" %>
```

⚠ **注意：若手动添加该控件，则需要把该注册信息添加到页面的顶部。**

（5）使用水印效果的样式，可在样式表文件中添加如下代码。

```
.watermarked
{
border: 3px solid #cc0000;
width: 360px;
height: 26px;
color: #C0C0C0;
font-size: 14px;
vertical-align: middle;
}
```

运行页面查看效果，如图 9-13 所示。

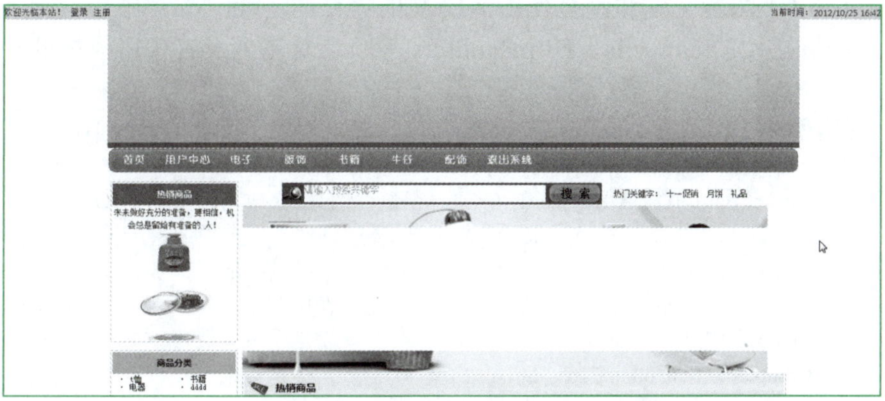

图 9-13 水印效果程序运行结果

任务拓展

9.2.3 使用扩展控件

ASP.NET AJAX 的核心软件包包含一个 ExtenderControl 类，其作用是允许扩展其他 ASP.NET 服务器控件（即附加功能）。该类广泛应用于 AJAX Control Toolkit。用户也可以使用 AJAX Control Toolkit 中的模板创建自己的扩展控件，ExtenderControl 控件的工作方式都是类似的，把它们放在页面上，与目标控件关联起来，并添加进一步的配置，扩展器即可执行客户端代码。

使用 ASP.Net AJAX 扩展控件需下载 AJAX 扩展工具包，常用的扩展控件见表 9-4。

表 9-4 常用的 ASP.Net AJAX 扩展控件

控件名	说明
AutoComplete	根据用户输入的前几个字母或汉字给出相关提示
Accordion	分组菜单折叠
Calendar	通过客户端方法完善了刷新、焦点获取、自动隐藏的日历控件，可自由绑定文本框以显示时间
CollapsiblePanel	折叠面板
ModalPopup	弹出模式窗口
Tabs	选项卡控件
Rating	分级控件
FilteredTextBox	具备文本框的过滤特性，控制用户输入值的范围
DropShadow	实现各种阴影效果
CascadingDropDown	级联下拉菜单
DragPanel	可自由拖拽的面板
Slider	以滑块的形式显示数据

在已有项目中新增 AJAX 环境配置步骤为：对比使用 AJAX 项目的 web.Config 配置文件和没有使用 AJAX 的项目的 web.Config——将使用模板的配置文件的 controls、HttpHandlers 等节点复制到没有使用模板的 web.Config 中。

【实例 9-2】 AutoComplete 控件：自动完成控件。示例代码如下：

```
<cc1:AutoCompleteExtender
  TargetControlID="txtKeyword"            // 要实现自动完成功能的控件 ID
  ServicePath="../MyWebService/MyWebService.asmx"      // Web Service 的路径
  ServiceMethod="GetHotSearchByKeyword"        // 要使用的 Web Servcie 方法
  MinimumPrefixLength="1"                     // 用户输入多少个字母才出现提示
  EnableCaching="true"                        // 是否启用缓存
  CompletionSetCount="10"                     // 提示数据的行数
  ID="AutoCompleteExtender1" runat="server">
</cc1:AutoCompleteExtender>
```

【实例 9-3】 Accordion 控件：折叠菜单。示例代码如下：

```
<cc1:Accordion ID="Accordion1" runat="server" SelectedIndex="0"
     HeaderCssClass="divBg" ContentCssClass="contentBg" AutoSize="none">
     <Panes>
          <cc1:AccordionPane ID="AccordionPane1" runat="server">
               <Header>……</Header>
               <Content>……</Content>
          </cc1:AccordionPane>
     </Panes>
     </cc1:Accordion>
```

各属性含义如下。

① SelectedIndex：表示默认选择的面板索引。

② HeaderCssClass：表示整个菜单的标题样式。

③ ContentCssClass：表示菜单的内容样式。

④ AutoSize：表示 Accordion 的显示方式，主要有 None、Limit 和 Fill 3 种，其中 None 表示可以被无限地拉伸和收缩。

⑤ Panes：Panes 是整个 Accordion 控件的内容所在，它只能包含 AccordionPane 控件，一个页面可以有多个 Panes 和 AccordionPane。

⑥ HeaderTemplate：Accordion 的标题模板。

⑦ ContentTemplate：Accordion 的内容模板。

【实例 9-4】 CollapsiblePanel 控件：无刷新显示或隐藏指定面板中的内容。示例代码如下：

```
<cc1:CollapsiblePanelExtender ID="cpeShowHide" runat="server"
    TargetControlID="pnlHidden"                  // 被隐藏或显示的 Panel 的 ID
    CollapsedSize="0"                            // 折叠后的尺寸
    ExpandedSize="342"                           // 展开后的尺寸
    Collapsed="false"                            // 默认 Panel 是否处于折叠状态
    ExpandControlID="btnHideShow"                // 激发伸展效果的控件 ID
    CollapseControlID="btnHideShow"              // 激发折叠效果的控件 ID
    AutoCollapse="false"                         // 失去焦点时是否自动折叠
    AutoExpand="false"                           // 失去焦点时是否自动展开
ScrollContents="false"                           //Panel 内是否显示滚动条
CollapsedText=" 显示 ..."                        // 折叠后显示的文本信息
    ExpandedTest=" 隐藏 "                        // 展开后显示的文本信息
    ImageControlID="btnHideShow"          // 使用图片实现折叠和展示时图片的 ID
    ExpandedImage="~/image/toleft.gif"           // 实现展开时使用的图片路径
    CollapsedImage="~/image/toright.gif"         // 实现折叠时使用的图片路径
    ExpandDirection="horizontal">                // 展开方向，有水平和垂直两种
</cc1:CollapsiblePanelExtender>
```

【实例 9-5】 Rating 控件：等级评分效果。示例代码如下：

```
<cc1:Rating ID="Rating1" runat="server"
    CurrentRating="3"                            // 当前默认的等级
    MaxRating="5"                                // 最大等级
    StarCssClass="ratingStar"                    // 等级星的样式
    EmptyStarCssClass="emptyRatingStar"          // 未被选中的等级星的显示样式
    FilledStarCssClass="filledRatingStar"        // 选中的等级星的显示样式
    WaitingStarCssClass="waitingRatingStar"   // 更改等级星选中状态时的显示样式
    AutoPostBack="true"
    OnChanged="Rating1_Changed" //等级变化时触发的事件，在事件中可以通过e.value
                                  获取到选中的值
    Height="22px">
</cc1:Rating>
```

【实例 9-6】 Calendar 控件：日历控件。示例代码如下：

```
<cc1:CalendarExtender ID="cde1" runat="server"
    TargetControlID="txtPublishDate"                // 与日历绑定的文本框 ID
    Format="yyyy-MM-dd"                             // 日历显示的日期格式
    CssClass="cssCdar"                              // 日历的样式
    PopupButtonID="btnSelectDate">              // 通过选择按钮弹出日期时按钮的 ID
</cc1:CalendarExtender>
```

【实例 9-7】 ModalPopup 控件：显示模式弹出窗口。示例代码如下：

```
<cc1:ModalPopupExtender ID="mpe1" runat="server"
    TargetControlID="btnSelect"                     // 用来控制弹出窗口的控件 ID
    PopupControlID="Panel1"                         // 要弹出的控件 ID
    DropShadow="true"                               // 弹出的控件是否有阴影效果
    OkControlID="btnOK"                             // 确定按钮的 ID
    CancelControlID="btnCancel"                     // 取消按钮的 ID
    Drag="true"                                     // 是否允许拖拽
    PopupDragHandleControlID="Panel2"               // 允许拖拽的控件 ID
    BackgroundCssClass="bgcss"                      // 弹出控件后其他部分的样式
    x="250" Y="250">                                // 距页面左边缘和上边缘的距离
</cc1:ModalPopupExtender>
```

ModalPopup 控件还有两个重要方法：Show() 和 Hide()，在需要时用来控制模式窗口的显示 / 隐藏效果。

【实例 9-8】 Tabs 控件：选项卡。示例代码如下：

```
<cc1:TabContainer ID="TabContainer1" runat="server" ActiveTabIndex="2">
    <cc1:TabPanel ID="TabPanel1" runat="server" HeaderText=" 第一个面板 ">
        <ContentTemplate>
            <uc1:UserRegisterControl ID="ugc1" runat="server" />
        </ContentTemplate>
    </cc1:TabPanel>
    <cc1:TabPanel ID="TabPanel2" runat="server" HeaderText=" 第二个面板 " />
    <cc1:TabPanel ID="TabPanel3" runat="server" HeaderText=" 第三个面板 " />
</cc1:TabContainer>
```

其中 ActiveTabIndex 表示默认选中的选项卡索引。

项目实训

【实训目的】

① 掌握 AJAX Control Toolkit 的安装和配置方法。

② 熟练掌握添加水印效果的方法。

③ 了解常用的扩展控件实现效果及使用方法。

【实训内容】

实现至少 6 种 AJAX Control Toolkit 的效果。

单元小结

本单元介绍了ASP.NET AJAX框架中能够与传统ASP.NET无缝对接的服务器端部分，包括服务器端ASP.NET AJAX Extensions与ASP.NET AJAX Control Toolkit。这部分内容不需要读者具备任何客户端开发知识，只要在Visual Studio中拖拽相应控件即可实现强大的客户端AJAX功能，例如局部页面更新、异步回送、拖放、动画等。

评价体系表

专业能力测评表

（在□中打√，A 理解，B 基本理解，C 未理解）

专业核心能力	评 价 指 标	自 测 结 果
ASP.NET AJAX Extensions基本控件的应用	1. 理解AJAX的优势 2. 会使用ScriptManager控件、UpdatePanel控件、UpdateProgress控件和Timer控件	□A □B □C □A □B □C
ASP.NET AJAX Control Toolkit扩展控件的应用	1. 会安装ASP.NET AJAX Control Toolkit 2. 会使用部分常见扩展控件	□A □B □C □A □B □C
学生签字：	教师签字： 年 月 日	

职业能力测评表

（在□中打√，A通过，B基本通过，C未通过）

职业核心能力	评 价 指 标	自 测 结 果
自我管理能力	1. 培养自己的责任心 2. 能够管理自己的时间 3. 所学知识的灵活运用	□A □B □C □A □B □C □A □B □C
合作交流能力	1. 知道如何尊重他人的观点 2. 能与其他人有效沟通 3. 能获取信息并反馈信息	□A □B □C □A □B □C □A □B □C
解决问题能力	1. 能够有效使用信息资源 2. 能客观分析事物的现状 3. 能发现并解决常规问题	□A □B □C □A □B □C □A □B □C
设计创新能力	1. 能够提出有价值的观点 2. 能够运用不同的思维方式 3. 能够制定创新方案并实施	□A □B □C □A □B □C □A □B □C
学生签字：	教师签字： 年 月 日	

单元练习题

一、单项选择题

1. AJAX术语是由（　　）公司或组织最先提出的。

A. Google　　B. IBM　　C. Adaptive Path　　D. Dojo Foundation

2. 以下（　　）Web应用不属于AJAX应用。

A. Hotmail　　B. GMaps　　C. Flickr　　D. Windows Live

3. 以下（　　）技术不是AJAX技术体系的组成部分。

A. XMLHttpRequest　　B. DHTML

C. CSS　　D. DOM

二、填空题

1. AJAX包括________和________，这两个组成部分集成在一起以提供可靠的开发框架。

2. 常用的ASP.NET AJAX服务器控件包括ScriptManager、________、________和________。

3. ASP.NET AJAX框架组成包括________、________、________、________和________5大部分。

三、简答题

1. 简述AJAX的全称，并介绍AJAX。

2. 简述AJAX的优点和缺点。

3. 简述AJAX主要包含的技术。

单元 10

Web Service 技术应用

学习目标

【知识目标】

- 了解 Web Service。
- 掌握 ASP.NET Web 服务应用程序的创建。
- 熟练掌握使用 Web Service 的方法。
- 掌握如何发布 Web Service。

【技能目标】

- 能够新建 ASP.NET Web 服务应用程序。
- 能够实现天气预报服务功能。
- 能够在网站中使用相关服务。
- 能够发布 Web Service。

【素养目标】

- 具有一定的服务意识。
- 具有一定的共享意识。

教学 PPT

教学录像

源代码

教学案例

微课 10.1 Web Service 基础

引例描述

一天，客户让技术员小明在网站首页添加当地天气预报，从而方便企业员工浏览当地天气情况，小明犯了难：“我自己怎么进行天气的预报呢？天气的数据从哪里来呢？”，后来小明弄清楚了：“预报天气这类工作不是软件公司来做的，应该调用第三方的服务”，该服务即 Web Service 即 Web 服务。

本单元主要介绍如何通过 VS 2010 创建 ASP.NET Web Service 应用程序，并创建一个天气预报服务，实现对服务的使用。

任务 10.1 创建 Web Service

Web Service 基础

任务陈述

任务构思与目标：根据需求新建一个 ASP.NET Web Service 应用程序，自定义简单计算器服务，并在网站中调用服务，运行程序，结果如图 10-1 所示：

任务设计：自定义一个 ASP.NET Web Service，命名为“Calculator.asmx”，实现简单计数运算功能，并在网站中调用服务。

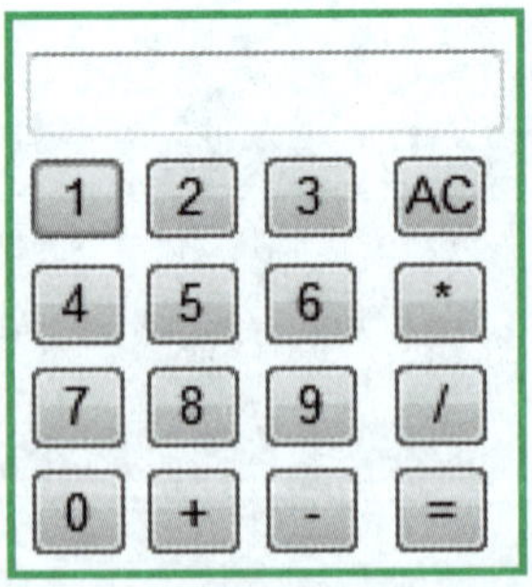

图 10-1 简单计算器服务程序运行结果

知识准备

Web Service 基础

PPT

10.1.1 Web Service 概述

Web Service 是指系统提供一个接口，通过接口使用系统提供的功能，是一种有效地结合与利用 Internet 技术实现远程调用组件、服务等资源的技术。从表面上看，Web Service 是一种新的 Web 应用程序的分支，该程序作为一个网络资源，客户端可以通过编程方式请求得到服务，而不关心请求的服务如何实现，从深层次上看，Web Service 是建立可互操作的分布式应用程序的新平台，是一套标准，只要遵循这个标准，开发人员可以使用任何语言，可以在任何操作系统平台上调用该服务并编程，体现了方便与实用性。Web Service 主要利用 HTTP 和 SOAP 协议使用免费或商业数据在 Web 上传输。总之，通过 Web 调用 Web Service 可以执行从简单的请求到复杂的商务处理的任何功能，一旦部署后，其他的应用程序可以发现并远程（本地）调用该部署。

思考：银联提供给商场的 POS 刷卡系统的远程调用过程是什么？

远程调用就是一台计算机 A 上的一个程序可以调用到另外一台计算机 B 上的一个对象的方法，Web Service 就是一种跨编程语言和跨操作系统平台的远程调用技术。

远程调用技术应用十分广泛，例如，amazon，天气预报系统，淘宝网，校内网，百度等把自己的系统服务以 Web Service 服务的形式公开，允许第三方网站和程序调用这些服务功能，扩展了市场占有率。

跨编程语言和跨操作平台就是服务端程序采用一种语言（如 C#）编写，客户端程序则可以采用其他编程语言编写，跨操作系统平台则是指服务端程序和客户端程序可以在不同的操作系统上运行。

除了 Web Service 外，常见的远程调用技术还有 RMI（Remote method invoke）和 CORBA，由于 Web Service 的跨平台和跨编程语言特点，其比 RMI 和 CORBA 技术应用更为广泛，但性能较差。

10.1.2 Web Service 开发生命周期

1. 开发

① 开发和测试 Web 服务实现，定义服务接口描述和服务实现描述。

② 通过创建新的 Web 服务，把现有的应用程序变成 Web 服务。

③ 由其他 Web 服务和应用程序组成新的 Web 服务并提供 Web 服务的实现。

2. 部署

① 向服务请求者或服务注册中心发布服务接口和服务实现的定义。

② Web 服务的可执行文件部署到执行环境。

3. 运行

① 调用 Web 服务。

② Web 服务完全部署、可操作并且服务提供者可以通过网络访问服务。

4. 管理

持续的管理和经营 Web 服务应用程序，包括安全性、可用性、性能、服务质量和业务流程。

10.1.3 Web Service 的调用原理

Web Service 使用 SOAP 协议实现跨编程语言和跨操作系统平台，Web Service 采用 HTTP 协议传输数据，采用 XML 格式封装数据（即 XML 中说明调用远程服务对象的方法、传递的参数以及服务对象的返回结果）。Web Service 通过 HTTP 协议发送请求和接收结果时，发送的请求内容和结果内容都采用 XML 格式封装，并增加了一些特定的 HTTP 消息头，以说明 HTTP 消息的内容格式，这些特定的 HTTP 消息头和 XML 内容格式就是 SOAP 协议（Simple Object Access Protocol，简单对象访问协议）。

SOAP 协议 = HTTP 协议 + XML 数据格式

SOAP 协议是基于 HTTP 协议的，两者的关系与高速公路是基于普通公路改造类似，在一条公路上加上隔离栏后就成了高速公路。Web Service 客户端只要能使用 HTTP 协议把遵循某种格式的 XML 请求数据发送给 Web Service 服务器，Web Service 服务器再通过 HTTP 协议返回遵循某种格式的 XML 结果数据即可，Web Service 客户端与服务器端不用关心对方使用的是具体编程语言。HTTP 协议和 XML 是被广泛使用的通用技术，各种编程语言对 HTTP 协议和 XML 这两种技术都提供了很好的支持，Web Service 客户端与服务器端使用多种编程语言都可以完成 SOAP 的功能，因此，Web Service 很容易实现跨编程语言，跨编程语言自然也就实现了跨操作系统平台。

10.1.4 Web Service 特性

Web Service 主要包括以下特性。

① 实现了松耦合：应用程序与 Web Service 执行交互前，应用程序与 Web Service 之间的连接是断开的，当应用程序需要调用 Web Service 的方法时，应用程序与 Web Service 之间建立了连接，当应用程序实现了相应的功能后，应用程序与 Web Service 之间的连接断开。应用程序与 Web 应用之间的连接是动态建立的，实现了系统的松耦合。

② 跨平台性：Web Service 是基于 XML 格式并基于通用的 Web 协议而存在的，对于不同的平台，只要能够支持编写和解释 XML 格式文件就能够实现不同平台之间应用程序的相互通信。

③ 语言无关性：无论用何种语言实现 Web Service，由于 Web Service 基

于 XML 格式，只要该语言最后对于对象的表现形式和描述是基于 XML 的，则不同的语言之间就可以共享信息。

④ 描述性：Web Service 使用 WSDL 作为自身的描述语言，WSDL 具有解释服务的功能，WSDL 还能够帮助其他应用程序访问 Web Service。

⑤ 可发现性：应用程序可以通过 Web Service 提供的注册中心查找和定位所需的 Web Service。

在定义 Web 服务方法之前，首先要使用 ASP.NET 平台创建 Web 服务。启动 VS 2010，选择【文件→新建网站】菜单命令，打开【新建网站】窗口。在其中可以看到在 .NET 框架中已经封装好了 ASP.NET Web 服务的内容，选中【ASP.NET Web 服务】选项，在【名称】文本框中输入新建 Web 服务的名称，同时需要选择该 Web 服务所使用的编程语言，单击【确定】按钮，即可创建一个全新的 Web 服务。

任务实施

10.1.5 新建并调用 Web Service 应用程序计算器

在了解了 Web Service 基本的概念和协议栈的运行过程后，可以使用 Visual Studio 进行 Web Service 应用程序的创建。

① 在【解决方案资源管理器】中右击网站名称，在弹出的快捷菜单中选择【添加新项】菜单命令，打开【添加新项】对话框选择【Web 服务】选项，修改名称为“Calculator.asmx”，如图 10-2 所示。

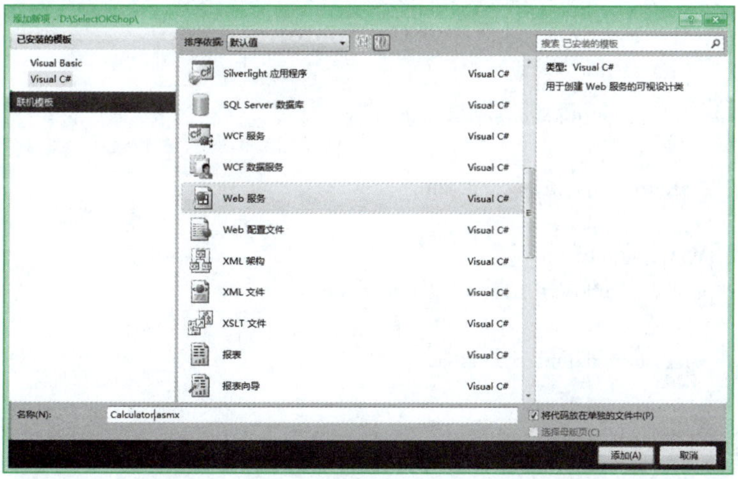

图 10-2 创建 ASP.NET Web 服务应用程序

② 单击【确定】按钮，系统则默认创建一个 Web Service 文件 Calrulator.asmx，在 app-Code 文件夹下创建一个 Calrulator.cs 文件，Calrulator. cs 示例代码如下。

```
namespace _10_6
{
    [WebService(Namespace = "http://tempuri.org/")]
    [WebServiceBinding(ConformsTo = WsiProfiles.BasicProfile1_1)]
    [ToolboxItem(false)]
    // 若要允许使用 ASP.NET AJAX 从脚本中调用此 Web 服务，请取消对下行的
注释。
    // [System.Web.Script.Services.ScriptService]
    public class Service1 : System.Web.Services.WebService
    {
        [WebMethod]                          // 声明为 Web 方法
        public string HelloWorld()           // 创建 Web 方法
        {
            return "Hello World";
        }
    }
}
```

在以上代码中，系统引入了默认命名空间，用于为 Web Service 应用程序提供基础保障，这些命名空间声明代码如下。

```
using System.Web;
using System.Web.Services;                  // 使用 WebServer 命名空间
using System.Web.Services.Protocols;        // 使用 WebServer 协议命名空间
```

③ 在运行 Web Service 应用程序后，Web Service 应用程序将呈现一个页面。该页面显示了 Web Service 应用程序的名称，名称下列举了 Web Service 应用程序中的方法。当开发人员增加方法时，Web Service 应用程序方法列表则会自动增加。将下列代码添加到 Calrulator.cs 文件中，实现简单的计算器操作。

```
public int sum(int firstNum,int secondNum)
    {
        return firstNum+secondNum;
    }
    [WebMethod]
    public int sub(int firstNum, int secondNum)
    {
        return firstNum - secondNum;
    }
    [WebMethod]
    public int mult(int firstNum, int secondNum)
    {
        return firstNum * secondNum;
    }
    [WebMethod]
    public int div(int firstNum, int secondNum)
```

```
    {
        return firstNum / secondNum;
    }
```

⚠ **注意：Web 服务类有多个方法，但只有添加了 WebMethod 属性的方法才能通过 HTTP 访问。**

④ 测试 Web 服务，切换到 Calrulator.asmx 文件，按【F5】键运行网站查看效果，如图 10-3 所示。

⑤ 选择 div，输入两个整型数，如图 10-4 所示。

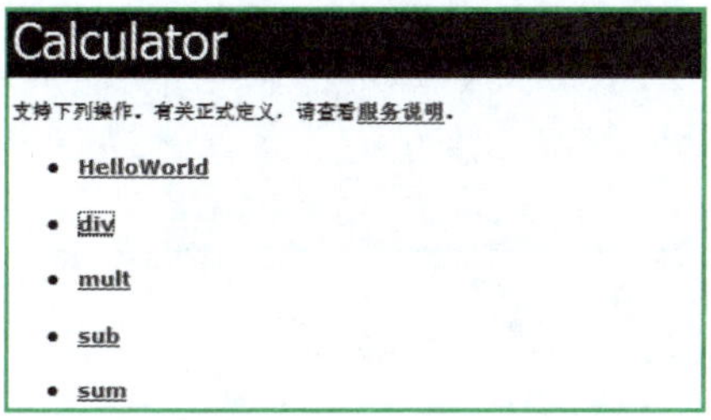

图 10-3　Web 服务运行效果

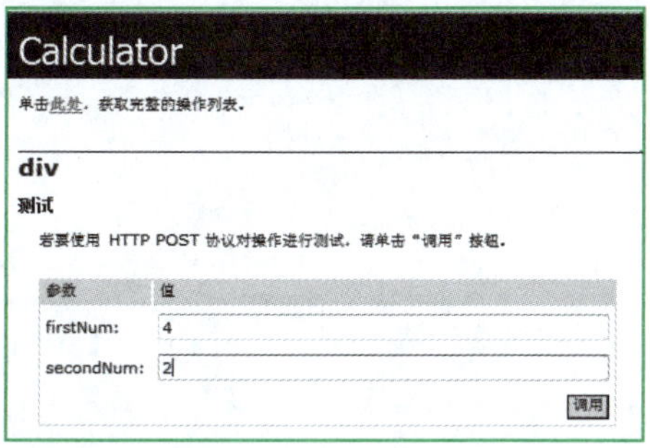

图 10-4　Web Service 操作—测试方法

⑥ 单击【调用】按钮，则浏览器会通过 HTTP/POST 协议向 Web 服务递交请求信息，方法执行完毕后，返回 XML 格式的结果，如图 10-5 所示。

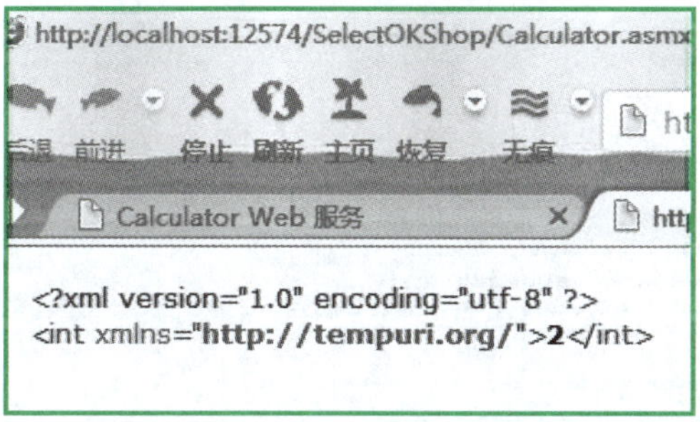

图 10-5　Web Service 计算结果

⑦ 新建 Calculator.aspx 页，添加 1 个 TextBox，16 个 Button，实现如图 10-1 所示的效果图。

⑧ 右键单击【解决方案资源管理器】中的项目名称，在弹出的快捷菜单中选择【添加 Web 引用】菜单命令，打开【添加 Web 引用】对话框，由于 Web 服务包含在该项目中，可以单击【浏览至】中的【此解决方案中的 Web 服务】，打开如图 10-6 所示的对话框，选择 Caculator，打开如图 10-7 所示的对话框，在【Web 引用名】文本框中为 Web 服务输入别名为 Cal，单击【添加引用】按钮。

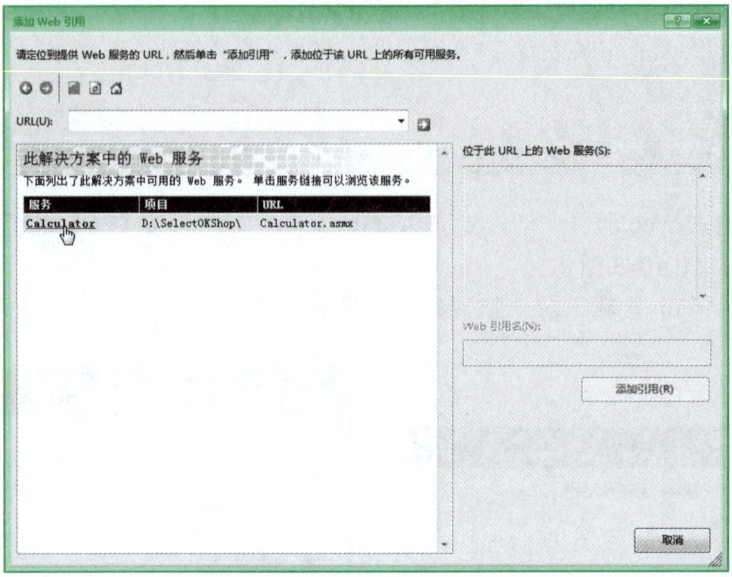

图 10-6 【添加 Web 引用】对话框

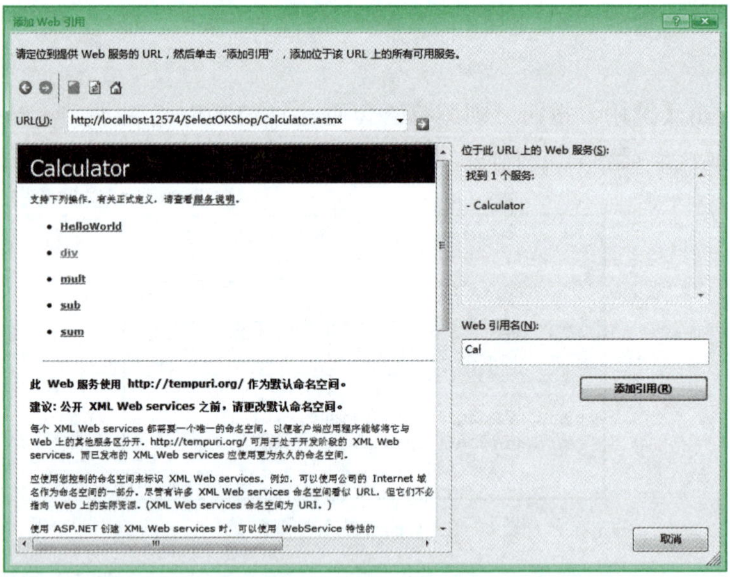

图 10-7 【添加 Web 引用】对话框—命名服务

⑨ 打开 Calculator.aspx.cs 文件，添加如下代码，完成 Web 服务的引用。

```
protected void ButtonEQUAL_Click(object sender, EventArgs e)
    {
        if(txtCal.Text= =""&&temp1!=null )
        {
            txtCal.Text = temp1.ToString();
            dot = true;
```

```
        }
        else
        {
            double temp3 = 0.0;
            temp2 = Convert.ToInt32(txtCal.Text);
            Cal.Calculator result = new Cal.Calculator();
            switch(m)
            {
                case 0:
                    result.sum(temp1,temp2);
                    break;
                case 1:
                    result.sub(temp1,temp2);
                    break;
                case 2:
                    result.mult(temp1,temp2);
                    break;
                case 3:
                    result.div(temp1,temp2);
                    break;
                default:
                    Response.Write(" 数据有误，请重新输入 ");
                    break;
            }
        txtCal.Text=temp3.ToString();
        dot=true;
    }
```

⑩ 运行 Calculator.aspx 页，查看计算结果。

任务拓展

10.1.6 自定义数据库连接并访问 Web 服务

在创建 Web Service 应用程序后，系统会自动创建 Web Service 应用程序并生成相关代码，通过修改自动生成的代码，能够快速创建和自定义 Web Service 应用程序，自定义 Web Service 应用程序能够让不同的应用程序引用 Web Service 提供的框架进行逻辑编程。

通过创建自定义 Web Service 能够进行应用程序的开发，Web Service 同样支持带参数传递的方法，并能够在 Web Service 中进行数据查询等操作，保证了代码的安全性。创建一个 Web Service，并编写相应的查询方法，示例代码如下所示。

```
[WebMethod]
public string Search(string title)
```

```
    {
        try
        {
         SqlConnection
         con = new SqlConnection("server='(local)';database='mytable';uid='sa';pwd='sa'");
         con.Open();                                         // 打开数据库连接
         string strsql = "select * from mynews where title like '%" + title + "%'";
SqlDataAdapter da = new SqlDataAdapter(strsql, con);        // 创建适配器
         DataSet ds = new DataSet();                         // 创建数据集
            int i = da.Fill(ds, "mytable");                  // 填充数据集
            string result = "";                              // 初始化空字符串
            for (int j = 0; j < i; j++)                      // 遍历循环数据集
            {
              result += ds.Tables["mytable"].Rows[j]["title"].ToString() + "\n";
            return result;                                   // 返回结果
         }
         catch
         {
            string result = " 没有任何结果 ";
            return result;
         }
    }
```

以上代码通过创建一个 Web Service 方法进行新闻查询，通过新闻的标题“title”字段查询数据库中的相关信息，运行 Web Service 应用程序后，其界面如图 10-8 所示。

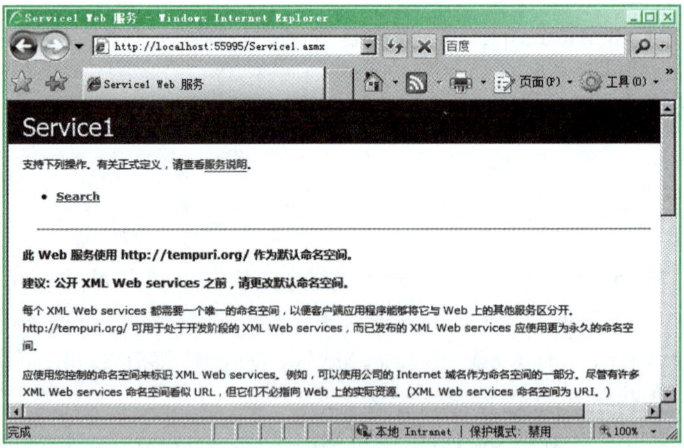

图 10-8 自定义 Web Service 应用程序

单击【Search】按钮进行 Web Service 应用程序测试，对于需要传递参数的方法，测试过程中可以输入方法参数进行测试，如图 10-9 所示。

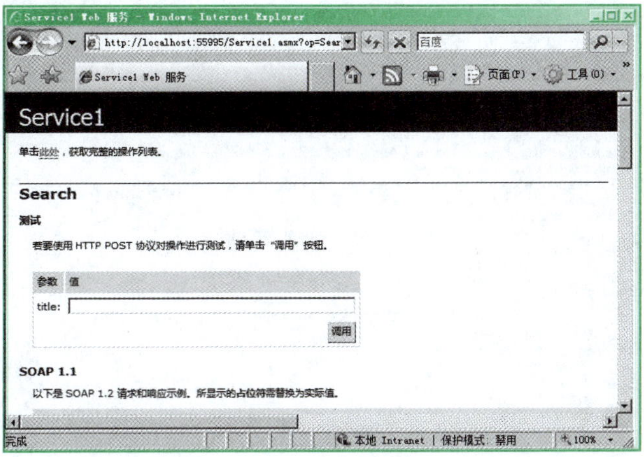

图 10-9　输入参数

在文本框中输入标题内容，单击【调用】按钮，则会向方法中传递参数并执行方法，执行方法后将返回 string 类型的值，如图 10-10 所示。

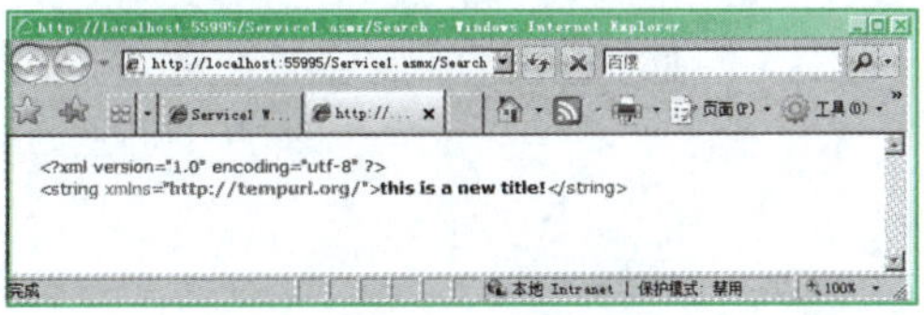

图 10-10　查询结果

在使用 Web Service 应用程序返回数据集时，可以直接返回 DataSet 对象，Web Service 应用程序执行后将会将 DataSet 对象转换为 XML 格式并返回 XML 格式的执行结果，Search 代码更改后如下所示。

```
[WebMethod]
public DataSet Search(string title)
{
    SqlConnection con = new
    SqlConnection("server='(local)';database='mytable';uid='sa';pwd='sa'");
    con.Open();                                          // 打开数据连接
    string strsql = "select * from mynews where title like '%" + title + "%'";
                                                         // 生成 SQL 语句
    SqlDataAdapter da = new SqlDataAdapter(strsql, con); // 创建适配器
    DataSet ds = new DataSet();                          // 创建数据集
    int i = da.Fill(ds, "mytable");                      // 填充数据集
    return ds;                                           // 返回数据集
}
```

以上代码查询后直接返回记录集“ds”，输入查询字串“t”后，运行结果如图 10-11 所示。

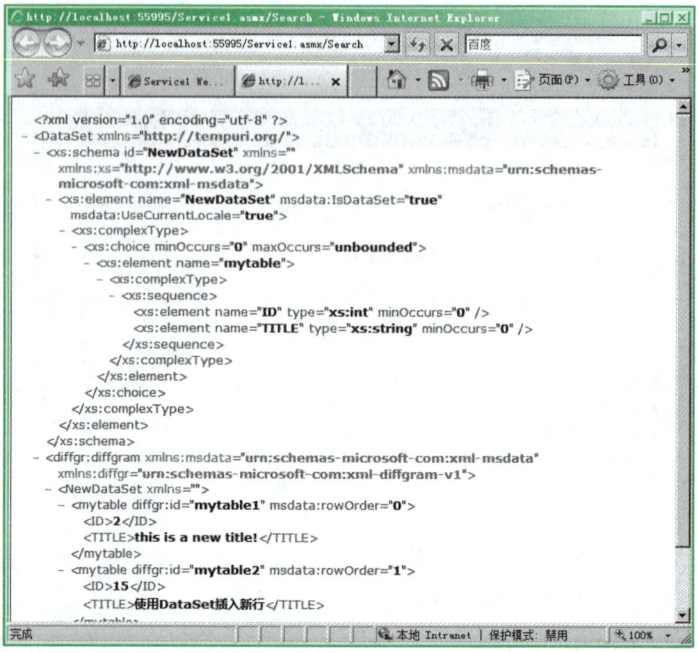

图 10-11　返回 DataSet 记录集

项目实训

【实训目的】

① 掌握 Web Service 应用程序的创建方法。

② 掌握 Web Service 应用程序的运行方法。

【实训内容】

① 新建一个随机生成验证码服务的 Web 应用程序。

② 调用并运行该服务。

思政小课堂
团队意识

创建和使用 Web Service

任务 10.2　Web Service 实现在项目中显示天气

微课 10.2　Web Service 实现在项目中显示天气

任务陈述

任务构思与目标：根据需求新建一个 ASP.NET Web Service 应用程序，完成天气预报服务，并在网站中进行服务的调用，运行结果如图 10-12 所示。

任务设计：创建一个 ASP.NET Web Service 应用程序，命名为“weather”，调用天气预报服务，并在网站中显示。

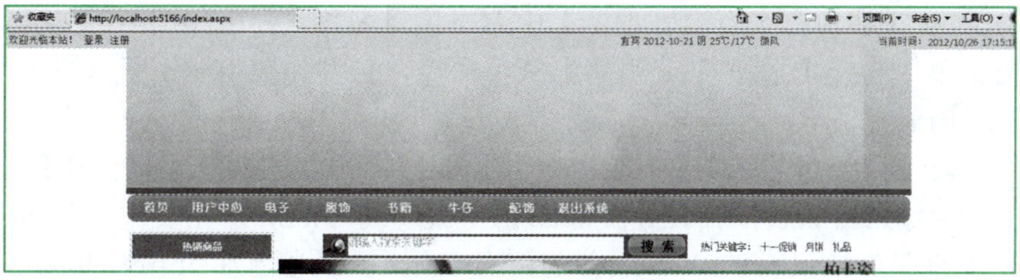

图 10-12　页面运行效果

创建和使用 Web Service

PPT

知识准备

10.2.1　远程 Web 服务概述

除了在本地调用自定义的 Web Service 服务外，还可以调用其他用户发布的 Web Service 服务，这是 Web Service 开发的主要应用。例如，调用天气预报 Web Service 服务时，Web Service 客户端要调用一个 Web Service 服务，首先要有知道该服务的地址以及该服务里有什么方法可以调用，因此，Web Service 服务器端首先要通过一个 WSDL 文件说明本机哪些服务可以对外调用，什么服务（服务中的方法，方法的参数和返回值），服务的网络地址和服务的调用方式。

WSDL（Web Service Description Language）是基于 XML 格式的，它是 Web Service 客户端和服务器端都能理解的标准格式，其中描述的信息可以分为 what、where、how 等部分。WSDL 文件保存在 Web 服务器上，通过一个 URL 地址即可访问 WSDL 文件。客户端调用一个 Web Service 服务之前，要知道该服务的 WSDL 文件的地址。Web Service 服务提供商可以通过两种方式发布 WSDL 文件地址：

① 注册到 UDDI 服务器。

② 直接告诉给客户端调用者。例如，在网站给出信息或用邮件通知。

任务实施

10.2.2　实现天气预报服务

1. 添加 Web 引用

打开 Visual Studio 2010，选择【文件→新建→网站】菜单命令，打开【新建网站】对话框。在其中可以看到在 .NET 框架中已经封装好了 ASP.NET Web 服务的内容。选中【ASP.NET Web 服务】选项，在文本框中输入新建 Web 服务的名称，同时需要选择该 Web 服务所使用的编程语言。单击【确定】按钮，即可创建一个 Web 服务。

① 在【解决方案资源管理器】中右击项目名称，弹出如图 10-13 所示的快捷菜单，选择【添加 Web 引用】菜单命令，打开如图 10-14 所示的【添加 Web 引用】对话框。

② 在图 10-14 所示的【添加 Web 引用】对话框中，开发人员需要在【URL】文本框中输入可获取报表服务器 Web 服务说明的 URL，单击文本框后面【前往】按钮即可检索有关 Web 服务的信息，如 URL 地址为“http://localhost/lession12/Service.asmx”。在单击【前往】按钮之后，会得到如图 10-14 所示的查询结果。

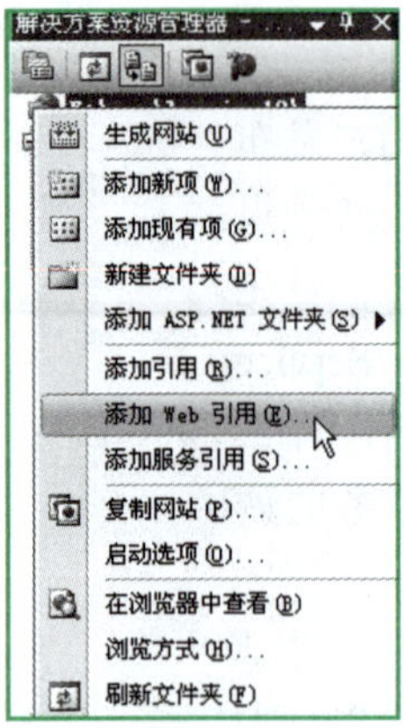

图 10-13 【添加 Web 引用】快捷菜单

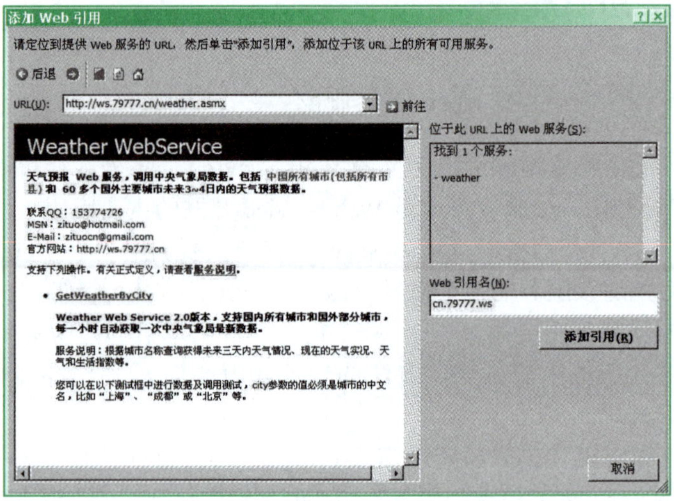

图 10-14 添加引用

③ 在查找到 Web 服务之后，可以在【Web 引用名】文本框中，将 Web 引用重命名为“demoService”。

④ 单击【添加引用】按钮即可添加 Web 服务的 Web 引用。Visual Studio 将下载服务说明并生成一个代理类，以在应用程序和报表服务器 Web 服务之间进行连接。

2. 代码实现

首先，在 Web 窗体的 HTML 代码中添加显示天气的标签控件，然后编写后台服务代码，代码如图 10-15 所示。

运行程序代码查看效果，如图 10-16 所示。

```
using System;
using System.Data;
using System.Configuration;
using System.Collections;
using System.Web;
using System.Web.Security;
using System.Web.UI;
using System.Web.UI.WebControls;
using System.Web.UI.WebControls.WebParts;
using System.Web.UI.HtmlControls;

public partial class demo_Weather : System.Web.UI.Page
{
    protected System.Text.StringBuilder printString = new System.Text.StringBuilder();
    protected void Page_Load(object sender, EventArgs e)
    {
        GetWeatherInfo();
    }

    private void GetWeatherInfo()
    {
        string city = "宜宾";
        cn.w_79777.ws.WeatherWebService weather = new cn.w_79777.ws.WeatherWebService();
        object[] al= weather.GetWeatherByCity(city);

        for (int i = 0; i < al.Length; i++)
        {
            printString.Append(al[i].ToString() + "<br />\r\n");
        }
    }
}
```

图 10-15　显示天气标签控件代码

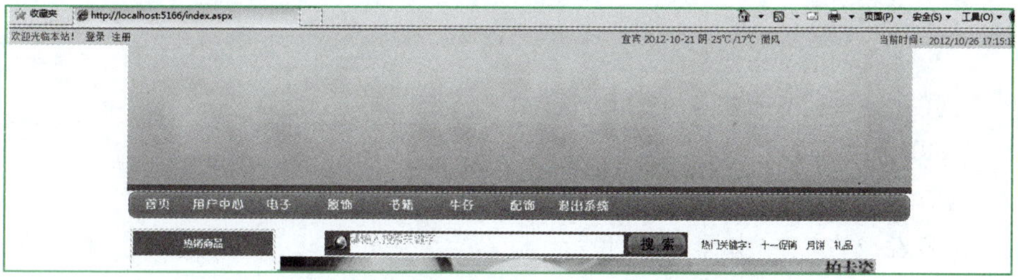

图 10-16　页面中天气预报运行效果图

任务拓展

10.2.3　常用的远程 Web Service

目前网络上提供 Web 服务的网站很多，在此选取 WebXml 网站进行简单介绍，该网站 Web 服务内容丰富，比较典型的有：

① 天气预报 Web 服务，数据来源于中国气象局。

② IP 地址来源搜索 Web 服务（是目前最完整的 IP 地址数据）。

③ 随机英文、数字和中文简体 Web 服务。

④ 中国邮政编码地址信息双向查询 / 搜索 Web 服务。

⑤ 验证码图片 Web 服务支持中文、字母、数字 图像和多媒体。

⑥ E-mail 电子邮件地址验证 Web 服务。

⑦ 中文简体字繁体字转换 Web 服务。

⑧ 英文双向翻译 Web 服务。

⑨ 火车时刻表 Web 服务（第 6 次提速最新列车时刻表）。

⑩ 中国股票行情数据 Web 服务（支持深圳和上海股市的基金、债券和股票）。

⑪ 即时外汇汇率数据 Web 服务

⑫ 腾讯 QQ 在线状态 Web 服务。

⑬ 中国电视节目预告（电视节目表）Web 服务。

⑭ 外汇－人民币即时报价 Web 服务。

⑮ 中国股票行情分时走势预览缩略图 Web 服务。

⑯ 国内飞机航班时刻表 Web 服务。

⑰ 中国开放式基金数据 Web 服务。

⑱ 股票行情数据 Web 服务（支持香港、深圳、上海基金、债券和股票，支持多股票同时查询）。

思政小课堂
职业素养

项目实训

【实训目的】

① 掌握在网站中创建 Web 服务的方法。

② 掌握测试 Web 服务的方法。

③ 熟练掌握 Web 服务的使用方法。

【实训内容】

① 添加 Web 引用，效果如图 10-17 所示。

② 生成的文件，如图 10-18 所示。

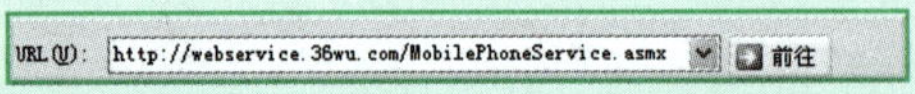

图 10-17 Web 引用效果

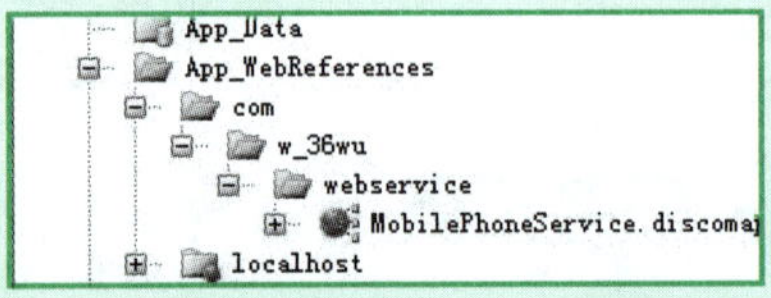

图 10-18 生成的文件示意图

③ 使用该服务代码如下。

```
using com.w_36wu.webservice; // 添加引用
public partial class test2_WebServiceForm5 : System.Web.UI.Page
{
    protected void Page_Load(object sender, EventArgs e) // 手机归属地查询
    {
        MobilePhoneService a = new MobilePhoneService();
        MobilePhone mp = a.getInfoByMobilePhone("139********");
        Response.Write(" 所在地 :"+ mp.Province + " 城市 :"+mp.City);
        //mp.City 城市 ， mp.Province 所在地
    }
}
```

单元小结

本单元介绍如何创建 ASP.NET Web Service 应用程序，并使用现有的 web Service，以及对 Web Service 进行发布测试工作。

评价体系表

专业能力测评表

（在□中打 √，A 理解，B 基本理解，C 未理解）

专业核心能力	评价指标	自测结果
创建 Web Service	1. 理解 Web Service	□ A　□ B　□ C
	2. 创建 Web Service 的步骤	□ A　□ B　□ C
使用 Web Service	使用远程 Web Service 的步骤	□ A　□ B　□ C
学生签字：	教师签字：	年　月　日

职业能力测评表

（在□中打 √，A　通过，B　基本通过，C　未通过）

职业核心能力	评价指标	自测结果
自我管理能力	1. 培养自己的责任心	□ A　□ B　□ C
	2. 能够管理自己的时间	□ A　□ B　□ C
	3. 所学知识的灵活运用	□ A　□ B　□ C
合作交流能力	1. 知道如何尊重他人的观点	□ A　□ B　□ C
	2. 能与其他人有效沟通	□ A　□ B　□ C
	3. 能获取信息并反馈信息	□ A　□ B　□ C
解决问题能力	1. 能够有效使用信息资源	□ A　□ B　□ C
	2. 能客观分析事物的现状	□ A　□ B　□ C
	3. 能发现并解决常规问题	□ A　□ B　□ C
设计创新能力	1. 能够提出有价值的观点	□ A　□ B　□ C
	2. 能够运用不同的思维方式	□ A　□ B　□ C
	3. 能够制定创新方案并实施	□ A　□ B　□ C
学生签字：	教师签字：	年　月　日

单元练习题

一、单项选择题

1. 关于 SOAP 消息结构的描述，错误的是（　　）。

A. Envelope 元素，必选，可把该 XML 文档标识为一条 SOAP 消息

B. Header 元素，必选，包含头部信息

C．Body 元素，必选，包含所有调用和响应信息

D．Fault 元素，可选，提供有关处理此消息所发生错误的信息

2．下面不是 WSDL 文档结构的关键要素是（　　）。

A．<definitions>　B．<types>　C．<message>　D．<output>

二、填空题

1．用于构建和使用 Web 服务主要有 4 种标准和技术：________、________、________和________。

2．Web Services 体系结构中，角色之间可以单次或者反复出现的 3 种操作：________、________和________。

3．最简单的协议栈包括网络层的________、________和________。

4．SOAP 的两个目标是________和________。

5．SOAP 消息可包含如下元素：Envelope、Header、Body、Fault 和 attachment。其中 Envelope、Body 部分必须在________中出现。

三、简答题

1．什么是 SOAP？

2．什么是 WSDL?

3．什么是 Web Service?

4．Web Service 是如何工作的？

单元 11

XML 数据操作应用

学习目标

【知识目标】

- 熟悉 XML 基本结构。
- 熟悉 XML 标记。
- 掌握使用 XMLReader 读取 XML 数据。
- 熟悉 XmlDataSource 控件与模板化 Repeater 控件的应用。

【技能目标】

- 能够创建 XML 文件。
- 能够读取并显示 XML 文件。
- 能够使用 XmlDataSource 控件绑定 XML。
- 能够使用 XmlDataSource 控件绑定 Repeater 控件。

【素养目标】

- 具备良好的拓展思维。
- 具有高尚的社会主义道德品质和公德意识。

教学 PPT

教学录像

源代码

教学案例

引例描述

一天，项目经理突然问小明，在计算机中有效地存储数据，除了使用数据库外，是否也可以使用其他的文件？小明冥思苦想也想不出来，后来项目经理提示另外一种有效存储数据的文件是 XML 文件。

近年来，XML 由于适应于异构应用系统间的数据共享、优越的数据存储机制、强大的数据检索能力等优点而被广泛应用。在实际的应用系统中，合理地应用 XML 能给解决实际的应用难题提供极大的便利，因此，掌握 XML 的使用是很有必要的。通过对本单元内容的学习可以使读者快速掌握 XML 的优点、用途和使用方法，本单元着重介绍 XML 基本结构、对 XML 的基本操作、利用 XMLDataSource 控件读取与写入 XML 等。

XML 数据操作

任务 11.1 访问和操作 XML 读取配置数据

任务陈述

任务构思与目标：编写网站配置信息 XML 文件，并进行文件读取，在网站中进行配置信息的显示，结果如图 11-1 所示：

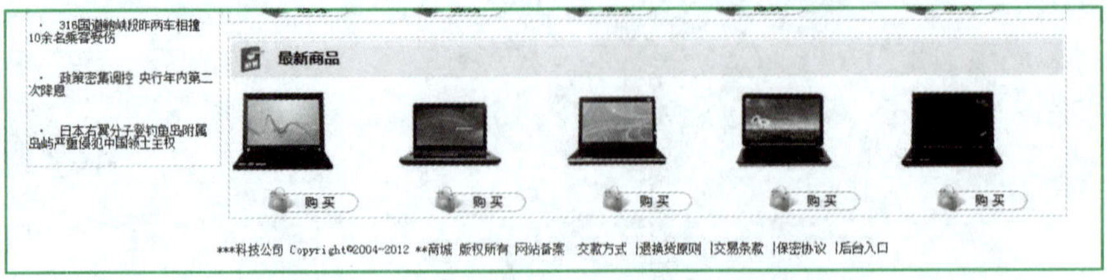

图 11-1 XML 文件程序运行结果

任务设计：首先创建包含配置信息的 XML 文件，创建读取配置信息的代码并进行信息显示，配置信息更新并查看数据显示。

XML 数据操作

PPT

知识准备

11.1.1 XML 基础

1. XML 简介

XML（Extensible Markup Language，可扩展的标记语言）是一种简单灵活的文本格式，可以作为创建新标记语言的基础，用于文档发布和数据交换。XML 也是元标记语言，即定义了用于定义其他与特定领域有关的、语义的、结构化的标记语言的句法语言。

微课 11.1 XML 文件简介

HTML（HyperText Markup Language，超文本标记语言）比较简单，在世界范围内得到了广泛的应用。HTML 侧重于网页表现形式的描述，大大丰富了网页的视觉、听觉效果，为推动 WWW 的蓬勃发展、推动信息和知识的网上交流发挥了不可取代的作用。但是，HTML 也有一些致命的弱点，这些弱点逐渐成为 HTML 继续发展应用的障碍。

思政小课堂 技术与创新

HTML 是专门为描述主页的表现形式而设计的，其疏于对信息语义及其内部结构的描述，不能适应日益增多的信息检索和存档要求。HTML 对表现形式的描述能力实际上也还严重不足，无法描述矢量图形、科技符号等特殊显示效果。HTML 的标记集日益臃肿，而其松散的语法要求使得文档结构混乱而缺乏条理，导致浏览器的设计越来越复杂，降低了浏览的时间效率与空间效率。因此，1996 年人们开始致力于描述一个置标语言，它既具有 SGML 的强大功能和可扩展性，同时又具有 HTML 的简单性。XML 就是这样诞生的。

其实 HTML 与 XML 之间没有必然的联系，XML 不是要替换 HTML，而是对 HTML 的补充。HTML 的设计目标是显示数据并集中于数据外观，而 XML 的设计目标是描述数据并集中于数据的内容。二者最大的区别就是 XML 标记由程序员自定义，并且是无限制的，即用户可以自己根据需要设计 XML 文本的标签名称。HTML 标记则是预定义的，HTML 作者只能使用当前 HTML 标准所支持的标记。

XML 是纯文本文件，自身不能进行任何操作，能够处理纯文本的软件都可以用来编写 XML 文件。例如，可以在记事本或者 VS 2010 中编写如下代码：

```
<student>
    <code>456</code>
    <name>Joe</name>
    <class>1</class>
    <major>Computer</major>
</student>
```

以上代码即为 XML 代码，用于标识一个学生的信息，可以记录学生编号、姓名、班级和专业。但是，该 XML 文档没有对数据做任何处理，只是记录一条学生的信息。用户需要编写软件或者程序，才能传送、接收和显示出该文档。

2. 创建 XML

【实例 11-1】 新建 XML 文件。

在 Visual Studio 中选中网站名称，单击右键，在弹出的快捷菜单中选择【添加新项】菜单命令打开【添加新项】对话框，如图 11-2 所示，在该对话框中选择【XML 文件】选项。

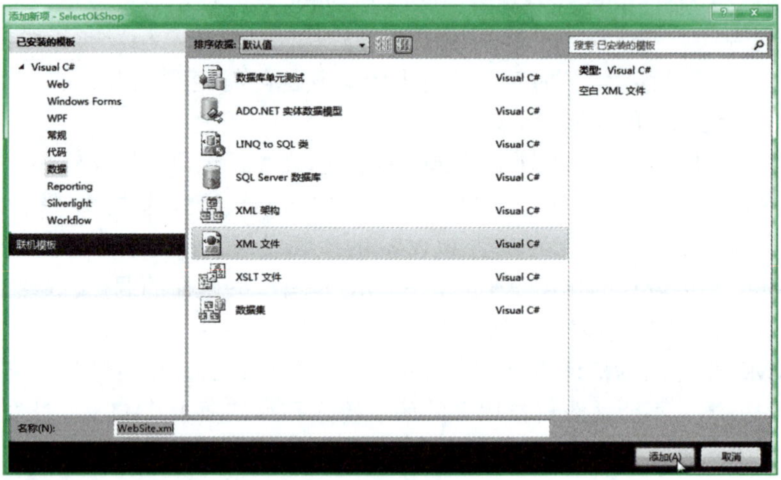

图 11-2 添加 XML

单击【添加】按钮后，即打开 XML 文件编辑窗口，如图 11-3 所示，可以编写 XML 的文件内容。

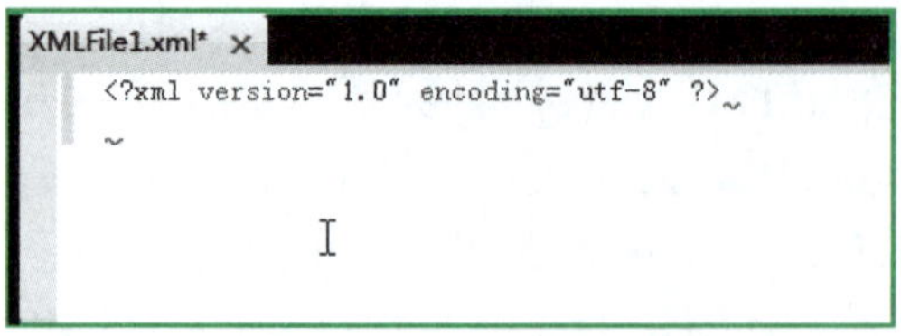

图 11-3 XML 编辑器

编写学生数据结构代码如下：

```
<?xml version="1.0" encoding="utf-8" ?>
<student>
  <code>John</code>
  <name>George</name>
  <class>Reminder</class>
  <major>Don't forget the meeting!</major>
</student>
```

其中 version 代表版本，encoding 代表字符编码方式。UTF-8 是 UNICODE 的一种变长字符编码又称万国码，由 Ken Thompson 于 1992 年创建，现在 UTF-8 已经标准化为 RFC 3629，UTF-8 用 1 到 16 字节编码 UNICODE 字符。用在网页上可以在同一页面，显示中文简体、繁体及其他语言。

上例中的标签没有在任何 HTML 标准中定义过，这些标签由文档的创作者自定义。即在 HTML 中使用的标签（以及 HTML 的结构）是预定义的，HTML 文档只使用在 HTML 标准中定义过的标签（如 <p>、<h1> 等）。XML 允许用户定义自己的标签和文档结构。

由此可见，XML 文档形成一种树形结构，其中 <student> 为根元素，XML 文档必须包含根元素，该元素是其他元素的父元素。树从根元素开始，通过 <code>、<name>、<class> 和 <major>4 个子元素扩展到树的最底端。

11.1.2 ASP.NET 对 XML 文档的操作

.NET Framework 在其命名空间 System.Xml 中提供了一种可以操作 XML 的类 XmlDocument，XmlDocument 主要用于读取 XML 文档。XmlDocument 类继承自 System.Xml.XmlNode，该抽象类表示单个节点并具有基本的属性和方法用于操作节点。利用 XmlDocument 对象的 DocumentElement 属性能够表示单个节点并进行操作。XmlDocument 对象的 DocumentElement 返回一个指向文档元素的索引，可以通过读取给定的节点的 HanChildNodes 属性判断是否包括子节点，使用 XmlDocument 对象的 HasChildNodes 和 ChildNodes 属性可以读取和遍历 XML 文件。

【实例 11-2】 读取 XML 文档。

```
protected void Page_Load(object sender, EventArgs e)
 {
     XmlDocument doc = new XmlDocument();                    // 创建 XmlDocument 对象
     doc.Load(Server.MapPath("newXml.xml"));                 // 载入文件
     Response.Write(" 读取中 ..<hr/>");
     XmlNode node = doc.DocumentElement;                     // 读取节点
     output(node);                                           // 使用输出函数
     Response.Write(" 读取完毕 ..<hr/>");                    // 输出 HTML 字串
 }
 protected void output(XmlNode node)
 {
     if (node != null)                                       // 如果节点不等于空
     {
       format(node);                                         // 格式化输出
     }
     if (node.HasChildNodes)                                 // 判断是否包括子节点
     {
       node = node.FirstChild;                               // 获取子节点
       while (node != null)
```

```
                {
                    output(node);                                         // 使用递归
                    node = node.NextSibling;                              // 遍历节点值和信息
                }
            }
        }
        protected void format(XmlNode node)
        {
            if (!node.HasChildNodes)                                      // 判断是否包括子节点
            {
                Response.Write("node name is" + node.Name);               // 输出节点
                Response.Write("node value is" + node.Value);             // 输出节点
                Response.Write("<br/>");
            }
            else
            {
                Response.Write(node.Name);
                if (XmlNodeType.Element == node.NodeType)                 // 遍历节点
                {
                    XmlNamedNodeMap map = node.Attributes;                // 遍历节点
                    foreach (XmlNode att in map)
                    {
                    Response.Write("attrnode name is" + att.Name);        // 格式化输出节点
                    Response.Write("attrnode value is" + att.Value);      // 格式化输出节点
                    Response.Write("<br/>");
                    }
                }
            }
        }
```

以上代码通过使用 XmlDocument 类遍历节点，遍历节点首先需要创建一个 XmlDocument 对象，并使用 Load 方法加载一个 XML 文档，示例代码如下。

```
XmlDocument doc = new XmlDocument();                  // 创建 XmlDocument 对象
doc.Load(Server.MapPath("newXml.xml"));               // 载入 XML 文件
```

微课 11.2 XML 文件读取

创建对象后，需要使用递归的方法遍历显示每个节点。在遍历节点的过程中，需要判断每个节点是否有子节点，如果包括子节点，则先输出子节点，如果没有子节点则继续输出根节点。XmlDocument 对象也可以向 XML 文档中添加新的元素，示例代码如下。

```
XmlDocument doc = new XmlDocument();                  // 创建 XmlDocument 对象
doc.Load(Server.MapPath("newXml.xml"));               // 载入 XML 文件
XmlNode node = doc.DocumentElement;                   // 创建节点对象
node.RemoveChild(node.FirstChild);                    // 移除根节点
```

微课 11.3 XML 文件写入

上述代码使用了 XmlDocument 对象的 Load 方法载入 XML 文档，当需要插入 XML 数据时，则需要先移除根节点，移除根节点之后可以开始添加节点，示例代码如下。

```
XmlNode Shop = doc.CreateElement("Shop");                    // 创建节点 Shop
XmlNode shop1 = doc.CreateElement("Name");                   // 创建节点 Name
XmlNode shop2 = doc.CreateElement("Phone");                  // 创建节点 Phone
XmlNode shop3 = doc.CreateElement("Seller");                 // 创建节点 Seller
XmlNode NameText = doc.CreateTextNode("NameText");           // 创建节点文本
XmlNode PhoneText = doc.CreateTextNode("PhoneText");         // 创建节点文本
XmlNode SellerText = doc.CreateTextNode("SellerText");       // 创建节点文本
shop1.AppendChild(NameText);                                 // 添加文本
shop2.AppendChild(PhoneText);                                // 添加文本
shop3.AppendChild(SellerText);                               // 添加文本
Shop.AppendChild(shop1);                                     // 添加 Shop 子节点
Shop.AppendChild(shop2);                                     // 添加 Shop 子节点
Shop.AppendChild(shop3);                                     // 添加 Shop 子节点
node.AppendChild(Shop);                                      // 添加 Shop 节点
```

以上代码分别为节点添加子节点，并为子节点添加文本，添加完成后，需要使用 XmlDocument 对象的 Save 方法进行保存，示例代码如下。

```
doc.Save("newXml.xml");
```

使用 XmlDocument 对象的 Save 方法即可将 XML 内容保存在 XML 文档中。使用 XmlDocument 对象不仅能够读取、新增 XML 文档，还支持修改、删除等操作，例如使用 PrependChild、InsertBefore、InsertAfter 等方法新增、删除、插入节点及子节点操作。

任务实施

11.1.3 实现配置数据的读取

① 在网站中创建 XML 文件，右键单击网站在弹出的快捷菜单中选择【添加新项】菜单命令，打开如图 11-2 所示的【添加新项】对话框。在该对话框中添加 WebSite.Xml 文件后，在 XML 文档中编写 XML 标记，这里需要在 XML 中添加网站配置信息。具体代码如下：

```
<?xml version="1.0" encoding="utf-8" ?>
<webroot>
    <website type="current">
        <company>*** 科技公司 </company>
        <copyright>Copyright©2004-2013  ** 商城 版权所有      </copyright>
        <attribute> 网站备案 </attribute>
    </website>
</webroot>
```

② 上述 XML 文档使用了自定义标记对商城进行了描述，包括注册企业、版权信息、备案信息等。

```
<company> 注册企业 </company>
<copyright> 版权信息 </copyright>
<attribute> 备案信息 </attribute>
```

③ 配置信息读取，首先在母版页的页脚部分添加 3 个标签控件，如图 11-4 所示。

图 11-4 母版页脚

④ 编写代码读取并显示配置信息，在母版页的页面加载事件代码中添加如下代码。

```
XmlDocument doc = new XmlDocument();
doc.Load(Server.MapPath("WebSite.xml"));
XmlNode node = doc.SelectSingleNode("/shoproot/website/company");
XmlNode node2 = doc.SelectSingleNode("/shoproot/website/copyright");
XmlNode node3 = doc.SelectSingleNode("/shoproot/website/attribute");
if (node != null)
{
  this.lblCompany.Text = node.InnerText;
  this.lblAttribute.Text = node3.InnerText;
  this.lblCopyRight.Text = node2.InnerText;
}
```

上述代码中 XmlDocument 是从 XmlNode 继承的，读 XML 节点可以通过 FirstChild、LastChild、NextSibling 或者 PreviousSibling 读取单个节点，或者通过 ChildNodes 读取所有子节点。还可以使用 XPath 表达式使用 SelectNodes（string xpath）或者 SelectSingleNode（string xpath）读取单个或者多个符合条件的节点。

⑤ 运行查看读取效果，如图 11-1 所示。

任务拓展

微课 11.4 XmlTextReader 类

11.1.4 XML 文件读取类（XmlTextReader）

XmlTextReader 类属于 System.Xml 命名空间，XmlTextReader 类提供对 XML 数据的快速、单项、无缓冲的数据读取功能。XmlTextReader 类是基于流的，因此使用 XmlTextReader 类读取 XML 内容只能够从前向后读取，而不能逆向读取。

XmlTextReader 类的流形式节约了读取 XML 文档的时间，也节约了大量的读取 XML 所需花费的内存空间。因此，当需要读取 XML 节点时，只需要使用 XmlTextReader 类的 Read() 方法即可，示例代码如下。

```
XmlTextReader rd = new XmlTextReader(Server.MapPath("XMLFile1.xml"));// 构造函数
while (rd.Read())        // 遍历节点
    {
        Response.Write("Node Type is : " + rd.NodeType +" <br/>");// 输出 Node
        Response.Write("Name is : " + rd.Name + " <br/>");       // 输出 Name
        Response.Write("Value is :" + rd.Value + " <br/>");// 输出 Value
        Response.Write("<hr/>");
    }
```

以上代码使用 XmlTextReader 类的构造函数创建了 XmlTextReader 对象，并通过使用 XmlTextReader 类的 Read() 方法进行 XmlTextReader 对象的遍历。遍历 XML 文档后，需要使用 Close 方法关闭 XmlTextReader 对象。如果不使用 XmlTextReader 类的 Close 方法，则相应的 XML 文件正在被进程使用，只有使用了 Close 方法才能将相应的文件关闭。示例代码如下。

```
rd.Close();              // 关闭 Reader
```

XmlTextReader 类遍历 XML 文件运行结果如图 11-5 所示。

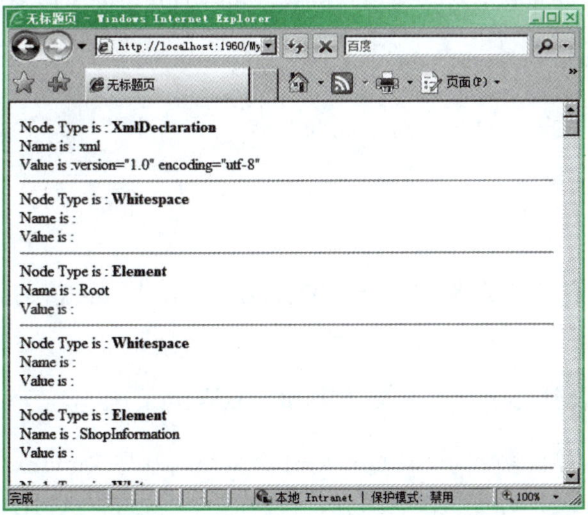

图 11-5 XmlTextReader 类遍历 XML 文件

在使用 XmlTextReader 类读取 XML 文件中相应的节点时，XmlTextReader 类的 NodeType 会检查节点的类型，而 XmlTextReader 类的 Name 和 Value 会分别检查节点的名称和值，相应的 XML 代码如下。

```
<Shop place="Wuhan">
    <Name> 武汉电脑城 </Name>
    <Phone>123456789</Phone>
    <Seller>J.Dan</Seller>
```

```
    <Seller>Bill Gates</Seller>
</Shop>
```

上述代码中，使用 XmlTextReader 类进行读取，则 Shop 节点的 NodeType 为 Element，Name 的值为 Shop，Value 的值为空。XML 文档中不止以上几种节点类型，XmlNodeType 其他节点类型如下。

① Attribut：XML 元素的属性。

② CDATA：用于转义文本块，避免将文本块识别为标记。

③ Comment：XML 文档的注释。

④ Document：作为文档树的根的文档对象，可供每个 XML 文档进行访问。

⑤ DocumentType：XML 文档类型的声明。

⑥ Element：XML 元素。

⑦ EndElement：当 XmlTextReader 达到元素末尾时返回。

⑧ Entity：实体声明。

⑨ Text：元素的文本内容。

⑩ WhiteSpace：标记间的空白。

⑪ XmlDeclaration：XML 节点声明，是文档中的第一个节点。

在 XML 文档中，空白标记和根节点的节点类型是不相同的，XmlTextReader 类读取 XML 文件并遍历节点类型，根节点和空白节点遍历后结果如下所示。

```
Node Type is:XmlDeclaration
Nameis:xml
Value is:version="1.0" encoding="utf-8"
Node Type is:Whitespace
Nameis:
Value is:
```

其中根节点的节点类型为 XmlDeclaration，Value 值为 "version="1.0" encoding="utf-8""。

11.1.5 XML 文件写入类（XmlTextWriter）

XmlTextWriter 类属于 System.Xml 命名空间，与 XmlTextReader 类相同，XmlTextWriter 类同样提供没有缓存、直向前的方式进行 XML 文件操作，但是与 XmlTextReader 类操作相反，XmlTextWriter 类执行的是写操作。XmlTextWriter 类的构造函数包括 3 种重载形式，分别为字符串、流对象和 TextWriter 对象。通过使用 XmlTextWriter 类可以动态的创建 XML 文档，示例代码如下。

```
XmlTextWriter wr = new XmlTextWriter("newXml.xml", null);// 读取 XML
try
{
    wr.Formatting = Formatting.Indented;                    // 格式化输出
    wr.WriteStartDocument();                                // 开始编写文档
```

```
        wr.WriteStartElement("ShopInformation");                    // 编写节点
        wr.WriteStartElement("Shop");                               // 编写节点
        wr.WriteAttributeString("place", " 北京 ");                  // 编写节点
        wr.WriteElementString("Name", " 中关村 ");                    // 编写节点
        wr.WriteElementString("Phone", "123456");                   // 编写节点
        wr.WriteElementString("Seller", "Guojing");                 // 编写节点
        wr.WriteEndElement();                                       // 结束节点编写
        wr.WriteEndElement();                                       // 结束节点编写
        Response.Write(" 操作成功 ");
    }
    catch
    {
        Response.Write(" 操作失败 ");
    }
```

以上代码创建了一个 XmlTextWriter 对象并通过 XmlTextWriter 对象编写 XML 文档，在使用 XmlTextWriter 类构造函数时，可以指定编码类型，或使用默认的编码类型。若使用默认的编码类型，参数传递“null”即可，默认编码类型将为 UTF-8，示例代码如下。

```
XmlTextWriter wr = new XmlTextWriter("newXml.xml", null);          // 创建写对象
```

使用 XmlTextWriter 类创建对象后，需要使用 XmlTextWriter 对象的 Formatting 方法指定输出的格式，示例代码如下。

```
wr.Formatting = Formatting.Indented;                               // 格式化输出
```

指定了输出格式后，需要为 XML 文档创建节点，在创建节点前，首先需要声明 XML 文档，则必须输出 <?xml version="1.0" encoding="utf-8" ?> 声明。声明 1.0 版本的 XML 文档代码如下。

```
wr.WriteStartDocument();                                           // 开始编写节点
```

声明文档后即可使用 WriteStartElement 创建节点，创建节点代码如下。

```
wr.WriteStartElement("Shop");                                      // 开始编写节点
```

上述代码创建了 Shop 节点，如果需要为该节点设置 place=" 北京 " 属性则需要使用 WriteAttributeString 方法，示例代码如下。

```
wr.WriteAttributeString("place", " 北京 ");                         // 编写属性
```

创建父节点后，可以通过 WriteElementString 方法创建子节点，示例代码如下。

```
wr.WriteElementString("Name", " 中关村 ");                           // 创建子节点
```

节点全部创建完成后，需要使用 WriteEndElement 方法进行尾节点的编写，示例代码如下。

```
wr.WriteEndElement();                                              // 结束节点编写
```

一个 XML 文档就编写完毕了，编写完成并不能自动更新 XML 文档，还

需要使用 Flush 方法更新数据，更新完毕后需要关闭 XmlTextWriter 对象，示例代码如下。

```
wr.Flush();                                    // 更新文件
wr.Close();                                    // 结束写对象
```

使用 Flush 方法能够将 XML 数据保存在文件中，运行后 XML 文档结构如下。

```
<?xml version="1.0" encoding="utf-8" ?>
<ShopInformation>
    <Shop place=" 北京 ">
        <Name> 中关村 </Name>
        <Phone>123456</Phone>
        <Seller>Guojing</Seller>
    </Shop>
</ShopInformation>
```

项目实训

【实训目的】

① 掌握 XML 文件的创建方法。

② 掌握 XML 文件的读写方法。

【实训内容】

① 新建一个用于配置菜单项的 XML 文件。

② 实现菜单的读取显示。

XmlData Source 控件应用

任务 11.2 XmlDataSource 控件应用

任务陈述

任务构思与目标：用 XmlDataSource 控件实现搜索关键词的存储管理，可以实时对关键词内容进行更新，效果如图 11-6 所示：

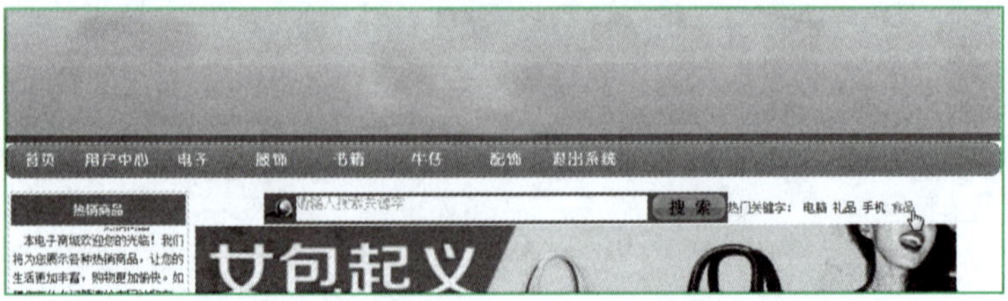

图 11-6 XmlDataSource 控件页面运行效果

任务设计：在页面上搜索框后添加搜索关键词显示面板，使用 XmlDataSource 绑定数据控件实现关键词的显示。

知识准备

11.2.1　XmlDataSource 控件基础

XmlData Source 控件应用

PPT

XmlDataSource 控件是向数据绑定控件提供 XML 数据的数据源控件。数据绑定控件可以使用 XmlDataSource 控件显示分层数据和表格数据。XmlDataSource 控件通常用于显示只读方案中的分层 XML 数据。由于 XmlDataSource 控件扩展了 HierarchicalDataSourceControl 类，因此可使用分层数据。XmlDataSource 控件也实现 IDataSource 接口，使用表格（或列表样式）数据。在工具箱中 XmlDataSource 控件的图标为 XmlDataSource。

（1）XmlDataSource 控件的常用属性见表 11-1。

表 11-1　XmlDataSource 控件的常用属性

属　性	描　述
CacheDuration	获取或设置数据源控件检索到的数据的缓存时间长度（以秒为单位）
EnableViewState	获取或设置一个值，该值指示服务器控件是否向发出请求的客户端保持自己的视图状态以及它所包含的任何子控件的视图状态
Data	获取或设置数据源控件绑定到的 XML 数据块
DataFile	指定绑定数据源的 XML 文件的文件名
EnableCaching	获取或设置一个值，指示 XmlDataSource 控件是否已启用数据缓存
Transform	获取或设置可扩展样式表语言（XSL）数据块，该数据块定义要对 XmlDataSource 控件管理的 XML 数据执行的 XSLT 转换
TransformFile	指定可扩展样式表语言（XSL）文件的文件名，该文件定义要对 XmlDataSource 控件管理的 XML 数据执行的 XSLT 转换
XPath	指定 XPath 表达式，该表达式将应用于 Data 属性所包含的 XML 数据或 DataFile 属性指示的 XML 文件所包含的 XML 数据

（2）XmlDataSource 控件的常用事件见表 11-2。

表 11-2　XmlDataSource 控件的常用事件

事　件	描　述
Transforming	将由 Transform 属性定义或由 TransformFile 属性标识的样式表应用到 XML 数据前发生
Load	当服务器控件加载到 Page 对象中时发生
DataBinding	在计算数据绑定的表达式激发

（3）XmlDataSource 控件的常用方法见表 11-3。

表 11-3 XmlDataSource 控件的常用方法

方 法	描 述 说 明
DataBind	将数据源绑定到被调用的服务器控件及其所有子控件上
Dispose	使服务器控件得以在从内存中释放之前执行最后的清理操作
Equals	确定两个对象实例是否相等

任务实施

11.2.2 XmlDataSource 控件绑定 Repeater 控件实现关键词显示

① 在主页面添加 XmlDataSource 控件，在工具箱【数据】选项卡选择 XmlDataSource 控件，如图 11-7 所示。

添加完成后，在页面生成 XmlDataSource 控件的 HTML 代码如下。

```
<asp:XmlDataSource ID="XmlDataSource1" runat="server"></asp:XmlDataSource>
```

② 添加 Repeater 控件。

③ 添加一个名称为 KeyWord 的 XML 文件，并在其中编写关键代码如下。

```
<?xml version="1.0" encoding="utf-8" ?>
<Keyword>
    <word>
        <w> 电脑 </w>
        <h>www.baidu.com</h>
    </word>
    <word>
        <w> 礼品 </w>
        <h>www.baidu.com</h>
    </word>
    <word>
        <w> 手机 </w>
        <h>www.baidu.com</h>
    </word>
    <word>
        <w> 食品 </w>
        <h>www.baidu.com</h>
    </word>
</Keyword>
```

④ 完成 XmlDataSource 控件与 Repeater 控件的绑定，如图 11-8 所示。

选择配置数据源，配置信息如图 11-9 所示。

配置完成后页面代码如下。

```
<asp:XmlDataSource ID="XmlDataSource1" runat="server" DataFile="~/KeyWord.xml"
XPath="Keyword/word"></asp:XmlDataSource>
```

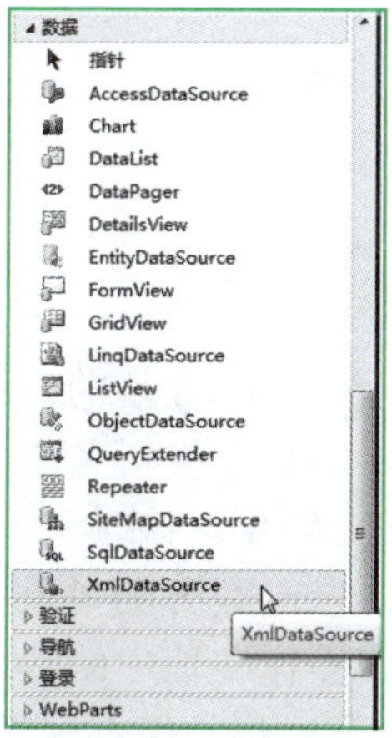

图 11-7 页面添加 XmlDataSource 控件

图 11-8 控件绑定

⑤ 完成 Repeater 控件的绑定，如图 11-10 所示。

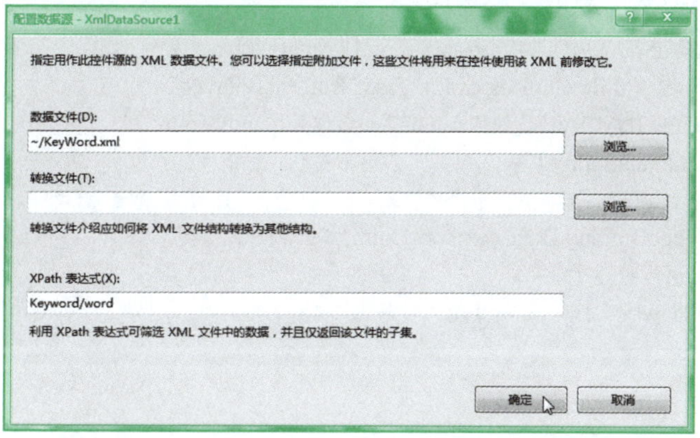

图 11-9 选择配置数据源

图 11-10 Repeater 控件的绑定

具体代码如下。

```
<asp:Repeater ID="Repeater1" runat="server" DataSourceID="XmlDataSource1">
  <ItemTemplate>
    <a href=' <%#XPath("h")%>'><%#XPath("w")%></a>
  </ItemTemplate>
</asp:Repeater>
```

⑥ 运行查看效果，如图 11-11 所示。

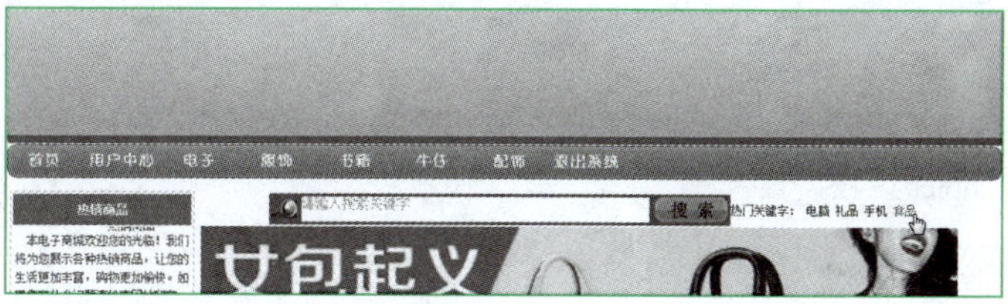

图 11-11 XmlDataSource 控件页面运行效果

任务拓展

11.2.3 XmlDataSource 控件绑定功能

XmlDataSource 控件通常用于由数据绑定控件显示 XML 数据的只读数据方案中。但也可以使用 XmlDataSource 控件编辑 XML 数据。编辑 XML 数据，可调用 GetXmlDocument 方法检索 XmlDataDocument 对象，该对象是 XML 数据在内存中的表示形式。可以使用由 XmlDataDocument 公开的对象模型及其所包含的 XmlNode 对象或使用 XPath 筛选表达式操作文档中的数据。更改 XML 数据在内存中的表示形式后，可以调用 Save 方法将其保存到磁盘中。

【实例 11-3】 使用 XmlDataSource 控件为 TreeView 导航控件绑定数据。

前台代码：

```
<div>
        <asp:XmlDataSource ID="XmlDataSource1" runat="server"
            DataFile="~/FilmChoices.xml"></asp:XmlDataSource>
        <asp:TreeView ID="TreeView1" runat="server" ExpandDepth="0"
  DataSourceID="XmlDataSource1">
        <DataBindings>
        <asp:TreeNodeBinding DataMember="Film" TextField="Title" />
        </DataBindings>
        </asp:TreeView>
</div>
```

与此关联的 Xml 文件的代码如下：

```
<?xml version="1.0" encoding="utf-8"?>
<FilmChoices>
  <Film
    Title="Close Encounters of the Third Kind"
    Year="1977"
    Director="Steven Spielberg" />
  <Film
    Title="Grease"
    Year="1978"
    Director="Randal Kleiser" />
  <Film
    Title="Lawrence of Arabia"
    Year="1962"
    Director="David Lean" />
</FilmChoices>
```

页面加载后效果如图 11-12 所示。

单击加号展开节点之后效果如图 11-13 所示。

图 11-12　XmlDataSource 控件页面运行效果 1

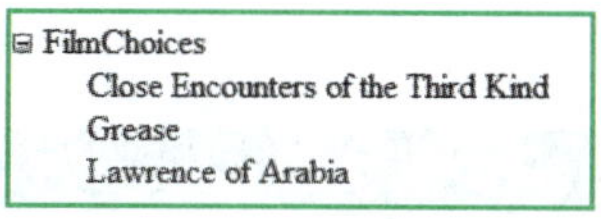

图 11-13　XmlDataSource 控件页面运行效果 2

项目实训

【实训目的】

① 掌握 XmlDataSource 控件的添加方法。

② 掌握 XmlDataSource 控件的配置方法。

③ 掌握 XmlDataSource 控件与 Repeater 控件的绑定。

【实训内容】

① 创建 XmlDataSource 控件并实现与 XML 的绑定。

② 创建 XmlDataSource 控件与 DataList 控件绑定。

单元小结

本单元讲解了 XML 文件的基础，包括如何创建 XML 文档，掌握 XML 基本结构及标记，使用 XMLDataSource 控件实现读取 XML 文件的功能，实现 XMLDataSource 控件与 Repeater 控件的绑定。

评价体系表

专业能力测评表

（在□中打 √，A 理解，B 基本理解，C 未理解）

专业核心能力	评价指标	自测结果		
访问和操作 XML 实现配置数据读取	1. 了解 XML 基础知识，掌握 XML 基本结构及标记	□ A	□ B	□ C
	2. 能够创建 XML 文档	□ A	□ B	□ C
	3. 能够操作 XML 文档	□ A	□ B	□ C
XMLDataSource 控件的应用	1. 会使用 XMLDataSource 实现读取 XML 文件的功能，并实现与 Repeater 控件的绑定	□ A	□ B	□ C
	2. 实现使用 DataSource 控件呈现 XML 数据	□ A	□ B	□ C
学生签字：	教师签字：	年	月	日

职业能力测评表

（在□中打 √，A 通过，B 基本通过，C 未通过）

职业核心能力	评价指标	自测结果		
自我管理能力	1. 培养自己的责任心	□ A	□ B	□ C
	2. 能够管理自己的时间	□ A	□ B	□ C
	3. 所学知识的灵活运用	□ A	□ B	□ C
合作交流能力	1. 知道如何尊重他人的观点	□ A	□ B	□ C
	2. 能与其他人有效沟通	□ A	□ B	□ C
	3. 能获取信息并反馈信息	□ A	□ B	□ C
解决问题能力	1. 能够有效使用信息资源	□ A	□ B	□ C
	2. 能客观分析事物的现状	□ A	□ B	□ C
	3. 能发现并解决常规问题	□ A	□ B	□ C
设计创新能力	1. 能够提出有价值的观点	□ A	□ B	□ C
	2. 能够运用不同的思维方式	□ A	□ B	□ C
	3. 能够制定创新方案并实施	□ A	□ B	□ C
学生签字：	教师签字：	年	月	日

单元练习题

一、单项选择题

1. NET 与 XML 结合的最大好处是（　　）。

A. 代码易于理解　B. 跨平台传送数据　C. 减少存储空间　D. 代码安全

2. XmlDataSource 数据源控件能够用来访问（　　）。

A. 关系型数据　B. 层次型数据　C. 字符串数据　D. 数字型数据

3. XmlDataSource 通常绑定（　　）控件实现关键字显示。

A. Repeater　B. DataList　C. Writeer　D. DataRow

二、填空题

1. 在 Visual Studio 中，.NET Framework 提供了________命名空间，提供了一组可扩展类使得开发人员能够轻松的读、写以及编辑 XML 文本。

2. ________类提供对 XML 数据的快速、单项、无缓冲的数据读取功能，因为该类是基于流的，读取 XML 内容只能够从前向后读取，而不能逆向读取。

3. ________类同样提供没有缓存、直向前的方式进行 XML 文件操作，但是与 XmlTextReader 类操作相反，该类执行的是写操作。

4. ________对象的 DocumentElement 返回一个指向文档元素的索引，可以通过读取给定的节点的 HanChildNodes 属性判断是否包括子节点。

5. XmlDataSource 通常从________属性指定的 XML 文件中加载 XML 数据。也可以使用 Data 属性，由数据源控件将 XML 数据直接存储为字符串形式。

6. 在 ASP.NET 中提供了针对 XML 读写的控件 XML 控件，可以很好的解决 XML 文档的显示问题，如果需要浏览 XML 文档的数据，则只需要编写 XML 控件中的________属性。

单元 12

项目的发布与部署

学习目标

【知识目标】

- 掌握 ASP.NET 网站发布到 IIS 中的方法。
- 掌握 ASP.NET 网站附加数据库的配置。
- 掌握 ASP.NET 网站发布到互联网的方法。

【技能目标】

- 能够发布 ASP.NET 网站到 IIS。
- 能够进行网站的附加数据库设置。
- 能够将网站发布到虚拟空间。

【素养目标】

- 通过项目的组织与实施，树立关心集体、关心他人的意识。
- 具有较高的文明修养。

教学 PPT

教学录像

源代码

教学案例

引例描述

网站设计完成后，要进行发布才能通过网络访问。网站可以发布到本地的 IIS 上，也可以发布到申请的互联网虚拟空间中，在发布后，如果网站需要用到数据库，还要进行附加数据库配置。

① 发布网站到本地的 IIS 中，需要配置本地 IIS，利用 VS 2010 提供的功能连接到 IIS 并复制网站即可，网站需要后台数据库的还要进行数据库配置操作。用这种方式发布网站需要本地服务器具有公网的 IP 地址或者域名，网站发布后才可以在互联网上被用户访问。

② 发布网站到因特网上，需先向虚拟主机服务提供商申请虚拟空间，然后将网站发布到虚拟空间上，发布后即可在因特网上访问。

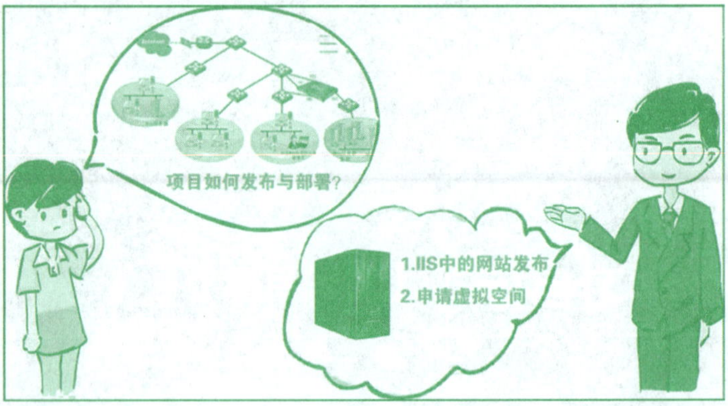

网站发布与部署

本单元主要介绍 ASP.NET 网站的发布与部署过程，讲解如何实现把网站部署到 IIS 服务器上。本单元主要采用项目驱动法、讲授法和实践教学法，通过电子商务网站整体规划与布局项目驱动，引出课程内容，讲授教学法通过教师课堂授课实施。通过课堂和课后实践，完成项目实施。

任务 12.1 发布网站到 IIS 中

任务陈述

任务构思与目标：使用 Visual Studio 2010 将网站发布到本地 IIS。

任务设计：在 Visual Studio 2010 中发布 ASP.NET 网站，并配置好附加数据库。

微课 12.1 项目的开发与部署——1. 发布网站到 IIS 中

知识准备

12.1.1 IIS 的安装与配置

IIS（Internet Information Server）是微软公司推出的个人 Web 服务器，提

供了强大的 Internet 和 Intranet 服务功能。本节以 Windows Server 2003 环境下的安装和配置为例讲解，其他操作系统下的配置请读者参阅相关资料。

1. IIS 服务器的安装

IIS 的安装非常简单，选择【开始→控制面板→添加或删除程序】菜单命令，在打开的窗口中选择【添加 / 删除 Windows 组件】，打开如图 12-1 所示【Windows 组件向导】对话框，选中【Internet 信息服务（IIS)】选项，单击【下一步】按钮，按照向导提示，完成 IIS 的安装。

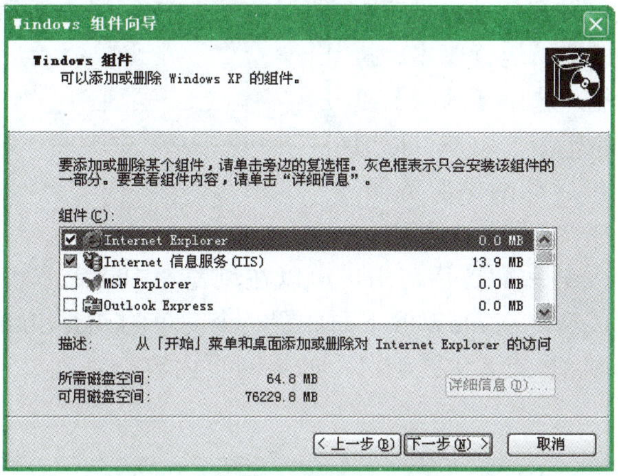

图 12-1　【Windows 组件向导】对话框

2. IIS 服务器的配置

IIS 服务器安装之后，要进行相应的配置。配置 IIS 服务器的步骤为选择【控制面板→管理工具→ Internet 信息服务（IIS）管理器】，打开如图 12-2 所示的界面。

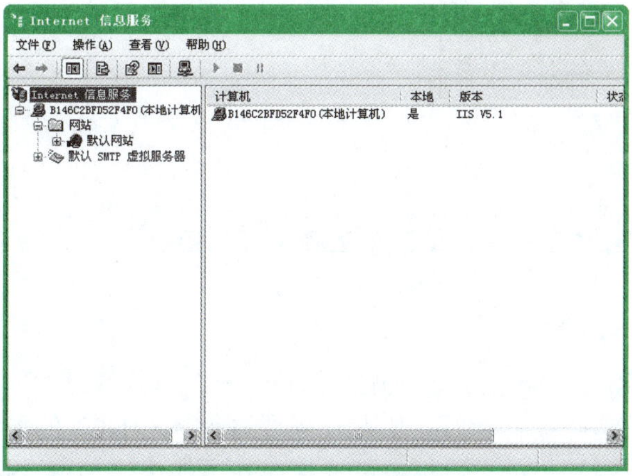

图 12-2　IIS 管理器

选中【默认网站】，单击鼠标右键弹出快捷菜单，选择【属性】菜单命令，打开如图 12-3 所示的【属性设置】对话框，用户可以在该对话框对网站的属性进行设置。下面新建立一个自己的网站，并进行配置，如图 12-4 所示中，选中【网站】单击鼠标右键，在弹出快捷菜单中选择【新建网站】菜单命令，打开【新建网站向导】对话框，在向导的引导下，用户可以逐步配置新建的站点。输入站点描述为 qtcWeb，设置站点的 IP 地址为本机 IP 地址，设置站点的主目录为 Inetpub 下新建的目录 qtcWeb，并允许匿名访问，设置网站的权限为允许读取、运行脚本、执行，若有上传功能，选中【写入】复选项。站点创建完毕后，用户可以通过【启动】按钮，启动网站服务器，网站的内容才能在浏览器内被访问。

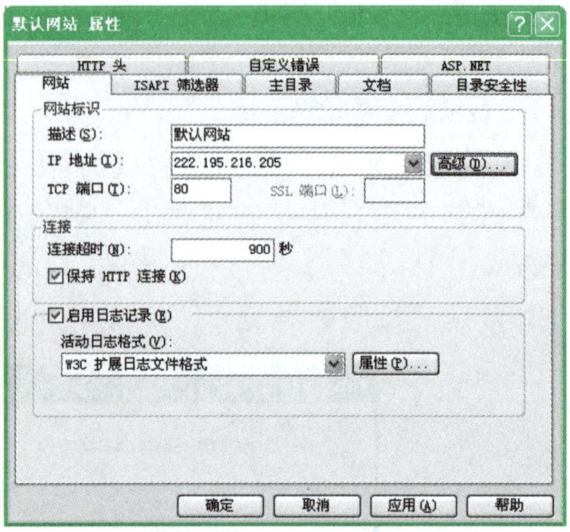

图 12-3 网站属性设置

完成以上的安装和配置后，用户可以在浏览器中输入本机的 IP 地址测试服务器是否配置成功，在 qtcWeb 下面放置一个简单的 index.htm 文件，在浏览器地址栏输入本机 IP 或者 127.0.0.1，如果网页内容能正确显示，表明服务器安装并配置正常。

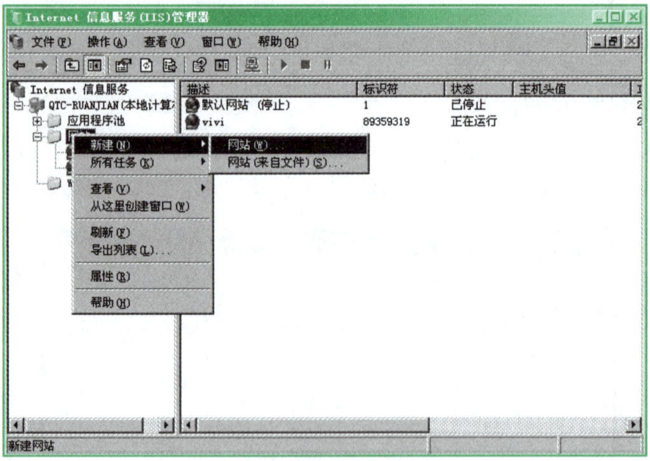

图 12-4 新建网站

3. ASP.NET 的配置

在配置完 IIS 后，若没有正确配置 ASP.NET，则网站打开时浏览器不能对 ASP.NET 的代码进行编译执行，因此还需要进行 ASP.NET 的配置。

选中新建的网站，单击鼠标右键选择在弹出的快捷菜单选择【属性】菜单命令，在打开的【属性设置】对话框中选择 ASP.NET 标签，选择相应的 ASP.NET 版本后单击【确定】按钮，如图 12-5 所示。

设置完 ASP.NET 版本单击【确定】按钮，返回【Internet 信息服务（IIS）管理器】窗口，选择【Web 服务扩展】选项，在右侧窗口将 active server pages

和“在服务器端的包含文件”设置为“允许”。

选择【网站】选项，单击右键，在弹出快捷菜单中选择【属性】菜单命令，打开其【属性】对话框，在【主目录】标签下打开【配置】窗口，在选项标签下勾选【启用父路径】选项。选中网站 qtcWeb，单击右键，在弹出的快捷菜单中选择【权限】菜单命令，设置 users 拥有完全控制权限。

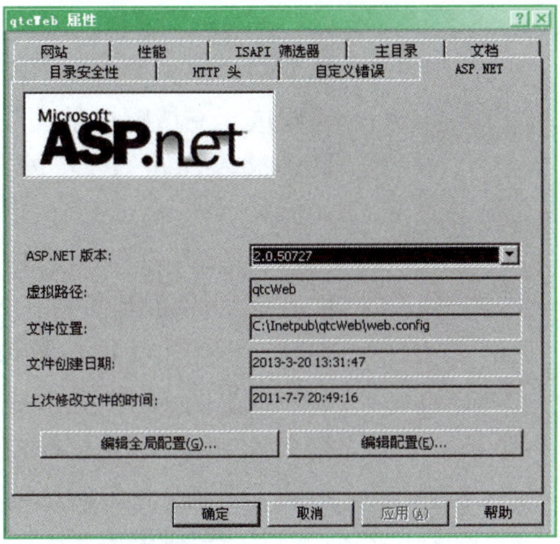

图 12-5　配置 ASP.NET 服务器

如果用户是先安装 VS 2010 后注册的 IIS，还需要重新注册 IIS，在命令行窗口中，进入目录“C:\WINDOWS\Microsoft.NET\Framework”，根据用户选择的 ASP.NET 的版本进入相应的子目录，执行如下命令：

```
aspnet_regiis  -i  -enable
```

最后，完成对 ASP.NET 的配置。

任务实施

12.1.2　发布网站到 IIS

1. 连接到 IIS

要实现将网站发布到本机的 IIS 中，可以通过 VS 2010 提供的“复制网站”命令，如图 12-6 所示。选中网站名称，单击右键，在弹出的快捷菜单中选择【复制网站】菜单命令，打开如图 12-7 所示的【复制网站】对话框。

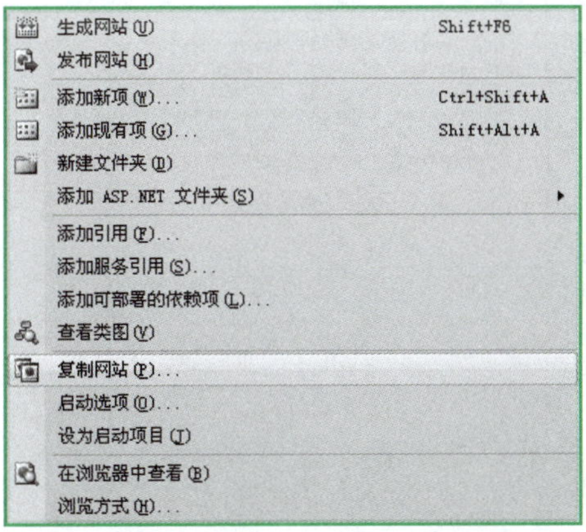

图 12-6　“复制网站”命令

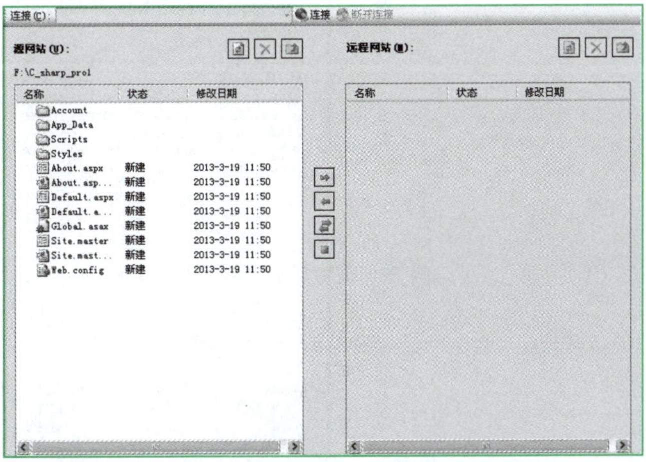

图 12-7　【复制网站】对话框

图 12-7 所示的【复制网站】对话框主要由左右两个窗格组成，左边窗格是要发布的网站的源代码列表，即在 VS 2010 中打开的 website 项目实例，右边窗格是“远程网站”，即网站要发布到的目标地址。在对话框中有【连接】和【断开连接】两个按钮，单击【连接】按钮，打开如图 12-8 所示的【复制文件】对话框。

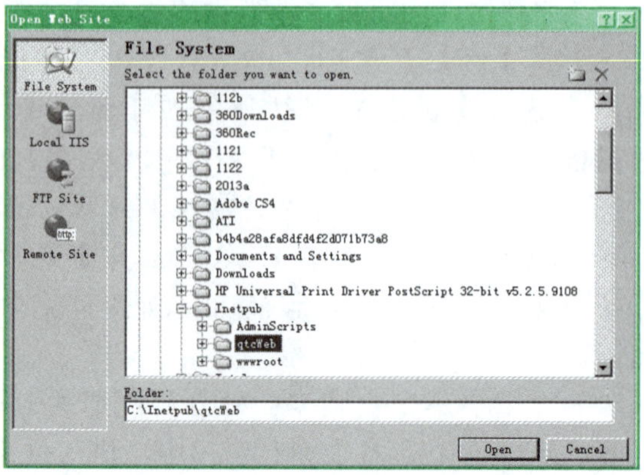

图 12-8 【复制文件】对话框

2. 复制网站

图 12-8 所示的【复制文件】对话框左边有 4 个标签，分别实现把网站发布到本地的文件系统、本地 IIS 网站、远程 FTP 站点和远程 http 站点。此处仅以本地文件系统为例讲解，在右侧窗格中选择网站“qtcWeb”所在的主目录，单击“Open”按钮，返回到【复制文件】对话框，此时可以看到右边的目的地址窗口已经变成可编辑状态，选中左边网站源代码中的所有文件，单击两个窗口中间的传送按钮的第 1 个【向右复制】按钮，把所选的网站复制到了【远程站点】中，如图 12-9 所示。在本案例中，【远程站点】是在本地的文件系统中，可通过“http://localhost”或本机 IP 访问。

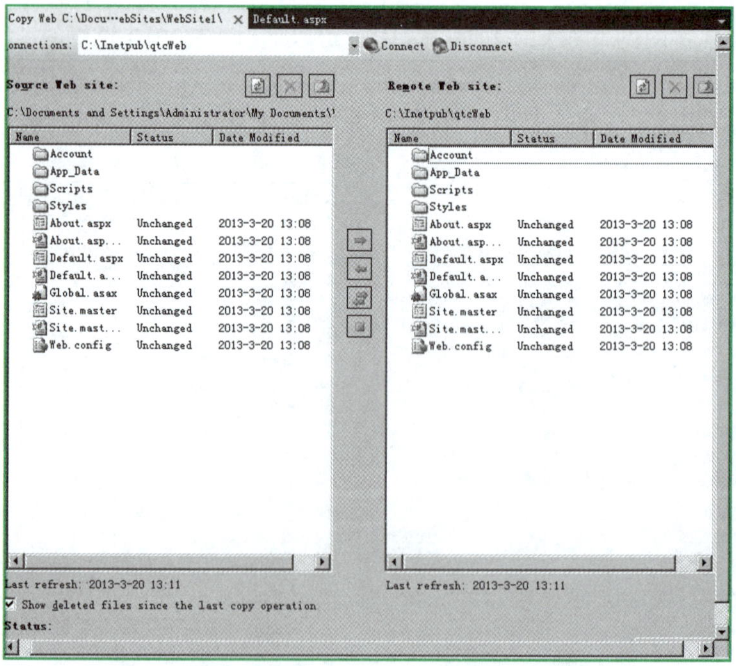

图 12-9 将网站复制到本地文件系统

将网站复制到其余 3 个目标位置的过程大致相同，需要注意的是如果目标站点位于不同的计算机上或者在 Internet 上，则该过程需要较长的时间。

12.1.3 在服务器上运行网站

把网站复制到远程站点后，并不能正确运行，还需要进行相关的数据库配置，网站才能正确运行。配置数据库时，要保证数据库服务正确运行，本案例中使用的数据库是 SQL Server 数据库。

1. 为网站附加数据库

打开如图 12-10 所示的数据库管理工具，并进行正确的身份验证，连接数据库。用鼠标单击窗口左侧的【数据库】选项，在弹出的快捷菜单中选择【附加】菜单命令，打开【附加数据库】对话框，单击对话框的【添加】按钮，打开如图 12-11 所示的【定位数据库文件】对话框，在该对话框中，选择网站所在目录下的 mdf 文件，单击【确定】按钮后如图 12-12 所示。此时单击【确定】按钮，完成数据库的附加，如图 12-13 所示。

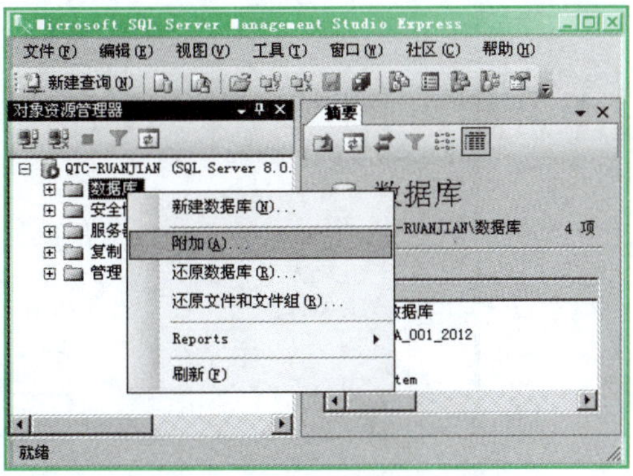

图 12-10 数据库的附加

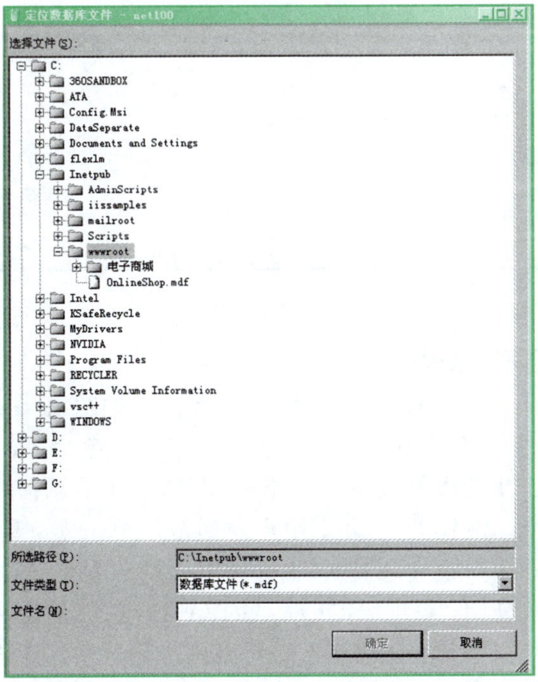

图 12-11 选择要附加的数据库

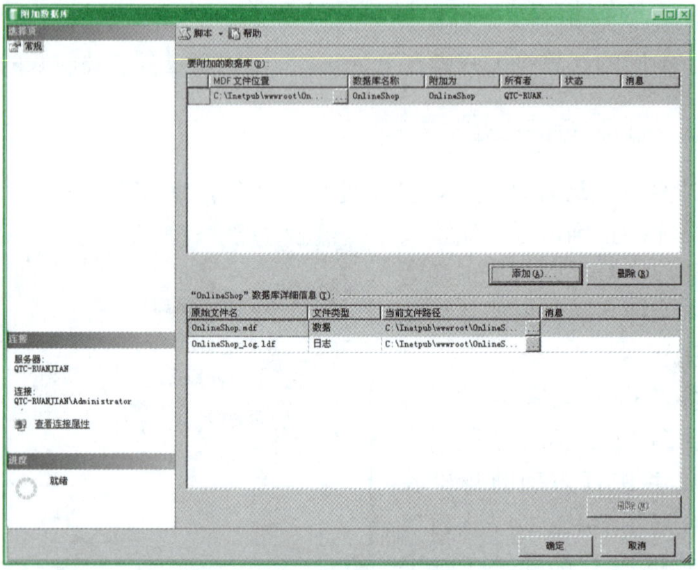

图 12-12 附加数据库

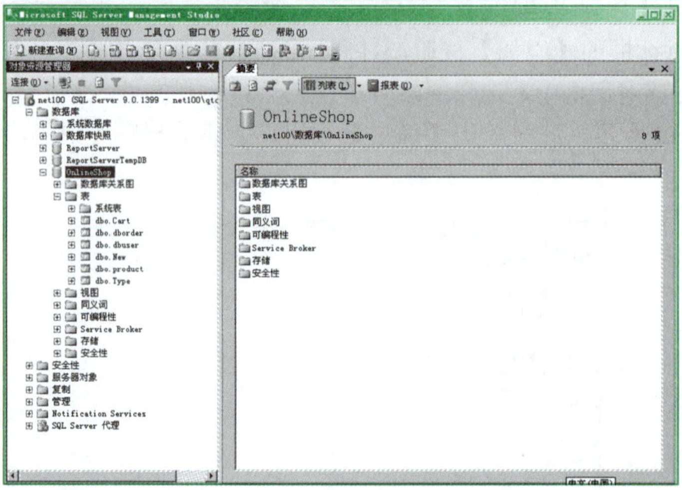

图 12-13 数据库附加完成

2. 设置数据库登录权限

在数据库界面中，选择“安全性→登录名”，如图 12-14 所示。单击鼠标右键，在弹出的快捷菜单中选择【新建登录名】菜单命令，打开【登录名新建】对话框，单击【搜索】按钮，打开图 12-15 所示对话框，单击其中的【高级】按钮，打开图 12-16 所示查询用户对话框，单击【立即查找】按钮，在对话框下部列出的用户找到 ASPNET 并选中，单击【确定】按钮，完成设置。设定完成之后即可使用“QTC_SOFTWARE/ASPNET”的用户名登录，“QTC_SOFTWARE”是机器名称。以下继续设置网站权限，在打开的【登录名 - 新建】对话框中选择【用户映射】选项卡，在右侧窗口中选中网站名称 onLineShop,

在【数据库角色成员身份】中选中【db_owner】和【public】选项，如图 12-17 所示，单击【确定】按钮后完成权限设置。设置权限后，用户“QTC_SOFTWARE/ASPNET”就具有了操作数据库的权限。

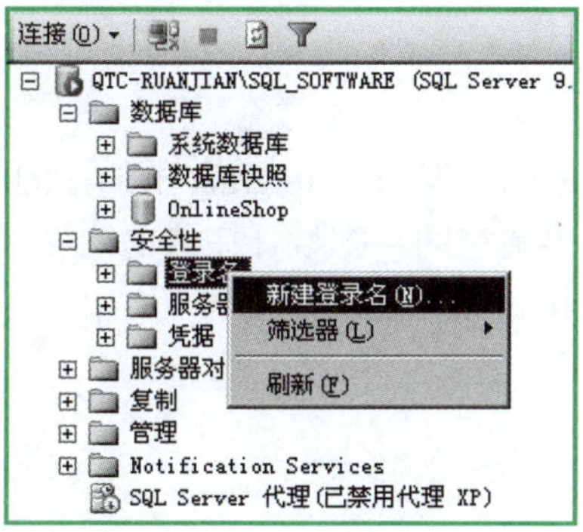

图 12-14 新建登录名

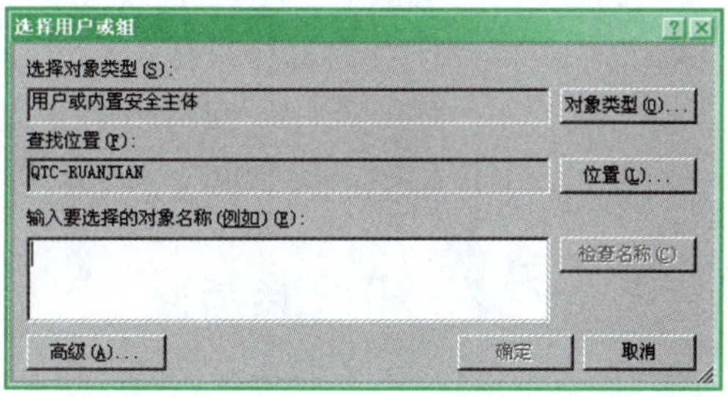

图 12-15 【选择用户或组】对话框

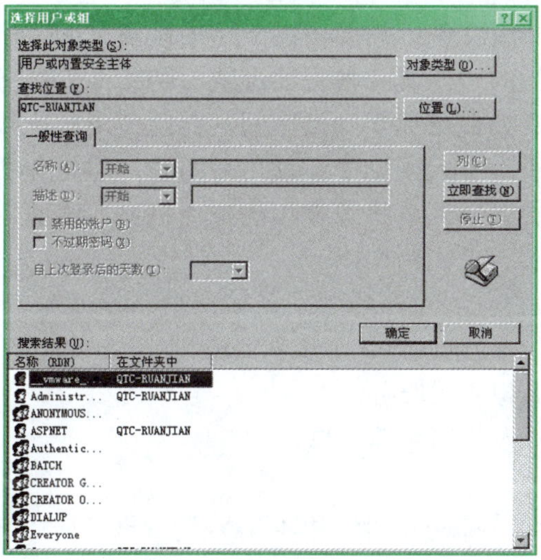

图 12-16 查找用户 ASPNET

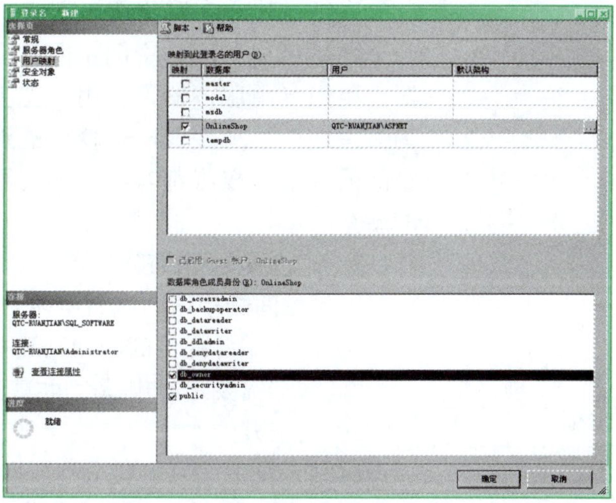

图 12-17 设置访问数据库的权限

项目实训

【实训目的】

掌握将网站发布到本地 IIS 的过程。

【实训内容】

安装配置 IIS 服务器，实现在 VS 2010 中发布网站。

拓展阅读

任务 12.2 发布网站到 Internet

任务陈述

任务构思与目标：将设计完成的网站发布到 Internet 上的空间中。

任务设计：向网络服务提供商申请空间，把设计完成的网站和数据库文件上传到申请的空间中，网站即可在 Internet 上被访问。

知识准备

12.2.1 空间申请

1. 网站空间简介

网站是建立在网络服务器上的一组文件，需要占据一定的硬盘空间，即一个网站所需的网站空间。网站空间的建立有 4 种主要形式：购买个人服务器、租用专用服务器、使用虚拟主机和使用免费网站空间。前两种形式一般为大型或中小型企业网站使用的形式，个人网站多数使用后两种，但是免费空间的性能和权限都有很大的局限性，因此，推荐使用虚拟主机，即收费的网站空间。

2. 申请网站空间的步骤

网站空间的申请同域名申请一样，通过以下 3 个步骤完成。

① 进入服务提供商的网站选择虚拟主机服务。

② 根据需要选择申请空间大小以及填写申请信息。

③ 付费开通。

网站开发中如果需要用到数据库，还需要向服务提供商申请数据库应用平台。近年来云技术快速发展，国内外出现很多云平台可以提供虚拟空间服务，比如腾讯云、阿里云、华为云等，微软公司也有 Azure 平台可用。用户从这些平台申请虚拟空间成功后，会从服务提供商处获得登录空间的用户名和密码，之后就可以登录空间进行网站的发布等操作。

任务实施

微课 12.2 项目的开发与部署——2. 发布网站到互联网

12.2.2 发布网站到 Internet

完成空间申请，并登录成功后，在管理界面选择【create web site】选项，如果 12-18 所示。按照网站提示，将 Web 程序文件上传即可，不同的网站有不同的上传程序和界面。

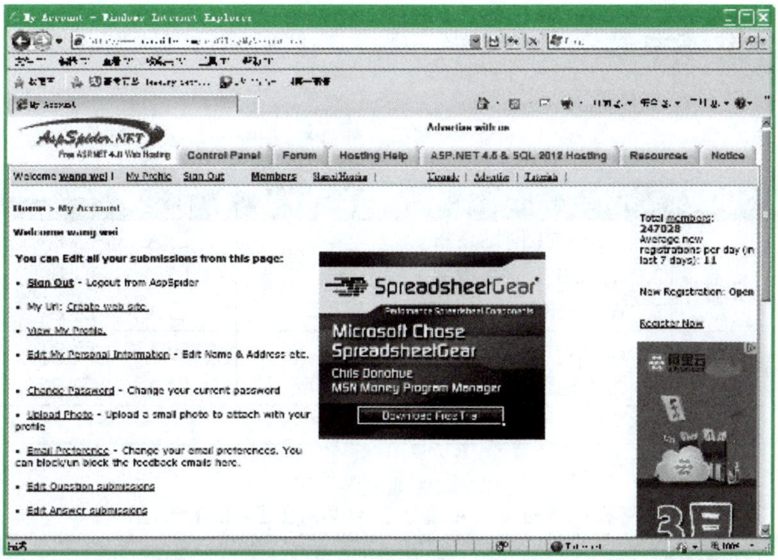

图 12-18 上传网站到 Web 空间

思政小课堂
个人信息保护

数据库的设置与将网站发布到 IIS 的步骤基本相同，用户可以参照上节内容自行完成。

项目实训

【实训目的】

① 了解网站域名及空间的申请方法。

② 掌握网站的部署过程。

【实训内容】

① 尝试在 Internet 上申请免费的域名空间。

② 将网站上传到申请的空间。

单元小结

本单元讲解了使用 Visual Studio 平台对网站进行发布的过程以及发布网站的作用，网站可以发布到本地 IIS，也可以在申请网站空间后将网站发布到 Internet 上。本章需要掌握的内容主要有 IIS 的安装与配置、使用 Visual Studio 将网站发布到本地 IIS、申请网站空间和将网站发布到 Internet。

评价体系表

专业能力测评表

（在□中打 √，A 理解，B 基本理解，C 未理解）

专业核心能力	评价指标	自测结果		
网站的发布	1. ASP.NET 网站发布	□A	□B	□C
	2. ASP.NET 应用程序配置	□A	□B	□C
	3. Web.config 文件配置	□A	□B	□C
网站的部署	1. 在 IIS 中创建本地网站	□A	□B	□C
	2. 为本地网站配置安全性和身份验证	□A	□B	□C
学生签字：	教师签字：	年	月	日

职业能力测评表

（在□中打 √，A 通过，B 基本通过，C 未通过）

职业核心能力	评价指标	自测结果		
设计创新能力	1. 能够提出有价值的观点	□A	□B	□C
	2. 能够运用不同的思维方式	□A	□B	□C
	3. 能够制定创新方案并实施	□A	□B	□C
合作交流能力	1. 能与其他人有效沟通	□A	□B	□C
	2. 能获取信息并反馈信息	□A	□B	□C
解决问题能力	1. 能够有效使用信息资源	□A	□B	□C
	2. 能客观分析事物的现状	□A	□B	□C
	3. 能发现并解决常规问题	□A	□B	□C
学生签字：	教师签字：	年	月	日

附录

ASP.NET 编码规范

1. 编码规范概述

ASP.NET 编码分为客户端的静态文件编码和包含服务器端脚本的动态文件编码。静态文件编码分 Script 编码和 HTML 编码，服务器端编码则分为服务器脚本、客户端脚本和 HTML 脚本。

（1）编码规范的约定

① 所有客户端脚本使用 JavaScript。

② 所有服务器端脚本使用 C#。

③ 静态页面输出使用 HTML 脚本。

④ 本规范不适用于由服务器端脚本所产生的客户端脚本代码。

（2）常用的命名法

① Pascal 命名法格式：所有单词第 1 个字母大写，其他字母小写。

② Camel 命名法格式：除了第 1 个单词，所有单词第一个字母大写，其他字母小写。

2. 静态文件编码规范

输出部分采用 HTML 标记语言，静态文件脚本部分采用 JavaScript 编写。

（1）HTML 标记语言编码规范

① 标记的换行规范一个标记必须占用一行。不得出现两个标记在同一行的情况（同一标记的关闭标记除外），如：

“<tr><td>text</td></tr>” 必须写成以下格式：

```
<tr>
   <td>text</td>
</tr>
```

② 标记的关闭规范

* 静态文件内容必须包含在 <body></body> 标记中间。

* <body> 标记必须包含在 <html></html> 标记中间。

* 对于需要关闭的标记，如：

```
<html><title><body><table><tr><td><p><textarea><select><font><option><div><span>
```

必须同其关闭标记同时出现。如

```
<body>…<p>…<font>….</font>….</p>…..</body>
```

* 不得出现交叉包含的语句，如：

```
<p><font>…..</p></font>
```

③ 标记的属性赋值规范

对于接受属性的标记，属性值必须使用双引号或者单引号。如：

```
<body bgcolor="red">
<font size='7'>
```

必须确保属性的赋值无警告或错误。

④ 标记的缩进规范。

* 最高一级的父标记采用左对齐顶格方式书写。

* 下一级标记采用左对齐向右缩进一个 Tab 的方式书写，在下一级依此类推，分别左对齐相对于父标记向右缩进一个 Tab 的方式书写。

* 同一级标记的首字符上下必须对齐。

在进行代码缩进时，可使用 VS 2005 及其以上版本的开发环境中的自动缩进功能。

（2）客户端 JavaScript 规范

① 变量命名规范。

* 常量以及全局变量名必须全部使用大写字母。

* 变量名首字母必须小写。

* 变量名必须使用其类型的小写字符串开始。各种类型的小写字符串分别为：整型变量“int”、长整型变量“lng”、浮点型变量“flt”、双精度变量“dbl”、对象引用变量“obj”、字符串变量“str”和 Date 类型变量“dtm”。

* 变量名必须采用有意义的单词命名，如：strUserName、lngArrayIndex。

* 变量名除首字母小写外，其他单词首字符必须大写。

* 如果变量名过长可以使用单词缩写，除了被广泛了解的单词缩写以外，所有使用单词缩写的变量名必须在定义时给出注释，如：

```
var strAdName                    //用于表示 Administrator 账户的名称
var strAdminName                 //不用给出注释，Admin 被广泛了解
```

② 变量使用规范。

* 变量使用前必须定义。没有定义的变量禁止使用。

* 变量的使用尽量缩小到小的作用域。如循环变量的使用。

```
for(var I=0;I<12;I++){
  }
```

而不是：

```
var I;
for(I=0;I<12,I++){
     }
```

③ 对象命名规范。

各种页面对象如 text 输入框、按钮、下拉选择框在命名时必须使用以下对应前缀：

* text 输入框：txt。

* button 按钮：btn。

* select 下拉选择框：sel。

* option 项：opt。
* form 表单：frm。
* frame 框架：fra。
* hidden 表单项：hdn。
* div 标记：div。
* span 标记：spn。
* 对话框对象：dlg。
* 窗口对象：wnd。

④ 函数以及子过程命名规范。

* 函数命名必须使用动词＋名词对的方式，并且能够体现函数的功能。
* 函数命名的动词前缀必须是同函数功能相关的完整动词。
* 函数命名第 1 个单词的首字母小写，后面每一个单词的首字母大写。

如：getUserName，createNewUser，updateUserInfos

3. 动态文件编码规范

（1）命名规范

① 类的命名规范

* 类名使用 Pascal 命名法。如：public class HelloWorld{ ...}。
* 以 Class 声明的类，都必须以名词或名词短语命名，体现类的作用。如：

```
Class Indicator
```

* 当类只需有一个对象实例（全局对象，如 Application 等），必须以 Class 结尾，如：

```
Class ScreenClass
Class SystemClass
```

* 当类只用于作为其他类的基类，根据情况，以 Base 结尾。如：

```
Class IndicatorBase
```

② 变量命名规范

变量的基本命名规范：

* 常量必须全部使用 CONST_ 前缀。
* 变量名首字母必须小写。
* 变量名采用 Camel 命名法（除首字母小写外，其他单词首字符必须大写），命名格式：数据类型缩写＋名词对。各种常见数据类型的缩写有整型变量“int”、长整型变量“lng”、浮点型变量“flt”、双精度变量“dbl”、对象引用变量“obj”、字符串变量“str”和 Date 类型变量“dtm”。
* 变量名必须采用有意义的单词命名。如 strUserName、lngArrayIndex 等。
* 当变量名过长时，可使用单词缩写。但除了被广泛了解的单词缩写之外，所有缩写的变量名必须在定义的后面给出注释。如：

```
dim strAdName              // 用于表示 Administrator 账户的名称
dim strAdminName           // 不用给出注释，Admin 被广泛了解
```

类的成员变量的特有命名规范：

类的所有成员变量前加下划线“_”，以区别于函数参数和函数中的局部变量。

③ 函数命名及使用规范。

* 命名规范。函数命名使用 Pascal 命名法。第 1 个单词的首字母大写，后面每一个单词的首字母大写。函数命名格式为“动词 + 一个或多个名词”。注意：函数命名的动词前缀必须是同函数功能相关的完整动词。并且，函数的命名必须能够体现函数的功能。

如：GetUserName(), CreateNewUser, UpdateUserInfosFromDatabase()

* 使用规则。如果函数有传入参数，则必须在函数的头部判断参数的合法性，不合法则不继续操作，并给予相应的提示。尽量使用函数封装代码块。其中，连续代码块尽量不要超过 50 行，最多不得超过 70 行。尽量使用局部变量。如涉及全局的资源（如 Connection），尽量作为函数的参数传入。所有在函数内部创建打开的资源，在退出函数前必须关闭释放。如 sqldatareader。

④ 控件命名规范。

建议使用控件名简写作为前缀，并且简写的首字母小写，并且整个名字符合 Camel 规范。

控件命名格式：控件名简写前缀 + 英文描述。其中，英文描述中的单词首字母大写。

```
AdRotator adrt adrtTopAd
Button btn btnSubmit
Calendar cal calMettingDates
CheckBox chk chkBlue
CheckBoxList chkl chklFavColors
CompareValidator valc valcValidAge
CustomValidator valx valxDBCheck
DataGrid dgrd dgrdTitles
DataList dlst dlstTitles
DropDownList drop dropCountries
HyperLink lnk lnkDetails
Image img imgAuntBetty
ImageButton ibtn ibtnSubmit
Label lbl lblResults
LinkButton lbtn lbtnSubmit
ListBox lst lstCountries
Panel pnl pnlForm2
PlaceHolder plh plhFormContents
RadioButton rad radFemale
RadioButtonList    radl radlGender
```

```
RangeValidator valg valgAge
RegularExpression vale valeEmail_Validator
Repeater rpt rptQueryResults
RequiredFieldValidator valr valrFirstName
Table tbl tblCountryCodes
TableCell tblc tblcGermany
TableRow tblr tblrCountry
TextBox txt txtFirstName
ValidationSummary vals valsFormErrors
XML xmlc xmlcTransformResults
```

主要控件名简写见表 A-1。

表 A-1 主要控件名简写对照表

控件名	简写
Label	lbl
TextBox	txt
Button	btn
CheckBox	chk
RadioButton	rdo
CheckBoxList	chklst
RadioButtonList	rdolst
ListBox	lst
DropDownList	ddl
DataGrid	dg
DataList	dl
Image	img
Table	tbl
Panel	pnl
LinkButton	lnkbtn
ImageButton	imgbtn
Calender	cld
AdRotator	ar
RequiredFieldValidator	rfv
CompareValidator	cv
RangeValidator	rv
RegularExpressionValidator	rev
ValidatorSummary	vs
CrystalReportViewer	rptvew

（2）注释规范

① 文件头部注释。在代码文件的头部进行注释，标注出创始人、创始时

间、修改人、修改时间和代码的功能，这在团队开发中必不可少，它们可以使后来维护 / 修改的同伴在遇到问题时，在第一时间知道该向谁去寻求帮助，并且知道这个文件经历了多少次迭代、经历了多少个程序员。

样本：

```
/**********************************************************************
** 作者：Eunge
** 创始时间：2004-6-8
** 修改人：Koffer
** 修改时间：2004-12-9
** 修改内容：添加 / 修改 / 删除函数 X（）
** 修改人：Ken
** 修改时间：2005-01-29
** 修改内容：添加 / 修改 / 删除函数 Y（）
** 描述：
** 主要用于产品信息的资料录入，…
**********************************************************************/
```

也可以在这段文件头注释中加入版权信息、文件名、版本信息等。

② 函数、属性、类等注释。使用 /// 三斜线注释，该注释是基于 XML 的，不仅能导出 XML 制作帮助文档，而且在各个函数、属性、类等的使用中，编辑环境会自动带出注释，方便用户的开发。以 protected、protected Internal、public 声明的定义注释都采用这种方式。

例如：

```
/// <summary>
/// 用于从 ERP 系统中捞出产品信息的类
/// </summary>
class ProductTypeCollector
{
…
}
```

③ 程序流程及逻辑点注释。

在逻辑性较强的地方加入注释，说明该段程序的逻辑，以方便用户自己后来的理解以及其他人的理解，并且这样还可以在一定程度上排除 BUG。在注释中写明逻辑思想，对照程序，判断程序是否符合设计的初衷，如果不是，则需思考修改注释或程序。

（3）缩进规范

① 代码排版采用左对齐的方式。

② 相同级别的两行左侧对齐。

③ 不同级别的两行相差一个 Tab 宽度。

如：

```
class User
{
    Public string GetUserName()
    {
        ...
        return _userName;
    }
}
```

在进行代码缩进时，可使用 VS 2005 及其以上版本的开发环境中的自动缩进功能。

（4）异常处理规范

① 在数据库操作时用 Try catch。在文件操作时用 Finally。

② 不要“捕捉了异常却什么也不做”。如果隐藏了一个异常，则将永远不知道异常是否发生。

③ 发生异常时，给出提示信息，并精确记录异常的所有可能细节，包括发生的时间、相关方法、类名等。

④ 只捕捉特定的异常，而不是一般的异常。

捕捉异常的规范代码示例如下。

```
void ReadFromFile ( string fileName )
{
        try {   // read from file. }
        catch (FileIOException ex) {
            // log error.   // re-throw exception depending on your case.
            throw;
        }
}
```

捕捉异常不规范代码示例如下。

```
void ReadFromFile ( string fileName )
{
        try {   // read from file. }
        catch (Exception ex)   {
                // Catching general exception is bad.
                // was a file error or some other error.
                // Here you are hiding an exception.
                // In this case no one will ever know that an exception happened.
                return "";
        }
}
```

⑤ 不必在所有方法中捕捉一般异常。这将帮助程序员在开发周期中发现

大多数的错误。

⑥ 可以用应用程序级（线程级）错误处理器处理所有一般的异常。遇到“一般性以外的错误”时，该错误处理器应该捕捉异常，给用户提示信息，在应用程序关闭或用户选择“忽略并继续”之前记录错误信息。

⑦ 不必每个方法都用 try-catch。当特定的异常可能发生时才使用。如当写文件时，处理异常 FileIOException。

⑧ 不写太大的 try-catch 模块。如果需要，为每个执行的任务编写单独的 try-catch 模块。这将有利于程序员找出产生异常的代码，并给用户发出特定的错误信息。

⑨ 如果应用程序需要，可以编写自定义的异常类。自定义异常不应从基类 SystemException 派生，而继承于 IApplicationException。

（5）Request、Session、Application 使用规范

① 所有需要放入 Session、Application 中的对象，必须采用有意义的英文名字。除了被广泛了解的单词缩写以外，不得采用单词缩写。如：

```
Session("cp") = strCurrentUserIP   / 不允许
    Session("CurrentUserIP") = strCurrentUserIP
    Session("Pwd") = strPwd   / 允许，Pwd 被广泛理解为密码
```

② 所有需要在代码内用到的 Request、Session、Application 中的元素，必须在代码头部赋值给代码内声明的变量。

③ 如果获得 Form 中提交的内容，必须使用 Request.Form("itemName")。

④ 如果获得 QueryString 中提交的内容，必须使用 Request.QueryString ("itemName")。

⑤ 不得在代码中出现 Request("。。。") 这样的引用方式。

4. 文件命名规范

（1）数据库命名规范

① 数据文件命名规范。

命名格式：系统所属单位 +_+ 系统名称 +_+ 文件类型。

如：系统所属单位为 lztc，系统名称为 netshop，则数据库文件命名为 lztc_netshop_database.mdf，lztc_netshop_log.log。

其中，文件名全部采用小写。

② 数据库表命名规范。

若该数据库库中有多个系统，表命名格式：Tab_+ 系统名称 _+ 单词或多个单词。系统名称是所开发系统的缩写，系统名称全部采用小写英文字符，如 Tab_bbs_Title，Tab_bbs_ForumType。

若该数据库库中只含有一个系统，表命名格式：Tab_+ 单词或多个单词。单词选择能够概括表内容的一个或多个英文单词，如 Tab_UserInfo，Tab_UserType。

关联表命名规则为 Re_ 表 A_ 表 B。Re 是 Relative 的缩写，如 Re_User_ArticleType，Re_User_FormType。

其中，表名长度不能超过 30 个字符，表名中含有单词全部采用单数形式，单词首写字母要大写，多个单词间不用任何连接符号。

③ 数据库字段命名规范。

数据库字段命名格式：表别名 +_+ 单词。

格式说明：字段名全部采用小写英文单词，单词之间用“_”隔开。如 user_name，user_pwd。

表别名规则：如果表名是一个单词，别名就取单词的前 4 个字母；如果表名是两个单词，就各取两个单词的前两个字母组成 4 个字母长的别名；如果表的名字由 3 个单词组成，可从头两个单词中各取一个然后从最后一个单词中再取出两个字母，还是组成 4 字母长的别名。

④ 数据库视图命名规范。

视图命名格式：View_ 表 A_ 表 B_ 表 C。

格式说明：View 表示视图。视图由几个表产生就用“_”连接几个表名，如果表过多可以将表名适当简化，但一定要列出所有表名。

⑤ 存储过程命名规范。

存储过程命名格式：Proc_ 存取过程名 _ 表名（缩写）。如 Proc_User_Del，Proc_ArticleType_AddData。

⑥ SQL 语句编写规范。

SQL 语句编写规则：关键字必须大写，其他字段书写按上述命名规则。

如：SELECT user_id, user_name FROM Tab_User WHERE user_id = 'tom'

（2）文件及文件夹命名规范

文件夹命名一般采用英文，长度一般不超过 20 个字符，命名采用小写字母。除特殊情况才使用中文拼音，一些常见的文件夹命名有 images（存放图形文件）、flash（存放 Flash 文件）、style（存放 CSS 文件），scripts（存放 Javascript 脚本）、inc（存放 include 文件）、link（存放友情链接）、media（存放多媒体文件）等。

文件命名统一使用小写的英文字母、数字和下划线的组合。命名原则的指导思想是使得用户和工作组的每一个成员能够方便的理解每一个文件的意义以及用户在文件夹中使用“按名称排列”的命令时，同一大类的文件能够排列在一起，以便查找、修改、替换、计算负载量等操作。

① 图片的命名原则。

格式：名称分为头尾两部分，用下划线隔开，头部分表示此图片的大类性质，如广告、标志、菜单、按钮等。

* 放置在页面顶部的广告、装饰图案等长方形的图片取名：banner。

* 标志性的图片取名为：logo。

* 在页面上位置不固定并且带有链接的小图片取名为 button。

* 在页面上位置固定并且不带有链接的背景图片取名为 backimg。
* 在页面上某一个位置连续出现，性质相同的链接栏目的图片取名：menu。
* 装饰用的照片取名：pic。
* 不带链接表示标题的图片取名：title。

范例：

banner_sohu.gif、banner_sina.gif、menu_aboutus.gif、menu_job.gif、title_news.gif、logo_police.gif、logo_national.gif、pic_people.jpg、backimg_notes。

② 动态语言文件命名规则。

格式：性质 _ 描述。

说明：描述可以有多个单词，用“_”隔开。性质一般是该页面的概要。

范例：register_form.asp，register_post.asp，topic_lock.asp。

5. 良好的编程习惯

养成良好的编程习惯，有利于写出成功的好程序。

（1）避免使用大文件

如果一个文件里的代码超过 300 行～ 400 行，必须考虑将代码分开到不同类中。

（2）避免使用太长的方法

一个典型的方法代码在 1 行～ 25 行之间。如果一个方法代码超过 25 行，应该考虑将其分解为不同的方法。

（3）方法名需直观易理解

不使用会引起误解的名字。若名字能一目了然，就无需用文档来解释方法的功能。

例如：

```
void SavePhoneNumber ( string phoneNumber ) { // Save the phone number. }
```

好于

```
// This method will save the phone number.
void SaveData ( string phoneNumber ) { // Save the phone number. }
```

（4）一个方法只完成一个任务

不要把多个任务组合到一个方法中。

（5）使用 C# 或 VB.NET 的特有类型，而不是 System 命名空间中定义的别名类型。

好：int age; string name; object contactInfo;

不好：Int16 age; String name; Object contactInfo;

（6）不在程序中使用固定数值

用常量代替固定数值。

（7）不用字符串常数

使用资源文件。

（8）必要时使用 enum

不用数字或字符串来指示离散值。

例如：以下代码为规范使用示例。

```
enum MailType { Html, PlainText, Attachment }
void SendMail (string message, MailType mailType)
{
        switch ( mailType )
        {
            case MailType.Html:   // Do something
            break;
            case MailType.PlainText:   // Do something
            break;
            case MailType.Attachment:   // Do something
            break;
            default:   // Do something
            break;
        }
}
```

以下为不规范示例。

```
void SendMail (string message, string mailType)
{
        switch ( mailType )
        {
            case "Html":   // Do something
            break;
            case "PlainText":   // Do something
            break;
            case "Attachment":   // Do something
            break;
            default:   // Do something
            break;
        }
}
```

（9）不把成员变量声明为 public 或 protected

将变量声明为 private，而使用 public/protected 的成员属性。而且，成员变量前缀为“_”。

（10）不在代码中使用具体的路径和驱动器名

使用相对路径，并使路径可编程。

（11）人性化信息提示

错误信息需能帮助用户解决问题。不应使用像“应用程序出错”“发现一个错误”等错误信息提示。而应给出像“更新数据库失败。请确保登陆 id 和密码正确。”的具体错误信息提示。

显示错误信息时，除了说明错误问题，还应提示用户如何解决问题。

显示给用户的信息要简短而友好。但要把所有可能的信息都记录下来，以助诊断问题。

（12）多使用 StringBuilder 替代 String

String 对象是不可改变的。每次使用 System.String 类中的方法之一时，都要在内存中创建一个新的字符串对象，这就需要为该新对象分配新的空间。在需要对字符串执行重复修改的情况下，与创建新的 String 对象相关的系统开销可能会非常昂贵。如果要修改字符串而不创建新的对象，则可以使用 System.Text.StringBuilder 类。例如，当在一个循环中将许多字符串连接在一起时，使用 StringBuilder 类可以提升性能。

以下方法常用于修改 StringBuilder 的内容。

StringBuilder.Append 将信息追加到当前 StringBuilder 的结尾。

StringBuilder.AppendFormat 用带格式文本替换字符串中传递的格式说明符。

StringBuilder.Insert 将字符串或对象插入到当前 StringBuilder 对象的指定索引处。

StringBuilder.Remove 从当前 StringBuilder 对象中移除指定数量的字符。

StringBuilder.Replace 替换指定索引处的指定字符。

参 考 文 献

[1] （美国）伊文詹（Bill Evjen），（美国）汉森姆（Scott Hanselman），瑞德（Devin Rader）著. ASP.NET 3.5 高级编程 [M]. 6 版. 姜奇平译. 北京：清华大学出版社，2010.

[2] 王平华，李斌艳. ASP.NET 程序设计项目教程 [M]. 北京：中国铁道出版社，2010.

[3] 左雅. ASP.NET 程序设计情景式教程 [M]. 北京：电子工业出版社，2011.

[4] 龚赤兵，林海丹. ASP.NET 2.0 企业网站项目实践 [M]. 北京：中国水利水电出版社，2010.

[5] 宁云智，刘志成，李德奇. ASP.NET 程序设计实例教程 [M]. 2 版. 北京：人民邮电出版社，2011.

[6] 蒋培，王笑梅. ASP.NET Web 程序设计 [M]. 北京：清华大学出版社，2007.

[7] 崔连和，戴学丰. ASP.NET 网络程序设计 [M]. 北京：中国人民大学出版社，2010.

[8] 代志勇，邵淑霞，王树军. ASP.NET 动态网站开发技术实践教程 [M]. 北京：中国铁道出版社，2011.

[9] 冯涛，梅成才. ASP.NET 动态网页设计案例教程（C# 版）[M]. 北京：北京大学出版社，2008.

[10] 明日科技，王小科，赵会东. ASP.NET 程序开发范例宝典（C#）[M]. 3 版. 北京：人民邮电出版社，2012.

[11] 谢菲尔德（George Shepherd）. ASP.NET 4 从入门到精通 [M]. 张大威，译. 北京：清华大学出版社，2011.

[12] 明日科技. ASP.NET 4 从入门到精通 [M]. 3 版. 北京：清华大学出版社，2012.

[13] 李千目，严哲. ASP.NET 程序设计与应用开发 [M]. 北京：清华大学出版社，2009.

[14] 马骏，党兰学，杜莹. ASP.NET 网页设计与网站开发 [M]. 北京：人民邮电出版社，2007.

[15] 魏静，崔同良. ADO.NET 程序设计教程与实验 [M]. 北京：清华大学出版社，2007.

[16] 尚俊杰. ASP.NET 程序设计 [M]. 北京：清华大学出版社，北京交通大学出版社，2004.

[17] Richard Leinecker. ASP.NET 实用全书 [M]. 齐岷，张力，译. 北京：电子工业出版社，2002.

读者意见反馈

为收集对教材的意见建议，进一步完善教材编写并做好服务工作，读者可将对本教材的意见建议通过如下渠道反馈至我社。

咨询电话　400-810-0598

反馈邮箱　gjdzfwb@pub.hep.cn

通信地址　北京市朝阳区惠新东街4号富盛大厦1座

高等教育出版社总编辑办公室

邮政编码　100029